U0381683

智能配电网
自愈控制理论

SELF-HEALING CONTROL THEORY
OF SMART DISTRIBUTION GRID

陈星莺　著

内 容 提 要

本书以智能配电网为研究对象，考虑智能配电网未来的发展及其对控制的要求，总结了作者自 2002 年以来在智能配电网自愈控制领域二十余年的研究成果，系统地论述配电网自愈控制理论、技术及其应用。本书包括概述、智能配电网的控制基础、智能配电网自愈控制体系、智能配电网运行分析方法、智能配电网健康运行状态评估、智能配电网健壮控制、智能配电网优化控制、智能配电网预防与校正控制、智能配电网紧急与恢复控制、智能配电网孤岛控制及典型应用分析等内容。

本书适合从事智能配电网设计、运行等技术人员使用，也可供电气工程专业科研人员和高等院校师生参考。

图书在版编目（CIP）数据

智能配电网自愈控制理论/陈星莺著．—北京：中国电力出版社，2023.12
ISBN 978-7-5198-5000-5

Ⅰ.①智…　Ⅱ.①陈…　Ⅲ.①智能控制—配电系统—自动控制　Ⅳ.①TM727

中国版本图书馆 CIP 数据核字（2020）第 182798 号

出版发行：中国电力出版社
地　　址：北京市东城区北京站西街 19 号（邮政编码 100005）
网　　址：http://www.cepp.sgcc.com.cn
责任编辑：刘　薇
责任校对：黄　蓓　常燕昆
装帧设计：王红柳
责任印制：石　雷

印　　刷：三河市万龙印装有限公司
版　　次：2023 年 12 月第一版
印　　次：2023 年 12 月北京第一次印刷
开　　本：710 毫米×1000 毫米　16 开本
印　　张：25
字　　数：378 千字
印　　数：0001—1000 册
定　　价：108.00 元

序

21 世纪初，全世界拉开了新一轮能源变革的序幕，世界各国相继提出发展智能电网，甚至作为国家战略的重要组成部分，智能化已成为世界电力发展的趋势。分布式电源、微电网、储能装置等有源系统大量分散接入，多能源耦合变换，能源供需角色动态变化，多重扰动无序叠加，都对配电网长期持续健康运行带来极大挑战，发展智能配电网自愈控制是解决问题的关键。

《智能配电网自愈控制理论》的作者陈星莺教授是国内早期开始并长期坚持从事配用电领域研究的学者，于二十多年前开始智能配电网自愈控制方面的理论研究与工程实践，该专著凝聚了陈星莺教授在该领域多年的研究成果。

《智能配电网自愈控制理论》创建了基于分层递阶控制的配电网自愈控制体系，将智能配电网划分为 7 种运行状态和相应的 7 种控制。提出了智能配电网健康运行状态评估体系、基于分层递阶控制理论的智能配电网自愈控制模型、基于智能体群体系统理论的智能配电网分层分区分布自愈控制策略。通过实时运行评价和趋势预测，融合集中智能与分布智能，以低成本、高灵活性手段应对正常情况、异常情况和极端条件下的各种扰动，实现智能配电网持续优化、主动预防、及时消除健康隐患和紧急情况等目标，理论性强。该专著体系完整、内容丰富，既有理论分析和公式推导，又紧密结合实际，提出的理论和方法已在工程现场得到应用，是一本难得的专注配电网自愈控制的优秀学术专著，具有重要的参考价值。

《智能配电网自愈控制理论》是一部工程实践探索著作。作者基于不同电压等级配电网的工程实际，以充分利用现有系统和遵循国际标准为原则，设计了基于一体化支撑平台的配电网自愈控制主站系统、结构和功能标准化的智能配电单元，并在多地成功的示范应用，社会经济效益显著。

该书的出版为本领域系统理论与工程实践的融合提供了典范，可为学术界和工程界从事配电网科学研究以及运行分析、调度控制、规划设计的科学技术人员提供依据和参考。

中国科学院院士 周孝信

2023年10月

前　言

配电网处于电力系统的受端，直接面向电力用户，是关系用户安全可靠供电的关键环节。一直以来，由于配电网结构简单、运行方式少变、控制手段单一，常规的自动化系统已能满足配电网的运行要求。从 20 世纪末到 21 世纪初，我国配电网自动化经历了高压配电网监控与高级应用综合自动化、中压配电网自动化的发展阶段。随着分布式电源、微电网、电动汽车、储能装置等有源设备和系统的大量分散接入，配电网的结构越来越复杂，同时由于源、网、荷三侧扰动使得配电网长期持续健康运行困难，配电网运行的可靠性面临极大挑战。由此，智能配电网应运而生，担负着保障配电网长期持续健康运行和发展的使命。自愈控制作为智能配电网的关键核心技术，已逐渐成为研究热点。但是，这个阶段的自愈控制主要集中在配电网故障自愈，并没有对保障配电网长期持续健康运行的自愈控制展开全面深入的研究。

作者从 20 世纪 90 年代起一直致力于配电网及其自动化领域研究，研发了高压配电网监控与高级应用综合自动化系统和中压配电网自动化系统。随着分布式电源等有源设备和系统的接入，作者认识到传统的配电网自动化系统已无法满足配电网长期持续健康运行的要求，开展智能配电网的研究成为必然选择，并于 2002 年提出了配电网自愈控制的研究体系，开展了系统的理论研究和工程应用，研究成果支撑了相关科技项目，并在项目示范工程中得到实践验证。2009 年研发完成了全国第一套配电网自愈控制系统——基于自愈控制技术的城市电网自动化系统，完成了第一个配电网自愈控制示范工程，顺利通过了国家电网公司的验收。同年，指导博士研究生完成了国内首篇关于自愈控制的博士学位论文《基于多代理技术的城市电网自愈控制策略研究》。在前期理论研究的基础上，2010年申请并获批了国内首个关于配电网自愈控制的国家自然科学基金项目——基于多代理和多模型技术的城市电网自愈控制理论研究；获得了配电网自愈控制方面的第一件授权国家发明专利——城市电网运行的自愈控制方法。

本书是一本关于智能配电网自愈控制理论的专著，是对作者研究成果的总结。智能配电网的健康运行状态是一个动态变化的过程，涉及当前、未来及历史不同时期的运行工况，涵盖高、中、低压配电网的规划和运行阶段，不同运行状态的时空耦合关系复杂，为此，本书针对智能配电网长期持续健康运行目标，构建了智能配电网自愈控制理论体系。提出了智能配电网自愈控制框架结构，将智能配电网划分为7种运行状态和相应的7种控制模式；提出了智能配电网健康运行状态评估与趋势预测体系和方法，包括基于属性区间的健康运行状态评估方法，计及源、荷变化趋势的供电能力评估方法，考虑时间累积效应的运行风险评估方法；构建了满足供电需求、供电质量要求和运行控制要求的智能配电网自愈控制多目标优化模型，以及基于分层递阶控制理论的智能配电网自愈的三级五层递阶控制模型，通过分级分层对复杂的时空协调问题进行降维并行处理，提高了控制效率；提出了基于智能体群体系统理论的智能配电网分层分区分布自愈控制策略；基于实时运行评价和趋势预测，融合分层递进和分区自治策略，实现了集中智能与分布智能、全局与局部的综合协调控制，保证了智能配电网持续优化、主动预防、及时消除健康隐患和紧急情况等目标实现。

全书围绕智能配电网自愈控制理论展开，共分为11章。第1～3章定义了智能配电网、智能配电网自愈控制等名词术语，从智能配电网的基本结构、特点与控制要求、控制对象的数学模型几个方面分析了智能配电网的控制基础，并构建了智能配电网自愈控制理论体系，详细介绍了基于分层递阶控制原理和智能体群体系统的智能配电网自愈控制体系架构、控制策略与模型。第4～5章根据源、荷变化具有的规律性和随机性双重特性，提出了智能配电网动态概率潮流计算方法，在此基础上详细阐述了智能配电网稳态运行以及电压、功角和频率稳定性的分析方法；提出了智能配电网健康运行状态评估指标体系和评估方法，包括为保证对电源、负荷等运行条件变化的适应性，提出了智能配电网的供电能力评估方法，针对干扰智能配电网健康运行存在的风险，提出了运行风险评估指标和多时间断面动态运行风险评估方法。第6～10章针对智能配电网不同运行状态提出了相应的控制方法，包括健壮控制、优化控制、预防控制、校正控制、紧急控制、恢复控制和孤岛控制方法。第11章设计和研发了智能配电网自愈控制一体化支撑平台、结构和功能标准化的智能配电单元、智能配电网自愈控制测试平台，研制了关键设备和智能配电网自愈控制系统，并以实际案例对应用情况进行分析。

本书首次面向配电网长期持续健康运行建立系统的自愈控制理论，可为在正常情况、异常情况、极端条件下全面提高配电网自动化和智能化水平提供理论依据，为配电网运行分析、调度控制、规划设计提供科学依据和参考。希望能够对智能配电网自愈控制理论的研究和应用、智能配电网的建设与发展起到一定的推动作用。

感谢国家自然科学基金委、科技部、教育部、国家电网有限公司、河海大学给予的关心与支持。同时感谢河海大学李振坤、余昆、李明星、卢晓静、周苏文、陈旦、祝万、黄建勇、蔡敏、杨鸣、解大琴、常慧等研究生在本书相关内容研究过程中所作出的贡献。

由于作者水平有限，书中难免有错误和不妥之处，希望读者批评指正。

作 者

2023年秋

目　　录

1 概述

1.1 背景与意义

1.1.1 电网自愈控制的背景情况

人类赖以生存的地球正遭遇环境和资源的严峻挑战，如全球气候变化、自然灾害频发、污染严重、传统能源日益短缺等，为了应对这些挑战，世界电力工业选择了智能电网（smart grid）。由于电网基础架构、运营方式、安全因素等各不相同，世界各国在智能电网建设过程中重点关注的内容并不相同，美国的重点是网络结构建设和以信息技术为基础实现智能化，欧洲则重点发展可再生能源和分布式能源。电力运营商、生产厂商、学者等分别从不同角度对智能电网进行了阐述，如世界上最大的区域电网 PJM 认为智能电网是开放结构，满足即插即用要求，通过电力供应体系的自动化来提高电网的可靠性及效率。

在我国，两大电网公司相继提出了智能电网建设目标，其中国家电网有限公司提出的智能电网建设包含所有电压等级，分为发电、输电、变电、配电、用电和调度六个环节。

虽然没有统一的定义，但是智能电网被认为是为实现电力系统安全稳定、优质可靠、经济环保要求而提出的未来电网发展方向，是实施可持续供电战略的重要保障，具有融合、优化、分布、协调、互动、自愈等特征[1~3]。其中，“自愈”的理念由美国电力科学研究院（EPRI）2000 年在 SPID（strategic power infrastructure defense system）项目中提出，包括对自适应切机减载、解列和保护、信息和传感等进行研究，其目的是抵御自然灾害、信息和通信系统故障、市场竞争和蓄意破坏等对电力系统的威胁[4]，后来成为了智能电网的核心技术。国家电网有限公司提出的智能电网建设方案指出，要从直辖市和重要省会城市开始建设实用型配电网自动化，实现配电网的灵活自愈，并且建立分布式电源

（distributed generation，DG）和分散式储能接入电网的标准，充分发挥其作用，连同应急抢修和用户需求侧响应进行协同调度，实现配电网调度的智能化，提高应急和抵御事故能力，并能适应电动汽车充电站等新型电力负荷的需求，开展新能源发电及其并网技术研究，提高蓄能机组调节速度和能力，保障电力系统安全稳定运行。

综合分析目前关于智能电网的相关概念，埃森哲咨询公司给出了比较客观的定义。具体如下：

［定义 1-1］ 智能电网：利用传感、嵌入式处理、数字化通信和 IT 技术，将电网信息集成到电力公司的流程和系统，使电网可观测（能够监测电网所有元件的状态）、可控制（能够控制电网所有元件的状态）和自动化（可自适应并实现自愈），从而打造更加清洁、高效、安全、可靠的电力系统。

总体来看，自愈控制是智能电网的核心技术。本书以配电网为研究对象，考虑配电网未来的发展及其对控制的要求，总结了作者从 2002 年以来在配电网自愈控制领域二十余年的研究成果，系统地论述配电网自愈控制理论、技术及其应用。

1.1.2 配电网自愈控制的意义

配电网是连接大电网与用户的中间环节，一旦停电将会影响用户的正常供电，造成巨大的经济损失和严重的社会影响[5]。然而，台风、冰雪、地震等自然灾害时有发生，引发大量的倒塔、断线事故，导致大面积停电，波及范围广、持续时间长，如果在配电网中没有分布式电源支撑，一旦失去电源，则会全城停电停水，给国家和人民造成巨大损失，引起社会秩序混乱，像军工、医院、金融等电力负荷的失电，还会危及社会的安全与稳定。配电网在电力系统中的位置决定了对其进行自愈控制是实现智能电网与电网自愈控制的核心内容，通过充分利用分布式电源优化整个系统的运行，在紧急情况下合理利用分布式电源可保持对负荷的持续供电。

正常运行时配电网的供电方式为开环，在没有分布式电源情况下，如果配电网内部发生故障会引起部分负荷失电，需尽快改变配电网的运行方式，恢复对失电负荷的供电，进行检修时也必须在保证不间断供电的前提下进行运行方式的切换。DL/T 723—2018《电力系统安全稳定控制技术导则》规定大电网从警戒状态到系统崩溃状态按照三道防线进行控制，采取损失负荷、中断供电、解列等措施，保证电力系统安全稳定运行。因此，在稳定控制过程中，为了维持电力系统稳定的大局，对于处于受端的配电网来说，可能被中断供电、解列，为了避免出现长时间、大面积停电，配电网必须有自我恢复供电的能力，并且需要充分利用分布式电源的支撑作用继续为负荷供电，而不是让分布式电源退出运行，使分布式发电作为集中发电、远距离输电、大电网互联的有益补充。

采用分布式电源保障配电网持续供电涉及孤岛供电的控制问题，其控制原则是在扰动发生后首先采取措施尽量避免形成孤岛供电，在无法满足时进行适当的控制，形成合理的孤岛供电方式，保证重要用户的可持续供电。由于孤岛内电网小，总体惯性小，分布式电源的容量也相对较小，且配电网中旋转负荷很多，旋转的单负荷容量也越来越大，因此，孤岛内功率平衡是一个突出的问题，需要寻求鲁棒性好的控制方法以保证频率的稳定性。

同时，用户对系统的可靠性和电能质量也提出了新的要求。近年来，随着计算机技术和通信技术的发展、城乡电网改造的深入，我国城市电网的自动化水平得到大大提高，但目前基本上停留在数据采集与监视水平，多数数据采集与监视控制（supervisory control and data acquisition，SCADA）系统仅以采集数据并将其以可视化形式显示出来为目标，没有对这些数据进行充分的信息挖掘，更没有运用计算分析功能和人工智能手段为配电网的安全可靠运行提供决策支持[6]。通过对配电网的运行数据运用先进的计算分析方法和人工智能手段进行充分的分析研究，实时评估其运行状态，自适应地采取相应的控制措施，形成配电网的自适应闭环控制，可显著提高配电网运行的安全性和可靠性，具有重要的实际应用价值。

在能源、电力发展的新背景下，配电网备受关注。多种能源以不同的发电形式直接接入配电网，以及电动汽车等冲击负荷、储能系统等各种新型电力元件的广泛应用，使得配电网具备了更多的控制手段，同时控制的复杂性也大大增加，另外，相对于传统电网来说，智能电网建设本身也对配电网提出了更高的要求。因此，建立智能配电网自愈控制理论，梳理前期研究成果，可为配电网的建设提供理论依据和技术支撑，为后续进一步开展相关研究提供参考。

1.2 国内外相关研究进展

1.2.1 自愈控制的研究进展

“自愈”的概念来源于生物医学界[7]，目前国内外的文献报道中，其思想的应用涉及计算机网络、微电子、材料等多个领域，尤其在计算机网络中被广泛应用[8~15]，近年来，该思想也被用于电力系统的运行控制[1,16~30]。

电力系统解除管制等因素造成系统运行过程中遭受扰动影响较多，并且系统一般都接近运行极限，针对这些问题，文献［6］提出一种支持自愈电网的信息框架，该框架由一组协调的闭环控制集组成，属于分布自治架构。文中从组织结构、地理分布和功能的角度分为不同尺度分别进行建模，将具有自治性和智能性的代理分布在该架构中，通过多个执行环协调这些功能，从小时级的运行控制到秒级的暂态控制，涵盖了整个实时运行的控制需求。

学者们研究自愈控制的思路基本一致，在两个方面体现自愈控制，即事前的主动预防控制和事后的自愈恢复控制。比如文献［17］提出的自愈保护系统，将具有智能的电子装置作为保护的一部分，并设计保护为代理，在SCADA系统中，基于图论的专家系统自动将保护代理分为主保护和后备保护，应用预测和校正的自愈策略规范保护代理的行为，在同一个区段的主、备保护之间进行通信协调以更准确地切除故障，提高保护系统的鲁棒性。文献［18］基于广域测量建立虚拟的保护系统，检测故障并进行紧急控制。文献［19］基于法国的实际电网搭建了一个含有分布式电源的配电网自愈控制试验台。文献［20］研究了智能测量及基于测量数据建立负荷断面数据进行供电恢复重构的方法。文献［21］基于脆弱性分析来判断系统的状态，当系统趋向紧急状态时，通过自愈策略使系统自适应地分解成几个能够快速恢复供电的岛屿，并应用低频切负荷策略进行紧急控制。

另外，美国的Karen教授研究了船舶上孤立电力系统的自愈控制，其思想是在船舶遭受攻击或即将发生故障之前进行主动控制，故障发生时通过重构等操作恢复并维持系统的正常运行[22~24]。文献［25］采用钠材料制造自愈电流限制元件，并将其用到配电变压器限流器中，可以大幅降低短路电流。文献［26］则设计了一种自愈式电容器。

在国内，哈尔滨工业大学的郭志忠教授在文献［27］中提出的自愈控制框架，以SCADA/RTU的稳态测量和WAMS/PMU的动态测量为基础，以面向过程的预防控制为主要手段实现电网的自愈控制，对电力系统快速的局部控制和慢速的全局控制要求进行了详细的分析。东南大学的万秋兰教授论述了复杂系统理论、稳定性理论和自愈技术对大电网实现自愈的支持，提出应用相量测量单元（PMU）基于轨迹研究电力系统稳定性的总体研究思路[28]。河海大学的陈星莺教授在文献［1］中对城市电网自愈控制进行了专门的研究，通过分析城市电网的结构特点、运行方式与大电网的区别，定义了城市电网自愈控制，提出了城市电网自愈控制体系结构，设计了整个系统的框架，并开发了城市电网自愈控制计算机系统，在南京城市电网中进行了试点应用，获得了国家发明专利[29]。文献［1］、［29］、［30］首次研究并提出和建立了配电网自愈控制体系与框架，奠定了配电网自愈控制的理论基础。

1.2.2 配电网控制的研究进展

配电网自愈控制涵盖了配电网运行的整个过程，涵盖面非常广，以往对配电网控制的研究通常涉及配电网自愈控制的某一方面，主要分为配电网运行分析与评估方法、配电网优化与故障处理方法、分布式电源并网运行的影响三个方面。

1. 配电网运行分析与评估

配电网的运行分析与评估是对配电网进行控制的基础，目前主要研究了配电网负荷预测[31~32]、合环潮流计算[33~34]、安全稳定分析[35]、供电能力评估[36~37]、应急能力评估[38~40]等几个方面。

由于配电网是环网结构、开环运行，因此需要进行合环潮流计算和分析，文献［33］针对带PV节点的弱环网结构的配电网提出了一种潮流计算方法。文献［34］建立了合环潮流与电压幅值、相角和等值阻抗之间的关系，并结合地区电网的特点提出了根据设备限额求解功角闭锁量的方法。文献［35］对地区电网的静态稳定性和暂态稳定性分析要点及计算数学模型进行研究，指出与大型输电网的不同之处，并针对地区电网存在的稳定问题提出了运行方式建议。

文献［36］提出配电网供电能力实时评估的数学模型，并利用变步长的重复潮流算法对配电网当前运行方式下的供电能力进行评估，得出的可转移负荷容量为预防控制和恢复控制提供了决策依据。文献［37］基于信赖域法提出城市电网供电能力充裕度的评估方法，首先确定网络最大供电能力，然后与电网目前最大负荷水平相比得到电网供电能力充裕度。

文献［38］从预防和应对城市突发事件及灾害造成大停电事故的角度，分析当前城市电网存在的主要问题，从加强系统规划设计、城市电网运行控制和应急系统建设研究三个方面提出了保障城市电网供电安全的工作重点和建议；文献［39］从紧急事件分析、城市电网停电风险、用户停电容忍程度、城市电网恢复能力等方面研究了城市电网应急能力评估技术指标体系；文献［40］提出通过分析各类突发事件引发的设备停运概率，计算出突发事件下配电网停电的风险，并以此为判据确定突发事件预警级别。

2. 配电网优化与故障处理

（1）配电网重构。

配电网闭环设计、开环运行的特点决定了网络重构是配电网控制的重要手段，Merlin 和 Back 提出网络重构的概念后，众多学者针对该问题做了大量研究。网络重构主要是通过切换开关状态来改变网络拓扑结构，改善功率分布，达到网络运行优化的目的[41~42]。

从优化的时间尺度来看，配电网重构分为静态重构[43]和动态重构[44]。静态重构是动态重构的基础，在规划阶段或者长时间尺度下可得到应用，动态重构考虑了负荷随时间的变化，在优化时段内对配电网运行方式进行动态调整，使得配电网在整个控制周期内经济运行。

从优化过程中考虑的对象来看，随着 DG 及其系统集成技术日趋成熟[45]，在配电网中的渗透率较高，需要关注其对配电网重构带来的影响。文献［46］采用蚁群算法实现了网络重构与可调度 DG 的同时优化，但需要满足配电网辐射状的约束条件，该算法对大规模配电网难以保证计算效率。文献［47］建立考虑环境成本的分布式电源出力优化模型，并用原对偶内点法进行优化。文献［48］

利用Benders分解方法实现重构与DG出力、电容器投切组数优化手段交替求解。

从优化目标及求解方法来看，配电网重构是多目标组合优化问题，其目标一般是降低网损、提高负荷均衡度、提高可靠性、改善电压质量、供电恢复[49~50]。处理多目标问题的方法主要有三种：①降维法，选择一个主要优化目标，其他目标当作约束条件来处理；②加权求和法，将多个目标函数通过权重系数转化为单个目标函数来处理；③Pareto最优法，保留一组相互非支配的最优解集，根据实际情况选取最优解。求解该问题的算法大致可以分为三类：动态规划[51]等传统数学优化算法、支路交换法[52-53]等启发式算法和遗传算法[54-56]等人工智能算法。

（2）配电网电压无功控制。

配电网电压无功控制主要是采用适当的控制和调度策略调整变压器分接头和投切电容器，减少支路中的无功功率流动，降低损耗、消除过载、减小电压降落、改善电压分布，有利于配电网的安全、经济运行[57~58]。国内外的研究主要包括基于变电站VQC的分散控制[59~61]和基于EMS的集中控制[62]两种方式，前者通过自动装置调节有载调压变压器和电压调节器、控制无功功率补偿设备（包括电容器、电抗器、调相机、静止无功功率补偿设备等）的工作状态，后者通过SCADA系统，在采集电网数据基础上进行综合决策优化控制。在控制过程中，还需要计及分布式电源电压无功的调节作用[63]。

从求解方法来看，配电网电压无功优化控制问题是一个复杂的非线性规划问题，涉及因素较多，具有多约束、多目标、控制变量离散等特性。求解该问题的算法包括动态规划法[57]、混合整数规划法[58]等传统数学优化算法和遗传算法等人工智能方法[64]。

（3）配电网故障定位与供电恢复。

配电网事故一般由多重并发故障的复杂序列所引起，如果能在事故前建立系统事故链模型，分析出造成系统事故的复杂事件序列，将有利于对系统事故进行监控[65]。文中提出基于随机Petri网（SPN）建立地区电网事故链模型，并设计了一种快速动态搜索算法，根据负荷和电网结构的变化快速求取地区电网事故链，在此基础上设计了针对地区电网事故影响因素的预控算法。

配电网发生故障后，快速对故障进行定位、隔离与恢复，可有效缩短停电时间，减少停电面积，显著提高供电可靠性。但是大多数文献研究的是 10kV 配电网[66~67]，对 35～110kV 网络研究较少。文献［68］建立了保护与元件的双向关联模型，以及保护与可能故障元件的关联矩阵模型，提出利用该模型计算所有可能故障元件的故障可信度，以该指标定位城市电网中的故障元件。文献［69］针对 SCADA 系统中误发的保护信息提出一种信息纠错模型，利用故障信息、异常信息和状态量变化信息进行互相分析纠错过滤。文献［70］则利用 SCADA 系统与故障信息系统 2 个数据源提供的信息，采用分层诊断及因果逻辑相结合的推理机制，进行电网的故障诊断。

另外，在故障定位方面的研究集中在 10kV 配电网的故障定位和输电网故障诊断两个部分。前者主要根据馈线上各分段开关处 FTU 搜集的故障信息对故障区段进行定位[71]，配电网中 35～110kV 网络的故障诊断与输电网相似，主要依靠故障时开关和保护的动作信息对故障元件进行定位[72~73]。

求解配电网恢复供电问题的思路是将人工智能与数值计算相结合，典型的方法有：启发式搜索方法[74]，可以很快找到可行解；专家系统方法[75]，只需进行简单的匹配，但不能处理复杂电网；运用遗传算法等智能优化算法[76]建立评价函数，寻求该评价函数下的最优解，往往计算时间比较长。

3. 分布式电源并网运行的影响

分布式电源并网后，配电网的结构和运行方式发生了根本性变化，其稳态运行和动态运行状态都会受到影响，包括正面作用和负面影响两个方面。文献［77］对相关的研究进展进行了详细分析，提出了关键研究内容，为后续的研究指明方向。

（1）分布式发电对配电网稳态运行的影响。

首先，电源的输出特性与控制方式对潮流计算的方法和收敛特性有很大影响，并且风力发电、太阳能发电、以径流为主的小型水力发电等电源出力具有随机性，确定性潮流不能描述电网的特征，需要研究相应的潮流计算方法。其次，大量分布式电源接入电网后会造成电压波动增大、无功潮流不合理，通过

AVR、SVR 等设备与分布式电源协调是一种控制手段。另外，恰当的控制能使分布式电源以孤岛形式稳定运行，但是必须进行合理的供电范围划分，这样可将分布式电源作为用户不中断供电的备用电源而发挥作用。

（2）分布式发电对配电网动态运行的影响。

分布式电源并网运行给配电网的运行带来了许多不稳定因素，分布式电源的并网增加了配电网中感应电机的数量，再加上电网中电动机负荷增多，尤其空调负荷剧增，使得配电网发生故障后可能会失去电压稳定，在保护和控制不完善时更容易发生，如 1997 年巴西已经出现配电网电压不稳定现象，异步发电机对配电网小扰动电压稳定性也有影响。

由于分布式电源的控制能力弱、励磁控制范围小、易达到控制极限，此时相当于恒定励磁系统，如果在峰荷期间电网承受较大的负荷，可能会因为小的扰动而引起分布式电源失去功角稳定。另外，为充分利用可再生能源，解决因负荷迅速增加和峰谷差大时集中发电表现出的不足，分布式电源很多时候接近满负荷运行，若此时电网中发生故障，则分布式电源可能会失去稳定。仅由分布式电源供电的孤岛系统中，因其出力和负荷都具有随机性，这两组不相关的随机系统很可能出现不平衡而引起配电网的频率不稳定。

（3）其他影响。

1）分布式电源并网后，配电网成了多电源结构，潮流方向变化频繁，原有继电保护配置与机理不能直接适应这种变化，必须研究新的继电保护装置或其他措施（如电抗器限流）与原有网络配合，协调各种继电保护和控制装置的行为，实现电网运行方式变化后继电保护再整定。

2）分布式电源并网运行、电力电子设备用于控制系统后带来诸如电压脉冲、涌流、电压跌落和瞬时供电中断等动态电能质量问题。目前，国内外的研究主要集中在对这些问题的检测、评价以及产生源的分析。如果是感应电机一般可通过降压启动，使其与功率相匹配来消除电压闪变，同步电机需加快与电压同步，变换器则通过控制注入电流改变输出。

3）因分布式发电类型与规模多样，对电网的影响各不相同，因此必须对分布式电源进行优化规划，在适当的地方安装恰当类型的分布式电源，使电网的综合性能达到最优。目前主要集中在分布式发电对电网影响的分析、分布式电源位置和容量的规划。

4）可以利用分布式发电技术进行电力备用、调峰、无功和电压支持服务，以及作为应急备用电源，这样能更好地发挥其作用，但需要形成合理的辅助服务市场。若高峰时段分布式发电的运行成本比系统低，则分布式电源满发还可减少整个系统的成本；考虑客户中断成本时，将分布式电源作为备用比削峰更好，分布式电源可作为紧急情况和尖峰负荷时系统的备用容量。

1.3　本书内容简介

1.3.1　智能配电网

1. 研究对象的界定和相关术语介绍

随着电力负荷增加以及电力系统规模的不断扩大，500/220kV 电网成为区域供电的主网架，并采用分层分区方式运行，各分区之间相对独立，在特殊方式下互相支援。在此网架结构下，500kV 变电站作为主供电源，经过 220kV 大截面的架空线路向 220kV 中心变电站送电，然后经 220kV 大截面的电缆或架空线路向 220kV 终端变电站供电，最后进行降压配电或直接放射供电，其典型网架结构如图 1-1 所示。

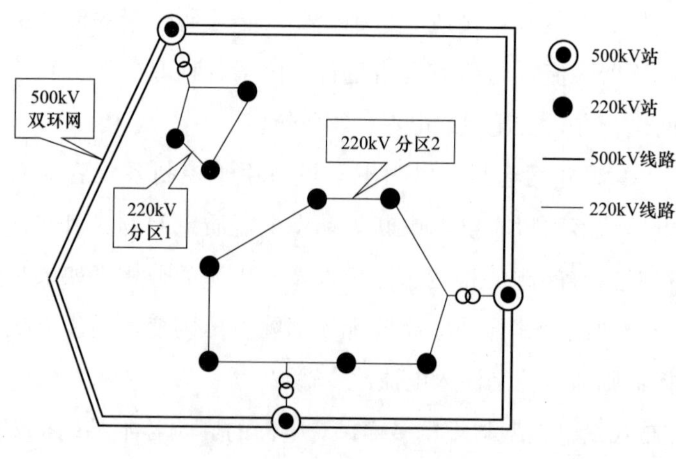

图 1-1　典型网架结构示意图

虽然不同区域之间的电网具有差异，但是总的来说都具有以下特点：①电压等级复杂，从 380V 到 220/500kV；②电源形式多样化，包括大电网和多种分布式电源；③冷热电联产等多种供能方式协调运行；④网状结构，开环或弱环方式运行；⑤单负荷容量大，大容量动态负荷多，大容量冲击负荷如电铁、电动汽车充电设施等对区域电网的影响较大。

配电网可以分为高压配电网、中压配电网和低压配电网，由于低压配电网暂时不具备控制条件，本书研究的配电网界定为 220kV 变电站到直接或间接由其供电的负荷之间的电力网络，电压等级从 20/10/6kV 到 220kV，包含高压配电网和中压配电网两部分，其中高压配电网的典型网络接线如图 1-2 所示，中压配电网的典型网络接线如图 1-3 所示。

如图 1-2 所示的典型高压配电网，虽然各个变电站之间相互连接构成了复杂的电网结构，但主要包含了两种结构：220kV 变电站同时供 110kV 和 35kV 变电站、220kV 变电站仅供 110kV 变电站，因此，可将上述网络简化为图 1-4、图 1-5 两种供电模式，本书分别称之为 110/35kV 混联模式和 110kV 直降模式。

为了方便描述，分别称图 1-4 和图 1-5 所示的简化典型高压配电网为 A 网和 B 网。如图 1-4 所示，对于 A 网，如果 Ln3 线断开运行则称 A1 网，如果 Ln2 线断开运行则称 A2 网。

如图 1-3 所示的典型中压配电网，虽然各个变电站及各母线之间相互连接构成了复杂的网络结构，但是联络开关相连的馈线只有两种情况，来自不同变电站或同一变电站的不同母线，也就是说，各条馈线通过联络开关所联络的馈线可能来自同一变电站的不同母线或不同变电站的母线，一般与多条馈线联络，且具有多个联络点。因此，可从单条馈线出发，将上述网络简化为图 1-6 所示的供电模式，其中假设馈线为 M 分段 L 联络，本书称之为多分段多联络供电模式。

高压配电网和中压配电网的结构、设备参数、运行特点具有较大差异，通常是分别进行研究，建立不同的模型和计算、分析方法。但是，实际电网进行调度、控制和操作时，高压配电网与中压配电网之间需要协调。为了方便描述，本书定义变电站连通系和馈线连通系两个名词，具体如下。

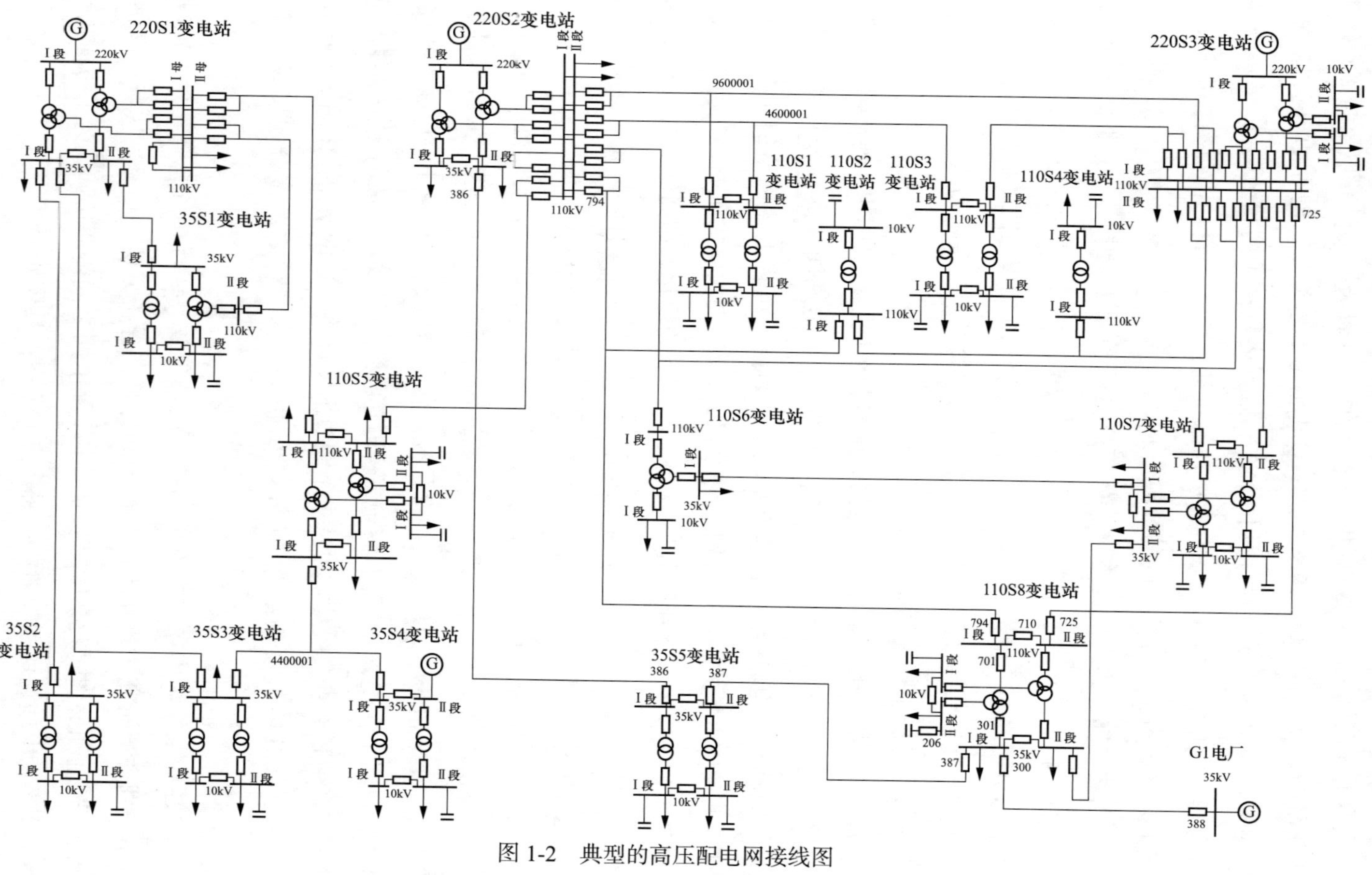

图 1-2 典型的高压配电网接线图

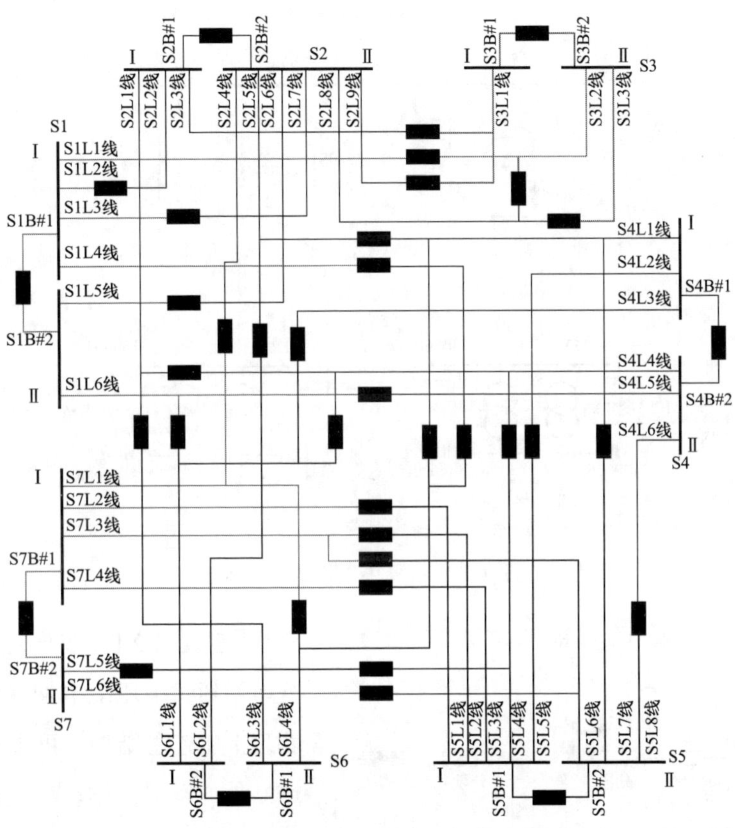

图 1-3 典型的中压配电网接线图

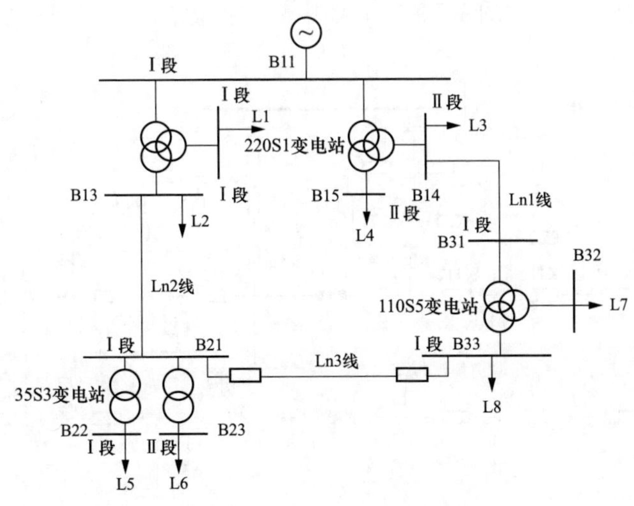

图 1-4 混联供电模式示意图

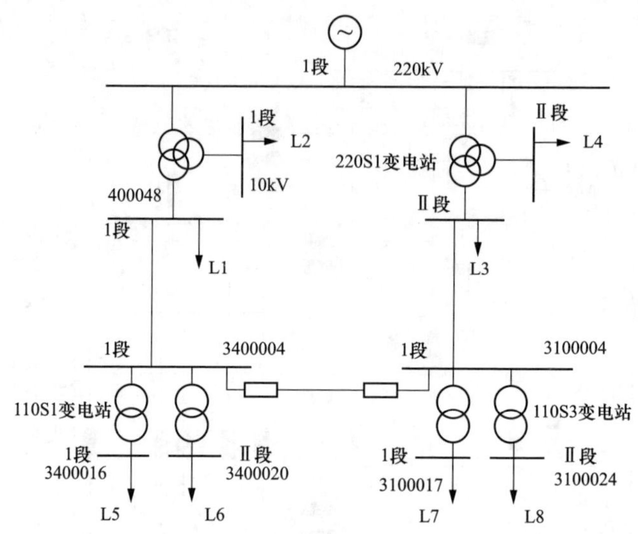

图 1-5　直降供电模式示意图

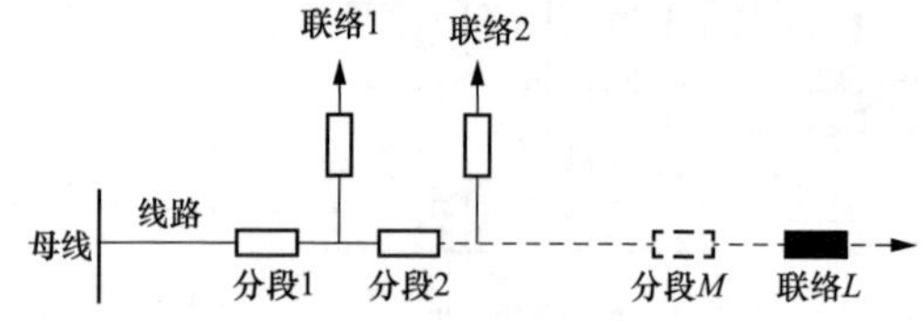

图 1-6　多分段多联络供电模式示意图

［定义 1-2］ **变电站连通系：** 变电站通过中压配电网联络，形成物理上的连通结构，可以通过站内或站外的倒闸操作，改变该连通结构内部的电气连通关系，称该连通结构为变电站连通系。如图 1-7 所示，图中三个变电站构成一个变电站连通系。

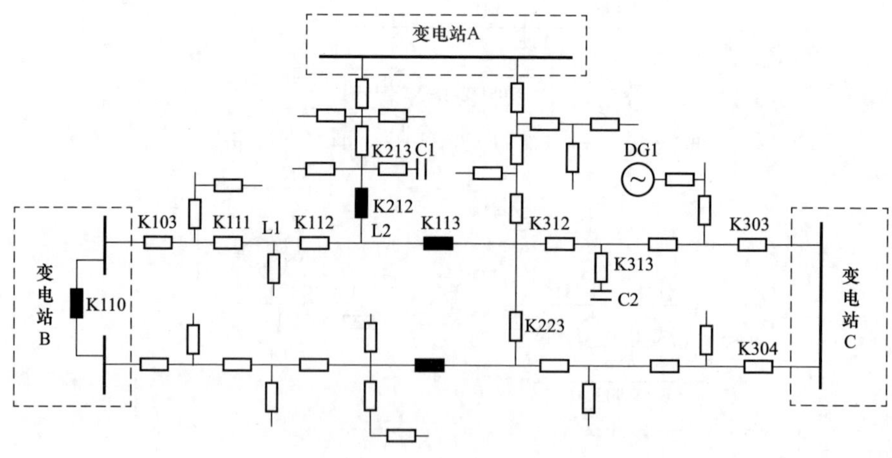

图 1-7　连通系示意图

［定义 1-3］ **馈线连通系：**馈线之间通过站外联络开关构成物理上的连通结构，可以通过站外的倒闸操作，改变该连通结构内部的电气连通关系，称该连通结构为馈线连通系。可以看出，馈线连通系是变电站连通系的子集，如图 1-7 所示，图中三个变电站之间具有两个馈线连通系，实际运行过程中，往往馈线连通系内部各馈线之间开环运行。

2. 智能配电网的定义

为了减少对化石能源的依赖和环境污染，需要大力开发利用清洁可再生能源，尤其充分利用负荷侧的可用资源，并为用户提供优质的电力和服务，也就是说实现智能电网关键在于配用电领域。智能配电网是智能电网的缩影，能够充分体现智能电网的能量平衡模式及电网形态上的变化、承载智能电网的功能，本书对智能配电网作如下定义。

［定义 1-4］ **智能配电网：**在物理形态上支持分布式电源、微电网、储能系统和电动汽车等电力负荷灵活便捷接入，以高可靠的配电网结构和先进的电力设备为基础，通过应用先进的计算机技术、电力电子技术、通信网络技术、传感量测技术、高级计量技术、在线实时监控和自动控制技术等技术和高可靠的智能设备，将监测、保护、控制、计算、分析、决策及供电业务部门的管理工作有机融合，可为用户提供定制的安全稳定、优质可靠、经济高效的电能，以及择时用电、分时计费等互动服务的配用电系统。

智能配电网是配电网智能化发展的必然结果，随着技术的不断进步，配电网的智能化程度与表现形式也将随之变化，即智能配电网是一个开放的不断发展的系统。相对于传统配电网来说，在能量流、信息流、业务流上都发生了本质变化，如表 1-1 所示。

表 1-1　　不同阶段配电网的特征对照表

配电网发展阶段	能量流	信息流	业务流
传统配电网	由各级变电站经中压配电网流向用户	信息易丢失、传输慢、独立性强	局限于部门内部
智能配电网	潮流双向流动	信息集成、高速双向传输、分布式处理	跨部门业务互动、电网与用户互动

发展到智能配电网阶段，配电网成了有源电网，潮流不再固定由高电压等

级变电站向低电压等级变电站，再经中压配电网单方向流向用户，而是双向流动，同时打破了原有的能量平衡模式，即不再是发电跟随负荷波动的供电模式，而是负荷主动参与电网调节，这使得电网与用户之间建立了双向互动的信息流和业务流。总的来说，智能配电网要求能量流、信息流、业务流的融合与互动，具有集成、自愈、互动、优化和兼容5个关键特征。

（1）集成。通过不断的流程优化、数据与信息的集成和融合，实现电力企业管理、电能生产管理、调度自动化与电力市场管理业务的集成，形成全面的辅助决策支持体系，支撑电力企业管理的集约化、规范化和精细化，不断提升管理效率。

（2）自愈。不断对电网的运行状态进行自我评估，并以预防控制手段为主，在期望时间内促使电网转向更健康的运行状态，确保为用户提供持续、优质的电力供应。包括及时发现、快速诊断和消除故障隐患；故障发生时，在没有或少量人工干预下，快速隔离故障、恢复供电，避免发生大面积停电；充分发挥分布式电源、储能系统及微电网对电力系统的支撑作用，为灾难性停电提供应急方案等功能。智能配电网的自愈力提高，使其具备更高的供电可靠性、安全性和优质性。

（3）互动。基于智能电表和通信网络，实行分时电价、动态实时电价等政策，通过用户自行选择用电时段，在节省电费的同时，为降低电网高峰负荷作贡献，允许并积极创造条件让拥有分布式能源的用户在用电高峰时向电网送电。包括通过开放透明的配电网信息发布平台，实现与用户之间的信息交互；电网运行与批发、零售电力市场实现无缝衔接，支持电力交易的有效开展；通过市场交易更好地激励电力市场主体参与配电网资源的优化配置和安全管理，促进电网协调发展；支持用户需求响应，为用户提供附加服务，实现从以电力企业为中心向以用户为中心转变等功能。

（4）优化。电网资产从规划建设到运行维护进行全寿命周期管理优化和可视化管理，合理安排设备的运行与维护、试验与检修，提高资产的利用效率，有效降低运行维护成本和投资成本；充分发挥分布式电源、储能系统及微电网的削峰填谷作用，提高配电设备、设施的利用效率；不断提升调度、运行水平，减少电网损耗，提高能源利用效率；利用先进的电力电子技术、电能质量在线监测和补偿技术，实现电压、无功的优化控制，保证电压合格；实现对电能质量敏感设备的不间断、高质量、连续性供电。

（5）兼容。能够同时适应集中发电与分散发电模式，支持大量分布式电源、电动汽车、储能系统接入和微电网运行，使得智能配电网在形态上与传统配电网有本质区别，通过分布式能源的优化调度实现各种能源的优化利用，扩大系统运行调节的可选资源范围，有效地增加配电网运行的灵活性和对负荷供电的可靠性，满足电网与自然环境的和谐发展。支持用户侧负荷的多样性随机接入和动态响应，支持用户和电力公司的双向互动，指导电力客户科学经济用电。

因此，智能配电网是具有集成、自愈、互动、优化和兼容特征的柔性电网，主动性贯穿了整个运行和管理过程。

1.3.2 智能配电网自愈控制

生物依靠遗传获得的维持生命健康的能力称为自愈力，包括免疫力、排异力、修复力（愈合和再生能力）、内分泌调节力、应激力、协同力等，是经过自然界亿万年的洗礼，不断历练形成的结果。生物体通过免疫系统、应激系统、修复系统（愈合和再生系统）等若干个子系统协同工作来储存、补充和调动自愈力以维持机体健康，这样的协同性动态系统称为自愈系统（self-healing system），其中任何一个子系统产生功能性、协调性障碍或者遭遇外来因素破坏，其他子系统的代偿能力都不足以完全弥补，生物体自愈能力就会降低，在体征上显现为病态或者亚健康状态[78～79]。

借鉴生物的自愈系统原理，可以构造一个具备自愈力的物理系统，如图 1-8 所示。自愈系统须具备自愈控制功能[27]，通过自愈控制增强物理系统的自愈力，从而增强物理系统对环境的适应能力，提高健康性水平。

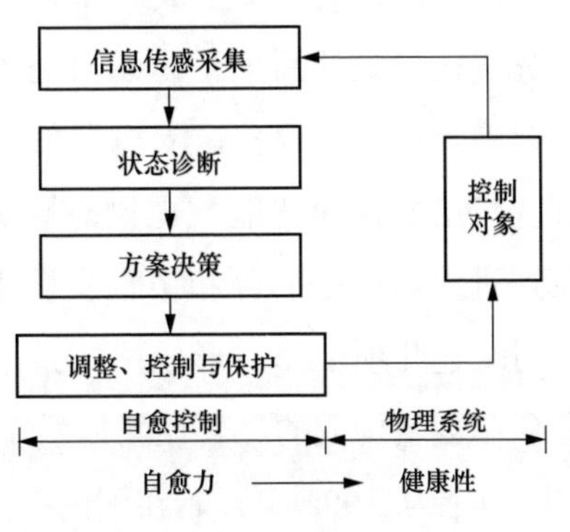

图 1-8 自愈系统示意图

自愈控制包括信息采集、状态诊断、方案决策、控制执行四个步骤。首先需要通过信息的传感采集快速感知物理系统及其所处环境的变化，然后通过状态诊断准确评估物理系统的当前状态，在此基础上进行方案决策，正确形成控制方案，并及时采取控制行动。因此，适应是自愈控制的基本原则，要求控制措施能够适应物理系统的当前状态及其所处环境的变化，使物理系统能够始终保持向健康状态转移的能力。

智能配电网是在传统配电网结构基础上，增加了各种分布式电源、储能系统、智能开关和微电网结构，这些设备和系统接入到220kV以下的各个电压等级。在进行自愈控制时需要适应这些新型元素的要求，并充分发挥其作用。根据自愈系统和自愈控制的基本思想，本书对智能配电网自愈控制作如下定义。

［定义1-5］ 智能配电网自愈控制：具有分布式电源、储能系统、电动汽车等多种能源多点接入的配电网，以数据采集为基础，自动诊断当前所处的运行状态，根据实际条件运用智能方法进行控制策略决策，协调智能开关、保护控制装置、安全自动装置和自动调节装置等控制设备的动作行为，在期望时间内向更健康的运行状态转移，赋予智能配电网自愈能力，即通过统一协调装置与调度/配电自动化系统，协调紧急情况与非紧急情况、异常情况与正常情况下的电网控制，形成分散控制与集中控制、局部控制与整个配电网的综合控制相协调的控制模式，使智能配电网能够顺利渡过紧急情况、及时恢复供电、运行时满足安全约束、具有较高的经济性、对于负荷变化等扰动具有很强的适应能力。

1.3.3 本书内容概述

1. 本书的研究成果体系

本书的研究工作及成果体系如图1-9所示，围绕智能配电网自愈控制展开，首先进行自愈控制理论体系研究，然后从四个层次进行系统实现，包括执行层的自愈控制关键设备、支撑层的智能配电网自愈控制一体化支撑平台、分析层和决策层的各种智能配电网分析方法与控制方法。为了验证自愈控制的效果，可通过现场检测平台和仿真实验平台分别针对实际运行和模拟环境进行研究。通过上述几项工作，形成由体系架构创新、理论方法创新、支撑技术创新、设备研制创新构成的一套创新体系，最终目标是实现智能配电网自愈控制。

作者从1995年开始在国内率先开展配电自动化研究，在前期研究成果基础上，于2002年开始启动配电网自愈控制研究工作。本书是对二十余年来研究成果的一次总结，在研究过程中主要获得了以下项目的资助：

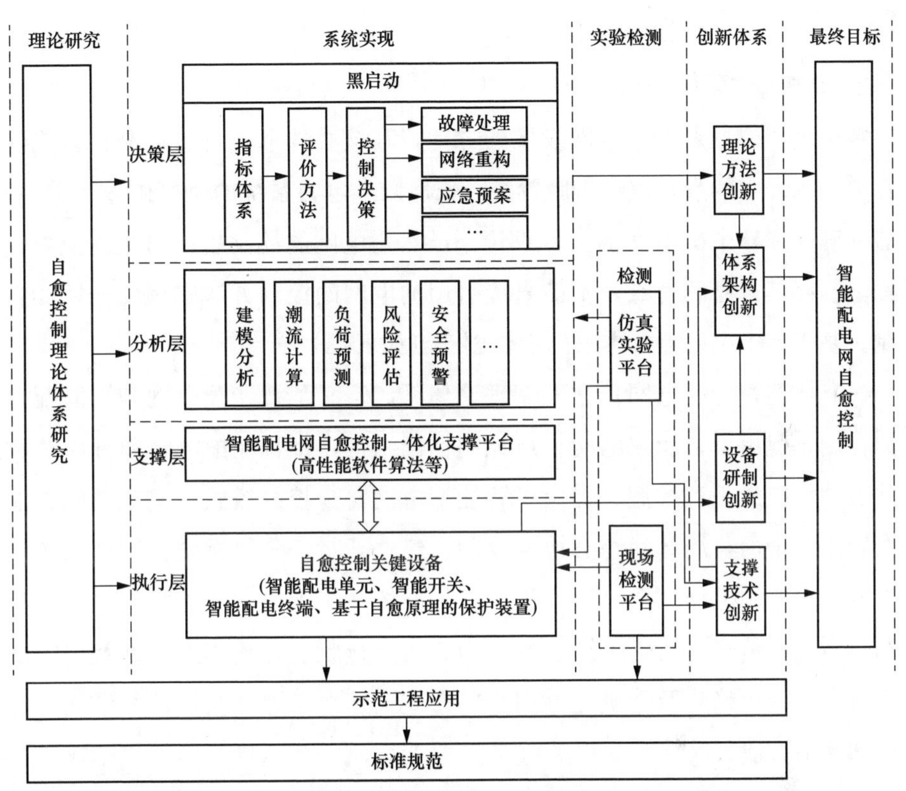

图 1-9　本书的研究成果体系

（1）国家自然科学基金资助项目：基于多代理和多模型技术的智能城市电网自愈控制理论研究（51077043，配电网自愈控制首个基金项目）；

（2）国家自然科学基金资助项目：计及分布式发电的配电网自愈控制研究（51207047）；

（3）国家高技术研究发展计划（863 计划）课题：智能配电网优化调度关键技术研究（2012AA050214）；

（4）中央高校基本科研业务费专项资金资助项目：分布式电源维持城市电网安全孤立运行时的频率稳定控制策略研究（2010B06014）；

（5）国家电网公司科技项目：智能配电网自愈控制技术研究与开发（SGKJJSKF〔2011〕800）；

（6）国家电网公司科技项目：基于自愈控制技术的城市电网自动化系统

(SGKJ〔2007〕150，城市电网自愈控制首个科技项目)。

2. 本书的主要创新点

智能电网建设是未来电网发展的方向，其核心技术是自愈控制。智能配电网在电力系统中的重要位置毋庸置疑，长期以来电力系统的研究侧重于输电网，没有一套支撑整个配电网的控制理论。虽然输电网的控制理论研究很成熟，但是配电网有其自身的特点，不能直接引用输电网的控制方法实现配电网的自愈控制。基于这个出发点，本书的主要创新点如下：

(1) 构建智能配电网自愈控制理论体系。定义了智能配电网和智能配电网自愈控制；提出了智能配电网自愈控制框架结构，将智能配电网划分为7种运行状态和相应的7种控制；提出了智能配电网自愈控制模式，实现集中智能与分布智能、全局与局部的综合协调控制；建立了基于分层递阶控制理论的智能配电网自愈控制模型；提出了基于智能体群体系统理论的智能配电网分层分区分布自愈控制策略；构建了智能配电网健康运行状态评估体系，计及智能配电网运行状态变化趋势及不确定性因素的影响，建立了评估指标体系结构、计算模型和评估方法。

(2) 提出一套智能配电网运行状态评估与自愈控制方法和技术。提出了智能配电网稳态运行分析方法，电压、功角和频率稳定性分析方法，考虑运行数据的变化规律和随机性双重特性，定义了动态随机变量，提出了智能配电网动态概率潮流计算方法；针对负荷等运行条件变化的适应性分析，提出了智能配电网供电能力评估方法；考虑风险的时间累积效应，提出了智能配电网运行风险评估方法；提出了智能配电网健壮控制技术，计及缺电损失因素和联络线的支撑作用；提出了考虑不确定因素的多时段多目标智能配电网优化控制技术；提出了基于灵敏度分析的智能配电网校正控制技术；考虑负荷增长、故障演变、分布式电源影响等因素，提出了智能配电网安全预警和预防控制技术；充分考虑传统故障定位规则的适应性，提出了智能配电网故障定位策略与方法；提出了考虑分布式电源作用的智能配电网紧急与恢复控制策略；提出了分布式电源孤岛供电条件下的控制策略。

(3) 提出一套智能配电网自愈控制支撑技术。提出了基于智能体群体系统的智能配电网自愈控制系统框架和高内聚、松耦合的智能配电网自愈控制系统主站软件架构，考虑智能配电网相关的自动化和信息系统融合，建立了高压配电网和中压配电网全系统模型，并有效利用SCADA技术，构建了智能配电网自愈控制一体化支撑平台；设计了智能配电单元，实现配电测控终端功能和结构的标准化；构建了基于场景注入的智能配电网自愈控制测试平台。

（4）研制并示范应用智能配电网自愈控制系统和关键设备。研制了智能配电网自愈控制主站系统、邻域交互分布智能自愈控制设备等关键设备，分别在高压配电网和中压配电网进行示范应用。除实现了上述提出的智能配电网自愈控制技术外，还包括容错故障处理、智能告警监控分析、智能配电网仿真分析、全息的历史状态与事故反演等实用化技术。

3. 研究成果统计

如上所述，本书相关内容是作者二十余年来在配电网自愈控制领域研究成果的总结，内容涉及相关的2项国家自然科学基金项目、1项863课题、2项国家电网公司重大科技项目，其中主要资助项目已在研究成果体系中详细说明，通过研究提出了诸多创新的理论、方法与技术。研究成果获得了国家发明专利32件，包括第一件配电网自愈控制授权专利“城市电网运行的自愈控制方法”，该专利与另一授权专利“配电网自愈控制方法”共同构建了配电网自愈控制的理论基础。应用部分成果发表学术论文150余篇，其中文献［1］详细论述了配电网自愈控制的基本理论。2008年，实施了第一个示范工程“基于自愈控制技术的城市电网自动化系统”。2009年，评审专家认为：“项目的研究成果属配网调度智能化的核心技术，处于国内领先、国际先进水平”。2014年，另一示范工程“智能配电网自愈控制系统”也获得评审专家高度评价：“研究成果在基于分层递阶控制的含分布式电源/微电网/储能装置配电网自愈控制体系、计及电源与负荷功率变化趋势及配电网运行风险的配电网运行状态评估方法、利用分布式电源的快速脱网特性与馈线保护重合闸配合的智能配电网故障定位策略、面向智能配电网自愈控制的数模混合仿真与试验平台等方面具有重要创新，处于国际领先水平”。在研究过程中培养了3名博士、19名硕士。

2 智能配电网的控制基础

2.1 本 章 概 述

在第 1 章中界定了本书的研究对象是从 20/10/6kV 到 220kV，包含高压配电网和中压配电网两部分。从物理结构上看，传统配电网主要负责连接大电网与负荷，网络结构简单，以辐射状结构为主。为了提高智能化程度，除了加强网络结构，使其具备灵活可控条件外，在配电网中接入了各种类型的分布式电源、储能系统、微电网等对象，从而智能配电网的结构变得非常复杂，一方面提供了更多的控制手段；另一方面，智能配电网有其自身的特点和要求，因此，从智能配电网的物理结构出发，分析提炼与智能配电网控制相关的特点、条件和要求等内容，才能建立科学合理、实用有效的自愈控制方法。

智能配电网的运行以网络为纽带，网络结构直接关系到控制策略的制定，本章首先以实际应用的电网结构为基础，分别从高压配电网、中压配电网两个等级电网分析典型的接线模式，并对新接入的对象，包括分布式电源、储能系统、微电网等对象的基本结构和工作原理及其以静止/旋转方式并网的结构进行分析；然后，基于物理结构分析智能配电网的结构和运行特点，以及对控制的基本要求；最后，梳理智能配电网中的可控对象，建立控制对象的基本数学模型，作为后续章节进行智能配电网运行分析和控制的基础。

2.2 智能配电网的物理结构

2.2.1 配电网络典型接线

配电网络在结构上的显著特点是环网接线、开环运行，但不同电压等级的配电网络之间也具有较大的结构性差异，为了更清晰地分析其特点，本节分别对高压配电网和中压配电网的结构进行分析。目前，典型的高压配电网是110、35kV网架结构，变电站内大多为两台或三台主变压器，从连接的站与站之间的关系来看，可以分为单电源放射状接线、双电源线路-变压器组接线、双电源四线两变接线、双电源链式接线、双电源T型接线、双电源四线三变接线和π型接线。中压配电网包括10/20/6kV几个电压等级，虽然电压等级不同，但在结构上完全相同，除最早应用的单电源放射状结构外，中压配电网的典型结构还包括双电源放射状结构、单环网结构、双环网结构、级联环网结构、多分段多联络结构、主备结构等多种接线模式。

1. 高压配电网结构

（1）单电源放射状接线。如图2-1所示的110kV单电源放射状接线模式，由一座220kV变电站为1～2座110kV变电站供电，110kV变电站的站内接线一般为线路—变压器组或内桥接线。这种接线方式简单、投资省、便于调度，缺点是每座110kV变电站只有1个上级电源，如果上级电源停运，则110kV变电站全部停电，供电可靠性低。因此，该接线模式一般应用于220kV上级电源较少、对供电可靠性要求较低的城市郊区及农村地区。

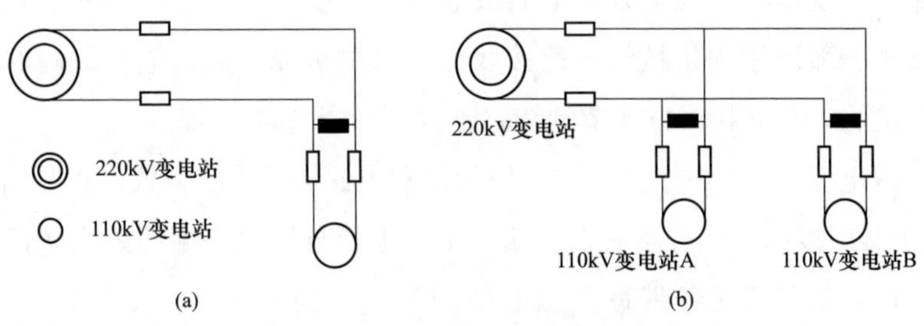

图2-1　单电源放射状接线示意图

(a) 一座110kV变电站；(b) 两座110kV变电站

（2）双电源线路-变压器组接线。如图2-2所示的双电源线路-变压器组接线模式，一座110kV变电站有两个220kV上级电源，每个上级电源出一回或两回线路为该110kV变电站的一台主变压器供电，110kV变电站两台主变压器时站内接线方式一般采用内桥接线，三台主变压器时站内一般采用扩大桥式接线或内桥+线路变压器组接线方式。相对于单电源放射状供电来说，此接线方式可靠性较高，但占用的线路走廊和上级电源的出线间隔较多、投资较大，大多数情况下一条线路只带一台主变压器，适用于作为过渡网架的接线方式。

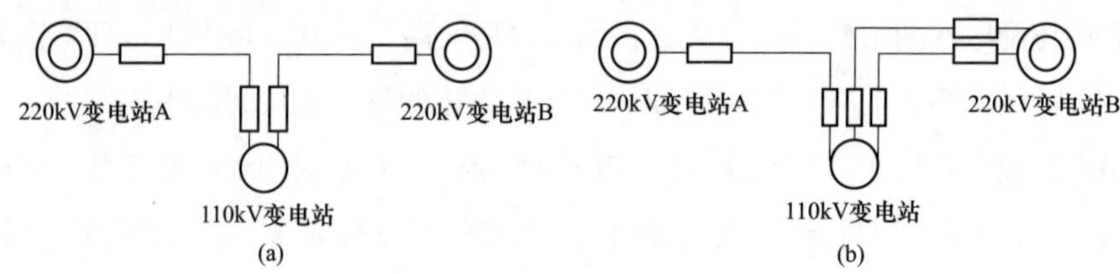

图 2-2　双电源线路-变压器组接线示意图

(a) 110kV 变电站两台主变压器；(b) 110kV 变电站三台主变压器

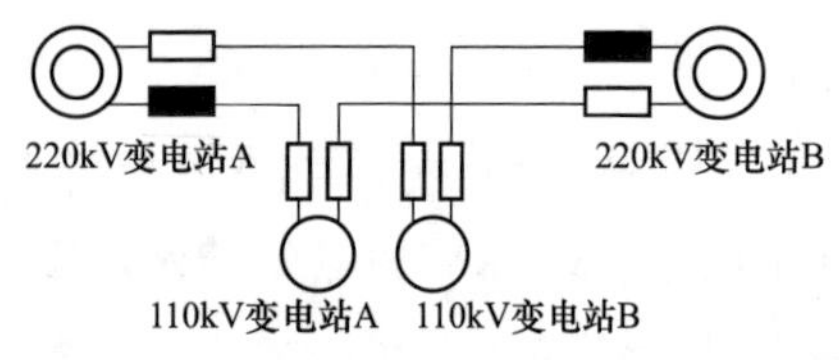

图 2-3　双电源四线两变接线示意图

(3) 双电源四线两变接线。如图 2-3 所示的双电源四线两变接线模式，实际上是由双电源线路-变压器组接线过渡而来。如果两座 220kV 电源之间有两座 110kV 变电站，则可考虑每个上级电源出两回线路，分别带每个 110kV 变电站中的一台主变压器，以此保证每座 110kV 变电站有两个上级电源为其供电，同时如果一个上级电源发生故障，可通过倒闸操作将其所带的主变压器切换至另一个上级电源。该接线方式中 110kV 变电站的站内接线方式一般采用内桥接线。此接线方式供电可靠性高，电源故障时相互间均有转供能力，且此接线方式节约线路走廊、投资省。

(4) 双电源链式接线。如图 2-4 所示的双电源链式接线方式，也是由双电源线路-变压器组接线方式过渡而来。两个上级电源分别出一回线路为两座 110kV 变电站供电，每回线路各带每个变电站的一台主变压器，如图 2-4 (a) 所示，保证每座 110kV 变电站有两路上级电源为其供电，当 110kV 变电站有三台主变压器时，每个上级电源再出一回线路供某座 110kV 变电站的一台主变压器，如图 2-4 (b) 所示。三座 110kV 变电站之间则在图 2-4 (a) 基础上再 T 接一座 110kV 变电站，扩展为图 2-4 (c) 所示的接线模式。双电源链式接线方式中，110kV 变电站的站内可采用单母分段或桥形接线，如果一个上级电源发生故障，则可通过倒闸操作将其所带的主变压器切换至另一个上级电源。此接线方式供电可靠性高，电源故障时相互间均有转供能力，同时该接线方式所需线路少、节约线路走廊、投资省。

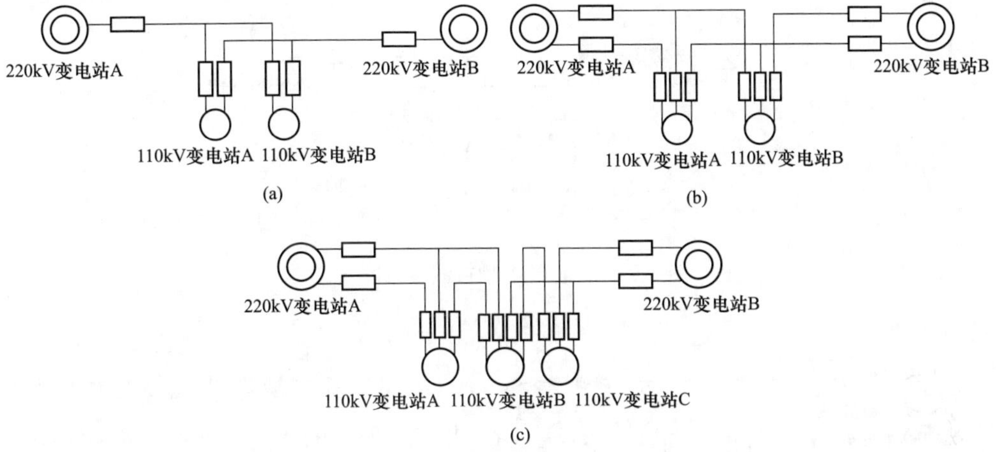

图 2-4　双电源链式接线示意图

(a) 110kV 变电站两台主变压器；(b) 110kV 变电站三台主变压器；(c) 三座 110kV 变电站

(5) 双电源 T 型接线。如图 2-5 所示，有三种双电源 T 型接线模式。其中图 2-5 (a) 是两个上级电源分别出两回线路为两座 110kV 变电站供电，通常情况下，每个上级电源只有一回线路运行，另一回线路断开，每回线路各带每个变电站的一台主变压器，保证每座 110kV 变电站有两路上级电源。当某个上级电源停运时，可通过倒闸操作，将另一个正常电源处于断开状态的线路闭合，将停运电源所带的负荷在高压侧转移至另一个电源供电。如果是三台主变压器，则其中一回线同时连接两个上级电源，通常情况下此回线路的一端断开，分别将三回线路引至 110kV 变电站的三台主变压器，如图 2-5 (b) 所示。在此基础上，可扩展为图 2-5 (c) 的接线方式，双电源为三座 110kV 变电站供电。110kV 变电站的站内一般采用扩大桥式接线或内桥接线＋线路—变压器组接线方式。

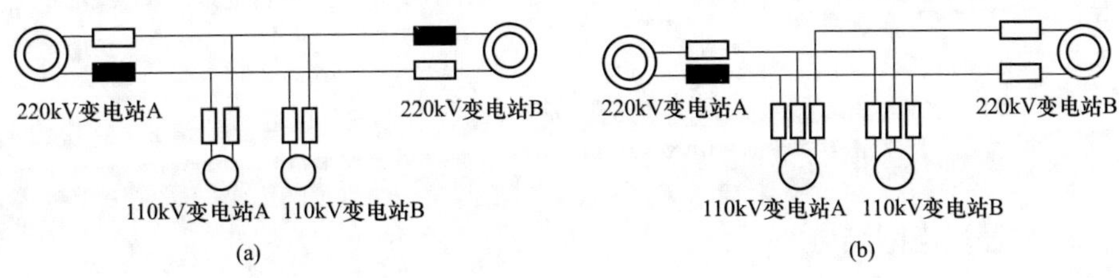

图 2-5　双电源 T 型接线示意图（一）

(a) 110kV 变电站两台主变压器；(b) 110kV 变电站三台主变压器

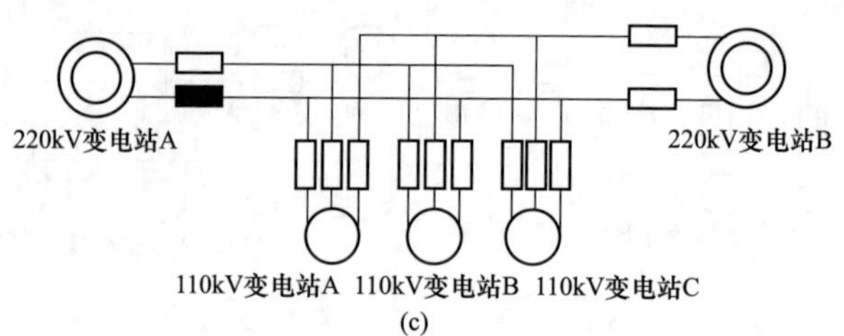

图 2-5 双电源 T 型接线示意图（二）

（c）三座 110kV 变电站

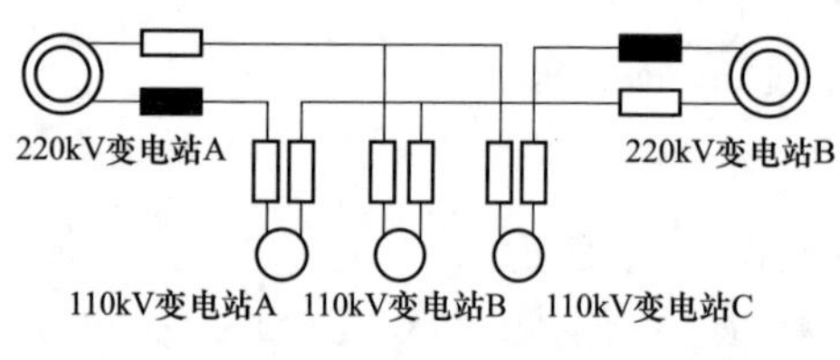

图 2-6 双电源四线三变接线示意图

（6）双电源四线三变接线。如图 2-6 所示的双电源四线三变接线模式，是三座 110kV 变电站之间应用比较广泛的一种接线方式，是在图 2-3 所示的双电源四线两变接线基础上再 T 接一个 110kV 变电站发展而来，因此与双电源四线两变接线具有同样的特点。

（7）π 型接线。图 2-7 所示的 π 型接线是供电可靠性最高的接线方式，其中 110kV 变电站的站内采用单母分段接线方式。该接线方式适用于 110kV 变电站之间需要强联络且运行方式经常变化的区域，由于运行方式多样，对调度的要求高。

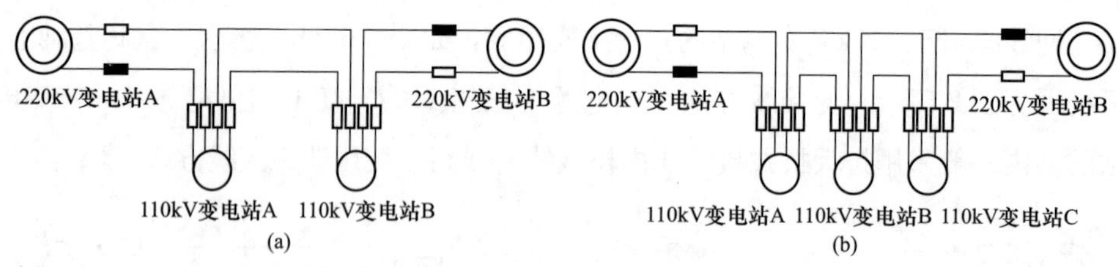

图 2-7 π 型接线示意图

（a）两座 110kV 变电站；（b）三座 110kV 变电站

2. 中压配电网结构

（1）单电源放射状结构。如图 2-8 所示为两种典型的单电源放射状结构，其主要特点是任一负荷都只有一个电源为其供电，这与线路类型是架空线路还是电缆线路无关，虽然电缆线路可从同一变电站或开关站的不同母线引出双回线路，但每一回线路各自独立供电，呈单电源放射状结构。该接线方式简单，但任意一点故障将造成全线停电，供电可靠性低，一般应用于城市非重要用户、城市郊区及农村地区。

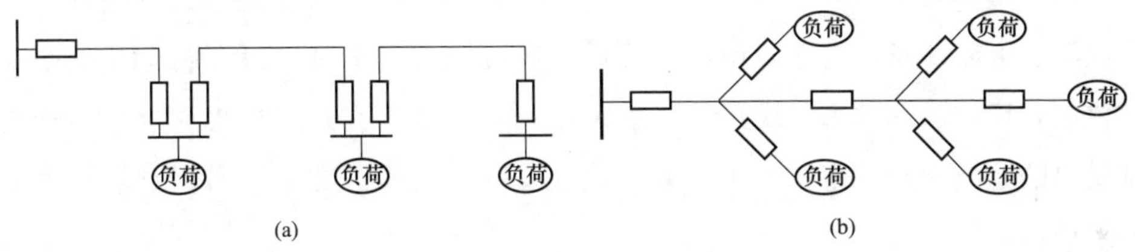

图 2-8 单电源放射状结构示意图

(a) 单电源链式结构；(b) 单电源树状结构

(2) 双电源放射状结构。如图 2-9 所示的双电源放射状结构，每一个负荷都具有两个供电电源，正常运行时由其中一回线供电，另一回线处于断开状态，当实际供电电源所在线路发生故障时可快速切换至备用电源继续供电。该接线方式相对于单电源放射状结构来说，供电可靠性高，由于每个负荷都必须引两路电源，线路投资较大，适用于负荷集中在电源附近、对供电可靠性要求较高的区域。

(3) 单环网结构。单环网接线也称为双电源手拉手环网接线，如图 2-10 所示，通过一联络开关将来自不同变电站或相同变电站不同母线的两条馈线连接起来，也就是将两个单电源放射状结构的末端用联络开关相连，如果是电缆线路则其电源可能是变电站或开关站。任何一个区段故障时，通过联络开关都可

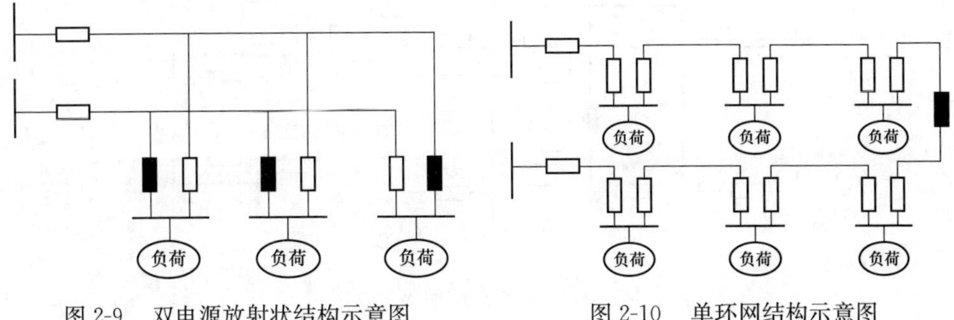

图 2-9 双电源放射状结构示意图

图 2-10 单环网结构示意图

将负荷转供到相邻馈线，该接线方式的供电可靠性满足 N-1 原则，设备利用率为 50%，适用于三类用户或供电容量不大的二类用户。

（4）双环网结构。双环网结构是单环网结构的扩展，如图 2-11 所示，自同一供电区域的两个变电站或开关站中不同母线各自引出一回线路形成电源，然后将两个单环网接线在各个负荷处（开关站）用联络开关相连，其供电方式非常灵活、可靠性高，当一侧电源全停后，通过倒闸操作可以保证两个开关站正常供电，正常运行时每回线路负载率为 50%。此接线方式适用于大量采用开关站供电的区域，如城市核心区、繁华地区，以及负荷密度发展到相对较高水平的区域。

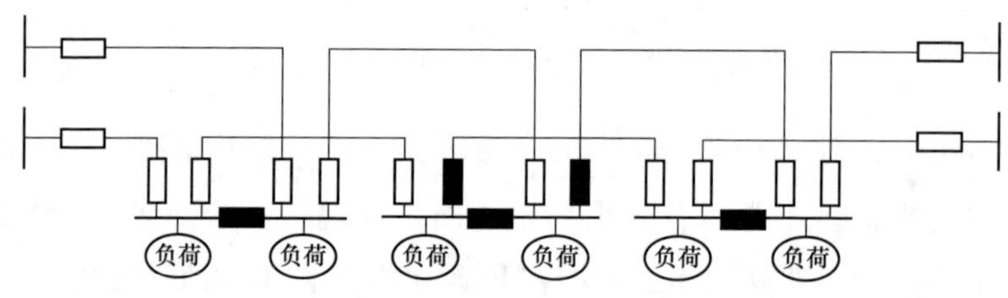

图 2-11　双环网结构示意图

（5）级联环网结构。典型的级联环网结构如图 2-12 所示，主要是通过开关站形成多级环网结构，每个开关站具有两回进线，出线采用单电源放射状结构或出线之间形成小环网结构，进一步提高可靠性，如果开关站附近有低压负荷，还可构成带配电变压器的开关站。

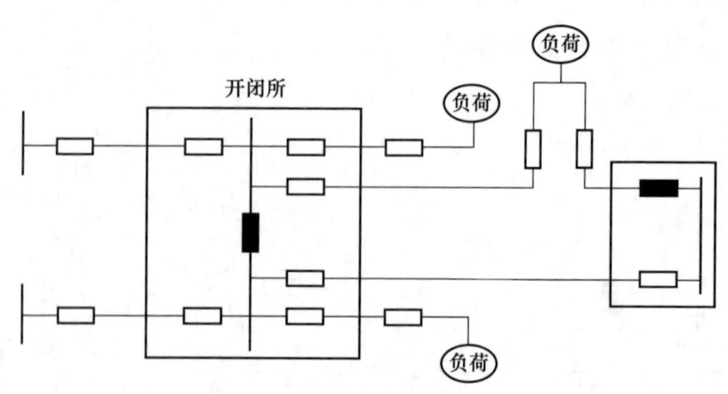

图 2-12　级联环网结构示意图

（6）多分段多联络结构。多分段多联络结构比较复杂，馈线之间相互级联可能使整个配电网成为一张网，但是从每条馈线来看，都是将其用分段开关分为若干分区，各分区再用联络开关与相邻馈线连接，如图 2-13 所示的馈线是一个三分段三联络结构。这种接线的突出优点是可提高线路的负荷转移能力、线路设备的利用率、线路设备的储备能力、对电源支撑作用的能力、供电可靠性等，适用于负荷密度较高、对供电可靠性要求高且有架空线路的区域。

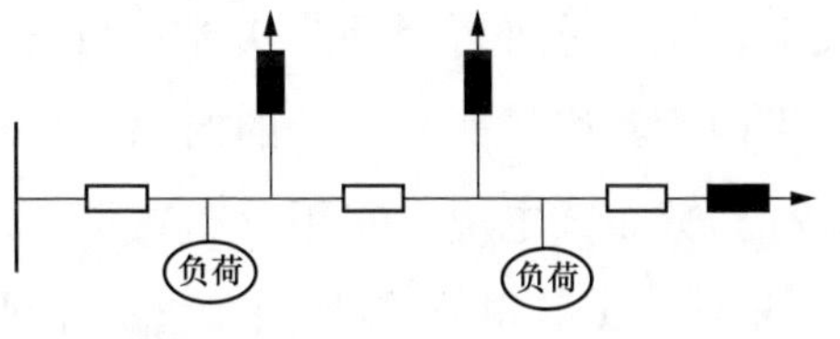

图 2-13 多分段多联络结构示意图

（7）主备结构。常见的主备结构是“3-1”主备结构，如图 2-14 所示，可由单环网结构发展而来，自第三个电源馈出一条备用线路到环网接线的联络处。这种接线方式中线路的负载率是 67%，可充分利用线路的有效载荷，运行方式较灵活，同时线路间的联络线不多，在开环点进行负荷转供的操作难度不大，容易实现配电自动化。但由于正常情况下主供线路都处于满负荷运行状态，备用线路则空载运行，因此不宜在公用配电网中广泛应用。

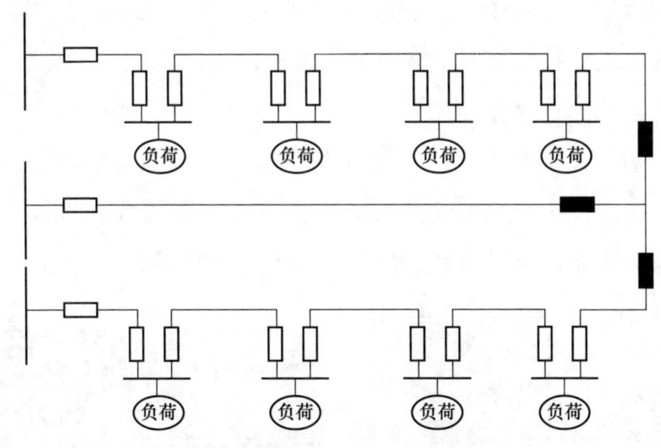

图 2-14 主备结构示意图

2.2.2 分布式电源基本结构与发电原理

除分布式发电外，北美惯用分散式发电，南美常用嵌入式发电，欧洲和亚洲部分地区则常用非集中式发电。这些发电形式实质都是小电源分散发电，随着电力系统的诞生而存在，只因交流高压远距离输电技术的发展、电网规模不断扩大，主要的电力供应由大型发电厂集中供给，其作用便被忽视。然而，电力系统发展至今，集中发电、远距离输电和大电网互联的弊端开始显现，并且常规发电成本增加、环境保护意识增强，因此小型分散电源发电，尤其是可再生的一次能源发电又开始受到重视。可以说，任一电源，如果因为其容量或发电目的的原因而被接入配电网的某一电压等级，则该电源称为分布式电源，采用分布式电源发电的形式称为分布式发电。例如，当220kV及以上电压等级作为输电网、110kV和35kV作为高压配电网、10kV作为中压配电网时，接入10～110kV电网中的任一电源都可称之为分布式电源。

这些分布式电源中，部分仍采用传统的同步电机和异步电机发电原理，本节只介绍太阳能光伏发电、风力发电等系统的基本结构。

1. 太阳能光伏发电

太阳能光伏发电是利用光伏电池的光生伏打效应把太阳的辐射能转变为电能的一种发电方式。光伏电池主要由半导体材料制成，当太阳光照在光伏电池PN结上时会形成空穴-电子对，在内建电场作用下，电子、空穴相互运动，若在电池两端接上负载，则负载上会有电流通过。

单片光伏电池的输出电压很低（0.5V左右），为了获得较高的输出电压和较大的输出功率，光伏电池生产企业通常将多片光伏电池串联在一起构成光伏电池组件。实际建设中根据输出电压、电流和功率的需要，将多个光伏电池组件串联或并联构成光伏电池阵列进行发电，如图2-15所示。

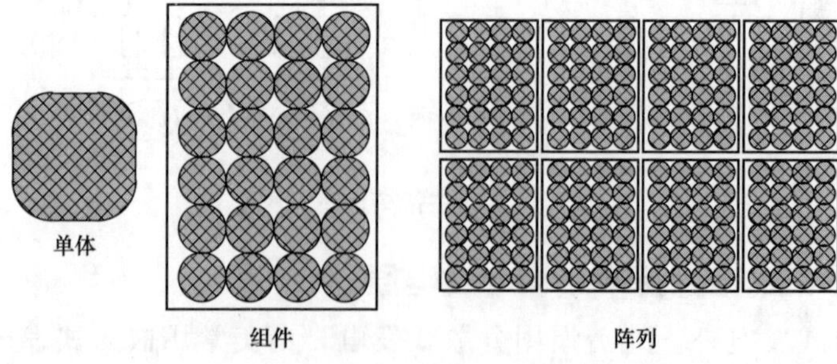

图2-15　光伏电池单体、组件和阵列

根据太阳能光伏发电原理，可将光伏电池单体等效为电阻 R_s 与一并联支路串联而成，其中并联支路包含电流源 I_{ph}、二极管 D 和电阻 R_{sh}，如图 2-16 所示。

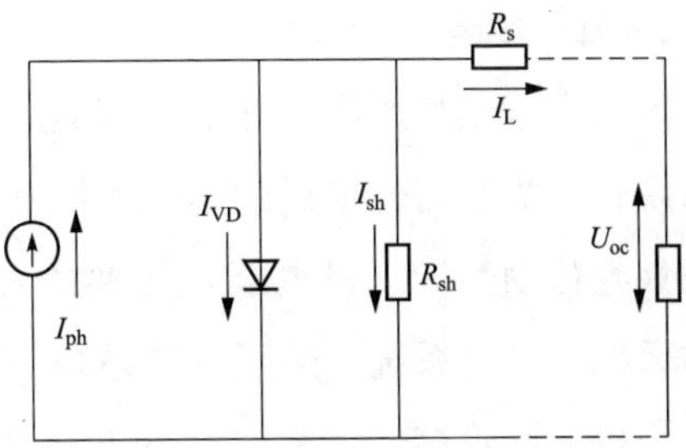

图 2-16　光伏电池单体等效电路

I_{ph}—光照条件下 PN 结发出的电流，其值与光伏电池的面积、光照强度成正比；I_{VD}—暗电流，即在没有光照情况下光伏电池发出的电流，该电流与光照无关；I_L—输出的负载电流；U_{oc}—开路电压；R_s—串联电阻，通常不大于 1Ω；R_{sh}—旁路电阻，阻值为几千欧

假设在任意光照强度 S 与温度 T 条件下，光伏电池单体的输出电压为 U，则其对应的电流 I 的计算公式如下

$$I = I_{sc}\left[1 - C_1\left(e^{\frac{U-C_3}{C_2U_{oc}}} - 1\right)\right] + C_4 \tag{2-1}$$

$$C_1 = \left(1 - \frac{I_m}{I_{sc}}\right)e^{\frac{-U_m}{C_2U_{oc}}}$$

$$C_2 = \left(\frac{U_m}{U_{oc}} - 1\right)/\ln\left(1 - \frac{I_m}{I_{sc}}\right)$$

$$C_3 = -b(T - T_{ref}) - R_sC_4$$

$$C_4 = a\frac{S}{S_{ref}}(T - T_{ref}) + \left(\frac{S}{S_{ref}} - 1\right)I_{sc}$$

式中，I_{sc}、U_{oc}分别为光伏电池单体的短路电流（A）和开路电压（V），考虑到 R_s 很小，R_{sh}足够大，因此 $I_{sc}\approx I_{ph}$，开路电压表达式如式（2-2）所示；U 为光伏电池单体的实际运行电压（V）；C_1、C_2、C_3、C_4 是常数；I_m 和 U_m 分别是光伏电池单体的峰值电流（A）和峰值电压（V）；T_{ref}为光伏电池所处环境温度的参考值，取标准状态下的温度（25℃）；S_{ref}为光照强度的参考值，取标准状态下的值（1000W/m^2）；a、b 分别为电流变化的温度系数和电压变化的温度系数，其单位为别为 A/℃和 V/℃，通常分别取 0.015、−0.7。

$$U_{oc} \approx \frac{AkT}{q}\ln\left(\frac{I_{ph}}{I_o} + 1\right) \tag{2-2}$$

式中，I_o 为 PN 结反向饱和电流（A）；q 为电子电荷（C）；k 为波兹曼常数（J/K）；T 为绝对温度（K）；A 为 PN 结曲线常数。

2. 风力发电

风力发电是将风能转化为机械能，再将机械能转化为电能的过程。风力发电系统包括吸收与转换风能的风力机（包括叶片、轮毂及其控制器）、传动连接用的齿轮传动系统、机电能量转换的发电机、并网变换器以及控制系统（包括偏航系统、制动系统、桨距调节系统等）。首先，在风的作用下，流动的空气推动风力机的风轮旋转，将空气动能转换为风轮旋转的机械能；然后，通过齿轮传动系统驱动风力发电机轴及转子旋转；最后，风力发电机将机械能转变成电能，直接并网或通过变换器间接并网。

根据发电机类型和并网方式的不同，风力发电系统的结构也不同，主要分为异步型、双馈型和直驱型三类，其中区别主要在于电机定子同步频率与电网频率的同步环节，比如，常用的双馈型结构如图 2-17 所示。

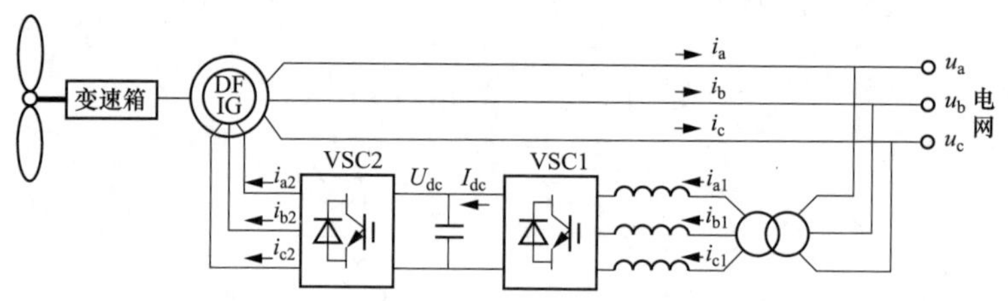

图 2-17　双馈风力发电系统基本结构示意图

由于风力机是风力发电系统的动力来源，系统出力与风力机吸收的风功率直接相关，在忽略尾流损失、叶尖损失和轮毂损失因素条件下，所吸收的风功率是风速、风力机转速和桨距角的函数，计算公式为

$$\begin{cases} P_{\text{wind}}(v) = \dfrac{1}{2}\rho\pi R^2 C_{\mathrm{p}}(\lambda,\beta)v^3 \\ T_{\text{wind}}(v) = \dfrac{1}{2}\rho\pi R^3 C_{\mathrm{p}}(\lambda,\beta)v^2/\lambda \end{cases} \tag{2-3}$$

$$C_{\mathrm{p}}(\lambda,\beta) = C_1\left(\frac{C_2}{\lambda} - C_3\beta - C_4\right)\mathrm{e}^{\frac{-C_5}{\lambda}} + C_6\lambda \tag{2-4}$$

式中，ρ 为空气密度（kg/m^3）；v 为风速（m/s）；R 为叶片半径（m）；β 为桨距角；λ 为转子叶尖速度相对于风速的叶尖速比；$C_{\mathrm{p}}(\lambda, \beta)$ 为风力机的功率系数，反映了风力机的风能转换效率，与风力机的桨距角和叶尖速比有关，其表达式

如式（2-4）所示，其中 C_1、C_2、C_3、C_4、C_5、C_6 为常数。

2.2.3 储能装置基本工作原理

储能装置的应用为电力系统的运行控制提供了便利的手段，实现储能的方式多种多样，包括电池储能、超级电容器储能等，但目标都是实现电能转换为其他形式能进行暂时存储，需要时再进行逆变换。比如蓄电池储能装置主要是利用其正负极的氧化还原反应来实现化学能与电能间的转换，充电时利用外部的电能使内部活性物质再生，把电能储存为化学能，放电时把化学能转换为电能输出，目前广泛应用的蓄电池储能装置主要有镍镉蓄电池、铅酸蓄电池、液流电池及钠硫电池等。本节主要介绍超级电容器、飞轮储能等系统的基本工作原理。

1. 超级电容器

超级电容器是一种电化学元件，但储能过程中不发生化学反应，是通过极化电解质来储能，是一个可逆的过程，可以反复充放电数十万次。当外加电压加到超级电容器的两个极板上时，与普通电容器一样，极板的正、负极都存储大量的电荷，在两极板上电荷产生的电场作用下，在电解液与电极间的界面上形成相反的电荷，以平衡电解液的内电场，形成了“电极/溶液”的双电层，电容量非常大，储存了大量电荷。超级电容器兼具功率密度大和能量密度大的优点，其充放电速度快、循环寿命长。

由于双电层超级电容器采用高表面积、多孔的碳结构，其电极和电解液构成的两相界面是空间分布的，理论上不能用一个独立的电容描述双电层超级电容器特性，可用图 2-18（a）多孔电极特性超级电容器等效电路表示，最终可简化为图（b）所示的 RC 电路模型。

其中，C_{p1}、C_{p2}、C_{p3}、…、C_{pn}，C'_{p1}、C'_{p2}、C'_{p3}、…、C'_{pn}为电极单个膜孔的等效电容；R_{p1}、R_{p2}、R_{p3}、…、R_{pn}，R'_{p1}、R'_{p2}、R'_{p3}、…、R'_{pn}为电极单个膜孔的等效电阻；R_{anode}为引线的等效电阻；R_{memb}为电极间多孔膜等效电阻；R_{in}为两极间的绝缘电阻。在简化 RC 模型中，C 为超级电容器理想等效电容；R_s 为等效串联电阻；R_p 为等效并联电阻。在超级电容器的充放电过程中，R_s 表征内部发热损耗和从恒定电压状态转向负载放电时两端的电压突降，R_p 表征漏电流，代表自放电过程，因此，R_s 约束超级电容器最大放电电流，R_p 则影响超级电容器的长期储能。

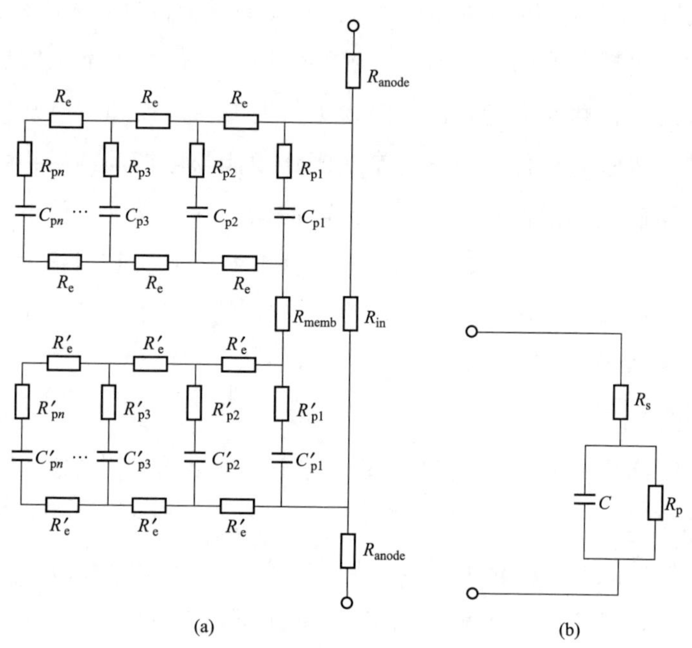

图 2-18　超级电容器等效电路

(a) 考虑多孔电极特性的超级电容器等效电路；(b) 简化 RC 模型

2. 飞轮储能

飞轮储能系统是一种机电能量转换的储能装置，通过电动/发电互逆式双向电机实现电能与高速运转飞轮的机械动能之间的相互转换与储存，并通过调频、整流、恒压，与不同类型的负载连接。在储能时，电能通过电力转换器变换后驱动电机运行，电机带动飞轮加速转动，完成电能到机械能的转换，能量被储存在高速旋转的飞轮体中；之后，电机维持一个恒定的转速，直到接收到能量释放的控制信号；释能时，高速旋转的飞轮拖动电机发电，经电力转换器输出适用于负载的电流与电压，完成机械能到电能转换。

飞轮储能系统主要由转子系统、轴承系统和能量转换系统三部分构成，外加一些支持系统，如真空、深冷、外壳和控制系统、监测系统等，其基本结构如图 2-19 所示。

旋转时的飞轮是纯粹的机械运动，飞轮在转动时的动能为

$$E=\frac{1}{2}J\omega^2 \tag{2-5}$$

式中，ω 为旋转角速度（rad/s）；J 为转动惯量（kg·m^2）。

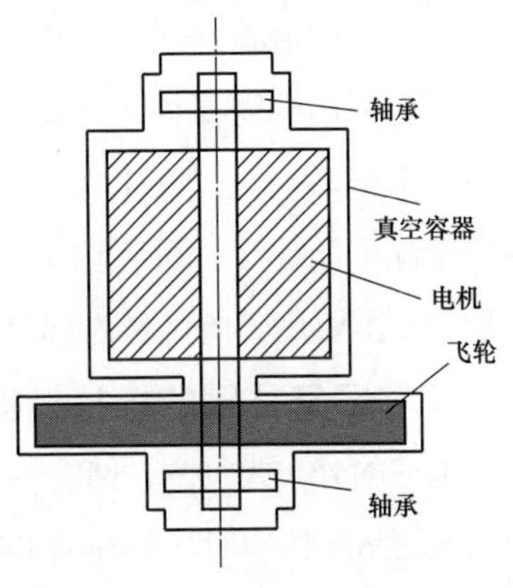

图 2-19　飞轮储能结构示意图

当转矩的方向与飞轮转速方向一致，飞轮受到正向不平衡转矩的作用时加速，能量转化为动能储存起来；相反，当飞轮减速时，动能转化为电能输出。飞轮在最高转速与最低转速之间循环运转，可吸收和释放的能量为

$$W=\frac{1}{2}J(\omega_{max}^2-\omega_{min}^2) \tag{2-6}$$

2.2.4　微电网的基本结构

微电网是指由分布式电源、储能装置、负荷和监控、保护装置等组成的小型发配电系统，能够不依赖主网而正常运行，实现供电区域内部的供需平衡。一般来说，微电网是一个用户侧的电网，其最大的特点是能够通过公共连接点（PCC 点）与主网相连，并可通过 PCC 点将整个微电网作为一个整体进行控制，其基本结构如图 2-20 所示。

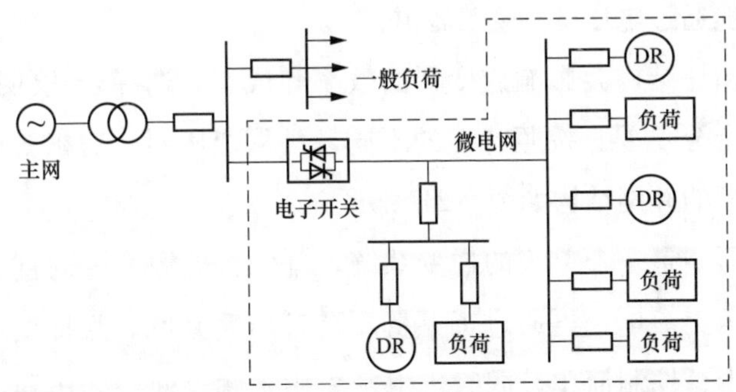

图 2-20　微电网的基本结构示意图

一般情况下，分布式能源（分布式电源、储能装置等，distributed resources，DR）须配备孤岛保护，在主网停电时自动与主网断开。但微电网中的 DR 在与

主网脱离后应能独立运行，由 DR 维持区域内所有或部分重要负荷的供电，因此，微电网内部需要处理功率平衡、稳定控制、电压调整、继电保护等一系列问题。由于微电网仅在 PCC 点与主网连接，避免了多个 DR 与主网直接连接，在进行配电网控制时可将微电网视为一个等效的有源负荷进行处理，且微电网中的 DR 主要用于向区域内部负荷的供电，一般情况下不向外输送功率。

2.2.5 设备并网的拓扑结构

上述的分布式电源、储能装置、微电网结构中往往存在直流电流，将其接入到配电网络结构中时，往往需要通过逆变器、Boost 变换器等电力电子设备并网，由于这种结构不包括旋转元件，因此称之为静止设备并网拓扑结构。此外，智能配电网中还存在各种旋转设备，比如上述的风力发电机，在风力发电系统中采用异步电机、永磁同步电机、永磁无刷直流电机等不同电机时其并网结构也具有差异。本小节分别从静止设备和旋转设备两个方面分析相关系统的并网拓扑结构。

1. 静止设备的并网拓扑结构

光伏电池、燃料电池等发电设备和蓄电池、超级电容、超导等储能设备输出的都是直流电，需要经逆变器转换为交流电才能并网。按照直流侧电源类型的不同，可分为电压源型并网逆变器和电流源型并网逆变器，前者在直流侧采用电感进行储能，后者采用电容进行储能。光伏电池、超导储能等具有电流源特性，一般通过电流源型逆变器并网；燃料电池、蓄电池、超级电容等具有电压源特性，一般通过电压源型逆变器并网。

并网时的拓扑结构会影响逆变器的效率和成本，选择合适的拓扑结构，对逆变器的设计十分重要。按照特性的不同，可从变压器、功率变换级数的角度进行分类，典型的并网结构如图 2-21 所示。

工频变压器型是一个单级的逆变系统，首先将电源产生的直流电经逆变器变换成工频低压交流电，再通过工频变压器升压后并网。其特点是电路结构紧凑、使用元件少、控制简单，同时，由于采用工频，使得变压器体积、重量和噪声都比较大。

高频变压器型是一个三级的逆变系统，首先将电源产生的直流电经高频逆变后再经高频变压器和整流电路得到高压直流电，然后经逆变器和滤波电路与电网连接。与工频变压器型逆变器相比，其体积小、质量轻，不过采用这种方式的主电路及其控制都相对复杂。

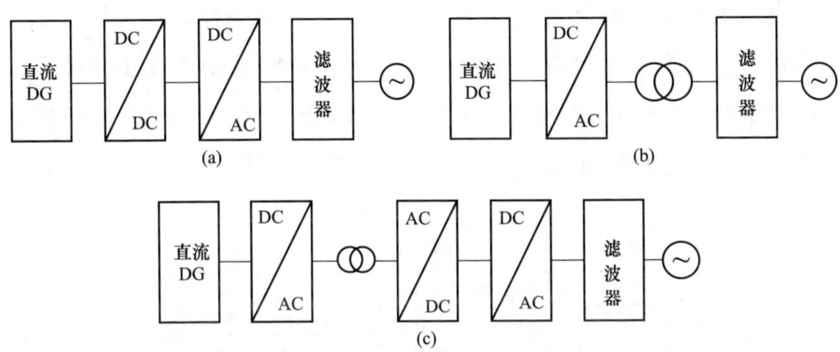

图 2-21　并网逆变器拓扑结构示意图

(a) 双级无变压器型；(b) 单级工频变压器型；(c) 三级高频变压器型

无变压器型逆变器是一个双级逆变系统，首先将发电设备产生的直流电经 Boost 变换器（对于储能装置，应首先经双向 DC/DC 变换）升压后再经逆变器并网。由于省去了变压器，体积更小、重量更轻、成本相对较低、可靠性更高，但无法与电网隔离。

对于光伏电池这类发电功率波动性较大的电源，往往需要配合储能装置或具有功率调节能力的发电设备联合并网，以平抑其功率的波动。常见的拓扑结构如图 2-22 所示，可分为通过直流母线并网和交流母线并网两类，也可混合使用直流母线和交流母线。由于电力电子变换通常会产生谐波，因此在并网之前往往还需要进行滤波处理。

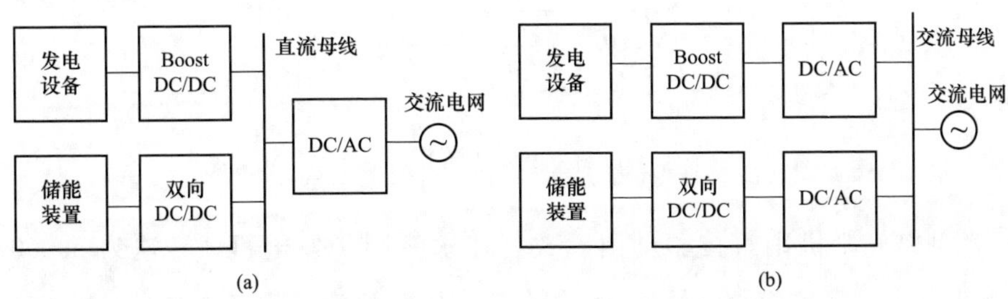

图 2-22　多电源联合并网拓扑结构示意图

(a) 直流母线并网结构；(b) 交流母线并网结构

2. 旋转设备的并网拓扑结构

异步风力发电系统和双馈风力发电系统是由风力机驱动异步电机发出交流电，再经电力电子变换器和变压器并网，常见的并网拓扑结构如图 2-23 所示，异步风力发电系统根据并网电压的要求可以直接并网或通过变压器并网，双馈风力发电系统的异步电机转子侧通过 AC/DC 和 DC/AC 变换器与定子侧共同并网，同样变压器也是根据并网电压的要求来选择。

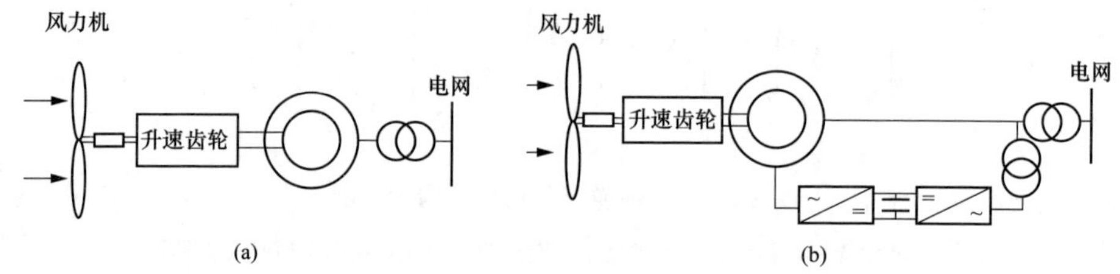

图 2-23 基于异步电机发电的并网拓扑结构示意图

（a）异步型；（b）双馈型

直驱型风力发电系统采用低速（多极）交流电机，在风力机和交流发电机之间不需要安装升速齿轮箱，成为无齿轮箱的直接驱动型。为了简化电机的结构，常采用永磁体励磁的永磁同步发电机，发出低频交流电，其并网拓扑结构如图 2-24 所示，AC/DC 整流电路将低频交流电转化为直流电，DC/AC 逆变电路将直流电转换为工频交流电，并网前还需经过滤波电路。

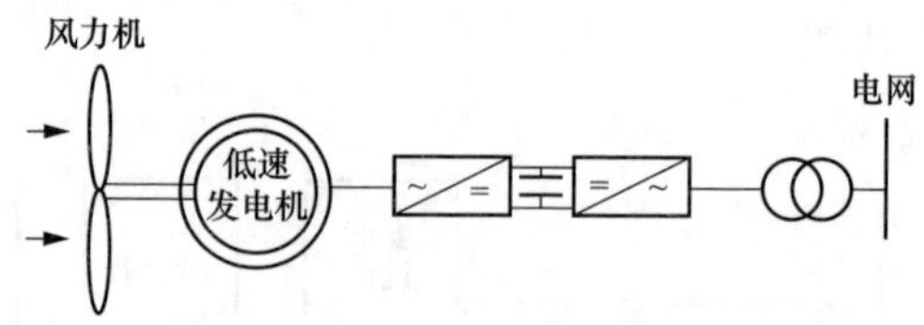

图 2-24 直驱型风力发电系统的并网拓扑结构示意图

微型燃气轮机则直接驱动内置式高速永磁同步发电机，转速为 50000～120000r/min，高频交流电经过整流器和逆变器转换为工频交流并网，其并网拓扑结构如图 2-25 所示，并网前也需经过滤波电路。

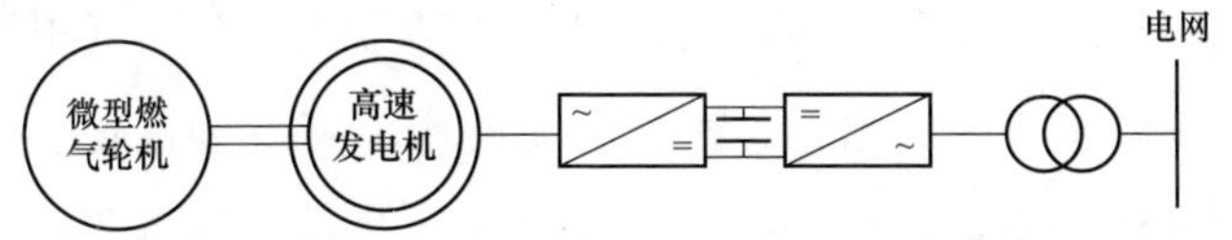

图 2-25　微型燃气轮机发电系统的并网拓扑结构示意图

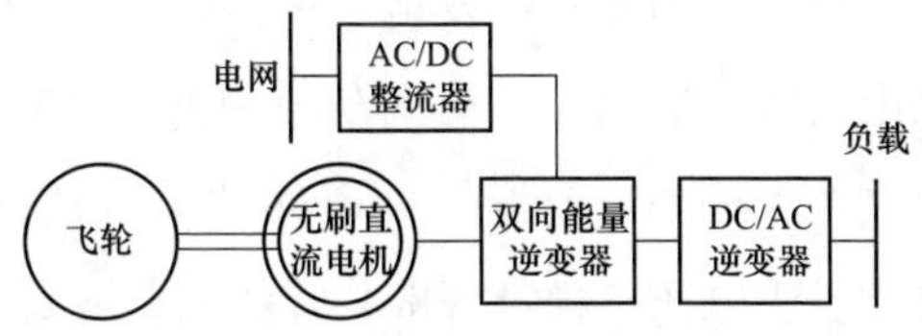

图 2-26　飞轮储能系统的并网拓扑结构示意图

飞轮储能系统要求驱动飞轮的永磁无刷直流电机能够运行在电动、能量保持和发电运行三种运行状态，其并网拓扑结构如图 2-26 所示。交流充电电源通过 AC/DC 整流电路得到直流电，双向能量变换器将直流电逆变为方波电流驱动电机；飞轮储能系统放电时通过 DC/AC 逆变器输出满足要求的交流电能，供给负载。

2.3　智能配电网的特点与控制要求

2.3.1　智能配电网的结构与运行特点

从前一节的分析来看，智能配电网在物理结构上呈现出多电压等级网络架构，从高压配电网、中压配电网到低压配电网，在各级网络中接入分布式电源、储能装置、负荷等设备，相互之间的连接还存在交直流转换等电力电子设备，形成了一个复杂的拓扑结构。其主要的结构和运行特点体现在以下几个方面：

（1）智能配电网包括多个电压等级，电压范围广，不同电压等级网络的结构参数和运行数据差异较大，需要考虑这些特点分别建立分析方法、自愈控制模型、算法和策略，同时也要考虑相互之间的影响和作用。

（2）各电压等级都是网状结构设计，开环或弱环方式运行，自愈控制策略需要充分利用这一结构特点获得最优控制方案，在高压配电网中不仅要考虑变电站之间的接线方式，还需要同时考虑站内接线方式，从单馈线角度出发，中压配电网的每一种典型接线实质是多分段多联络的某种特殊化结构，可以统一表示为图 1-6 所示的结构，其中需要注意的是实际电网中并不是严格遵循每一分段都能与相邻馈线联络。

(3) 智能配电网是一种有源网络，包括各种形式的分布式电源和用户侧资源，可通过调度分布式电源出力、改变负荷的用电特性和优化供电路径多种手段实现潮流的最佳分布，当存在冷、热、电联产等形式的电源时，还需要考虑不同能源之间的约束和协调。

(4) 太阳能光伏发电、风力发电等分布式发电受自然环境的影响较大，大型电动机、空调、电动汽车等冲击负荷越来越多地接入到配电网，动态负荷的比例大大提高，改变了配电网的运行特性，使得配电网的运行状态变化频繁，可能发生电压不稳定等威胁智能配电网安全稳定运行的现象。

(5) 由于天气的变化具有强不确定性，太阳能光伏发电、风力发电等分布式发电功率也具有强不确定性，电动汽车等冲击负荷的接入加强了负荷曲线的确定性，智能配电网的分析和控制方法中需要考虑这些因素。

(6) 负荷和电源的功率在空间上的分布与网络结构决定了控制方案的理想目标，在时间上快速的不确定性变化特性使得理想控制方案成为一个时变量，以追踪理想控制方案的思路进行控制必将造成频繁往复操作，不仅不能达到控制目标，反而会导致智能配电网不能安全稳定运行，因此控制策略必须考虑这一因素。

(7) 智能配电网的中性点接地方式决定了部分网络的运行参数允许在一段时间内轻微越限，不影响其正常供电，自愈控制策略需要充分考虑这一特点。

(8) 在遭受自然灾害等紧急情况下可通过分布式电源和微电网孤立供电，优先保证重要负荷的供电，同时还须保证孤岛过程中智能配电网的安全稳定运行。

2.3.2 智能配电网对控制的基本要求

如果将分布式电源视为负的负荷，单从网络结构上看，智能配电网是一种环网设计、开环运行的网络拓扑结构，因此，在进行控制时需要考虑某一设备退出运行时仍需对该设备所供电的电力用户继续供电，在运行方式发生变化的过程中也需对用户持续供电，在此基础上还需要考虑供应优质的电能。上述要求与智能配电网的电源、网架结构、电力用户负荷以及电网运行方式等多种因素有关，不能满足要求时需要采取一定的措施进行控制。这里将其分解到供电的安全性、可靠性、优质性和经济性几个方面，这是智能配电网对控制的基本要求，也是智能配电网自愈控制的出发点。

1. 安全性

配电网是连接输电系统和电力用户的桥梁，只有确保配电网安全运行，才能提高整个电力系统的运行质量和效益，实现对用户的供电需求。如果智能配电网在运行过程中出现故障或者异常导致供电中断，用户的正常活动将会受到影响，甚至可能导致用户的人身安全受到威胁。因此，安全是配电网运行最基本的要求。

电压是最重要的指标之一，电力设备要求保持在额定电压附近工作。当出现低电压运行时会烧坏电机、增加线损、降低送变电设备的供电能力、减少发电机有功出力，严重时可能会造成电压崩溃和大面积停电事故，当电网枢纽变电站和受电区域的电压降低到额定电压的70%左右时就可能发生电压崩溃事故。过电压运行则会降低灯泡和其他电器的使用寿命、增加用户的用电量、加大设备的损坏概率和增加跳闸次数等。电力负荷随着经济的发展快速增长，对电力设备的载荷能力要求不断提高，出现重负荷甚至过负荷运行，也将威胁智能配电网的安全运行。因此，保证智能配电网的安全性是进行运行控制的最基本要求。

2. 可靠性

可靠性是指保证不间断地向用户供应足够的、质量符合规定的电能的能力。在不同阶段具有不同的含义，规划阶段表现为在各种计划检修和强迫停运等情况下保证不间断供应足够电力的能力；运行阶段则是指在各种扰动条件下防止扰动导致全部或部分停电的能力，以及在更严重扰动下导致停电时恢复供电的能力。为了满足社会生产生活的基本需求，用户对电网的可靠性要求越来越高，如果因计划检修、故障停电检修或者不安全运行等原因导致供电中断，会形成一定范围的失电区域或者供电孤岛，从而影响该区域的正常供电，因此，提高智能配电网的供电可靠性也是进行运行控制的一项基本要求。

3. 优质性

智能配电网运行的基本要求还包含优质性，即向电力用户持续提供合格电能的能力。其中合格是指电能质量合格，电压、频率维持在额定值附近，电压闪变、谐波等控制在允许范围之内。电能质量不合格会产生诸多危害，比如导致设备工作异常、生产废品，计算机复位、数据丢失，设备能效降低、寿命缩短、过热烧毁，电容器击穿损坏、功率因数下降、设备容量下降，电网损耗增加、用户支付更多电费等一系列问题。因此，提供优质的电能是智能配电网运行的基本要求之一。

4. 经济性

负荷大小与用户的用电时间、用电设备的运行规律相关，通常居民用户的负荷早晚较大，工商业负荷白天较大，负荷曲线具有明显的峰谷特性，且不同季节差异非常大，为保证用户的持续可靠供电要求能够满足最大负荷需求。此外，为了应对扰动和突发事故等对电网运行的影响，还应保持一定的安全裕度，电网建设要适度超前最大负荷需求，以适应负荷的增长。实际中，高峰负荷持续时间较短，在非负荷高峰时段将造成巨大浪费，电网利用率低，成本增加。智能配电网在运行过程中，不同的负荷时空分布对应不同的潮流分布，直接影响智能配电网中电能损耗的大小，通过运行方式优化改善潮流分布，可降低损耗。分布式电源接入配电网直接为负荷供电，可减少电能的远距离输送，从而释放输电容量，减少电能损耗，并且在紧急情况下通过分布式电源孤立为用户继续供电，可减少中断供电负荷量，减少停电损失。另外，通过改善电能质量，减少无功潮流的流动，还能进一步减少电能损耗。总的来说，利用各种手段优化智能配电网的运行状态，提高经济性，也是运行控制的基本要求。

2.4 智能配电网控制对象的数学模型

2.4.1 智能配电网的控制对象

传统配电网的控制手段主要是开关，通过改变开关的运行状态，形成不同的网络拓扑结构和电容器的投运状态，实现正常运行时的优化和隔离故障，恢复对失电负荷的供电。由 2.2 节的分析可知，智能配电网除了比传统配电网拥有更灵活的网络接线可供控制外，在物理结构上还拥有各种分布式电源、储能装置、微电网等结构和设备，同时这些对象往往通过并网设备与配电网相连，一方面这些对象本身可以进行调节和控制；另一方面，其并网设备也具备可控性。

根据上述分析，将智能配电网中所有的控制对象分为网、源、荷三类。网中的控制为有功、无功潮流控制；源中的控制包括分布式电源有功功率、无功功率的调节和电源的接入状态，储能装置和微电网的接入及正、反双向功率控制；荷中的控制包括电动汽车等负荷功率的调节。也就是说，智能配电网是有源系统，能够利用分布式电源、储能装置、负荷等系统实现功率的调节、电压的控制、能量的优化、无功的平衡，并考虑源、荷因素进行网络优化。

2.4.2 控制对象的数学模型

智能配电网分析与控制以配电网络为基础进行，最基本的对象模型包括线路模型和变压器模型，在高压配电网中网络和负荷可视为三相对称，采用传统的线路模型和变压器模型，但在中压配电网中不对称性问题比较突出，因此本节先介绍了三相线路模型和三相配电变压器模型。分布式电源是智能配电网中重要的控制对象，除了常规电源外，还包括风力发电系统、太阳能光伏发电系统、具有电源和负荷双重特性的储能系统等，这些对象涉及多种并网方式，并网方式和并网控制策略不同时模型具有差异，因此本节还分别介绍了同步、异步和双馈三种发电机并网模型。

1. 三相线路模型

中压配电网中的线路包括架空线路和电缆，均可用图 2-27 所示的 π 形模型表示，对电压低、距离短的架空线路在实际应用时可忽略并联电容的作用。图 2-28 是三相配电线路等值回路示意图，其中忽略了线路的充电电容。对于此电路结构，可建立一个 3×3 的阻抗矩阵，节点电压和支路电流通过该阻抗矩阵联系。

图 2-28 中，Y_{aa}，Y_{bb}，Y_{cc} 分别为 abc 三相自导纳，Y_{ab}，Y_{ac}，Y_{ba}，Y_{bc}，Y_{ca}，Y_{cb}分别为 abc 三相互导纳。根据上述的等值回路可知，线路的阻抗矩阵可用下式表示

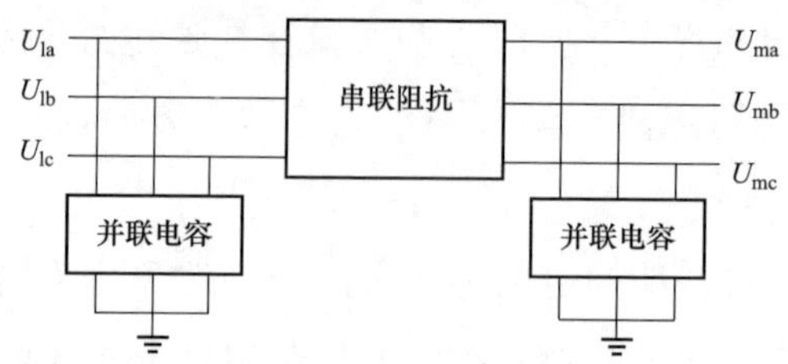

图 2-27 三相线路模型

U_{la}，U_{lb}，U_{lc}—线路 l 端的 abc 三相电压；U_{ma}，U_{mb}，U_{mc}—线路 m 端的 abc 三相电压

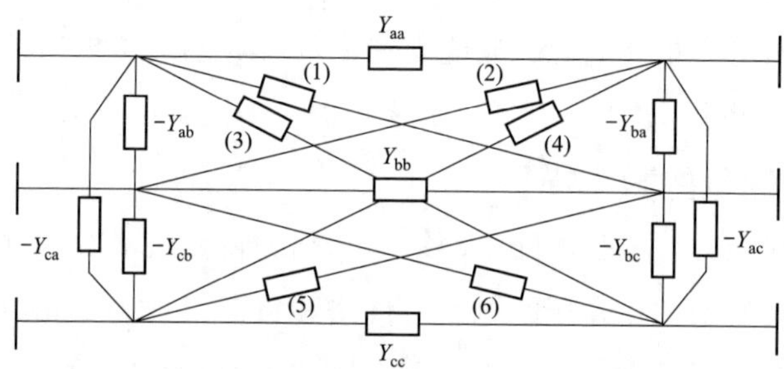

图 2-28 三相线路的串联导纳等值回路示意图

(1)、(2) —Y_{ab}；(3)、(4) —Y_{ca}；(5)、(6) —Y_{bc}

$$Z=\begin{bmatrix} Z_{aa} & Z_{ab} & Z_{ac} \\ Z_{ba} & Z_{bb} & Z_{bc} \\ Z_{ca} & Z_{cb} & Z_{cc} \end{bmatrix} \tag{2-7}$$

对线路 lm 来说，节点电压和支路电流的关联方程为

$$\begin{bmatrix} U_{ma} \\ U_{mb} \\ U_{mc} \end{bmatrix}=\begin{bmatrix} U_{la} \\ U_{lb} \\ U_{lc} \end{bmatrix}-\begin{bmatrix} Z_{aa,lm} & Z_{ab,lm} & Z_{ac,lm} \\ Z_{ba,lm} & Z_{bb,lm} & Z_{bc,lm} \\ Z_{ca,lm} & Z_{cb,lm} & Z_{cc,lm} \end{bmatrix}\begin{bmatrix} I_{lma} \\ I_{lmb} \\ I_{lmc} \end{bmatrix} \tag{2-8}$$

式中，$Z_{lm}=\begin{bmatrix} Z_{aa,lm} & Z_{ab,lm} & Z_{ac,lm} \\ Z_{ba,lm} & Z_{bb,lm} & Z_{bc,lm} \\ Z_{ca,lm} & Z_{cb,lm} & Z_{cc,lm} \end{bmatrix}$为线路 lm 的阻抗矩阵，如果线路三相中的一相或两相不存在，那么对应的行和列元素为零；I_{lma}，I_{lmb}，I_{lmc}分别为线路 lm 的 abc 三相电流。

2. 三相配电变压器模型

电力系统中所用的三相变压器常为三相三柱式变压器，严格说来其参数不对称，但是三相参数相差不大，因此，可近似地认为变压器结构对称。在三相计算中，还需要考虑变压器的连接方式对各序分量引起的不同偏移，一般反映在三相导纳矩阵中。如图 2-29 所示，将模型分为串联支路的导纳矩阵和并联支路的铁耗两部分。

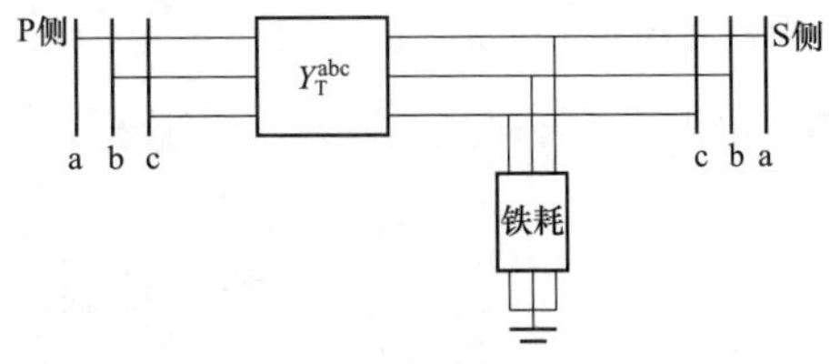

图 2-29　变压器的等值电路图

图中，P 侧代表高压侧，S 侧代表低压侧。三相导纳矩阵 Y_T^{abc} 考虑了铜耗、系统不平衡、相移等因素的影响。为了简便，一个三相变压器可近似地看成由三个相同的单相变压器组成，这样形成 Y_T^{abc} 的子矩阵如表 2-1 所示。

表 2-1　变压器的导纳矩阵

变压器连接方式		自导纳		互导纳	
P 侧	S 侧	Y_p^{abc}	Y_s^{abc}	Y_{ps}^{abc}	Y_{sp}^{abc}
Y_0	Y_0	Y_{I}	Y_{I}	$-Y_{\mathrm{I}}$	$-Y_{\mathrm{I}}$
Y_0	Y	Y_{II}	Y_{II}	$-Y_{\mathrm{II}}$	$-Y_{\mathrm{II}}$
Y_0	△	Y_{I}	Y_{II}	Y_{III}	Y_{III}^T
Y	Y_0	Y_{II}	Y_{II}	$-Y_{\mathrm{II}}$	$-Y_{\mathrm{II}}$
Y	Y	Y_{II}	Y_{II}	$-Y_{\mathrm{II}}$	$-Y_{\mathrm{II}}$
Y	△	Y_{II}	Y_{II}	Y_{III}	Y_{III}^T
△	Y_0	Y_{II}	Y_{I}	Y_{III}^T	Y_{III}
△	Y	Y_{II}	Y_{II}	Y_{III}^T	Y_{III}
△	△	Y_{II}	Y_{II}	$-Y_{\mathrm{II}}$	$-Y_{\mathrm{II}}$

如果变压器的变比是 $\alpha:\beta$ 的形式（α、β 分别为一、二次侧的抽头数），则将各个子矩阵作如下的修改：①P 侧的自导纳矩阵除以 α^2；②S 侧的自导纳矩阵除以 β^2；③互导纳矩阵除以 $\alpha\beta$。

3. 同步发电机并网模型

一些分布式电源的发电机为同步发电机，直接并网，根据励磁方式不同可将同步发电机分为：永磁同步发电机、可调励磁同步发电机和不可调励磁同步发电机三种类型。可调励磁同步发电机能通过对励磁的调节控制机端电压，在分析时可作为 PV 节点处理。如果忽略发电机定子对转子的影响，不可调励磁同步发电机的励磁将恒定不变，与永磁同步发电机具有相同的磁耦合特性，可用

同样的方法处理。由于其励磁不可调，失去对机端电压的控制能力，参考隐极式发电机模型可得到无功出力表达式如下

$$Q=\sqrt{\frac{E_q^2U^2}{x_d^2}-P^2}-\frac{U^2}{x_d} \tag{2-9}$$

式中，E_q 为空载电动势（标幺值）；U 为机端电压幅值（标幺值）；x_d 为隐极机式同步发电机直轴同步电抗（标幺值）。

4. 异步发电机并网模型

大多数恒速恒频风力发电系统都采用异步发电机，此类发电机需从电网吸收无功以产生励磁，因此需要加装电容器进行无功补偿，以减少对电网的影响。因电容器发出的无功受端电压影响，所以异步发电机的励磁会随电网运行状态的变化而变化，即其励磁不可控，从而机端电压和无功出力也不可控，其简化等效电路如图 2-30 所示。

图 2-30 中，$\dot{U}$ 为机端电压，x_C 为无功补偿电容器的阻抗。因此系统的输出功率为

$$\begin{cases}P=-\dfrac{U^2r_m}{r_m^2+x_m^2}-\dfrac{U^2R_s}{R_s^2+x_m^2}\\Q=-\dfrac{U^2}{x_C}-\dfrac{U^2x_m}{r_m^2+x_m^2}-\dfrac{U^2x_1}{R_s^2+x_1^2}\end{cases} \tag{2-10}$$

式中，$R_s=r_1+\frac{r_2'}{s}$，如果令 $P_s=\frac{P}{U^2}+\frac{r_m}{r_m^2+x_m^2}$，则可求得 $R_s=\frac{-1+\sqrt{1-4P_s^2x_1^2}}{2P_s}$，代入到上式的无功方程可得异步发电机的无功出力是有功出力 P 和机端电压 U 的函数。

5. 双馈发电机并网模型

双馈异步风力发电机的稳态等效电路如图 2-31 所示，发电机转子侧注入的有功功率包括定子绕组发出的有功功率 P_1 和转子绕组发出或吸收的有功功率 P_2 两个部分，如果忽略定子绕组电阻，则注入的总有功功率和无功功率计算公式分别为

$$P_e=P_1+P_2=\frac{R_2X_{11}^2(P_1^2+Q_1^2)}{X_m^2U_1^2}+\frac{2R_2X_{11}}{X_m^2}Q_1+(1-s)P_1+\frac{R_2U_1^2}{X_m^2} \tag{2-11}$$

$$Q_e = Q_1 + Q_2 = -s\left(X_{22} - \frac{X_m^2}{X_{22}}\right)\left(\frac{P_1 X_{11}^2}{U_1^2 X_m^2} + \frac{U_1^2}{X_m^2} + \frac{2X_{11}Q_1}{X_m^2} + \frac{Q_1 X_{11}^2}{U_1^2 X_m^2}\right) - \frac{sU_1^2}{X_{11}} + (1-s)Q_1 \tag{2-12}$$

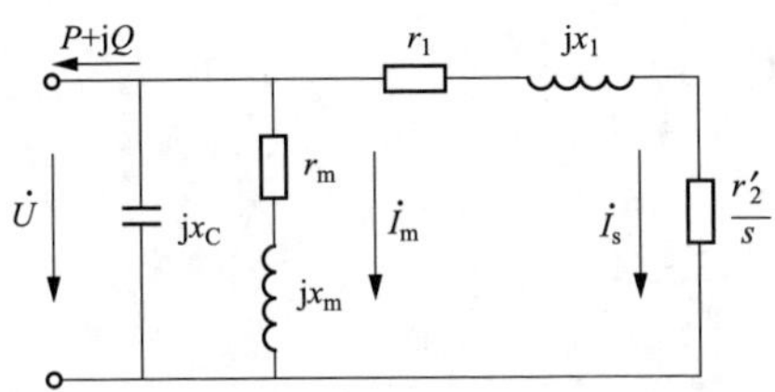

图 2-30 异步发电机简化等效电路

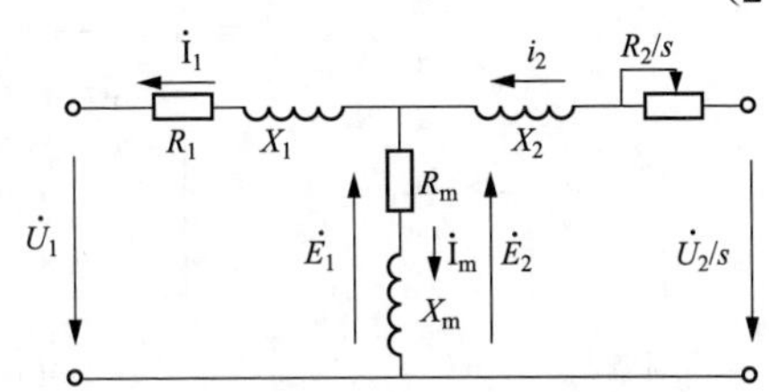

图 2-31 双馈异步风力发电机稳态等效电路图

式中，$X_{11}=X_1+X_m$；s 为转差率，可根据转速特性曲线求得。如果采用恒功率因数控制策略，且功率因数设定值为 $\cos\varphi$，则有 $\tan\varphi=Q_1/P_1$，从而可推得系统的功率方程为

$$P_e = \frac{R_2 X_{11}^2 P_1^2}{X_m^2 U_1^2}(1+\tan^2\varphi) + \left(\frac{2R_2 X_{11}}{X_m^2}\tan\varphi + 1 - s\right)P_1 + \frac{R_2 U_1^2}{X_m^2} \tag{2-13}$$

在 dq 坐标系下，双馈异步风力发电机的电压和磁链方程分别为

$$\begin{bmatrix} u_{d1} \\ u_{q1} \\ u_{d2} \\ u_{q2} \end{bmatrix} = \begin{bmatrix} R_1 & 0 & 0 & 0 \\ 0 & R_1 & 0 & 0 \\ 0 & 0 & R_2 & 0 \\ 0 & 0 & 0 & R_2 \end{bmatrix} \begin{bmatrix} -i_{d1} \\ -i_{q1} \\ i_{d2} \\ i_{q2} \end{bmatrix} + \frac{d}{dt}\begin{bmatrix} \psi_{d1} \\ \psi_{q1} \\ \psi_{d2} \\ \psi_{q2} \end{bmatrix} - \begin{bmatrix} \psi_{q1} \\ -\psi_{d1} \\ s\psi_{q2} \\ -s\psi_{d2} \end{bmatrix} \tag{2-14}$$

$$\begin{bmatrix} \psi_{d1} \\ \psi_{q1} \\ \psi_{d2} \\ \psi_{q2} \end{bmatrix} = \begin{bmatrix} X_{11} & 0 & X_m & 0 \\ 0 & X_{11} & 0 & X_m \\ X_m & 0 & X_{22} & 0 \\ 0 & X_m & 0 & X_{22} \end{bmatrix} \begin{bmatrix} -i_{d1} \\ -i_{q1} \\ i_{d2} \\ i_{q2} \end{bmatrix} \tag{2-15}$$

式中，u_{d1}、u_{q1}、u_{d2}、u_{q2}分别为定子绕组和转子绕组电压的 dq 轴分量（标幺值）；i_{d1}、i_{q1}、i_{d2}、i_{q2}分别为定子绕组和转子绕组电流的 dq 轴分量（标幺值）；ψ_{d1}、ψ_{q1}、ψ_{d2}、ψ_{q2}分别为定子合成磁链和转子合成磁链的 dq 轴分量（标幺值）；$X_{22}=X_2+X_m$（标幺值）。

假设忽略定子侧的电磁暂态过程，令 $e_d'=-\frac{X_m}{X_{22}}\psi_{q2}$、$e_q'=\frac{X_m}{X_{22}}\psi_{d2}$、$T_0'=-\frac{X_{22}}{R_2}$、

$X'=\frac{X_{11}X_{22}-X_m^2}{X_{22}}$，则可推得

$$\begin{bmatrix} u_{d1} \\ u_{q1} \end{bmatrix} = \begin{bmatrix} e'_d \\ e'_q \end{bmatrix} + \begin{bmatrix} R_1 & -X' \\ X' & R_1 \end{bmatrix} \begin{bmatrix} -i_{d1} \\ -i_{q1} \end{bmatrix} \tag{2-16}$$

$$p\begin{bmatrix} e'_d \\ e'_q \end{bmatrix} = \begin{bmatrix} 0 & -\frac{X_m}{X_{22}} \\ \frac{X_m}{X_{22}} & 0 \end{bmatrix} \begin{bmatrix} u_{d2} \\ u_{q2} \end{bmatrix} - \begin{bmatrix} \frac{1}{T'_0} & -s \\ s & \frac{1}{T'_0} \end{bmatrix} \begin{bmatrix} e'_d \\ e'_q \end{bmatrix} + \frac{1}{T'_0} \begin{bmatrix} 0 & X'-X_{11} \\ X_{11}-X' & 0 \end{bmatrix} \begin{bmatrix} -i_{d1} \\ -i_{q1} \end{bmatrix} \tag{2-17}$$

转子运动方程为

$$T_J \frac{ds}{dt} = T_e - T_m \tag{2-18}$$

式中，T_e 和 T_m 分别为发电机的电磁转矩和输入机械转矩（N·m）；T_J 为发电机的惯性时间常数（s）。

忽略定子绕组电阻，可以推导得到

$$\begin{cases} u_{d2} = R_2 i_{d2} + b\frac{di_{d2}}{dt} - sbi_{q2} \\ u_{q2} = R_2 i_{q2} + b\frac{di_{q2}}{dt} + s(aU_1 + bi_{d2}) \end{cases} \tag{2-19}$$

式中，$a=\frac{X_m}{X_{11}}$，$b=X_{22}-\frac{X_m^2}{X_{11}}$；令 $u'_{d2}=R_2 i_{d2}+b\frac{di_{d2}}{dt}$，$u'_{q2}=R_2 i_{dq2}+b\frac{di_{q2}}{dt}$，$\Delta u_{d2}=-\omega_s bi_{q2}$，$\Delta u_{q2}=\omega_s(a\psi+bi_{d2})$，则

$$\begin{cases} u_{d2} = u'_{d2} + \Delta u_{d2} \\ u_{q2} = u'_{q2} + \Delta u_{q2} \end{cases} \tag{2-20}$$

式中，u'_{d2}和 u'_{q2}是实现转子电压、电流解耦控制的解耦项（标幺值）；Δu_{d2} 和 Δu_{q2}是消除转子电压、电流交叉耦合的补偿项（标幺值）。将转子电压分解为解耦项和补偿项后，既可简化控制，又能保证控制的精度和动态响应的快速性。

2.5 本 章 小 结

智能配电网自愈控制需要以智能配电网的物理结构为基础，充分利用可控

资源和智能配电网的特点，并满足智能配电网的控制要求制定控制策略。因此，本章从智能配电网的基本结构、特点与控制要求、控制对象的数学模型几个方面进行分析，为后续的运行分析和控制提供依据，是全书的基础。首先，针对高压配电网，以站与站之间的联络关系为线索分析了具有两台、三台主变压器的变电站之间的拓扑关系，针对中压配电网，统一架空线路和电缆分析负荷与电源之间的拓扑关系。然后，分析太阳能光伏发电和风力发电等分布式电源的基本结构与发电原理，超级电容、飞轮储能等系统的基本工作原理，微电网的基本结构；并对分布式电源和储能装置等分为静止设备和旋转设备进行并网时的结构进行分析。相对于传统配电网来说，智能配电网具备更多的控制手段，同时其控制的复杂性增加。本章基于智能配电网的基本结构，总结其运行特点，提出其对控制的基本要求。最后，基于智能配电网的基本结构分析可控的对象，并针对其特点建立网络的三相模型，以及同步机、异步机、双馈机的基本数学模型，为后续章节提供基本依据。

3 智能配电网自愈控制体系

3.1 本章概述

在提出自愈控制概念之前，电力系统的安全稳定控制、自动发电控制、自动电压控制三大控制领域已获得丰硕的研究成果和实际应用效果，但是，这些控制的对象是大电网。从美国电力科学研究院（EPRI）提出电力系统自愈控制后，国内外学者开始重新思考电力系统的控制问题，以美国为代表主要侧重于大电网的自愈控制，包括大电网自愈控制的框架结构及相关的支撑技术，如大电网的脆弱性评估、安全预警、故障分析、相量测量单元（PMU）和广域测量系统（WAMS）等方面，强调基于 SCADA/RTU 的稳态测量和 WAMS/PMU 的动态测量，通过快速仿真决策、协调/自适应控制和分布能源集成，实现实时评价电力系统行为、应对电力系统可能发生的各种事件组合、防止大面积停电，并快速从紧急状态恢复到正常状态，最终达到主动预防控制的目的。

无论从城市电网在社会和经济发展中的地位，还是从近年来世界各国发生的大停电事故所造成的影响来看，都需要加强城市电网的控制，保障供电的可持续性。城市电网虽然是环网结构，却是开环运行，并且具有高负荷密度、短电气距离等特点，还存在各种分布式电源，是典型的配电网。另外，从农村电网供电长期存在的问题和农村生活质量改善所提出的供电新要求来看，也要求提高配电网的控制水平。无论是城市配电网还是农村配电网，都与大电网存在明显区别，大电网的控制理论不能适应配电网的控制需求。以往在配电网的分析和控制研究中，大多集中在故障的处理方法[72]和网络运行方式优化调整[41～44]两个方面，一般只考虑其中某个方面的问题，难以适应配电网复杂多变的运行环境，很难在实际应用中发挥应有的作用。

自愈源于生物医学界，在系统理论中定义为系统察觉自身状态，并在无人

工干预情况下进行适当调整以恢复常态的性质[80]，自愈控制决策具有层次性，与智能控制领域中的分层递阶控制结构有相似之处[81~82]。本章首先结合自愈控制的思想和电力系统控制的基本框架，给出智能配电网自愈控制体系结构；然后，通过分析提出分层递阶控制的原动力，研究分层递阶控制结构及其控制原理，建立智能配电网自愈的分层递阶控制体系结构。这涉及一次、二次系统，包括继电保护、线路、变压器、开关、电容器、分布式电源等，分布在不同变电站，为计及多个时段数据间的联系，控制方案的决策需要考虑智能配电网当前和历史运行状态，以及运行变化趋势。由于物理对象分布在不同变电站，智能配电网自愈控制的各项功能之间需要在时间和空间上进行配合，智能体具有自治性、反应性和社会性，如果将其与分层递阶控制相结合，能够很好地处理自愈控制这种复杂的智能控制过程，因此在研究智能体及其几种内部结构，以及智能体群体系统理论基础上，建立基于 MAS 的分层递阶控制结构。然后结合智能配电网及其运行控制的特点提出基于 MAS 的智能配电网自愈控制分层递阶结构。

在对上述智能配电网自愈控制要求进行分析基础上，首先分别从供电需求、供电质量和运行控制要求三个方面建立智能配电网自愈控制的目标；然后，结合提出的智能配电网自愈控制分层递阶结构和统一的接口变量，建立智能配电网自愈控制的三级五层控制模型，并进一步针对智能配电网自愈控制的多维结构特点，提出相应的多目标协调模式，以及协调级智能体的控制协调策略；最后，通过基本的智能配电网结构进行仿真试验，验证本章所提出的智能配电网自愈控制模型的有效性。

3.2 智能配电网自愈控制体系结构

3.2.1 电力系统控制的基本框架

电力系统的准稳态变化比较缓慢，而动态变化过程则非常快速，电力系统控制的对象又广域分布在各个变电站，在不同时间段和系统状态时控制目标和控制手段具有较大差异，比如要加强电网结构，故障前需要进行预防控制，故障发生时需要实施紧急控制，之后还需进行校正控制等。经过长期的发展，电力系统具有各种各样的自动化系统，共同作用下实现电力系统的控制，形成了电力系统的复杂变化过程。

一方面，电力系统的广域性及其动态过程的快速性要求控制保护设备具有分布自治性；另一方面，电力系统安全具有全局性，控制手段具有局部性，控制需要解决全局与局部的协调问题，电力系统的动态变化与发展过程具有快速性，电力系统全局控制方案的形成具有慢速性，控制需要解决快速与慢速的协调问题。也就是说，电网控制需要兼顾分布自治和广域协调，因此采用如图 3-1 所示的两环控制逻辑[27]。

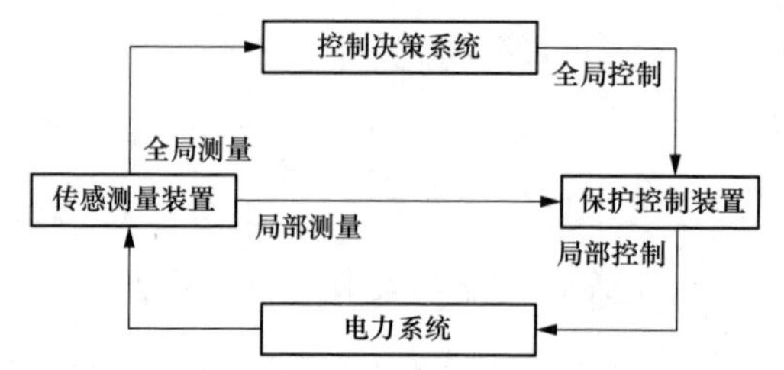

图 3-1　电力系统控制基本逻辑

局部控制环通过局部信息测量，就地决策并与全局控制协调，执行具体的控制保护行动，包括控制保护装置和发电厂/变电站自动化系统，具有毫秒/秒数量级的响应速度。全局控制环的核心功能位于电网调度控制中心，以全局信息测量为基础，通过深度计算分析制定适应电网及环境变化的控制方案，具有分钟以上数量级的慢速方案形成过程，最后通过局部控制环执行控制方案。

由于快速的局部控制和慢速的全局控制之间是一对矛盾，两个控制环之间需要协调，因此整个电网的控制采用如图 3-2 所示的三层控制结构[27]，包括局部的反应层、高端的决策层、中间的协调层。其中，反应层（毫秒/秒数量级）位于局部控制环，具有分布自治性和行动及时性特点，实现采集测量和控制执行两个基本功能；决策层（分钟/小时数量级）位于全局控制环，具有很强的工况适应性，实现工况评价和方案决策两个基本功能；协调层（秒数量级）在反应层和决策层之间，位于全局控制环，具有广域协调性，衔接全局与局部，实现全局与局部的信息协调和功能协调。

在三层控制结构上，电网控制的信息流方向包括采集测量、信息协调、工况评价、方案决策、功能协调、控制执行 6 个环节[27]，如图 3-3 所示。

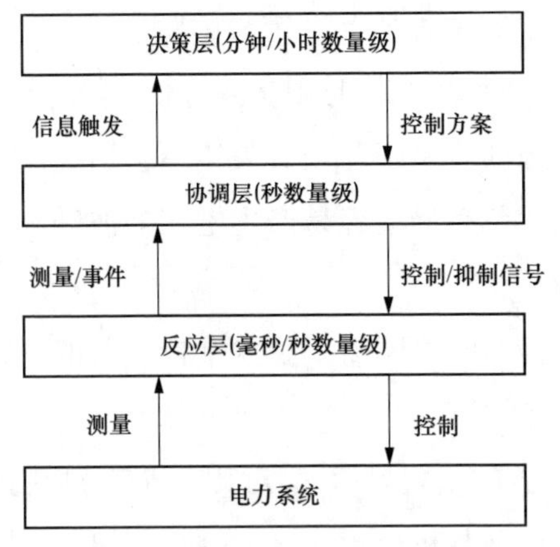

图 3-2 电力系统控制的基本结构

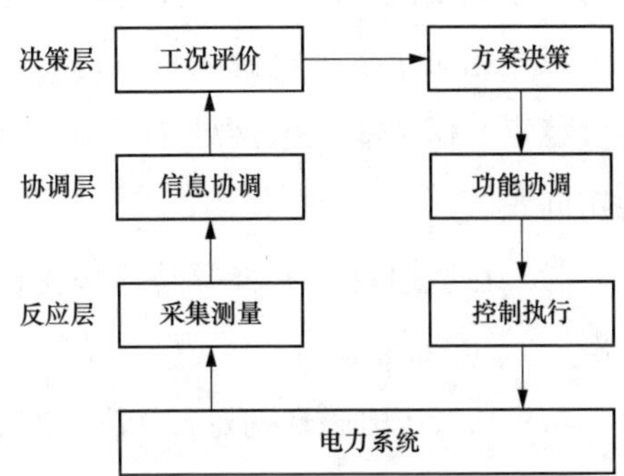

图 3-3 电力系统控制基本环节

采集测量环节位于反应层，依托测量装置或自动化系统实现电网稳态测量（如 RTU）、电网动态测量（如 PMU）、设备状态测量等采集测量功能。

信息协调环节位于协调层，以采集测量环节为基础，信息流速协调将毫秒/秒数量级的实时测点信息转变为断面信息，并通过大量断面信息形成分钟数量级的过程信息，实现反应层与决策层之间的信息流速协调和电网基本信息的监视功能。

工况评价环节位于决策层，以信息协调环节上传的电网实时信息为基础，采用面向过程的方式对电网实时运行工况进行评价。

方案决策环节位于决策层，以工况评价环节的电网工况评价为基础，进行深度计算分析，制定适应电网和环境变化的控制方案。

功能协调环节位于协调层，以方案决策环节为基础，协调各种控制功能及全局与局部控制之间的矛盾，并将电网控制方案解析为各种具体的控制功能。

控制执行环节位于反应层，其控制保护任务是根据功能协调环节下达的控制保护指令，执行全局控制保护任务或局部控制保护功能。

3.2.2 智能配电网的运行状态

第 1 章提出了本书所研究的智能配电网的范围和结构，可以看出，智能配电网的结构特点、运行方式与传统大电网有很大的不同，在对其实施控制时需区别对待。智能配电网的控制与大电网的控制主要不同之处在于[1]：

(1) 大电网中将系统参数越限和失去稳定两种情况都定义为紧急状态，分别对其实施校正控制和紧急控制，而智能配电网中允许越限参数持续一段时间。

(2) 相对于系统电源来说，分布式电源的容量很小，其失步不会引起系统失去稳定，但智能配电网处于受端，并且调节频繁，容易产生电压的波动和不稳定问题。

(3) 在遭遇自然灾害等特殊境况时，智能配电网需要独立维持负荷的正常供电。

(4) 高低压电磁环网对智能配电网的安全有很大威胁，需对其实施有效控制。

(5) 大电网的经济运行通过改变发电计划与机组组合来实现，而智能配电网中除可以调度部分分布式电源出力外，还需进行供电路径的优化。

(6) 大电网的控制没有考虑电力设备本身的异常状态、继电保护及其配合等二次系统安全隐患、网架结构和有功、无功电源对负荷的适应能力，而这些也是智能配电网安全运行需要考虑的问题。

为了实现智能配电网的自愈控制，首先要对智能配电网的运行进行分析，在信息量测的基础上，对智能配电网的运行工况进行实时评价，以保证控制方案能够适应智能配电网及其环境的变化，因此，需要明确划分其运行状态。本书将其分为 7 种状态，即紧急状态、恢复状态、异常运行状态、隐性安全状态、显性安全状态、经济运行状态和强壮运行状态[1]。具体含义如下：

(1) 紧急状态：智能配电网中有故障发生、或有严重低电压、或有严重过负荷、或有过负荷持续时间超出允许范围，需继电保护动作以防止运行继续恶化时所处的状态。

(2) 恢复状态：对电网的紧急状态实施控制后，智能配电网的参数一般尚能符合运行约束条件，但存在失电负荷或供电孤岛，此时智能配电网的运行状态虽不再继续恶化，但尚未确立正常运行状态。

(3) 异常运行状态：智能配电网中存在过负荷且持续时间在允许范围内、电压越限但未发生电压失稳、电压失稳的趋势或电力设备运行异常时所处的状态。

(4) 隐性安全状态：对于正常运行的智能配电网，如果二次系统存在安全隐患，或有电磁环网存在，或者在受到某一个合理的预想事故扰动后不能完全满足约束条件，容易转为异常运行状态或紧急状态，则称此时的智能配电网处于隐性安全状态。

（5）显性安全状态：对于正常运行的智能配电网，如果未运行在当前负荷水平下最经济的状态，且可能存在网架的薄弱环节或有功、无功电源及其分布不合理的情况，但无二次系统安全隐患，无电磁环网，在受到任意一个合理的预想事故扰动后都能完全满足约束条件，则称此时的智能配电网处于显性安全状态。

（6）经济运行状态：智能配电网稳定、安全、可靠运行，且在当前负荷水平下损耗低、运行成本小，但网架薄弱或有功、无功电源及其分布不合理，不能适应负荷及其分布变化时所处的状态。

（7）强壮运行状态：安全经济运行的智能配电网具有坚强的网架结构、充足的有功无功电源支持、对负荷及其分布的变化具有很强的适应能力时所处的状态。

其中，前面 3 种状态都属于非正常运行状态，后面 4 种状态都属于正常运行状态。

正常运行状态：智能配电网满足负荷约束条件和运行约束条件，且没有失电负荷、不存在供电孤岛、未发生故障、无过负荷和电压越限现象、无电压失稳的趋势、电力设备不存在异常时所处的状态。

非正常运行状态：智能配电网不满足正常运行状态的条件，即不能满足负荷约束条件和运行约束条件，存在故障、失电负荷、供电孤岛、过负荷和电压越限、电压失稳的趋势、电力设备异常等现象时所处的状态。

3.2.3 智能配电网自愈控制

根据上述的智能配电网特点及其运行控制目标、电力系统控制的基本框架，以及自愈控制的基本思想，本书提出智能配电网自愈控制体系结构，并申请获得了第一个电网自愈控制的国家发明专利[29]，将智能配电网的运行分为 7 种状态，定义了 7 个控制，构造如图 3-4 所示的运行状态与控制之间的关系，运行状态的定义在 3.2.2 节有详细描述。通过智能配电网自愈控制，赋予其自我愈合、自我防御、自我免疫的能力，使智能配电网成为具有分布式检测、主动防御、多层保护、并行分布式计算、智能匹配等功能的主动式智能化电网。

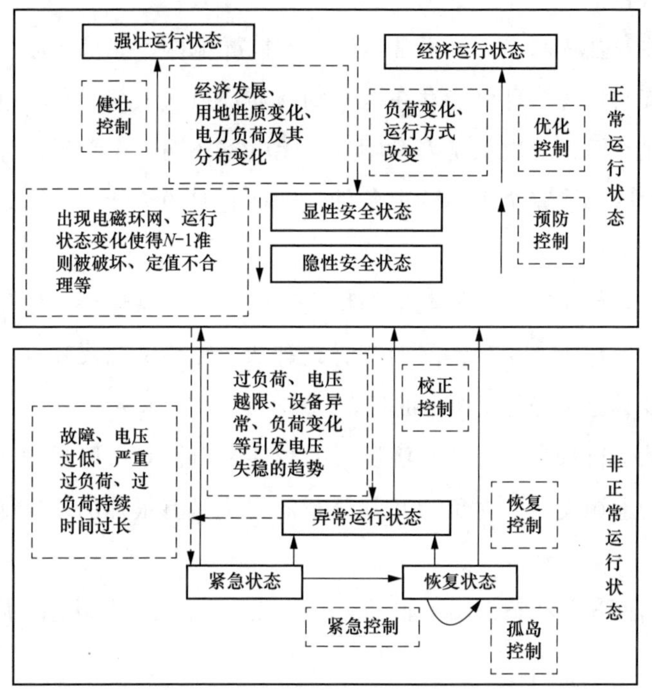

图 3-4　智能配电网自愈控制与运行状态关系

具有自愈力的智能配电网主要有两个显著特征：主动预防控制，及时发现并消除事故、安全隐患等，通过正常运行时的实时运行评价和持续优化来实现；快速紧急控制，故障情况下能维持智能配电网继续工作，不造成运行损失，并且自治地从故障中恢复，通过自动故障检测、隔离、恢复供电来实现。

根据第 1 章中智能配电网自愈控制的定义和前一节给出的智能配电网运行状态，将智能配电网自愈控制分为 7 种情况，即紧急控制、恢复控制、孤岛控制、校正控制、预防控制、优化控制和健壮控制[1,29]。具体定义如下：

（1）紧急控制：智能配电网处于紧急状态时，为了维持稳定运行和持续供电，而采取切除故障、切机、切负荷、主动解列等控制措施，以使系统转为恢复状态、异常运行状态或正常运行状态。

（2）恢复控制：智能配电网处于恢复状态时，选择合理的供电路径，恢复负荷供电，实现孤岛并网运行，使其转到正常运行状态或异常运行状态。

（3）孤岛控制：智能配电网从系统解列形成孤岛，甚至多个孤岛运行时，对其实施有效控制，使其有功、无功功率平衡，频率和电压能稳定在一定的范围内，维持孤岛的正常供电，直至孤岛重新并网。

（4）校正控制：智能配电网处于异常运行状态时，对其实施控制，排除设备异常运行、消除过负荷与电压越限，避免发生电压失稳，使其转移到正常运行状态。

（5）预防控制：智能配电网处于隐性安全状态时，通过校核检修二次系统、调整保护定值、调节无功补偿设备、切换线路运行方式等措施，消除智能配电网的安全隐患，使其转到显性安全状态。

（6）优化控制：智能配电网处于显性安全状态时，通过改变供电路径、优化变压器运行方式、调节无功补偿设备等，降低电网损耗，减小运行成本，使其转到经济运行状态。

（7）健壮控制：智能配电网处于显性安全状态时，通过加强网架结构建设、增加有功、无功功率备用，使其转到强壮运行状态。

3.3 基于分层递阶控制原理的智能配电网自愈控制结构

3.3.1 分层递阶控制的基本原理

1. 分层递阶控制结构

分层递阶控制理论主要有两类：由 Saridis 提出的基于 3 个控制层和精度随智能降低而提高（increasing precision with decreasing intelligent，IPDI）原理的三级递阶智能控制理论和由 Villa 提出的基于知识描述/数学解析的两层混合智能控制理论。其中 Saridis 提出的三级分层递阶控制系统结构如图 3-5 所示[83]。

（1）组织级。组织级（Organization Level）是分层递阶控制结构的最上层，以人工智能为主导控制思想，具有组织、学习和综合智能决策的能力，其主要任务是进行规划。对于给定的命令和任务，找到能够完成该任务的子任务或动作组合，提出适当的控制模式，并将这些指令向协调级下达。组织级需要处理全局信息，控制模拟人脑统筹全局、逻辑思维、历史数据对比以及分析问题的过程，响应时间长，控制指令模糊程度高，控制精度低，控制响应速度慢。

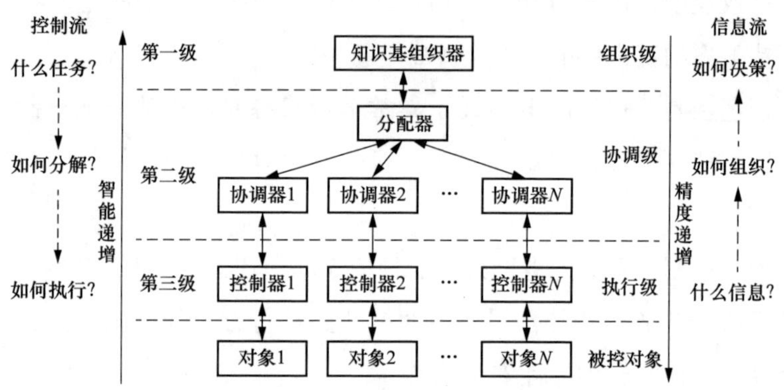

图 3-5　分层递阶控制系统三层结构示意图

（2）协调级。协调级（Coordination Level）是分层递阶控制结构的中间层，由分配器和一定数量的协调器组成。分配器将组织级传来的指令经过实时分解，分配到若干协调器，协调器结合各自不同的工作环境，产生一系列合理的优化的详细指令，并分解为执行级可操作的具体动作序列。协调级细化模糊程度较高的控制指令，结合控制过程中的不确定因素及其他具体情况，对控制指标进行量化，并对控制过程进行逻辑分析，最终形成合理的动作序列，传达给执行级。协调级需要处理局部信息，响应时间较长，控制指令模糊程度较低，控制精度较高，控制响应速度较快，控制智能水平较高。

（3）执行级。执行级（Executive Level）是分层递阶控制结构的最底层，由常规控制理论（经典控制理论和现代控制理论）起主导作用，一般由多个硬件控制器组成，执行一个确定的动作，控制器直接产生控制信号，通过执行机构作用于被控对象（过程）；同时执行级也通过传感器测量环境的有关信息，并传递给上一级控制器，给高层提供相关决策依据。执行级具有较精确的控制模型，对协调级制定的控制操作序列，能结合外部因素进行准确执行。执行级需要处理的数据量少、计算时间短，能做到实时响应，精确控制指令，控制精度高，控制智能水平低。

分层递阶控制系统三层之间的级联关系[84]如图 3-6 所示。

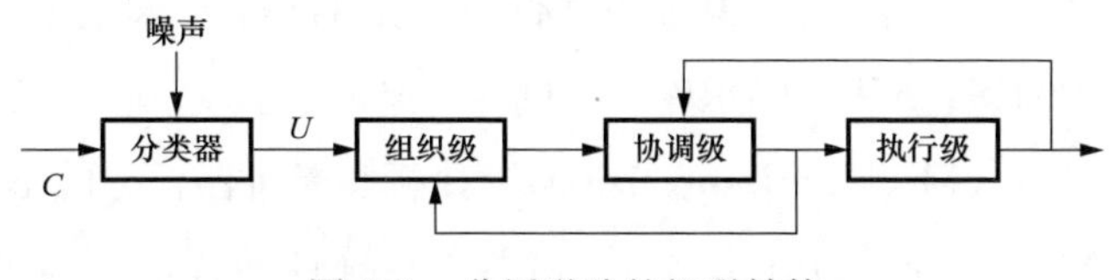

图 3-6　分层递阶的级联结构

图中 C 为输入指令，U 为分类器的输出信号。该分层递阶控制系统把定性的用户指令变换为操作序列，系统接收到用户指令后，通过一组与环境交互作用的传感器的输入信息决定具体操作，传感器可提供工作空间环境（外部）和每个子系统状况（内部）的监控信息，系统融合这些信息选择操作方案。

2. 分层递阶控制原理

（1）分层递阶控制的熵准则。在 Saridis 的分层递阶控制系统中，对各级采用熵（Entropy）作为测度。组织级用熵衡量所需知识，协调级用熵测量协调的不确定性，执行级用熵表示系统的执行代价。每一级的熵相加成为总熵，用于表示控制作用的总代价。设计和建立控制系统的原则就是总熵最小。

对于不确定性问题，通常采用熵函数作为性能度量，熵越大，表明不确定性越大，以熵最小来确定最优控制策略。

（2）基本原理[85]。上述的分层递阶控制系统中高层功能是基于知识系统来模仿人的行为，控制目标是控制系统的规划、决策、学习、数据存取和任务协调等，均可视为知识的处理与管理。同时，可以用熵作为度量去衡量控制系统，各子系统的协调与控制均可集成为适当的函数。因此，该控制系统是一台智能机器，其关键变量是知识流，它可代表数据处理与管理、通过 CPU 执行规划与决策、通过传感器获取外界信息与数据、定义软件的形式语言等内容。基本的名词术语含义如下。

机器知识（Machine Knowledge，K）：智能机器所获取并用于消除对某一特定任务（环境）的无知度或不确定性的一种结构信息，知识是一个由机器自然增长的累积量。

机器的知识流率（Rate of Machine Knowledge，R）：单位时间内通过智能机器处理的知识流。

机器智能（Machine Intelligence，MI）：对事件或活动的数据库（Date Base，DB）进行操作以产生知识流的动作或规则的集合，即分析和组织数据，并把数据变换为知识。MI 由知识库（规则库）来实现。

机器不精确性（Machine Imprecision）：执行智能机器任务的不确定性。

机器精确性（Machine Precision）：机器不精确性的补，其实质是代表一个过程的复杂性，因为要求精度越高，所执行的任务就越复杂。

机器的知识可以表示为

$$K = -\alpha - \ln P(K) = [\text{能量}] \tag{3-1}$$

式中，α 为概率标称化参数；$P(K)$ 为知识的概率密度。其表达式与 Jaynes 最大熵原则一致，即

$$P(K) = \mathrm{e}^{-\alpha-K} \tag{3-2}$$

$$\int_{\Omega_s} P(K)\mathrm{d}s = 1 \tag{3-3}$$

$$\alpha = \ln\int_{\Omega_s} \mathrm{e}^{-K}\mathrm{d}s \tag{3-4}$$

式中，Ω_s 表示知识的状态空间。在这种概率密度函数 $P(K)$ 的选择下，知识 K 的熵为不确定性最大。知识流率 R 具有离散状态，在一定的时间间隔 T 下可表示为

$$R = \frac{K}{T} = [\text{功率}] \tag{3-5}$$

当 MI 作用于 DB 时，会引起推理、映射等信息变换过程，产生知识流率 R，这种映射的关系表示为

$$(MI):(DB) \rightarrow (R) \tag{3-6}$$

当知识流率 R 固定时，较小的知识库要求有较多的机器智能，而较大的知识库要求的机器智能则相应较少。

概率论是处理不确定性问题的经典理论，因此可以用事件发生的概率来描述和计算推理的不确定性测度。知识流率、机器智能、知识数据库之间的概率关系可以表示如下。

MI 和 DB 的联合概率产生知识流的概率可表示为

$$P(MI, DB) = P(R) \tag{3-7}$$

根据概率论的基本理论可得

$$P(MI/DB)P(DB)=P(R) \tag{3-8}$$

等式两端取自然对数，可得

$$\ln P(MI/DB)+\ln P(DB)=\ln P(R) \tag{3-9}$$

上述公式表示出知识流、机器智能与知识数据库之间的简单概率关系。代表某个信息的随机量 x 的信息熵定义为

$$H(x)=-E[\ln P(x)] \tag{3-10}$$

其中 $E[\cdot]$ 表示取期望。因此各种函数的熵可起到信息度量的作用，对式（3-9）两端取期望值，可得熵方程如下

$$H(MI/DB)+H(DB)=H(R) \tag{3-11}$$

如果 MI 与 DB 无关，则有

$$H(MI)+H(DB)=H(R) \tag{3-12}$$

由式（3-12）可知，在建立和执行任务时，如果期望知识流量不变，则要增大数据库 DB 的熵（不确定性），就要减小机器智能 MI 的熵，即数据库中数据或规则减小、精度降低，就要求减小机器智能的不确定性，提高机器智能的智能程度；反之，若减小数据库 DB 的熵，便可增大机器智能 MI 的熵，即数据库中数据或规则增加、精度提高，对机器智能的要求便可降低。这就是 IPDI 原则，即“精度随智能降低而提高”。

综上所述，分层递阶控制的基本原理为：将智能控制理论假定为寻求某个系统正确决策与控制序列的数学问题，系统按照自上而下精度渐增、智能递减的原则建立递阶结构，智能控制器的设计任务是寻求正确决策和控制序列，使整个系统的总熵最小。这样，分层递阶控制系统就能在最高级组织级的统一组织下，实现对复杂、不确定系统的优化控制。

（3）自组织原理。对于具有非线性、高阶、纯滞后和时变特征，且有随机干扰的复杂系统，单一的智能控制方案很难适应，应将多种控制器有序组合形成自组织智能控制[86]。

自组织是演化系统学中的术语，其基本含义是进化。借用“自组织”一词将某些智能控制系统称作自组织智能控制系统有其特定的内涵。自组织智能控制系统应能自发地形成控制所需的有序结构，自发地使控制性能具有进化（适应）性，具体来说，应具有两个特点：①备有许多不同类型的控制器和控制算法（如模糊逻辑控制器、PID 算法等），且可随时指定一种或多种控制器和算法进行有机组合，以便实施有效控制；②控制性能具有进化性。这里的进化性有两层含义，包括在某个时间段内的进化性和在整个控制过程中的进化性。

（4）分层递阶控制的应用示例[83]。下面以具有 6 个自由度并配有全局摄像头的智能机械手来说明上述原理，如图 3-7 所示。假设智能机械手需完成 c_1 和 c_2 两项任务。

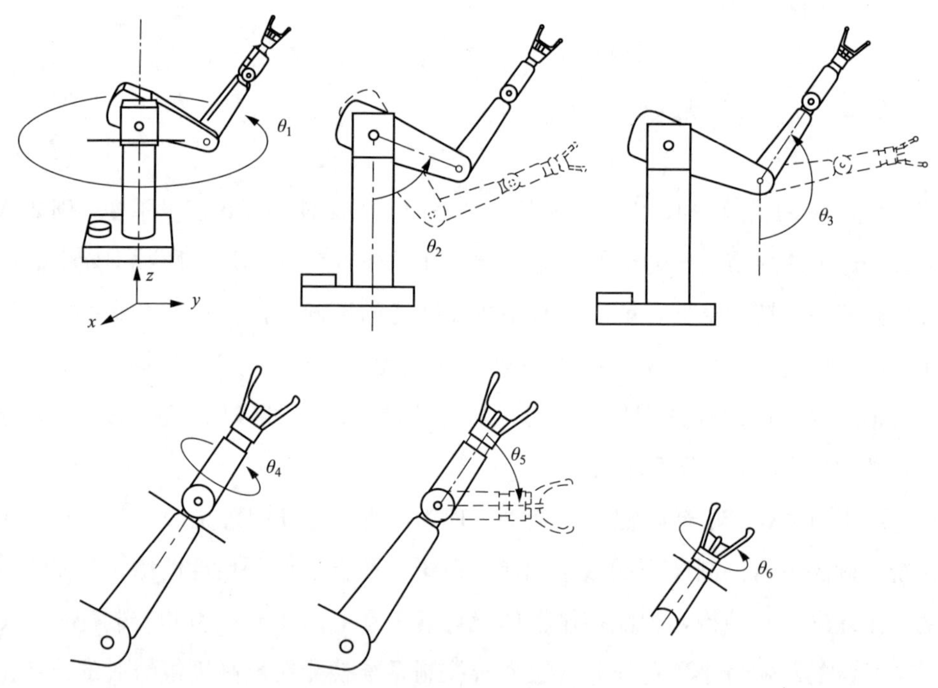

图 3-7　具有 6 个自由度的机械手

c_1：取玻璃杯，在水龙头处注满水并放到指定地点。

c_2：取书本，并放到指定地点。

在组织级，首先将上述任务分解为 5 个事件，具体如下：

e_1：摄像头获取目标；

e_2：机械手移动；

e_3：在水龙头处注满水；

e_4：抓取物品；

e_5：将物品放到指定地点。

然后根据摄像头一次能观察到的目标数可将任务分解为多种动作序列，比如任务 c_1 可分解为 4 种动作序列，具体如下：

$$Y_1^{c_1}=\{e_1 \quad e_2 \quad e_4 \quad e_1 \quad e_2 \quad e_3 \quad e_1 \quad e_2 \quad e_5\}$$

$$Y_2^{c_1}=\{e_1 \quad e_2 \quad e_4 \quad e_1 \quad e_2 \quad e_3 \quad e_2 \quad e_5\}$$

$$Y_3^{c_1}=\{e_1 \quad e_2 \quad e_4 \quad e_2 \quad e_3 \quad e_1 \quad e_2 \quad e_5\}$$

$$Y_4^{c_1}=\{e_1 \quad e_2 \quad e_4 \quad e_2 \quad e_3 \quad e_2 \quad e_5\}$$

其含义为：如果摄像头每次只能发现一个目标，则按动作序列 $Y_1^{c_1}$ 才能完成任务 c_1；如果摄像头能同时发现水龙头和摆放的位置，则按动作序列 $Y_2^{c_1}$ 才能完成任务 c_1；如果摄像头能同时发现玻璃杯和水龙头，则按动作序列 $Y_3^{c_1}$ 才能完成任务 c_1；如果摄像头一开始就能发现所有目标，则需按动作序列 $Y_4^{c_1}$ 完成任务 c_1。

如果当前需要执行的任务是 c_1，则组织级将根据摄像头获取的图形信息进行分析，按照式（3-13）进行决策，并更新相关概率以实现自组织原理。

$$Y_o=\arg\max_r\{P(Y_1^{c_1}/c_1)\} \quad r=1,2,3,4 \tag{3-13}$$

式中，$P(Y_1^{c_1}/c_1)$ 为任务是 c_1 时动作序列 Y_r 所出现的概率。

智能机械手的协调级需要完成摄像头的控制、触觉和力觉等传感器的协调等功能，其结构如图 3-8 所示[87]。

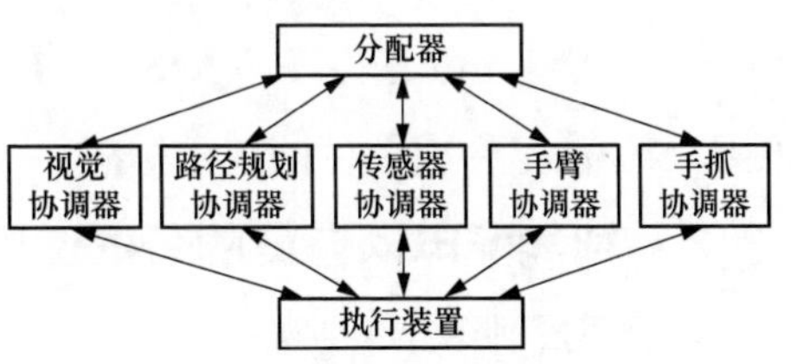

图 3-8　智能机械手的协调级结构

执行级最终实现将图 3-7 所示的机械手移到期望位置 $\boldsymbol{x}^d$，以使式（3-14）所示函数最小。

$$J(\boldsymbol{u})=\int_0^T\{[\boldsymbol{x}(t)-\boldsymbol{x}^d]^T\boldsymbol{Q}[\boldsymbol{x}(t)-\boldsymbol{x}^d]+\boldsymbol{u}^T(t)\boldsymbol{u}(t)\}\mathrm{d}t \tag{3-14}$$

$$\boldsymbol{x}=[x_1, \quad x_2, \quad x_3, \quad x_4, \quad x_5, \quad x_6]^T=[\theta_1, \quad \theta_2, \quad \theta_3, \quad \dot{\theta}_1, \quad \dot{\theta}_2, \quad \dot{\theta}_3]^T$$

式中，θ_i 为对应关节角度；$\boldsymbol{u}$ 为控制输入；$\boldsymbol{Q}$ 为加权矩阵。

手臂的运动方程如下

$$\dot{\boldsymbol{x}}(t)=\begin{bmatrix}\boldsymbol{0} & \boldsymbol{I}\\ \boldsymbol{0} & \boldsymbol{0}\end{bmatrix}\boldsymbol{x}(t)+\begin{bmatrix}\boldsymbol{0}\\ \boldsymbol{J}^{-1}(\boldsymbol{x})\boldsymbol{N}(\boldsymbol{x})\end{bmatrix}+\begin{bmatrix}\boldsymbol{0}\\ \boldsymbol{J}^{-1}(\boldsymbol{x})\end{bmatrix}\boldsymbol{u}(t) \tag{3-15}$$

式中，$\boldsymbol{I}$ 为 3 维单位阵，$\boldsymbol{J}(\boldsymbol{x})$、$\boldsymbol{N}(\boldsymbol{x})$ 为与关节的惯性矩、摩擦系数和静摩擦力等因素有关的矩阵，具体如下

$$\boldsymbol{J}(\boldsymbol{x})=\begin{bmatrix}\boldsymbol{J}_1+\boldsymbol{J}_{22}\sin^2x_2+\boldsymbol{J}_{33}\sin^2x_3+2\boldsymbol{J}_{23}\sin x_2\sin x_3 & \boldsymbol{0} & \boldsymbol{0}\\ \boldsymbol{0} & \boldsymbol{0} & \boldsymbol{J}_{23}\cos(x_2-x_3)\\ \boldsymbol{0} & \boldsymbol{J}_{23}\cos(x_2-x_3) & \boldsymbol{J}_{33}\end{bmatrix}$$

$$N(\boldsymbol{x})=\begin{bmatrix}-(\boldsymbol{J}_{22}\sin 2x_2+2\boldsymbol{J}_{33}\sin x_3\cos x_2)x_4x_5-(\boldsymbol{J}_{33}\sin 2x_3+2\boldsymbol{J}_{33}\sin x_2\cos x_3)x_4x_6\\ \left(\frac{1}{2}\boldsymbol{J}_{22}\sin 2x_2+\boldsymbol{J}_{23}\sin x_3\cos x_2\right)x_4^2-\boldsymbol{J}_{23}\sin(x_2-x_3)x_6^2-\omega_2\sin x_2\\ \left(\frac{1}{2}\boldsymbol{J}_{33}\sin 2x_3+\boldsymbol{J}_{23}\sin x_2\cos x_3\right)x_4^2+\boldsymbol{J}_{23}\sin(x_2-x_3)x_5^2-\omega_3\sin x_3\end{bmatrix}$$

$$-\begin{bmatrix}f_1x_4\\ f_2x_5\\ f_3x_6\end{bmatrix}+\begin{bmatrix}f_{10}\\ f_{20}\\ f_{30}\end{bmatrix}$$

根据经典最优控制原理，可采用式（3-16）所示形式实现该问题的次优状态反馈控制。

$$\boldsymbol{u}(\boldsymbol{x},\boldsymbol{x}^d)=-\boldsymbol{N}(\boldsymbol{x})-\boldsymbol{J}(\boldsymbol{x})\begin{bmatrix}\boldsymbol{0} & \boldsymbol{I}\end{bmatrix}^T\boldsymbol{S}[\boldsymbol{x}(t)-\boldsymbol{x}^d] \tag{3-16}$$

式中，$\boldsymbol{S}$ 为满足一定条件的正定矩阵。

3.3.2 智能配电网自愈的分层递阶控制结构

1. 总体控制结构

结合提出的智能配电网自愈控制体系结构和一般意义的分层递阶控制结构，本书提出如图 3-9 所示的智能配电网自愈的分层递阶控制结构[88~89]，包括知识组织级、任务协调级、功能协调级和控制执行级四层控制器。

自愈控制决策机位于分层递阶控制结构的知识组织级，根据智能配电网当前的运行状态制定需要完成的控制目标，并将其分解为多个不同的控制任务，下达到控制任务分配器。

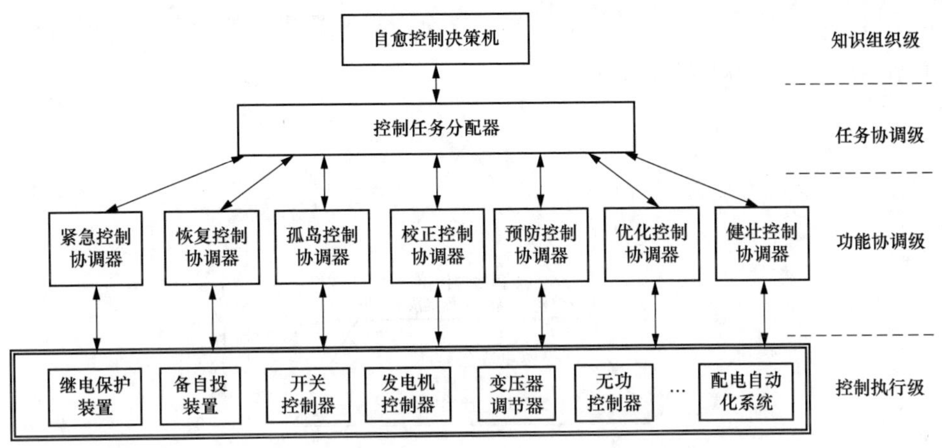

图 3-9　智能配电网自愈的分层递阶控制结构

控制任务分配器位于分层递阶控制结构的任务协调级，根据自愈控制决策机下达的控制任务，有选择地分配给相应的功能协调器。

位于功能协调级的是各种功能控制协调器，根据控制任务分配器下达的控制任务，通过解析翻译形成控制命令，并下达到具体的控制器，包括紧急控制协调器、恢复控制协调器、孤岛控制协调器、校正控制协调器、预防控制协调器、优化控制协调器和健壮控制协调器。

控制执行级是完成控制任务的具体装置、系统或设备，其主要任务是根据智能配电网当前的运行状态和控制命令执行控制动作。其中，控制命令分为两类：①预置的控制命令，比如继电保护命令是在对未来的决策中，自愈控制决策机根据智能配电网运行变化趋势做出决策，提前一段时间通过预防控制协调器下达给继电保护装置，修改保护定值，当相匹配的运行状态发生时由继电保护装置完成保护控制动作；②实时控制命令，比如校正电压越限命令是自愈控制决策机根据智能配电网当前的运行状态做出校正电压越限的决策，通过校正控制协调器下达给开关控制器执行开关合闸/分闸操作。

2. 中压配电网分层递阶控制结构

中压配电网本身具有复杂的结构，为实现整个智能配电网的自愈控制，本书提出如图 3-10 所示的中压配电网分层递阶控制结构[90]，包括馈线层、馈线连通系层、变电站连通系层、配电网层，各层相互配合，其控制功能与控制精度相互协调，形成开关、保护控制装置、安全自动装置等控制设备与配电自动化主站系统统一的协调控制系统。

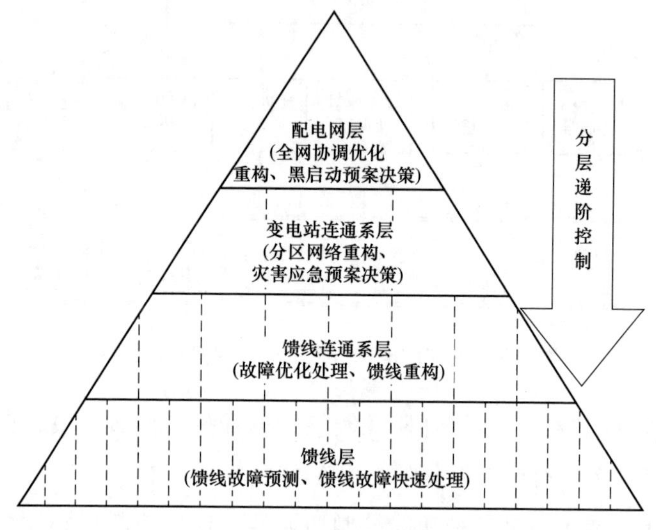

图 3-10　中压配电网分层递阶控制结构

馈线层的主要任务是对本馈线的单相接地和设备绝缘下降等故障发展情况进行预测，实现相应的预防性控制，当故障发生时实现快速故障处理。将电压、电流信号、单相接地信号、绝缘下降信号、保护控制装置动作情况、动作前后开关的状态等内容传送给馈线连通系层和变电站连通系层，同时接收并执行控制命令。

馈线连通系层的主要任务是根据接收到的信号确定失电母线、故障区段和需要锁定的开关，根据变电站连通系层传来的失电母线对应的应急预案触发继电器分合闸相应的开关，执行接收的重构操作命令。

变电站连通系层的主要任务是接收到馈线连通系层传来的电压、电流信号和开关状态后确定备用电源自投方案，计算各种连通系和馈线运行方式以及无功补偿方式下的电压分布、电流分布，以及负荷增长时的临界电压，确定优化的运行方式，将需要进行的开关操作、电容器投切情况，以及操作顺序传送给馈线连通系层。

配电网层根据负荷和分布式电源出力的变化趋势，确定优化运行方式及无功补偿方式，并将开关分合闸操作及顺序传送给馈线连通系层，获得恢复供电负荷多和备用容量大的运行方式。

3.4 基于智能体群体系统的智能配电网自愈控制策略

3.4.1 智能体群体系统理论

为适应时间和空间分布上的复杂系统对控制的要求，按照系统功能特点和物理特性将系统的控制结构划分为功能上独立、具有逻辑推理能力和通信能力的计算实体，这些实体具有自治性、反应性和社会性，故称为智能体（Agent），整个控制系统称为多智能体系统，是一种分布式智能控制技术[91]。

1. 智能体

智能体是在某一环境中，能够灵活、自主地采取行动，以满足其设计目标并适应环境变化的计算实体，既能感知环境的变化，又能反过来影响环境。它能够通过数学计算或规则推理完成特定的操作任务，基于消息机制进行信息交互和协调，具有感知、推理、学习、自适应和协作能力。

智能体的基本特性包括自治性、反应性、社会性、面向目标性和针对环境性等[92]。自治性是指智能体对自己的行为或动作具有控制权，自主地完成特定任务；反应性是指智能体具备感知环境并做出响应动作的能力；社会性是指每个智能体在有组织的群体中，通过相互通信接受任务指派和反馈任务执行情况；面向目标性也称能动性，是指智能体可对自己的行为进行评价并使其逐步导向目标；针对环境性是指智能体必须工作在某种特定的环境中。

智能体可视为从感知序列到实体动作的映射，包括慎思型、反应型和混合型三种类型。

慎思型智能体（Deliberative Agent）是基于知识的系统，需要经过严格的逻辑推理才做出动作反应，速度较慢，并与处理的信息量有关，主要用于对反应速度要求不是很高的复杂决策问题，其结构如图 3-11 所示。其中环境包括外部世界、被控对象等，环境模型一般需预先实现，形成知识库。其内部具有知识表示、问题求解表示、环境表示和具体通信协议等内容，能够通过传感器接收外界环境信息，根据内部状态进行信息融合，产生改变当前状态的描述，然后基于知识库进行推理决策。

反应型智能体（Reactive Agent）不需知识和推理，依靠条件—作用规则将感知和动作连接起来，基于获得的有限信息直接快速对环境做出反应，类似于人的手指碰到烫热的物体时本能地快速缩回，反应速度非常快，反应型智能体结构如图 3-12 所示。反应型智能体在现实世界与环境的交互作用中可体现出其行为智能，但此类智能体自身不能对新的情况作出合理的决策和反应。

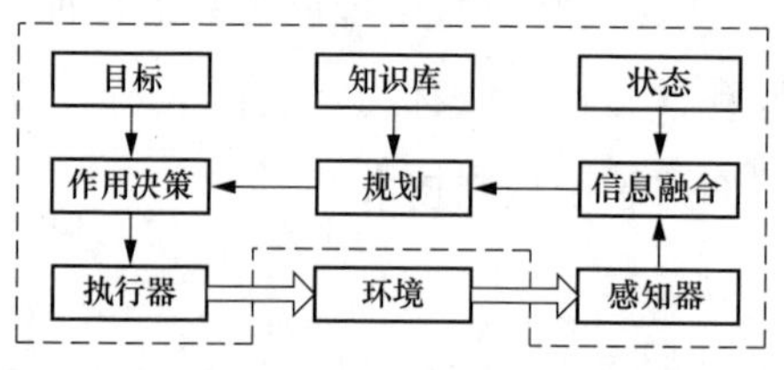

图 3-11　典型慎思型智能体结构

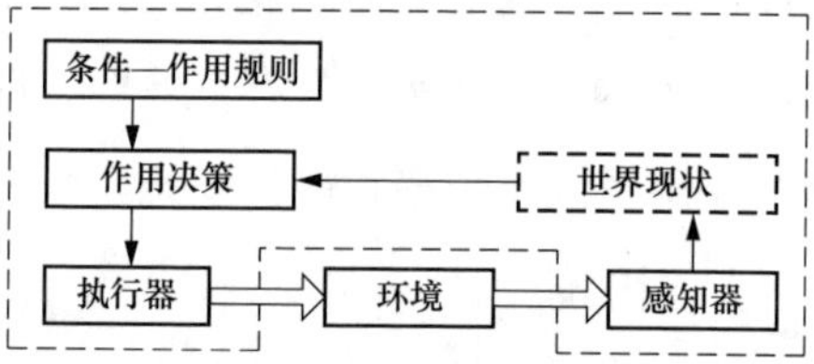

图 3-12　反应型智能体结构

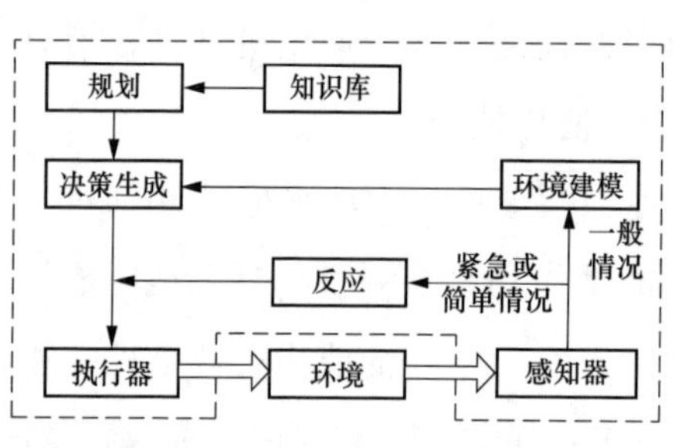

图 3-13　复合型智能体结构

复合型智能体（Mixed Agent）是对慎思型智能体和反应型智能体的融合，因此具有逻辑推理能力，且反应速度快，其结构如图 3-13 所示。复合型智能体包含慎思子系统和反应子系统，为了能够对环境中出现的重要事件进行快速反应，反应子系统的优先级须高于慎思子系统。

2. 智能体群体系统（MAS）

正如人类社会，群体协作能力远大于个体能力，每个智能体的逻辑推理功能很简单，但将多个智能体构成群体进行协调工作，则能够完成十分复杂的任务。具有相同模型结构和功能的智能体构成的智能体群体系统称为同构智能体群体系统，性质和功能完全不同的智能体构成的智能体群体系统称为异构的智能体群体系统，异构系统每个智能体具有不同目标，通过各个子目标的实现达到系统整体目标的实现。两类智能体群体系统共同的特征如下[92]：

（1）每个智能体都有解决问题的不完全的信息或能力；

（2）群体系统具有分散存储和处理数据的能力，没有系统级的数据集中处理结构；

（3）群体系统内部具有交互性，系统整体具有封装性；

（4）群体系统具有同步计算的能力，对于某些共享资源应具备锁定功能。

智能体群体系统需要解决的关键问题是怎样协调一组自治智能体之间的智能行为，包括知识、目标、技巧和规则的协调，如何联合起来采取行动或求解问题。从多智能体协作机制建模的发展来看，分为逻辑推理的形式化建模方法和以决策理论及动态规划为基础的建模方法，后来二者逐渐融合，均强调智能体的理性作用，融合的媒介是对策论。

复杂系统的实时控制要求控制系统能根据环境和被控对象的动态变化自适应地改变控制结构、调整控制策略、修改控制参数。因此，完成实时控制任务的智能体群体系统应具有相互间自动协调控制任务和行为的能力。自协调模型是基于分布式环境下智能体的学习能力而建立的智能体群体模型，是随环境变化自适应调整行为的动态模型。该模型的动态特性表现在两方面：

（1）系统组织结构的分化重组，包括对共同完成任务的智能体的选择，协作结构的动态生成和在线调整；

（2）智能体群体系统内部以新的控制任务或新的平衡状态为目标进行联合行动的自主协调。

智能体群体系统的体系结构主要是指多个智能体之间的通信和控制模式，可以分为集中式、分布式、混合式和联邦式四种，如图 3-14 所示[93]。

（1）集中式结构，也称为层次式（Hierarchies）结构，如图 3-14（a）所示，将系统分成多个组，分别进行集中式管理，即每组具有一个全局知识的管理智能体，并且通过专门的消息传递智能体来承担消息传递任务，整个系统采用同样的方式对各成员智能体组进行管理。

（2）分布式结构，如图 3-14（b）所示，智能体组间和组内各智能体间均为分布式结构，智能体是否被激活以及激活后产生的行为取决于系统状态、环境变化、自身状况以及当前拥有的数据。

（3）混合式结构，如图 3-14（c）所示，一般是由集中式和分布式两种结构组成，包含一个或多个管理服务机构，此机构只对部分成员智能体以某种方式进行统一管理，参与解决智能体之间的任务划分和分配、共享资源的分配和管理、冲突的协调等，其它成员之间为平等关系。

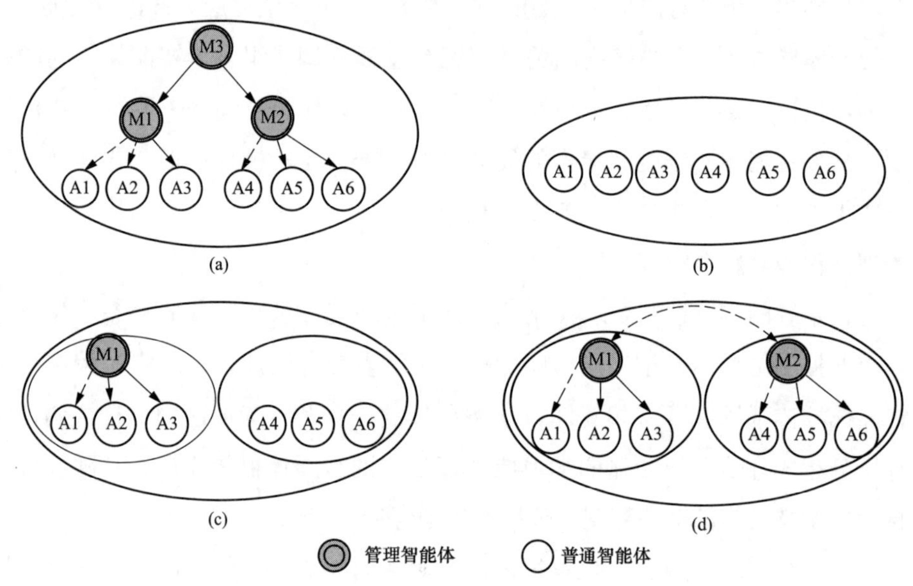

图 3-14　智能体群体系统的体系结构

（a）集中式；（b）分布式；（c）混合式；（d）联邦式

（4）联邦式结构，如图 3-14（d）所示，实际上也可认为是一种混合式。联邦智能体是通过目录促进器（Directory Facilitator，DF）等具有管理功能的智能体，将一组关系密切的智能体组织为联邦，以集中控制方式组织联邦内智能体的协同工作，并将多个联邦间协同工作所需要的通信限制在 DF 之间，通信一般采用组播，从而能在总体上大幅度减少网络通信量，联邦内智能体的结构关系简单，联邦之间通过平等协商进行协作，交换目录促进器信息。

3.4.2　基于 MAS 的分层递阶控制结构

在分层递阶控制结构的组织级、协调级和执行级分别采用不同类型的智能体来实现其功能，形成基于智能体的分层递阶控制方法。组织级需要根据收到的信息进行推理、规划任务、调度决策，对智能化要求较高，故采用慎思型智能体。执行级要求反应及时、快速动作、控制精度高，所以采用基于条件—作用规则的反应型智能体。协调级的决策过程分为任务调度和翻译两个步骤，首先识别合适的可执行任务，然后将其分解为子任务序列，故采用半智能型的复合型智能体。综上所述，可通过不同智能程度的智能体来完成分层递阶控制中的各级任务，基于 MAS 的分层递阶控制结构如图 3-15 所示[94]。

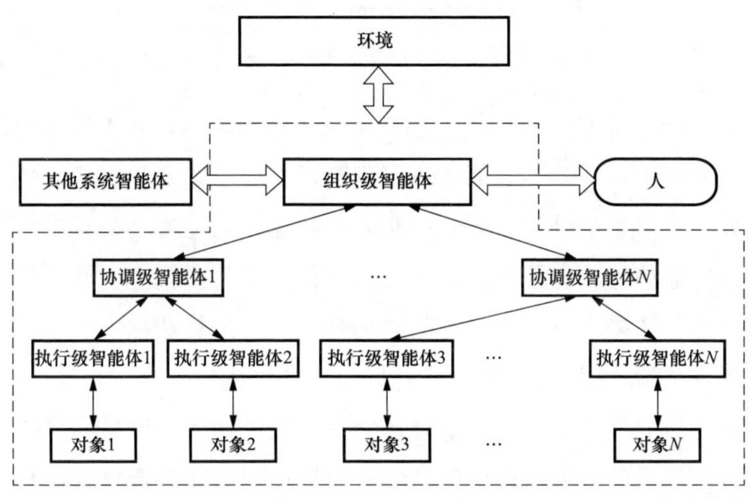

图 3-15　基于 MAS 的分层递阶控制结构

该结构将智能体群体系统理论和分层递阶控制理论相结合，通过组织级智能体管理协调级智能体、协调级智能体管理执行级智能体的方式，形成一个有序群体。智能体群体系统内部的协调机制为主从协调方式，每个智能体都处于环境中，根据环境信息完成各自承担的工作，并反作用于环境。在不同递阶控制级别上，智能体可以与人交互，接受人工指令，也可与其他智能体进行交互。

基于智能体群体系统的分层递阶控制结构中不同层次上具有不同类型的智能体，主要区别是知识的表示、可能的动作行为、决策策略等内容，因此根据模块化设计思想，可以定义一个所有智能体共同的内核结构，如图 3-16 所示，主要由感知器、决策器、反应器、执行器、通信机、算法接口及算法模块几部分组成。不同类型智能体的内核中各个部分的内容有所区别，以内核结构为基础，通过增减模块可组合出多种相对独立和并行执行的智能形态，可以方便地实现控制系统中各层级的智能体。

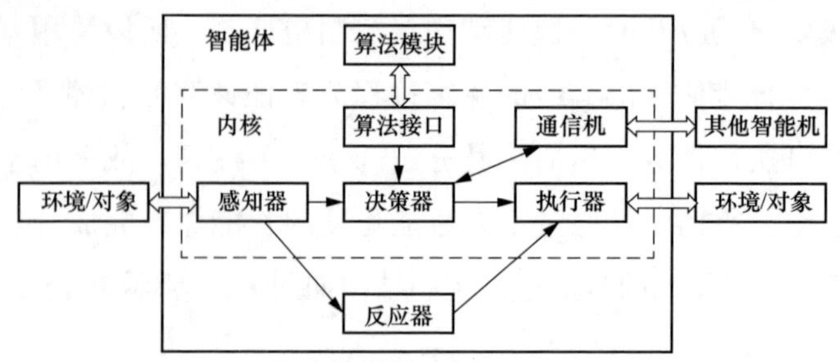

图 3-16　基于 MAS 的分层递阶控制系统中的智能体结构

在图 3-16 所示智能体结构中，感知器接受环境信息，并进行预处理和特征辨识。反应器对来自感知器的信息进行判断，当处于紧急状态或简单状态直接启动执行器，采取相应动作；当处于非紧急状态，则通过决策器进行决策再采取相应动作。通信机负责接受和处理来自其他智能体的消息，并负责发送决策器发出的消息。如果提供一套标准的通信接口，可使算法独立于智能体，实现算法的重用和移植，便于在同级智能体间实现算法共享。

决策器是智能体的核心，包括消息处理、任务接受与分解、状态监测与反馈。按照顺序提取消息，执行相应动作，如果检测到算法接口有消息需要发出则进行处理。在组织级和协调级，接收来自上级智能体下达的任务，提交算法模块，并分解为各下级智能体的目标，然后自上向下地分发下达到下级智能体。

算法模块决定了智能体的能力，因各层智能体的目标不同，其算法模块的智能程度随级别的增加而提高。在执行级，智能体直接面向控制对象，因此主要是控制算法，如 PID 控制、自适应控制等。在协调级和组织级，主要是协调和决策，故采用面向认知系统的算法，包括推理、决策、学习等。另外，任何一级智能体都需要具有数据处理和特征状态识别的能力，只是不同层次的智能体可采用不同的算法。

3.4.3　基于 MAS 的智能配电网自愈控制分层递阶结构

根据上述的智能配电网自愈控制体系结构和基于 MAS 的分层递阶控制结构，本书提出如图 3-17 所示的智能配电网自愈控制分层递阶结构[88~89]，包括组织级、协调级和执行级三层智能体结构，各层智能体负责完成不同的功能，通过智能体群体系统协调工作实现智能配电网的自愈控制功能。

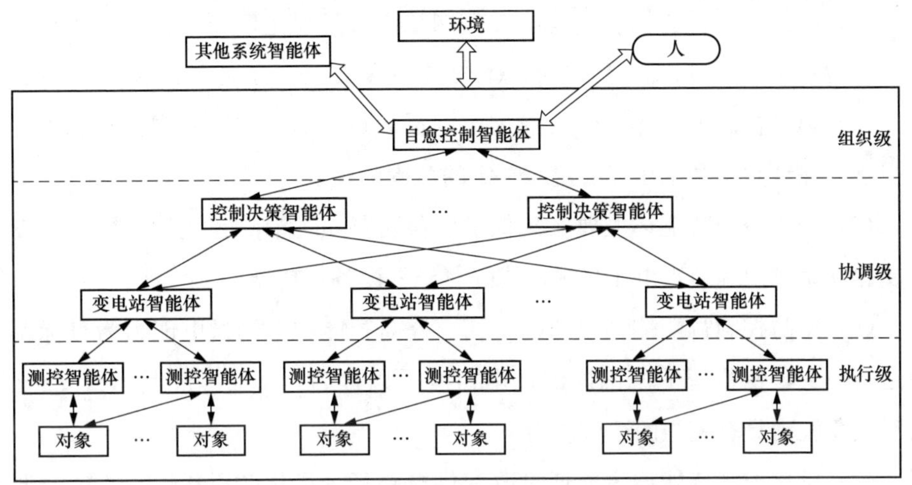

图 3-17　基于 MAS 的智能配电网自愈控制分层递阶结构

执行级智能体也称为测控智能体，完成智能配电网的信息测量，执行控制动作，具体的控制行为可能来源于协调层智能体，或者由测控智能体自治形成。测控智能体包括继电保护智能体、低频减载智能体、“五防”控制智能体、电压无功控制智能体、故障录波智能体、开关状态监测智能体、变压器状态监测智能体等。测控智能体与其感知、控制的对象之间的关系分为一对一型、一对多型和多对一型三种类型，比如每一个继电保护智能体只保护一个对象，电压无功控制智能体则负责变压器分接头和无功补偿设备的控制，而低频减载智能体和“五防”控制智能体可控制同一开关设备。

这里将协调级智能体分为两个层次，上层为控制决策智能体，下层为变电站智能体。

控制决策智能体包括状态评估智能体、紧急控制智能体、恢复控制智能体、孤岛控制智能体、校正控制智能体、预防控制智能体、优化控制智能体和健壮控制智能体。具体功能如下：

（1）状态评估智能体基于采集的智能配电网运行数据，确定智能配电网当前的运行状态，并向组织级智能体汇报状态评估结果和控制需求信息；

（2）紧急控制智能体则对紧急事件进行快速处理，通常按预先设定模式进行控制，处理时间为毫秒级；

（3）恢复控制智能体实现智能配电网故障后的供电恢复，包括对故障元件进行快速定位和隔离、制定健全区域的供电恢复方案；

（4）孤岛控制智能体是在智能配电网孤岛运行时，控制岛内有功、无功功率平衡，保证频率和电压能稳定在一定的范围内；

（5）校正控制智能体主要实现保护定值再整定、消除智能配电网中已发生的支路功率越限和节点电压越限，或隔离异常设备等功能；

（6）预防控制智能体则以均衡负荷、提高智能配电网供电能力为目标调整其运行方式，使得智能配电网的供电裕度得以提高，从而提高其运行安全性，并对负荷波动具有较强的适应能力；

（7）优化控制智能体主要通过改变供电路径、优化变压器运行方式、调节无功补偿设备等策略，降低损耗、减小运行成本；

（8）健壮控制智能体则形成加强网架结构建设、增加有功、无功功率备用的控制措施。

变电站智能体的功能是接收执行级上传的智能配电网运行和控制信息，进行处理后上传给控制决策智能体，同时接收控制决策智能体的控制指令，结合自身的知识进行决策，协调各执行级智能体的行为。

组织级的自愈控制智能体接受协调级上传的控制需求信息，以及环境信息、人或其他系统智能体的信号，通过机器智能进行决策，根据当前智能配电网所处的运行状态，有选择地触发激活协调级的功能决策智能体，实现对协调级智能体的组织管理。

3.4.4 智能配电网自愈控制策略

1. 多目标协调模式

本书根据智能配电网结构与运行特点、对控制的要求，将智能配电网自愈控制的目标分为电力电量需求、供电质量要求和运行控制要求三类，该问题是一个多时段、多目标协调控制问题，本书提出图 3-18 所示的三维多目标协调模式。

如图 3-18 所示，智能配电网中存在故障、失电负荷、设备异常、各种安全隐患、不适应负荷的发展等现象，这些现象都是对智能配电网的自愈力具有破坏作用的物理现象，因此，可针对这些现象以及自愈控制的目标和控制对象，

建立三维坐标系进行多维协调控制。沿着图示的箭头方向逐步消除存在的破坏自愈力的现象，依次实现该方向上的控制目标，并以控制范围最小化为控制决策与实施准则。据此，根据智能配电网中当前存在的物理现象，以及现象和目标二维平面中当前位置来决策控制对象，从而形成三维的多时段、多目标控制协调模式。

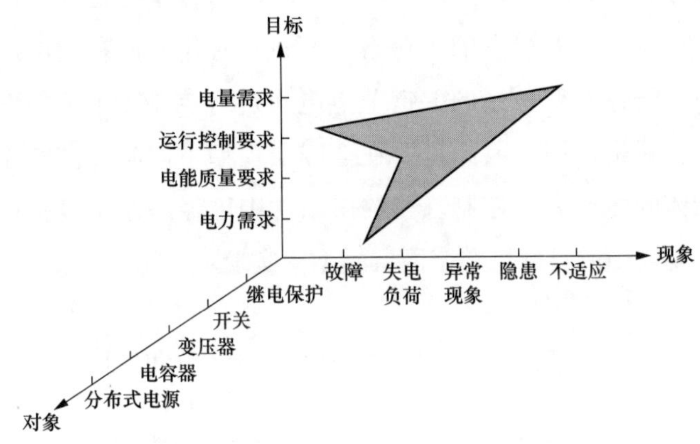

图 3-18　智能配电网自愈控制多目标协调模式

2. 协调控制策略

智能配电网为实现自愈需要完成多种控制任务以满足相应的控制需求，按照各种控制的优先级进行协调，首先需要处理故障、严重低电压或严重过负荷等紧急情况，并恢复对失电负荷的供电，保证供电孤岛的正常运行并及时恢复正常供电，然后校正电网状态，消除各种越限、异常现象以及存在的安全隐患，以保证智能配电网的安全稳定运行为前提，优化其运行方式，智能配电网的供电能力，增强对负荷及其分布变化的适应能力。也就是说，本书进行智能配电网自愈控制的策略是不断的趋优性控制以增强智能配电网的免疫能力，适时进行预防性控制以减少紧急状态的发生率，当处于紧急状态时优先进行处理，保证安全可靠供电。

同时，根据分层递阶控制结构和控制模型，在协调级存在控制决策智能体和变电站智能体，两者之间的控制策略需要协调。

由于所有负荷都位于某个变电站内，因此各个变电站均以最大化负荷为目标与总体的电力电量需求目标相一致。而满足电力负荷需求是智能配电网供电的首要目标，因此，当某个变电站不能满足此需求时，需要在全网层模型中进行协调，允许降低其余变电站的另外几项目标要求，比如扩大另一变电站的电压运行范围以便拾取更多的失电负荷。甚至，可以停止某一变电站对重要等级低的用户的供电，而为相邻变电站的重要用户提供电力支持。

电压质量涉及所有节点，并且其控制手段遍布整个智能配电网，因此，在变电站层模型中主要针对严重的负荷端电压进行控制，而在全网层模型中，则通过控制决策智能体对变电站的关键节点电压进行控制。由于频率、功角质量问题涉及整个智能配电网，因此需要在全网层模型中，通过自愈控制智能体和控制决策智能体的协作完成控制。在约束条件中已经考虑了设备操作限制，因此，运行控制要求中的目标可在全网层模型中实现。

3.5 智能配电网自愈的分层递阶控制模型

3.5.1 智能配电网自愈的数学模型

本书将智能配电网的运行状态分为 7 种情况，进行自愈控制的总体目标是使智能配电网具有保持健康状态的自愈力，无论当前智能配电网处于何种状态，都需要满足一定的运行约束条件，包括网络的安全约束、设备的物理特性约束以及受操作人员等因素制约的可操作性约束，在此基础上，提供足够的电力需求和符合条件的电能质量要求。因此，智能配电网自愈控制问题可用以下目标函数和约束条件来描述。

1. 满足供电量需求

为负荷提供足够的电力需求是智能配电网正常运行的基本要求，也就是说，在当前及一段时间内的负荷水平条件下，智能配电网应能为所有负荷供电，可表示为

$$\max F_1 = \sum_{i=1}^{N_D} x_i P_{Di}(t_0) \tag{3-17}$$

$$\max F_2 = \int_T \sum_{i=1}^{N_D} x_i P_{Di}(t)\mathrm{d}t \tag{3-18}$$

式中，F_1 为 t_0 时刻所供电的有功负荷（kW）；F_2 为供电时间 T 内负荷的有功电量（kWh）；$P_{Di}(t)$、$P_{Di}(t_0)$ 分别为 t 和 t_0 时刻节点 i 的有功负荷；x_i 为布尔变量，表示第 i 个负荷的供电状态，$x_i=1$ 表示为该负荷供电，$x_i=0$ 表示不为该负荷供电；N_D 为负荷数；T 为供电时间（h）。

如果当前存在失电负荷，则需要在计及负荷重要性条件下尽量多地恢复对失电负荷的供电，可表示为

$$\max F_3=\sum_{i=1}^{N_{\mathrm{Lost}}}x_ik_iP_{\mathrm{R}i}(t_{0\_}) \tag{3-19}$$

式中，F_3 为 t_0 时刻恢复供电的负荷（kW）；N_{Lost} 为失电的负荷数；$P_{\mathrm{R}i}(t_{0\_})$ 为 $t_{0\_}$ 时刻第 i 个负荷的有功功率（kW）；k_i 表示第 i 个负荷的重要程度，k_i 越大表示该负荷越重要。

2. 满足供电电能质量要求

智能配电网运行在额定电压附近，并不超出电压上下限是供电质量的基本要求之一，并且在紧急情况下需要尽快消除故障，综合考虑可表示为

$$\min F_4=\sum_{i=1}^{N}\int_T|u_i(t)-1|\,\mathrm{d}t \tag{3-20}$$

$$\min F_5=\sum_{i=1}^{N}\int_T\max\{[u_i(t)-u_{i\max}],[u_{i\min}-u_i(t)],0\}\,\mathrm{d}t \tag{3-21}$$

式中，$u_i(t)$ 为 t 时刻节点 i 的电压值（标幺值）；$u_{i\max}$、$u_{i\min}$ 分别为节点 i 的电压上下限（标幺值）；N 为节点数。

智能配电网内部电气距离短，容量远小于大电网，网内各点的频率可视为同一值，因此对频率的要求可表示为

$$\min F_6=\int_T|f(t)-50|\,\mathrm{d}t \tag{3-22}$$

式中，$f(t)$ 为 t 时刻系统频率（Hz）。根据第 2 章的论述可知，智能配电网中存在同步类型的分布式电源，因此自愈控制中需要考虑同步机之间的功角，将其控制在一定的范围内，可表示为

$$\min F_7=\int_T\sum_{i=1}^{N_{\mathrm{PG}}}|\delta_i(t)-\delta_j(t)|\,\mathrm{d}t \tag{3-23}$$

式中，N_{PG} 为发电机数，其中包含大电网等值发电机；$\delta_i(t)$ 为发电机 i 的功角。

3. 满足运行控制要求

正常运行时要使智能配电网的总体运行成本最小，可表示为

$$\min F_8 = \int_T \left(\sum_{i=1}^{N_{\mathrm{PG}}} F_i[P_{\mathrm{G}i}(t)]\right)\mathrm{d}t + k\int_T \left[\sum_{i=1}^{N_{\mathrm{PG}}} P_{\mathrm{G}i}(t) - \sum_{i=1}^{N_{\mathrm{D}}} P_{\mathrm{D}i}(t)\right]\mathrm{d}t + \int_T \left[\sum_{i=1}^{N_{\mathrm{PG}}} p_i[P_{\mathrm{G}i}(t)]\right]\mathrm{d}t \tag{3-24}$$

式中，N_{PG}为发电机数；F_i 为节点 i 的发电耗量成本（元）；$P_{\mathrm{G}i}$为 t 时刻节点 i 的发电机有功出力（kW）；k 为网损/费用折算因子（元/kWh）；$p_i(P_{\mathrm{G}i})$ 为分布式发电的环境成本函数（元）。

在对智能配电网进行控制过程中需要付出一定的操作代价，因此控制方案需要使设备动作次数最少，可表示为

$$\min F_9 = w_{\mathrm{b}}\sum_{i=1}^{N_{\mathrm{B}}}\sum_{k\in T}|b_i(k+1)-b_i(k)| + w_{\mathrm{c}}\sum_{j=1}^{N_{\mathrm{C}}}\sum_{k\in T}\mathrm{nom}|c_{\mathrm{j}}(k+1)-c_{\mathrm{j}}(k)| + w_{\mathrm{t}}\sum_{l=1}^{N_{\mathrm{T}}}\sum_{k\in T}\mathrm{nom}|t_{\mathrm{l}}(k+1)-t_{\mathrm{l}}(k)| + w_{\mathrm{r}}\sum_{m=1}^{N_{\mathrm{R}}}\sum_{k\in T}\mathrm{nom}|t_{\mathrm{m}}(k+1)-t_{\mathrm{m}}(k)| \tag{3-25}$$

式中，第一项表示总的开关动作量；第二项表示电容器组的变化量之和；第三项为变压器分接头的调整变化量；第四项为保护定值改变量。N_{B} 为总的开关数；$b_i(t_k)$、$b_i(t_{k+1})$ 分别表示第 i 个开关在第 k 次控制前、后的状态，两者均为布尔变量，1 表示开关闭合，0 表示开关打开；N_{C} 为总的电容器个数；$c_j(t_k)$、$c_j(t_{k+1})$ 分别表示第 j 个电容器在第 k 次控制前、后投入的组数，这两个变量为非负的整形离散变量；N_{T} 为总的可调变压器数；$t_l(k)$、$t_l(k+1)$ 分别表示第 l 个变压器在第 k 次控制前、后的分接头位置，这两者也为整形离散变量；N_{R} 为总的继电保护数；$t_m(k)$、$t_m(k+1)$ 分别表示第 m 个继电保护在第 k 次控制前、后的定值，这两者为实数变量；$k\in T$ 表示 k 是在供电时间 T 内第 k 次调整；运算符 nom 是对非 0 值标准化为 1。由于不同设备的动作代价不同，因此，分别对四种控制施以不同权重 w_b、w_c、w_t 和 w_r。

电力负荷是时变量，并且运行中智能配电网不可避免地会遭受一定的扰动，因此，自愈控制需要考虑一段时间内的供电安全裕度，可表示为

$$\min F_{10}=\sum_{i=1}^{N_{\mathrm{b}}}\left(S_i(k)-\min_{N_{\mathrm{lk}_j}}\{\max[S_{\mathrm{lk}_j}(k+1),S_{\mathrm{lk}_j}(k)]\}\right) \tag{3-26}$$

式中，N_{b} 为支路数；$S_i(k)$ 表示第 k 时刻支路 i 的可用容量（kVA）；$S_{\mathrm{lk}_j}(k)$、$S_{\mathrm{lk}_j}(k+1)$ 分别表示第 i 条支路关联的第 j 个联络开关在 k、$k+1$ 时刻需拾取的负荷容量（kVA）；N_{lk_j} 为支路 i 的相关联络开关数。

4. 约束条件

智能配电网自愈控制的约束条件主要有节点功率平衡约束、有功无功出力约束、电压约束、线路潮流约束和变压器分接头约束、网络运行约束、设备每天的操作次数和两次操作之间的时间间隔约束等。具体如下

$$\begin{aligned}&P_{\mathrm{G}i}(t)-P_{\mathrm{D}i}(t)-U_i(t)\sum_{j\in N_{\mathrm{I}}}U_j(t)[G_{ij}\cos\theta_{ij}(t)+B_{ij}\sin\theta_{ij}(t)]=0, i\in[1,N_{\circ}]\\&Q_{\mathrm{G}i}(t)-Q_{\mathrm{D}i}(t)-U_i(t)\sum_{j\in N_{\mathrm{I}}}U_j(t)[G_{ij}\sin\theta_{ij}(t)-B_{ij}\cos\theta_{ij}(t)]=0, i\in[1,N_{\mathrm{PQ}}]\end{aligned} \tag{3-27}$$

$$\begin{aligned}&P_{\mathrm{G}i}^{\min}\leqslant P_{\mathrm{G}i}(t)\leqslant P_{\mathrm{G}i}^{\max},\quad i\in[1,N_{\mathrm{PG}}]\\&Q_{\mathrm{G}i}^{\min}\leqslant Q_{\mathrm{G}i}(t)\leqslant Q_{\mathrm{G}i}^{\max},\quad i\in[1,N_{\mathrm{QG}}]\end{aligned} \tag{3-28}$$

$$T_i^{\min}\leqslant T_i(t)\leqslant T_i^{\max},\quad i\in[1,N_{\mathrm{T}}] \tag{3-29}$$

$$U_i^{\min}\leqslant U_i(t)\leqslant U_i^{\max},\quad i\in[1,N_{\mathrm{B}}] \tag{3-30}$$

$$|S_i(t)|\leqslant S_i^{\max},\quad i\in[1,N_{\mathrm{E}}] \tag{3-31}$$

$$g(t)\in G \tag{3-32}$$

$$|t_{i,j}(k)-t_{i,j}(k-1)|\geqslant\Delta t_j^{\min},\quad i\in[1,N_{\mathrm{J}}],\quad j=1,2,3,4 \tag{3-33}$$

$$\sum_T \mathrm{nom}(SD_{i,j}(k+1)-SD_{i,j}(k))\leqslant ND_j^{\max},\quad i\in[1,N_{\mathrm{J}}],\quad j=1,2,3,4 \tag{3-34}$$

式中，G_{ij}、B_{ij} 和 $\theta_{ij}(t)$ 分别为节点 i、j 之间的互电导、互电纳和相位差（标幺值）；$Q_{\mathrm{G}i}(t)$ 为节点 i 的无功电源的无功出力（kvar），包括分布式电源和电容器；$Q_{\mathrm{D}i}(t)$ 为节点 i 的无功负荷（kvar）；$T_i(t)$ 为变压器 i 的分接头位置；$U_i(t)$ 为节点 i 的电压幅值（标幺值）；$S_i(t)$ 为支路 i 的视在功率（kVA）；N_{I} 为节点 i 的相邻节点集合；$N_{\circ}$ 为除平衡节点外的节点数；N_{PQ} 为 PQ 节点数；N_{QG} 为无功电源数；N_{E} 为支路数；$g(t)$ 为 t 时刻的网络结构；G 为所有允许的辐射状网

络结构集合；$t_{i,j}(k)$、$t_{i,j}(k-1)$ 分别为第 i 个设备当前需调整的时间和最近一次调整的时间，N_J 为第 j 类设备的总数，其中 $j=1$，2，3，4 分别表示电容器组、变压器分接头、开关、继电保护；Δt_j^{min} 则表示设备允许的相邻两次操作的最小时间间隔；$SD_{i,j}(k)$、$SD_{i,j}(k+1)$ 分别表示第 i 个设备当前和下一时刻的调节状态；ND_j^{max} 为第 j 类设备一天内允许的最大动作次数。上标 max 和 min 分别表示相应变量的上下限。

3.5.2 智能配电网自愈的分层递阶控制模型

前一小节给出了智能配电网自愈控制的数学模型，其本质是在满足一定的约束条件下达到控制目标最优。然而，在实际运行控制中，除了满足上述的约束条件外，控制过程还受各控制对象的物理特性的限制，根据上述分析可知，在本文研究的智能配电网范围内主要包括分布式电源、电力负荷、线路、变压器、电容器等对象，因此进行自愈控制时需要考虑这些设备的物理特性。

在智能配电网自愈控制的物理对象中，大部分设备的物理特性只与运行参数有关，比如电容器发出的无功功率与电容器的固有属性和接入点的电压有关。但是分布式电源的物理特性除了与接入点的电压有关外，还可通过励磁调节等手段改变其运行特性，比如同步电机的实用三阶模型[95]如下

$$\begin{cases} U_d = X_q I_q - r_a I_d \\ U_q = E'_q - X'_d I_d - r_a I_d \end{cases} \tag{3-35}$$

$$T'_{d0}\frac{dE'_q}{dt} = E_f - E'_q - (X_d - X'_d) I_d \tag{3-36}$$

$$T_J\frac{d\omega}{dt} = T_m - [E'_q I_q - (X'_d - X_q) I_d I_q] \tag{3-37}$$

$$\frac{d\delta}{dt} = \omega - 1 \tag{3-38}$$

因此，在本章第一小节给出的智能配电网自愈控制分层递阶结构中，控制对象需要分为两类，针对分布式电源这种改变物理特性的需求，将控制对象也设计为一个智能体，进一步将控制结构和数学模型相结合，可构成三级五层自愈控制结构，如图 3-19 所示。

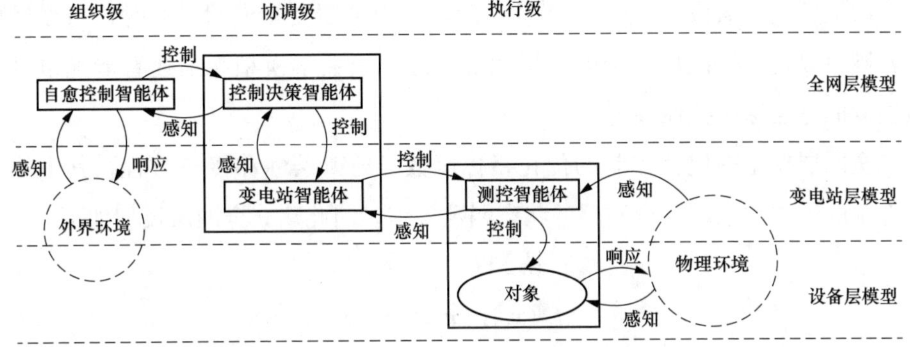

图 3-19　数学模型与控制结构关系

智能配电网自愈控制所涉及的物理对象主要分布在各个变电站内，通过联络线或中压配电线路联系各变电站，从而将所有设备连接构成网络。所有的控制行为可分为两类：①调节被控对象的物理特性，比如调节发电机的出力；②改变被控对象的状态，通过拓扑关系改变整个智能配电网的总体物理特性，比如改变有载调压变压器的分接头位置、电容器投切位置和开关状态等。

综上可知，虽然智能配电网自愈控制各层级的控制目标不尽相同，各对象的物理特性不同，各自的状态之间相互影响和作用，但是描述各对象之间连接断面上的物理量主要包括电压、电流和功率，因此，在图 3-19 所示的智能配电网三级五层自愈控制结构中可采用式（3-39）所示的统一模型来描述各层级之间的接口关系[96]。

$$\boldsymbol{v}_{\mathrm{i}}(t)=[\boldsymbol{U}_{\mathrm{i}}(t)\quad \boldsymbol{I}_{\mathrm{i}}(t)\quad \boldsymbol{P}_{\mathrm{i}}(t)\quad \boldsymbol{Q}_{\mathrm{i}}(t)] \tag{3-39}$$

上式表示智能配电网中第 i 个连接断面的接口变量，其中 $\boldsymbol{U}_{\mathrm{i}}(t)$、$\boldsymbol{I}_{\mathrm{i}}(t)$、$\boldsymbol{P}_{\mathrm{i}}(t)$、$\boldsymbol{Q}_{\mathrm{i}}(t)$ 分别表示该连接断面上 t 时刻的电压向量、电流向量、有功向量、无功向量。对于上述的发电机模型，通过坐标变换可以得到同步发电机 xy 坐标系下的接口变量 $\boldsymbol{U}_{\mathrm{xi}}(t)$、$\boldsymbol{U}_{\mathrm{yi}}(t)$、$\boldsymbol{I}_{\mathrm{xi}}(t)$、$\boldsymbol{I}_{\mathrm{yi}}(t)$，这两组接口变量之间的关系为

$$\begin{cases}\boldsymbol{U}_{\mathrm{i}}(t)=\sqrt{\boldsymbol{U}_{\mathrm{xi}}^{2}(t)+\boldsymbol{U}_{\mathrm{yi}}^{2}(t)}\\ \boldsymbol{I}_{\mathrm{i}}(t)=\sqrt{\boldsymbol{I}_{\mathrm{xi}}^{2}(t)+\boldsymbol{I}_{\mathrm{yi}}^{2}(t)}\\ \boldsymbol{P}_{\mathrm{i}}(t)=\boldsymbol{U}_{\mathrm{xi}}(t)\boldsymbol{I}_{\mathrm{xi}}(t)+\boldsymbol{U}_{\mathrm{yi}}(t)\boldsymbol{I}_{\mathrm{yi}}(t)\\ \boldsymbol{Q}_{\mathrm{i}}(t)=\boldsymbol{U}_{\mathrm{yi}}(t)\boldsymbol{I}_{\mathrm{xi}}(t)-\boldsymbol{U}_{\mathrm{xi}}(t)\boldsymbol{I}_{\mathrm{yi}}(t)\end{cases} \tag{3-40}$$

综上所述，假设 $\boldsymbol{x}_{\mathrm{i}}$ 为状态变量向量，$\boldsymbol{u}_{\mathrm{i}}$ 为控制变量向量，$\boldsymbol{v}_{\mathrm{i}}$ 为接口变量向量，则可以建立全网层、变电站层和设备层三层数学模型来描述智能配电网自愈控制的分层递阶控制模型。

全网层模型中包括控制的优化目标函数、约束条件和接口方程，其中约束条件中的等式约束即为全网层的状态函数方程，因此建立全网层模型如下

$$\max \boldsymbol{F}^{L}(\boldsymbol{x}_i,\boldsymbol{v}_i,\boldsymbol{u}_i,t) \tag{3-41}$$

$$\boldsymbol{f}^{L}(\boldsymbol{x}_i,\boldsymbol{v}_i,\boldsymbol{u}_i,t)=0 \tag{3-42}$$

$$\boldsymbol{g}^{L}(\boldsymbol{x}_i,\boldsymbol{v}_i,\boldsymbol{u}_i,t)=0 \tag{3-43}$$

$$\boldsymbol{G}^{L}(\boldsymbol{x}_i,\boldsymbol{v}_i,\boldsymbol{u}_i,t)\leqslant 0 \tag{3-44}$$

式中，$\boldsymbol{F}^{L}$ 为全网层控制目标；$\boldsymbol{f}^{L}$ 为全网层状态函数方程；$\boldsymbol{g}^{L}$ 为全网层接口方程；$\boldsymbol{G}^{L}$ 为全网层不等式约束。

变电站层位于控制模型的中间环节，虽然控制范围只限于变电站内部，但是，在前一小节给出的自愈控制目标中，除频率和功角不考虑外，其他目标函数与全网层模型相同，因此建立变电站层模型如下

$$\max \boldsymbol{F}^{S}(\boldsymbol{x}_{\mathrm{i}},\boldsymbol{v}_{\mathrm{i}},\boldsymbol{u}_{\mathrm{i}},t) \tag{3-45}$$

$$\boldsymbol{f}^{S}(\boldsymbol{x}_{\mathrm{i}},\boldsymbol{v}_{\mathrm{i}},\boldsymbol{u}_{\mathrm{i}},t)=0 \tag{3-46}$$

$$\boldsymbol{g}^{S}(\boldsymbol{x}_{\mathrm{i}},\boldsymbol{v}_{\mathrm{i}},\boldsymbol{u}_{\mathrm{i}},t)=0 \tag{3-47}$$

$$\boldsymbol{G}^{S}(\boldsymbol{x}_{\mathrm{i}},\boldsymbol{v}_{\mathrm{i}},\boldsymbol{u}_{\mathrm{i}},t)\leqslant 0 \tag{3-48}$$

式中，$\boldsymbol{F}^{S}$ 为变电站层控制目标；$\boldsymbol{f}^{S}$ 为变电站层状态函数方程；$\boldsymbol{g}^{S}$ 为变电站层接口方程；$\boldsymbol{G}^{S}$ 为变电站层不等式约束。

设备层模型包括执行级智能体模型和具有控制功能的对象模型，都处于分层递阶控制的执行级，其模型可统一表示为

$$\dot{\boldsymbol{x}}_{\mathrm{i}}=\boldsymbol{f}^{D}(\boldsymbol{x}_{\mathrm{i}},\boldsymbol{v}_{\mathrm{i}},\boldsymbol{u}_{\mathrm{i}},t) \tag{3-49}$$

$$\boldsymbol{g}^{D}(\boldsymbol{x}_{\mathrm{i}},\boldsymbol{v}_{\mathrm{i}},\boldsymbol{u}_{\mathrm{i}},t)=0 \tag{3-50}$$

$$\boldsymbol{G}^{D}(\boldsymbol{x}_{\mathrm{i}},\boldsymbol{v}_{\mathrm{i}},\boldsymbol{u}_{\mathrm{i}},t)\leqslant 0 \tag{3-51}$$

式中，$\boldsymbol{f}^{D}$ 为设备层状态函数方程；$\boldsymbol{g}^{D}$ 为设备层接口方程；$\boldsymbol{G}^{D}$ 为设备层不等式约束。

3.5.3 案例分析

以图 1-4 所示的 A1 网为基础，将 35S3 变电站高压侧母线 B21 设置为单母分段接线，分别称之为 B211，B212，在母线 B211 处接入同步类型的 DG，如图 3-20 所示。假设初始状态时 Ln3 线开断，DG 退出运行，35S3 变电站两台变压器并列运行，电容器投切情况和变压器分接头位置分别如表 3-1、表 3-2 所示。通过该算例的控制过程仿真对上述所建立的智能配电网自愈控制模型进行验证。

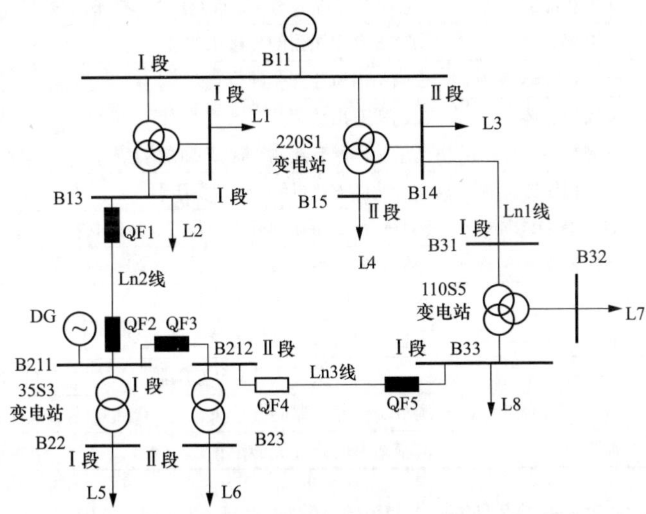

图 3-20 仿真算例接线图

表 3-1 仿真算例电容器数据

编号	所在节点	已投入组数	最大组数	每组容量（Mvar）	时间间隔（min）	允许次数
C1	B22	2	5	1.0	10	10
C2	B23	2	5	1.0	10	10
C3	B33	1	6	1.5	10	10

表 3-2 仿真算例变压器分接头数据

编号	所属主变压器	总挡位	额定挡位	当前挡位	每挡变化（%）	时间间隔（min）	允许次数
T1	220S1 1 号	17	9	9	1.25	10	10
T2	220S1 2 号	17	9	9	1.25	10	10
T3	35S3 1 号	9	5	5	2.5	10	10
T4	35S3 2 号	9	5	5	2.5	10	10
T5	110S5 1 号	17	9	9	1.25	10	10

对于图 3-20 所示智能配电网，根据上述提出的基于 MAS 的智能配电网分层递阶自愈控制结构中，应在协调级设计 3 个变电站智能体，并且各个变电站内执行级智能体按表 3-3 中的设计进行配置。

表 3-3　　各变电站的执行级智能体及其功能

变电站	执行级智能体	具体功能
220S1 变电站	量测智能体	测量站内所有遥测、遥信点的信息
	保护智能体	保护站内 5 条母线、2 台变压器、2 条出线（Ln2 线和 Ln1 线）
	AVC 智能体	调节 2 台变压器的分接头位置
	遥控智能体	控制站内所有开关的位置
	负控智能体	控制所有出线负荷
35S3 变电站	量测智能体	测量站内所有遥测、遥信点的信息
	保护智能体	保护站内 4 条母线、2 台变压器
	AVC 智能体	调节 2 台变压器的分接头位置、2 台电容器投切状态
	遥控智能体	控制站内所有开关的位置
	DG 智能体	调节 DG 出力及端电压
110S5 变电站	量测智能体	测量站内所有遥测、遥信点的信息
	保护智能体	保护站内 3 条母线、1 台变压器、1 条出线（Ln3 线）
	AVC 智能体	调节 1 台变压器的分接头位置、1 台电容器投切状态
	遥控智能体	控制站内所有开关的位置

假设 Ln2 线发生短路故障，则在各个智能体的协作下发生如表 3-4 所示的信息流与智能体动作逻辑。分别对以下 4 种情况进行计算，其潮流分布如表 3-5 所示。①A1 网，②A2 网，③在 A2 网中将 35S3 变电站分列运行，其中 1 号变压器由 DG 单独供电，④在③的基础上调节变压器挡位，投入电容器。

表 3-4　　各智能体的信息流与动作逻辑

逻辑步骤	第 1 步	第 2 步	第 3 步	第 4 步	第 5 步	第 6 步	第 7 步
组织级智能体							
自愈控制智能体				感知状态，推理决策：DG 与大电网共同为全部负荷供电			
协调级智能体							

续表

逻辑步骤	第1步	第2步	第3步	第4步	第5步	第6步	第7步
状态评估智能体			感知到故障与跳闸，评估状态				
紧急控制智能体			感知到故障与跳闸，决策：由Ln3线供35S3变电站负荷				
恢复控制智能体			感知到故障与跳闸		协调恢复策略，DG和Ln3线分别供部分35S3变电站负荷		
校正控制智能体			感知到故障与跳闸		投入电容器和调节变压器分接头调压		
预防控制智能体			感知到故障与跳闸				
220S1变电站智能体		感知到故障					
35S3变电站智能体		感知到故障		分开关QF2、合开关QF4		投运DG、变压器分列运行、投入电容器、调节变压器分接头	
110S5变电站智能体		感知到故障				投入电容器、调节变压器分接头	
执行级智能体							
220S1变电站 量测智能体	感知到故障						
220S1变电站 保护智能体	感知到故障	跳开关QF1					
220S1变电站 AVC智能体							
220S1变电站 遥控智能体							
220S1变电站 负控智能体							

续表

逻辑步骤		第1步	第2步	第3步	第4步	第5步	第6步	第7步
35S3变电站	量测智能体	感知到故障						
	保护智能体							
	AVC智能体							投入2组电容器，变压器分接头调到第2挡
	遥控智能体							分开关QF2、分开关QF3、合开关QF4
	DG智能体							投运DG
110S5变电站	量测智能体	感知到故障						
	保护智能体							
	AVC智能体							投入1组电容器，变压器分接头调到第3挡
	遥控智能体							

可以看出，紧急情况下为了加快恢复供电，紧急控制智能体直接决策得出供电恢复方案。但从全局来看，如果通过闭合开关QF4恢复对35S3变电站负荷的供电，则会引起大面积低电压和过负荷，如表3-5所示的第②种情况，35S3变电站和110S5变电站母线电压都低于0.9（标幺值），110S5变电站变压器和220S1变电站2号变压器都会过载。由于35S3变电站负荷不是需要立即恢复供电的负荷，因此通过具有全局决策能力的自愈控制智能体进行权衡，并协调紧急控制、恢复控制和校正控制，最终决策通过DG和大电网共同为负荷供电，保证了所有负荷能够获得供电，且没有电压越限和变压器过载现象，同时网损率降低了0.23%。

表 3-5　控制前后潮流分布情况

类型	对象	运行范围	①	②	③	④
节点电压（标幺值）	B12	0.95～1.05	1.0430	1.0450	1.0450	1.0450
	B13	0.95～1.05	1.0352	1.0383	1.0383	1.0383
	B14	0.95～1.05	1.0324	1.0213	1.0287	1.0338
	B15	0.95～1.05	1.0263	1.0141	1.0223	1.0282
	B22	0.95～1.05	0.9849	0.8598	0.9716	0.9716
	B23	0.95～1.05	0.9894	0.8649	0.9270	0.9780
	B32	0.95～1.05	0.9514	0.8899	0.9304	0.9644
	B33	0.95～1.05	0.9568	0.8946	0.9353	0.9685
	B21	0.95～1.05	0.9820	0.8579	0.9199	0.9581
	B31	0.95～1.05	0.9799	0.9296	0.9610	0.9787
	B11	0.95～1.05	1.05	1.05	1.05	1.05
线路功率（MW）	Ln1 线	<84.6	21.8333	36.1548	28.6688	28.5271
	Ln2 线	<16.6	12.8691	—	—	—
	Ln3 线	<16.6	—	12.7441	6.2303	6.2277
变压器功率（MW）	220S1 站 1 号变压器	<63	35.9966	23.0722	23.0722	23.0722
	220S1 站 2 号变压器	<63	53.6351	68.0271	60.5000	60.3537
	110S5 变压器	<31.5	21.0898	34.0048	27.3845	27.3449
	35S3 站 1 号变压器	<6.3	6.0459	6.0602	6.0385	6.0385
	35S3 站 2 号变压器	<6.3	6.0973	6.1119	6.1039	6.1030
网损率（%）		—	2.04	3.62	1.98	1.81

如果不采用自愈控制策略，依赖常规方法进行控制，则在紧急情况下要求分布式电源首先退出运行，此时只能通过闭合开关 QF4 恢复对 35S3 变电站负荷进行供电，恢复后会产生低电压和过负荷现象，此时如果采用低压切负荷策略则会引起部分负荷失电，如果长时间过负荷引起继电保护动作，还会造成大面积停电。

综上所述，本章提出的基于分层递阶控制结构的自愈控制模型能够既快速响应智能配电网的变化，又从全局进行协调，尽量缩短智能配电网在不健康状态下的运行时间，提高智能配电网的自愈力。

3.6 本 章 小 结

智能配电网的自愈控制需要遵循电力系统的一般控制规律，因此本章介绍了电力系统控制的基本框架，生物体的自愈现象及其具有的自愈力，并基于这些原理提出了智能配电网自愈控制体系结构。基于分层递阶控制结构及其控制原理，结合自愈控制思想和电力系统控制基本框架，提出了智能配电网分层递阶自愈控制体系结构，通过自愈控制，使智能配电网具有始终保持向更健康状态转移的能力。

在剖析分层递阶基本思想、智能体及智能体群体系统理论基础上提出了基于MAS的分层递阶控制结构，并统一了智能体的内部结构。然后，进一步结合智能配电网及其运行控制的特点，对三层递阶控制结构进行扩展，提出了基于MAS的智能配电网自愈控制分层递阶结构，该结构将协调级分为两层，其中上层负责自愈控制功能的协调，下层负责各个变电站的控制功能和动作行为的协调。

从供电需求、供电质量要求、运行控制要求三个方面建立了智能配电网自愈控制的目标函数，形成多目标多约束的智能配电网自愈控制模型。然后将部分控制功能结合到对象中设计为执行级智能体，采用统一接口模型，在所提出的分层递阶控制结构基础上，建立了智能配电网自愈控制的三层递阶控制模型，包括全网层模型、变电站层模型和设备层模型。该模型通过分级分层对求解问题降维、降阶及并行处理，不同层次上的控制模块可以同时工作，提高了控制效率；上层考虑全局优化，下层结合局部优化，将全局控制与局部控制结合起来，将分散控制与集中控制结合起来；在高层引入人工智能控制系统，能将智能控制与自动控制相结合，发挥各自优势，降低底层数值的复杂性，提高了系统的智能化水平。

本章还根据上述的模型，基于三维坐标建立了自愈控制的协调模式，同时提出了控制决策智能体与变电站智能体及其之间的协调策略。最后，通过案例分析，基于本章所提出的智能配电网自愈控制模型对自愈控制过程进行试验，结果表明了该模型的有效性。

4 智能配电网运行分析方法

4.1 本 章 概 述

从本书对智能配电网及其自愈控制的定义来看，为了通过自愈控制提高智能配电网的自愈力，需要对其正常运行情况和非正常运行情况进行分析，涉及配电生产运行全过程管理，包括当前工况、未来发展趋势及历史运行状态，并进行智能配电网稳态运行和暂态行为分析是自愈控制的基础工作。

智能配电网包括多个电压等级，其中接入各种分布式电源等新型设备，物理形态发生了巨大变化。由于太阳能光伏发电、风力发电、储能系统等都具有各种不同的控制方式，且受外界环境的影响较大，从这些元件与电网的分界面来看，在稳态分析时都是对注入功率产生显著影响。本章根据源、荷注入功率的新特性定义动态随机变量，建立相应的概率模型和智能配电网动态概率潮流计算方法，为不确定性条件下掌握智能配电网未来的状态变化情况提供基本分析方法，支撑自愈控制决策。除了设备容量与系统规模具有差异外，中压配电网与高压配电网在结构上相似，同样会接入分布式电源等新型元件，其稳态运行特征极为相似，可用同样的方法进行分析，因此，本章以高压配电网为例进行详细分析。

由于智能配电网中包含了各种类型的分布式电源、储能系统、大容量冲击负荷等新型元件，其动态过程更加复杂，可能存在不稳定现象，电压稳定性分析、功角稳定性分析和频率稳定性分析是了解智能配电网动态行为的基本分析方法。

近年来，世界上一些大电网相继发生多起电压持续偏低或崩溃事故，引起了国际电工界对电压稳定性问题的广泛关注，推动了对该问题的研究工作。异步电动机特性决定了配电网也存在电压稳定问题，除了异步电动机负荷外，风力发电等异步发电机、电动汽车等冲击负荷也会接入配电网，高压配电网包括了多个电压等级，存在大量频繁的有载调压，并且还有不同电压等级混联模式，存在电磁环网的潜在风险，因此，对智能配电网的动态行为进行分析时首先需要对电压稳定性进行分析。中压配电网的电压等级单一、线路阻抗比更大，电压稳定问题没有高压配电网突出，且可以采用同样的方法进行分析，因此，本章只对高压配电网的电压稳定性问题进行分析。

功角稳定问题是较早研究的电力系统稳定性问题，涉及同步发电机之间的相对摇摆，由于传统配电网是无源系统，不存在功角稳定问题。智能配电网中包括了各种分布式电源，其中也存在同步发电机，正常情况下分布式电源与大电网共同为负荷供电，大电网可等效为一台发电机，分布式电源与大电网之间存在同步问题，由于分布式电源之间容量相当，在紧急情况下不同分布式电源之间的同步问题将会威胁到智能配电网孤岛内的安全稳定运行。接入中压配电网的发电机容量相对较小，且网络的电压等级低、电气阻尼相对较大，出现功角失稳的概率极低，因此，本章仅分析高压配电网的功角稳定性问题。

电力系统的频率波动取决于整个系统的功率平衡，智能配电网虽然规模庞大，但是相对于大电网来说，容量比非常小，正常运行情况下可将智能配电网视为与大电网同步运行。但在紧急情况下，如电网崩溃智能配电网孤岛运行时，由于分布式电源及系统容量小，孤岛内的频率特性变差，可能出现频率稳定性问题，因此，本章将分析高压配电网孤岛运行时的频率稳定性。

4.2 稳态运行分析方法

4.2.1 注入功率特性

1. 负荷特性及其对智能配电网潮流分布的影响

通常将负荷分为工业负荷、商业负荷和居民负荷三类，但是具体配电网中每类负荷都具有不同的组成成分和比重，例如，工业园区中电动机和阻性负载比例非常高，商业区多为空调、照明负荷，居民区主要包括照明、空调、洗衣机、电视机等负荷。通常工业园区和商业区的用电量较大，负荷所占比重也较大，居民负荷相对较小，并且这些负荷的时间分布特性差异明显。

在城市等负荷中心，除了具有单负荷容量较大、动态负荷数量较多的特点外，随着智能电网建设的深入开展，分布式电源、微电网、储能装置等元件也出现在配电网中，用户侧的小容量分布式电源、微电网、储能装置会改变传统配电网的综合负荷变化规律。

图 4-1 是第 1 章中介绍的 A1 网内某日各节点的负荷变化情况。这些负荷具有较大起伏，晚高峰时段负荷最大，由表 4-1 可知，最大负荷与最小负荷之比都集中在 2.4～3，日中的低谷负荷也很大，与最大负荷之比均在 0.8 左右。这些负荷存在一个共同特点，随着时间的变化都不是光滑曲线，通过曲线拟合可得到与各负荷对应的光滑曲线，实际负荷围绕光滑曲线上下波动，这表明负荷具有随机变化成分，波动情况如图 4-2 所示。

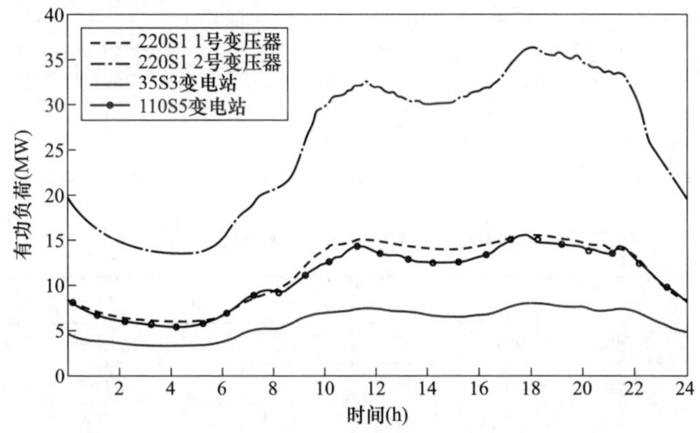

图 4-1　某日 A1 网各变电站的有功负荷曲线

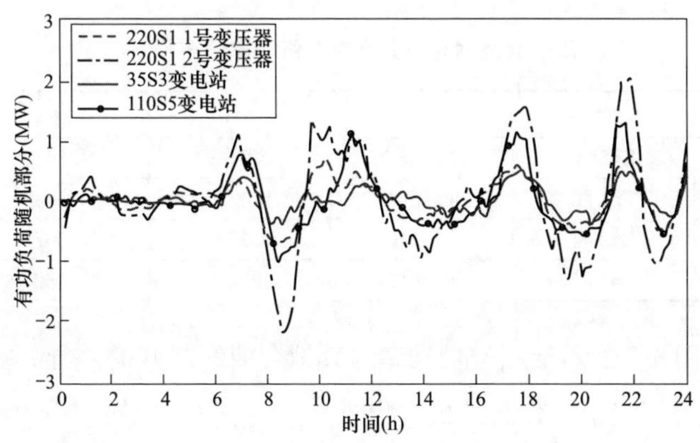

图 4-2　某日 A1 网各变电站的有功负荷随机成分

由于无功补偿会改变无功需求的分布，因此综合无功负荷曲线的规律性不如有功负荷明显，如图 4-3 所示，白天因为无功补偿装置的投入，220S1 变电站无功负荷出现低谷，且负荷向电网倒送无功功率。在图 4-1 和 4-3 所示的 A1 网的负荷分布情况下，对各个时刻采用牛拉法进行潮流计算，可以得出如图 4-4～图 4-7 的节点电压、支路功率变化曲线，表 4-2 和表 4-3 分别是其中 1：40、4：10、12：30、20：50 四个时刻的节点电压和支路功率。

表 4-1　各变电站日负荷特征数据

特征项	220S1 1 号变电站负荷（MW）	220S1 2 号变电站负荷（MW）	35S3 变电站负荷（MW）	110S5 变电站负荷（MW）
最大值	15.6221	36.5287	8.0722	15.6635
最小值	5.9531	13.5445	3.2575	5.4625
谷值	13.9762	29.9378	6.4086	12.5057
最大值/最小值	2.6242	2.6970	2.4781	2.8675
最大值/谷值	0.8946	0.8195	0.7939	0.7984

表 4-2　几个典型时刻 A1 网的母线电压水平（标幺值）

母线	1：40	4：10	12：30	20：50	母线	1：40	4：10	12：30	20：50
B12	0.9944	0.9942	0.9978	0.9970	B23	0.9637	0.9667	0.9419	0.9405
B13	0.9882	0.9879	0.9927	0.9912	B32	0.9903	0.9900	0.9833	0.9841
B14	0.9939	0.9937	0.9950	0.9955	B33	0.9899	0.9896	0.9860	0.9870
B15	0.9909	0.9904	0.9962	0.9979	B21	0.9684	0.9706	0.9516	0.9505
B22	0.9644	0.9669	0.9397	0.9403	B31	0.9927	0.9927	0.9925	0.9931

表 4-3　几个典型时刻 A1 网的支路功率分布情况

功率	支路	1：40	4：10	12：30	20：50
有功功率（MW）	Ln2 线	3.8380	3.3439	7.5642	7.5600
	Ln1 线	6.2861	5.4730	13.3507	13.6518
无功功率（Mvar）	Ln2 线	0.4140	0.3622	1.3670	1.2571
	Ln1 线	0.5859	0.6409	1.4325	1.3103

图 4-6 是图 4-5 所示支路有功功率与其拟合曲线之间的差异，可以看出线路潮流变化曲线并不光滑，带有随机变化成分，由表 4-3 可知，Ln2 线从 4：10 到 12：30 经过 8 个小时功率增加了一倍，而再经过 8 个小时到 20：50 时功率几乎

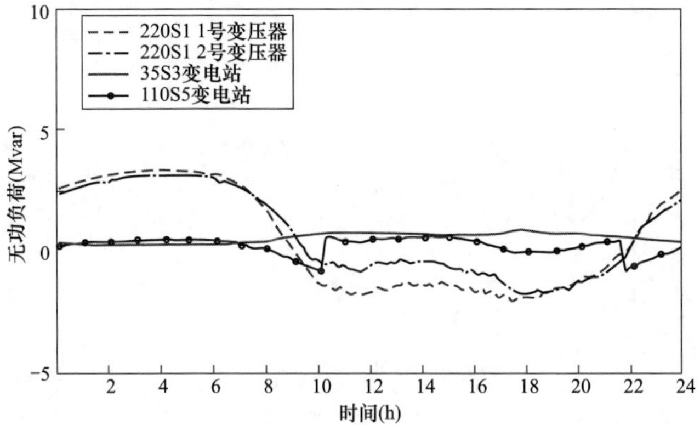

图 4-3　某日 A1 网各变电站的无功负荷曲线

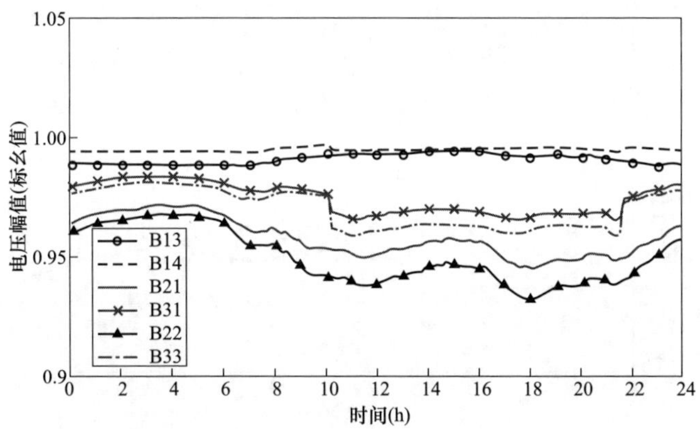

图 4-4　某日 A1 网各母线的电压曲线

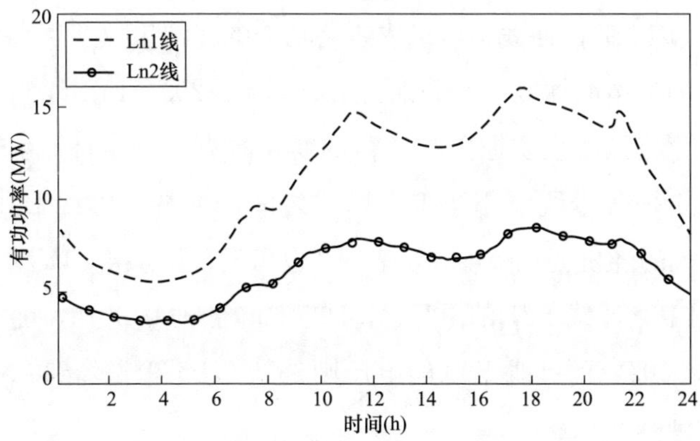

图 4-5　某日 A1 网支路的有功功率曲线

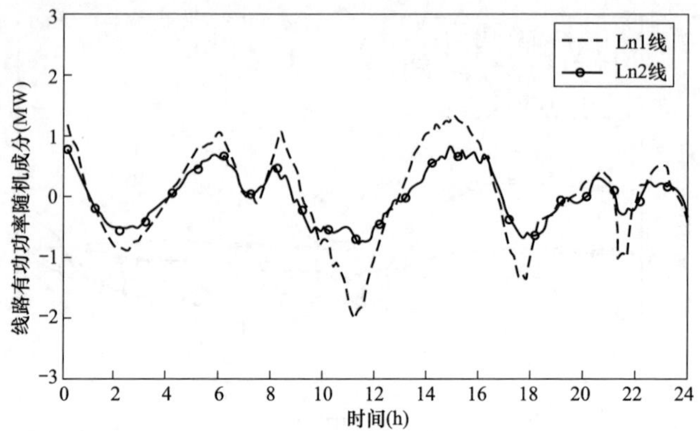

图 4-6　某日 A1 网支路的有功功率随机成分

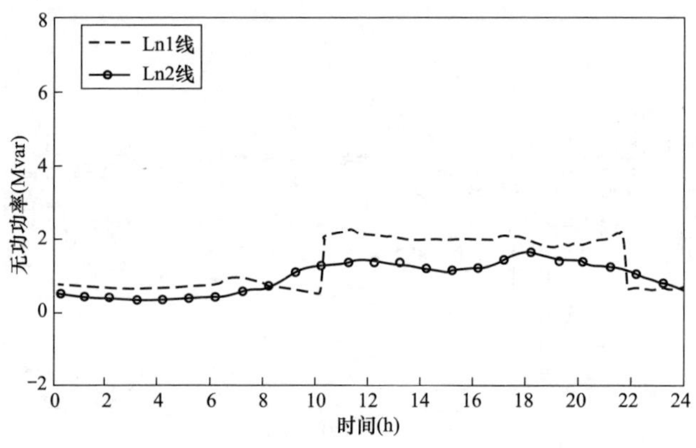

图 4-7　某日 A1 网支路的无功功率曲线

没有变化，通过 10 阶的曲线拟合求取线路功率的光滑度（实际曲线与拟合曲线的差值所构成的样本的标准差）分别为 Ln2 线 0.2209、Ln1 线 0.4876。支路潮流具有上述变化特点的主要原因是负荷的变化具有不确定性，引起母线电压随机变化，图 4-8 是各母线电压与拟合曲线之间的差异，母线 B21、B22、B31、B32 都具有较大的随机变化幅度，从表 4-2 也可发现，从 4：10 到 12：30，再到 20：50 的过程中，母线 B21 的电压从 0.9706 降低到 0.9516，随后只有微小变化，降低到 0.9505，而母线 B22 的电压则是从 0.9669 先降到 0.9397，再经过微小变化升高到 0.9403。

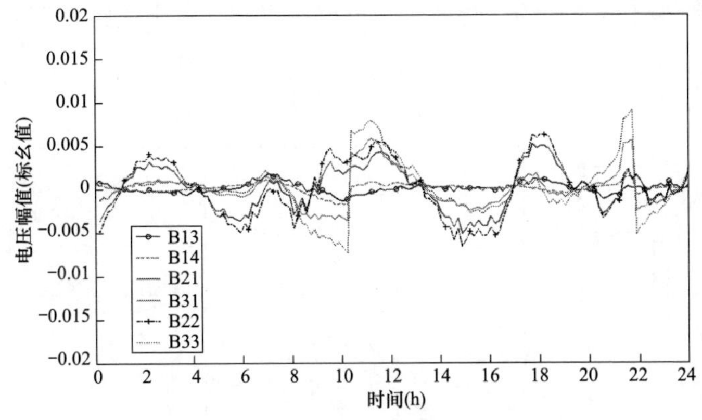

图 4-8　某日 A1 网各母线的电压随机成分

结合网络 A1 的接线图、图 4-1 和图 4-5 可知，线路功率受负荷的影响与其具有相同的变化趋势，比如 Ln2 线功率与 35S3 变电站的负荷曲线相似，早晚峰谷差较大，晚高峰负荷最大，从早高峰到日中的低谷，再到晚高峰的变化较小。通过图 4-4 可以发现，母线 B21、B22 的电压变化趋势与 35S3 变电站的负荷变化具有相同的规律，只是变化方向正好相反。110S5 变电站的无功需求在白天突然增加，使得其母线电压同步降低，具有相似的曲线形状。

综上所述，由于负荷的变化存在一定的规律可循，同时也具有一定的随机性，因此智能配电网中各母线的电压、线路的功率分布也具有相同的特征，既有规律可循又具有随机性。

2. 分布式发电对智能配电网潮流分布的影响

风力发电和太阳能光伏发电是两种应用前景较好的分布式发电，但两者具有截然不同的显著性变化规律，下面分析这两种发电对智能配电网潮流分布的影响。

由第 2 章的分析可知，风力机是风力发电系统的动力来源，系统出力是风速、风力机转速和桨距角的函数。如图 4-9 所示，对应于每个风速都有一个极限功率点，风速越大该极值点对应的转速越高，风力机的出力也越大。为最大限度地把风能转化为电能，可随着风速的变化而改变转速，使得在所有风速下风力机都工作于相应的最大功率点。图 4-10 是风速为 12m/s 时风力机输出功率 P

随桨距角 β 和风机转速 n 的变化曲线，可以看出，在每个桨距角下风力机出力都有一个最大出力点，相应的风力机转速为最大出力转速。

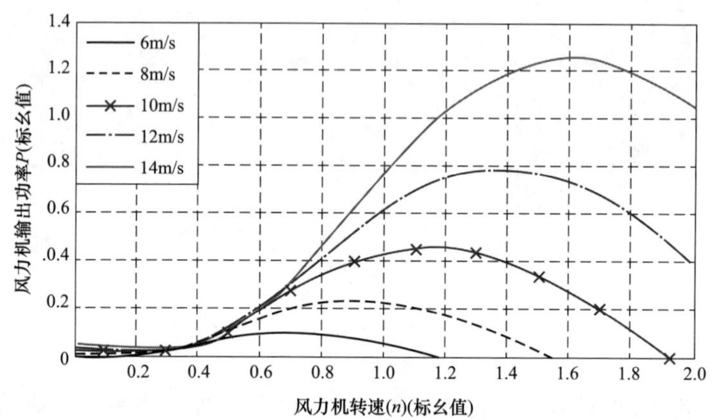

图 4-9 某风力机输出功率随风速的变化曲线

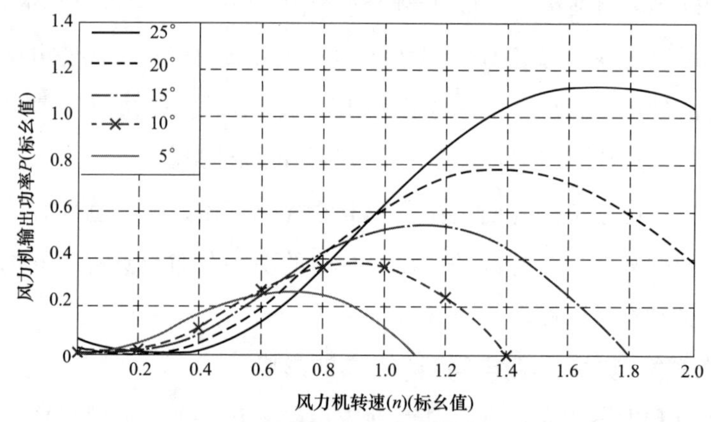

图 4-10 风力机输出功率随桨距角的变化曲线

根据上述分析可知，风力发电系统的控制策略是通过调节桨距角使风力机达到最佳运行状态，最大限度地提高对风能的利用率，而风速的变化随机性很强，因此风力发电系统的输出功率也具有很强的随机性。另外，风速太大时风力机的剧烈运动可能会毁坏风力机，因此，在大于切出风速后锁定桨叶将风机切出电网，此时风力发电系统输出功率变化的幅度非常大。

根据第 2 章的分析可知，太阳能光伏发电是将许多太阳能电池以串、并联方式组合成一块大的太阳能电池板，再把太阳能电池板串、并联组合成一个大的光伏发电系统。太阳能电池的输出功率受光照强度、环境温度、运行电压的影响，具有很强的非线性，且存在一个最大功率点（maximum power point，MPP）。实际中均采用最大功率点跟踪控制技术来提高太阳能的利用率，即根据太阳能电池的特性，将其工作状态控制在最大功率点上。首先通过传感器采集太阳能电池板表面温度和实际光照强度，计算出要达到最大功率点所需要的电流和电压，然后对电流和电压进行调整，使得太阳能电池始终工作在最大功率点。

虽然太阳光照的变化具有随机性，但是其光照强度和太阳能电池板的表面温度在短时间内大幅度变化的概率非常小，因此太阳能光伏发电系统的输出功率变化比较平滑，且规律性很强，从早到晚先增大再减小，夜间输出功率为0。

如果在A1网的B21母线处接入容量为10MW的太阳能光伏发电系统，在B31母线处接入容量为25MW的风力发电系统，风力发电机的额定风速为20m/s，则同样在图4-1～图4-3所示的A1网负荷分布情况下，通过潮流计算可以得出如图4-11～图4-15的节点电压、支路功率变化曲线，其中1：40、4：10、12：30、20：50四个时刻的节点电压和支路功率分别如表4-4和表4-5所示。

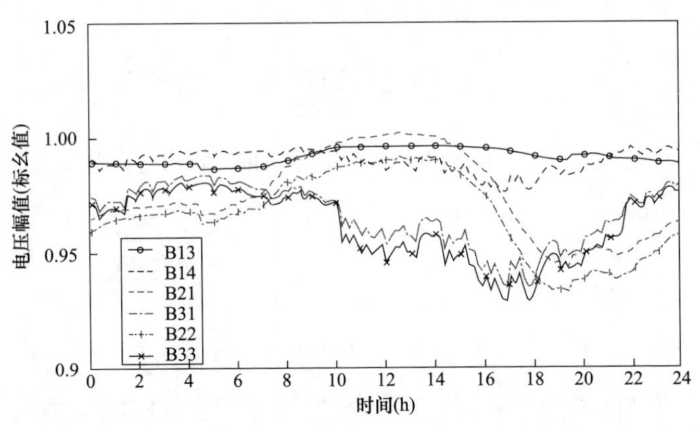

图4-11　接入DG后A1网各母线的电压曲线

由图4-12可知，Ln2线有功功率曲线呈现出单峰单谷，且日中为低谷，其值非常小，甚至一段时间功率由35S3变电站倒送给220S1变电站，比如12：30时功率为－2.4974MW，1：40、4：10和20：50时功率分别为3.8380、3.3439MW

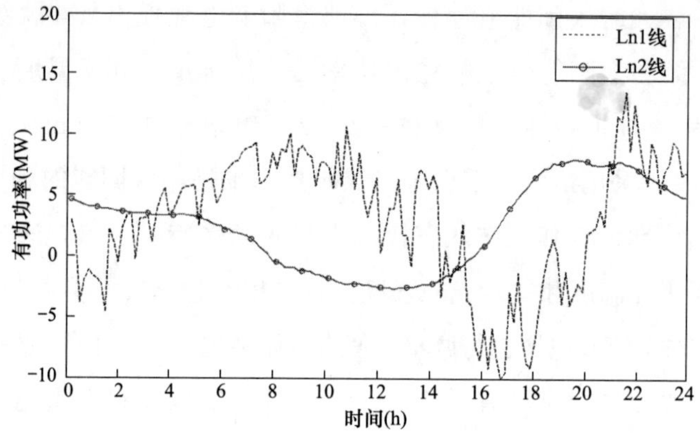

图 4-12　接入 DG 后 A1 网支路的有功功率曲线

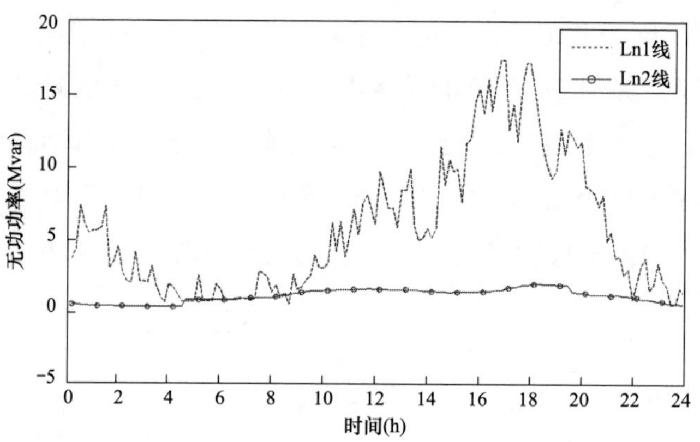

图 4-13　接入 DG 后 A1 网支路的无功功率曲线

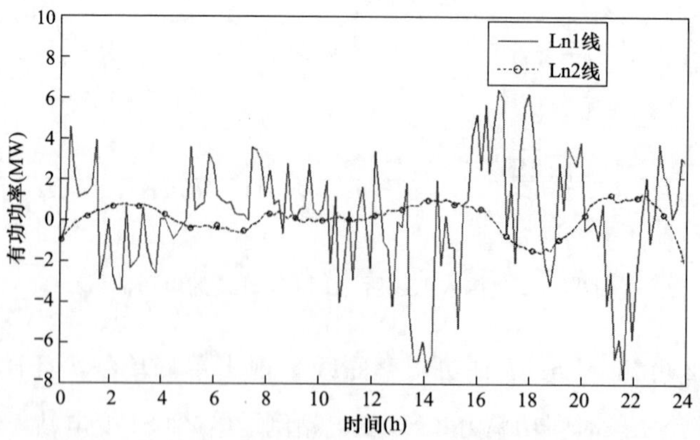

图 4-14　接入 DG 后 A1 网支路的有功功率随机成分

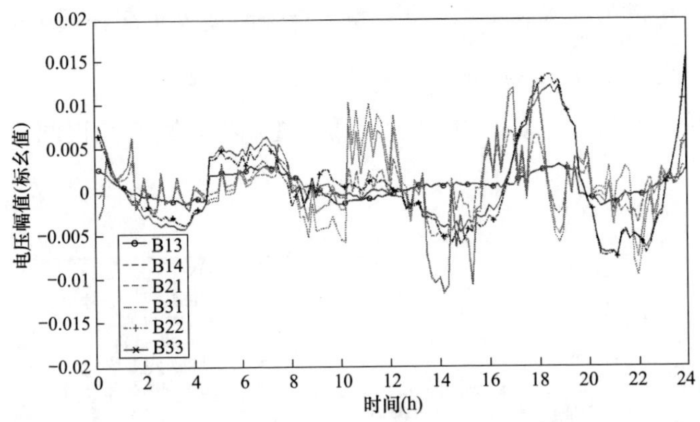

图 4-15 接入 DG 后 A1 网各母线的电压随机成分

表 4-4 接入 DG 后典型时刻 A1 网的母线电压水平（标幺值）

母线	1：40	4：10	12：30	20：50	母线	1：40	4：10	12：30	20：50
B12	0.9944	0.9942	0.9991	0.997	B23	0.9637	0.9667	0.9913	0.9405
B13	0.9882	0.9879	0.9954	0.9912	B32	0.9752	0.9785	0.9489	0.9476
B14	0.9909	0.9924	0.9881	0.9875	B33	0.9747	0.978	0.9517	0.9506
B15	0.9872	0.9887	0.9879	0.9881	B21	0.9684	0.9706	1.0004	0.9505
B22	0.9644	0.9669	0.9892	0.9403	B31	0.9777	0.9812	0.9586	0.9571

表 4-5 接入 DG 后典型时刻 A1 网的支路功率分布情况

功率	支路	1：40	4：10	12：30	20：50
有功功率（MW）	Ln2 线	3.838	3.3439	−2.4974	7.56
	Ln1 线	2.2315	3.7329	3.9673	2.5232
无功功率（Mvar）	Ln2 线	0.414	0.3622	1.6121	1.2571
	Ln1 线	3.0267	1.7283	7.2492	8.1792

和 7.5600MW，所以随着时间的变化，不但潮流的大小在变化，方向也会发生改变，其原因是母线 B21 的太阳能光伏发电系统具有极强的规律性，到日中时 35S3 变电站的负荷不能完全消耗太阳能光伏发电系统发出的功率，因此倒送给 220S1 变电站。

与 Ln2 线不同，Ln1 线上流动的有功功率波动非常剧烈，并且加大了峰谷差，由原来的 10.5968MW 增大到 23.5282MW，原因是风速的变化具有极强的随机性，如图 4-16 所示，无论是处于负荷低谷时段还是高峰时段，都可能会遭遇风力发电系统出力增大和减小。并且风速较大时所发出的功率不能全部被附近的负荷消纳，此时会引起潮流倒送，比如 16：50 时，Ln1 线功率为－9.9527MW，通常夜间的风速都偏大，负荷又处于最低的晚低谷，因此在夜间潮流倒送的概率很大。

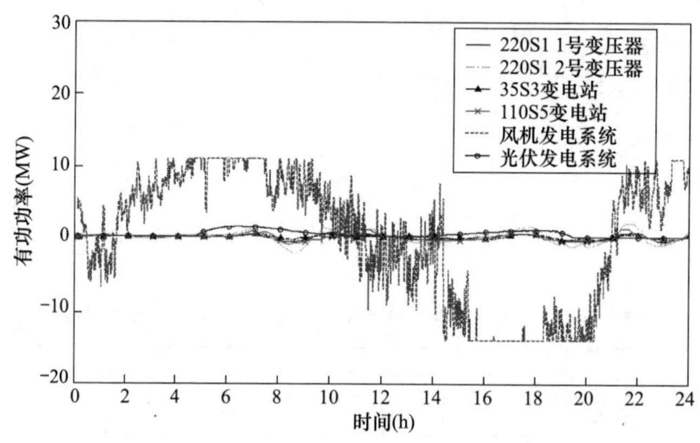

图 4-16　A1 网各厂站有功功率随机成分

结合图 4-4 和图 4-11～图 4-15 可以看出，在太阳能光伏发电和风力发电作用下，母线电压发生了很大的变化。随着太阳能光伏发电系统输出功率的增大，35S3 变电站母线 B21 和 B22 的电压逐渐升高，比如母线 B21 的电压（标幺值）在1：40 时为 0.9684，而到 12：30 时已经升高到 1.0004，然后又随着其出力的减少而降低，到 20：50 时已经降到 0.9505，从图 4-11～图 4-12 可以看出，在光伏发电的作用下母线电压具有与负荷相同的变化趋势。受风力发电系统输出功率随机波动的影响，110S5 变电站母线 B31、B33 和 220S1 变电站 1 号变压器母线 B14 的电压包含较大的不规律波动成分，由于风力发电系统发电时需要消耗无功，因此在傍晚时因风力发电系统输出功率较大引起这几条母线的电压明显下降，尤其是 B31、B33 的电压有大幅度降低，最低点电压（标幺值）分别降到了 0.9345 和 0.9281，从图 4-15 也可看出 110S5 变电站母线 B31、B33 的电压变化更具有随机性特征，波动的幅度最大。

通过曲线拟合方式计算得出与各节点电压具有相同变化趋势的连续函数，表 4-6 是接入 DG 前后 A1 网各节点电压拟合曲线与实际曲线的误差的标准差。

通过不同节点之间的对比表明该标准差能够反映实际电压曲线的光滑度，比如，在加入 DG 之前，采用 10 阶模型拟合时母线 B21 和 B22 的电压曲线标准差不到 5 阶模型时的一半，但因为 Ln1 线的无功功率存在两次突变过程，所以无论采用几阶模型来拟合，母线 B31 和 B33 的电压曲线标准差变化不大。

表 4-6　　接入 DG 前后 A1 网各母线电压拟合曲线与实际曲线的误差

节点编号	接入 DG		无 DG	
	5 阶模型拟合	10 阶模型拟合	5 阶模型拟合	10 阶模型拟合
B13	0.0013	0.0007	0.0006	0.0004
B14	0.0023	0.0019	0.0006	0.0004
B21	0.0048	0.0020	0.0024	0.0015
B31	0.0044	0.0037	0.0020	0.0018
B22	0.0050	0.0022	0.0032	0.0018
B33	0.0048	0.0043	0.0031	0.0027

从表 4-6 可以看出，110S5 变电站及与其相连的 220S1 变电站母线在接入 DG 前后电压的光滑度变化相对较大，母线 B14、B31、B33 的电压标幺值标准差分别从 0.0004、0.0018、0.0027 增大到 0.0019、0.0037、0.0043，主要是风力发电系统的输出功率随机性较大所致。相反，由于太阳能光伏发电系统输出功率的随机性相对较小，所以 35S3 变电站及与其相连的 220S1 变电站母线在接入 DG 前后电压的光滑度变化较小，并且比较光滑，变化量都在 0.0005 以内。无论是接入风力发电系统还是太阳能光伏发电系统，接入点所受的影响最大。

综上所述，由于太阳能光伏发电系统输出功率的规律性很强，如果在智能配电网中接入此类 DG 则会加强潮流分布的规律性。对于风力发电系统出力而言，随机性占了主导，规律性表现不明显，因此智能配电网中接入此类 DG 后增大了各母线电压、线路功率分布变化的随机性特征。

4.2.2　动态随机变量及其概率模型

针对上述注入功率特性，本书定义动态随机变量及其概率模型[97]，为后续分析提供方便，具体如下。

［定义 4-1］　动态随机变量（dynamic random variable，DRV）：按时间呈现随机变化，同时包含某种特定变化规律的物理量。

[定义 4-2] **动态随机变量的概率模型（probability model of dynamic random variable，PMDRV）**：在某种特定的确定性时变函数基础上叠加随机函数来建立动态随机变量的概率模型，其中确定性时变函数反映随机变量的规律性变化成分，随机函数反映随机变量的随机波动成分。这里假设每个动态随机变量的波动成分在各个不同的时刻服从同一概率分布。

按此定义，动态随机变量可表示如下

$$X(t) = X_0(t) + \Delta X(t) \tag{4-1}$$

式中，$X(t)$ 为动态随机变量；$X_0(t)$ 为基础函数，用来反映 $X(t)$ 中按某种特定规律变化的成分；$\Delta X(t)$ 为随机变量，用来反映 $X(t)$ 中的随机波动成分。

下面分别介绍负荷功率、太阳能光伏发电系统输出功率、风力发电系统输出功率这三种动态动态随机变量的概率模型。

1. 负荷功率的动态概率模型

由于人类社会的活动具有很强的随机性，电力负荷也因此而产生强随机性波动。但是，以一天、一周、一季度来看，负荷的波动也呈现出明显的规律性。其主要原因是人们的工作、学习、生活和季节的变化具有明显的周期性，图 4-17 是典型的日负荷变化曲线。负荷波动的规律性取决于社会生产和生活的周期变化，不能用解析函数表达，但是各种活动相对独立，由此所引起的负荷随机变化具有正态分布特性。

首先采用平均值法消除负荷曲线的毛刺，然后用二次插值拟合方法求取负荷的基础函数，如图 4-18 所示。其中，曲线 $c1$ 是负荷功率的基础函数，在计算电网未来的概率潮流时，可将负荷预测值作为负荷曲线的基础函数值，曲线 $c2$ 是负荷的随机波动量，可用负荷的预测误差来生成。

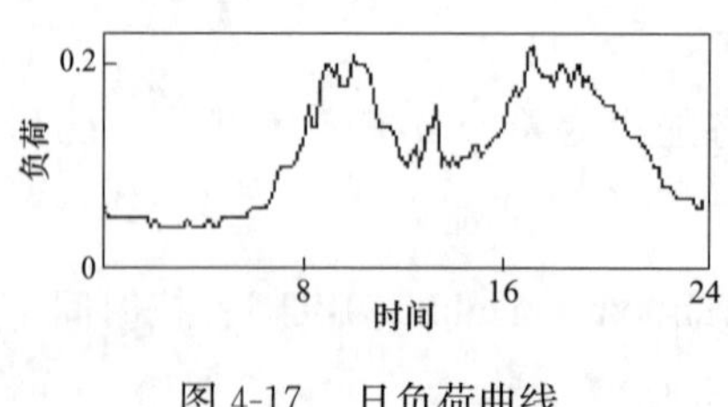

图 4-17 日负荷曲线

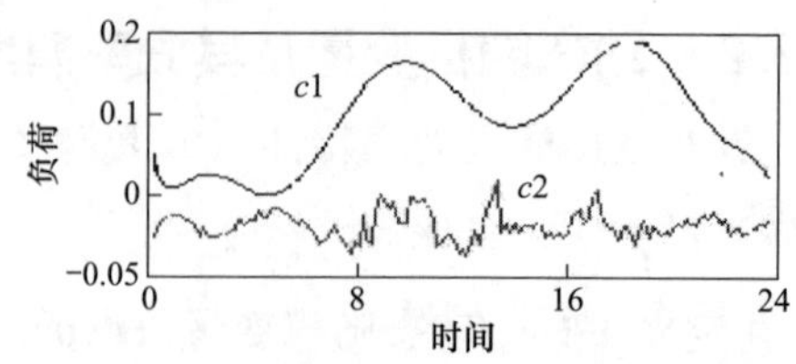

图 4-18 负荷功率的动态概率模型

2. 太阳能光伏发电系统输出功率的动态概率模型

太阳能是太阳在核反应后以光的形式辐射到地球的能量，在理想情况下，太阳对地面的照射强度满足如下关系

$$v_{sun}(t)=\begin{cases}A_{sun}\sin[\pi(t-t_0)/T], & t_0\leqslant t\leqslant t_0+T\\ 0, & t<t_0, t>t_0+T\end{cases} \tag{4-2}$$

式中，A_{sun}为一天内最大太阳光的光照强度（lx）；T为一天内的日照时间；t_0为日照的开始时间。

实际中，当光从太阳照射到地球表面时要穿过大气层，会受到云、尘埃、小水珠等物质的阻碍。然而，天气变化无常、云朵漂移不定、空气的状况随时变化，所有这些都使大气层对太阳光的阻碍具有一定的随机性。图 4-19 为太阳光对地面的实际照射强度曲线。

可见，太阳的日照强度具有一定的规律性，采用式（4-2）表示太阳能光照的动态概率模型中的基础函数。若忽略日照强度对太阳能电池转化效率的影响，则太阳能光伏发电系统出力与地面接收到的太阳能具有相同的动态概率分布，如图 4-20 所示。其中，曲线 $c1$ 可代表太阳能光伏发电系统出力概率密度函数的基础部分，此函数的参数与地域、季节相关，曲线 $c2$ 代表太阳能光伏发电系统出力的随机波动量，可用预测误差量来生成。

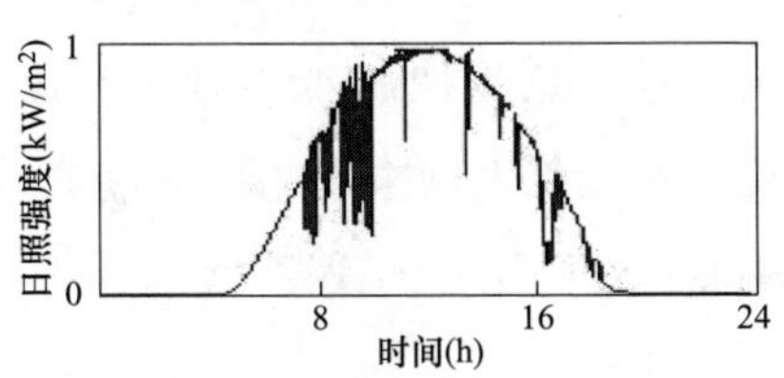

图 4-19　太阳能日照强度曲线

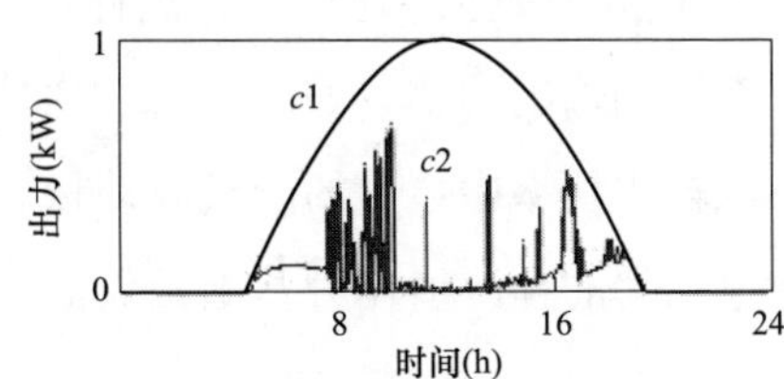

图 4-20　太阳能光伏发电系统出力的动态概率模型

3. 风力发电系统输出功率的动态概率模型

风向和风速的时空分布非常复杂，呈现出极强的随机性，风速的变化曲线如图 4-21 所示，其变化没有任何规律，且频率非常快，很难对风速进行准确的预测。目前，与实际风速统计分布拟合较好，得到广泛应用的是威布尔分布，

采用该分布来建立风速的概率模型，并针对常用的恒速恒频风力发电系统和变速恒频风力发电系统建立有功功率模型。

恒速恒频风力发电功率 P_h 与风速 v 的关系曲线如图 4-22 所示，图中 P_r 为风力机的额定功率。由图 4-22 可知，恒速恒频风力发电系统的输出功率只有 0 和 P_r 两个状态，因此其输出功率满足（0-1）分布，若取输出功率的基础函数为 0，则输出功率中包含的随机波动部分也满足（0-1）分布。

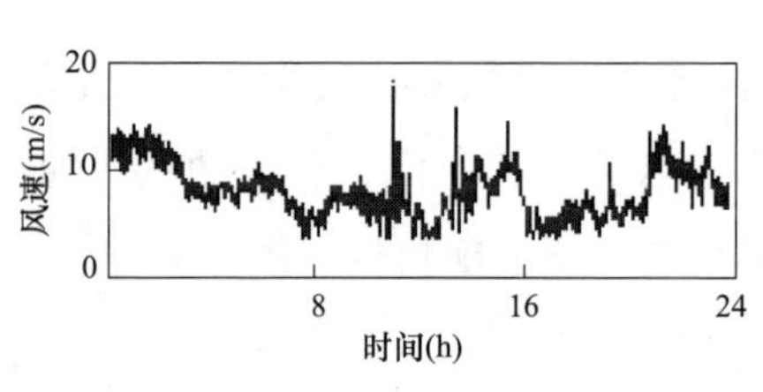

图 4-21　风速曲线

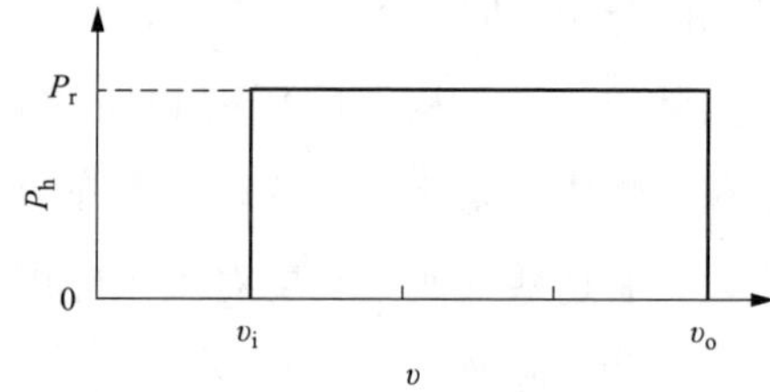

图 4-22　恒速恒频风力发电系统的出力曲线

变速恒频风力发电功率 P_b 与风速 v 的关系如图 4-23 所示，图中 v_i 为风力机的切入风速，v_r 为风力机的额定风速，v_0 为风力机的切除风速，P_r 为风力机的额定出力。实际风电场的风速大多集中在 $v_i \sim v_r$，由图 4-23 可知，风速在该范围内时风力发电系统的输出功率为线性变化，因此在忽略 $v_i \sim v_r$ 之外的少数情况后，可近似认为风力发电系统输出功率与风速具有相同的概率特性。由于风速的变化具有较强的随机性，因此，基础函数可取为风速在期望值情况下风力发电系统的输出功率，如图 4-24 中曲线 $c1$ 所示，曲线 $c2$ 则为变速恒频风力发电系统输出功率中包含的随机波动量。同样，在计算电网未来的概率潮流时，可将风电功率的预测值作为基础函数值，随机波动量则用预测误差生成。

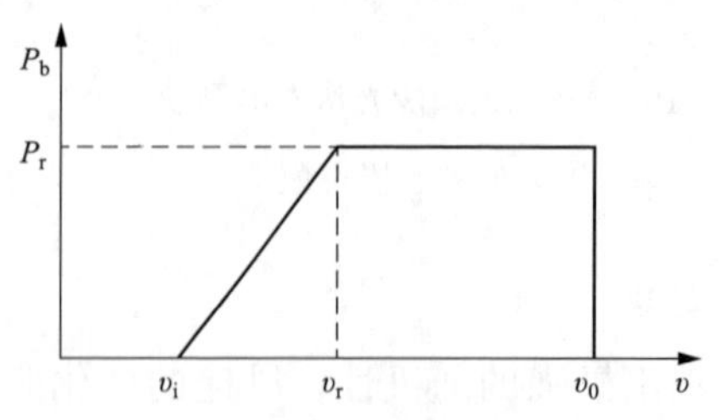

图 4-23　变速恒频风力发电系统的输出功率曲线

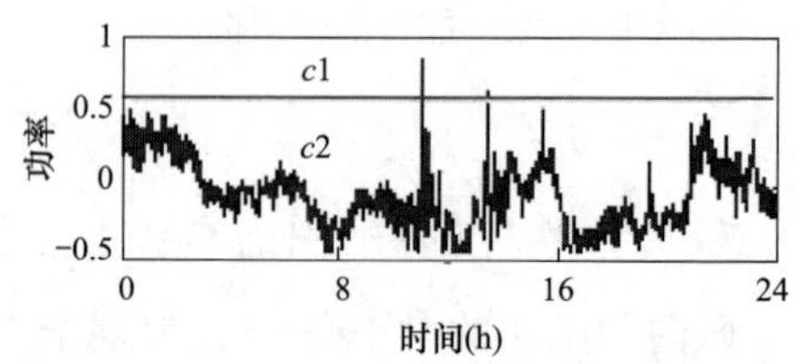

图 4-24　变速恒频风力发电系统输出功率的动态概率模型

4.2.3 动态概率潮流计算

前一小节定义了动态随机变量并建立其动态概率模型，如果负荷、发电机输出功率采用概率密度函数来表示其变化规律，则不能运用确定性潮流计算方法来分析。自文献［98］提出概率潮流以来，众多学者研究了相关的计算方法，可以分为解析法、模拟法和近似法。因节点注入量的随机变化相互独立，所以可将潮流方程用泰勒级数展开，取线性或 2 阶模型，然后运用卷积计算潮流的概率分布，这是解析算法。一些文献对节点有功和无功注入量进行取样，然后将样本进行随机组合，并计算潮流，然后再从潮流解中统计出潮流的分布情况，此为采用蒙特卡罗原理计算概率潮流的模拟法。近年来，只进行简单运算的近似法开始被用于概率潮流计算，该方法利用半不变量的加法运算代替卷积运算，再利用 Gram-Charlier 级数近似求取潮流的概率密度函数和分布函数，其中，文献［99］比较了近似法和模拟法的计算精度，仿真结果表明近似法能取得足够高的精度。

无论是上述的解析法、模拟法，还是近似法，都是以采用同一种概率分布特性来描述各个时刻潮流的随机变化为基础，是一种静态概率模型。由前一节的分析可知，电力负荷、太阳能光伏发电输出功率和风力发电输出功率的变化都包含规律性变化和随机变化成分，受其影响，在实际中潮流的波动特性也会随时间动态变化，各个时刻的概率特性并不相同。本节基于上述定义的动态随机变量的概率模型建立动态概率潮流（dynamic probability power flow，DPPF）计算方法。

1. 随机变量的半不变量与其矩的关系

对于随机变量 X 和正整数 k，如果 $E(|X|^k)$ 存在，则称 $E(|X|^k)$ 为随机变量 X 的 k 阶矩，可用 α_k 表示，如果 $E(X-EX)^k$ 存在，则称 $E(X-EX)^k$ 为随机变量 X 的 k 阶中心矩，可用 β_k 表示。如果 X 是连续变量，且概率密度函数为 $f(x)$，那么其 k 阶矩和中心矩分别为

$$\alpha_k = \int_{-\infty}^{+\infty} x^k f(x)\mathrm{d}x \tag{4-3}$$

$$\beta_k = \int_{-\infty}^{+\infty} (x-EX)^k f(x)\mathrm{d}x \tag{4-4}$$

对于实数 t，如果 $|\mathrm{e}^{itx}|=1$，且 $f(x)$ 在 $(-\infty, +\infty)$ 上可积，那么随机变量 X 的特征函数为

$$\varphi(t) = E(\mathrm{e}^{itx}) = \int_{-\infty}^{+\infty} \mathrm{e}^{itx} f(x) \mathrm{d}x \tag{4-5}$$

如果随机变量的 k 阶矩存在，则其特征函数可用麦克劳林级数展开为

$$\varphi(t) = 1 + \sum_{j=1}^{k} \frac{\alpha_j}{j!} (it)^j + o(t^k) \tag{4-6}$$

$$\log\varphi(t) = \sum_{j=1}^{k} \frac{\gamma_j}{j!} (it)^j + o(t^k) \tag{4-7}$$

系数 γ_j 被称为随机变量的半不变量或累积，具有以下两个性质[100]。

性质 1： 如果 X_1 和 X_2 是两个独立随机变量，γ_{1k} 和 γ_{2k} 是相应的 k 阶半不变量，则两个随机变量之和 X_1+X_2 的 k 阶半不变量为 $\gamma_{1k}+\gamma_{2k}$。

性质 2： 已知正实数 a 和随机变量 X，则随机变量 $X'=aX$ 的 k 阶半不变量有如下关系

$$\gamma'_k = a^k \gamma_k \tag{4-8}$$

那么，随机变量的各阶半不变量与其各阶原点矩存在如下关系

$$\gamma_1 = a_1 \tag{4-9}$$

$$\gamma_k = \alpha_k - \sum_{j=1}^{k-1} C_{k-1}^{j} \alpha_j \gamma_{k-j} \tag{4-10}$$

$$\alpha_k = \gamma_k + \sum_{j=1}^{k-1} C_{k-1}^{j} \alpha_j \gamma_{k-j} \tag{4-11}$$

式中，C_{k-1}^{j} 是二项式系数；γ_k 和 α_k 分别为半不变量和原点矩。因此，已知原点矩时可以求得对应的各阶半不变量；已知半不变量时能求得对应的各阶原点矩。

由于半不变量具有可加性，即相互独立的随机变量的同阶半不变量之和等于随机变量之和的同阶半不变量，所以可利用式（4-9）～式（4-11）先求出各随机变量的半不变量，然后用半不变量进行简单运算。

2. Gram-Charlier 级数的应用

Gram-Charlier 证明了一个充分正则的函数 $g(x)$ 可以表示关于厄密（Hermite）多项式的无穷级数[101]，表达式为

$$g(x)=\sum_{k=0}^{\infty}A_kH_k(x)\varphi(x) \tag{4-12}$$

$$A_k=\frac{1}{k!}\int_{-\infty}^{\infty}H_k(x)g(x)\mathrm{d}x \tag{4-13}$$

式中，$H_k(x)$ 为 Hermite 的 k 阶多项式；$\varphi(x)$ 为标准正态分布的概率密度函数。由式（4-13）可看出，若函数 $g(x)$ 为随机变量的概率密度函数，则 A_k 正好是各阶原点矩的线性组合。也就是说，在已知随机变量的各阶原点矩时，可由式（4-12）求出其概率密度函数的表达式。

3. 潮流方程的解耦

假设功率因数不变，则风力发电系统和太阳能光伏发电系统的无功输出功率以及无功负荷将分别与其相应的有功功率具有相同的动态概率特性。因此，采用动态随机变量的概率模型表示发电机的有功、无功输出功率和有功、无功负荷后，智能配电网的潮流方程可表示为

$$v_{\mathrm{L}}(t)+\Delta_{\mathrm{L}}+v_{\mathrm{G}}(t)+\Delta_{\mathrm{G}}=f[v_{\mathrm{X}}(t)+\Delta_{\mathrm{X}}] \tag{4-14}$$

式中，$v_{\mathrm{L}}(t)+\Delta_{\mathrm{L}}$ 为节点负荷功率的动态概率向量模型；$v_{\mathrm{G}}(t)+\Delta_{\mathrm{G}}$ 为发电机注入功率的动态概率向量模型；$v_{\mathrm{X}}(t)+\Delta_{\mathrm{X}}$ 为状态变量的动态概率向量模型。在基础函数值附近展开潮流方程可得

$$v_{\mathrm{L}}(t)+\Delta_{\mathrm{L}}+v_{\mathrm{G}}(t)+\Delta_{\mathrm{G}}=f[v_{\mathrm{X}}(t)]+J_0\Delta_{\mathrm{X}}+R(\Delta_{\mathrm{X}}) \tag{4-15}$$

式中，J_0 为最后一次迭代时的雅可比矩阵；$R(\Delta_{\mathrm{X}})$ 为高阶项。当节点注入量的随机扰动不大时，可忽略高阶项，且节点注入量的基础函数仅由状态变量的基础函数决定，则可得如下的解耦方程

$$\begin{cases}v_{\mathrm{L}}(t)+v_{\mathrm{G}}(t)=f[v_{\mathrm{X}}(t)]\\ \Delta_{\mathrm{L}}+\Delta_{\mathrm{G}}=J_0\Delta_{\mathrm{X}}\end{cases} \tag{4-16}$$

对于支路方程 $v_{\mathrm{X}}(t_0)+\Delta_{\mathrm{X}}=z[v_{\mathrm{Z}}(t)+\Delta_{\mathrm{Z}}]$，可以得到类似的解耦方程

$$\begin{cases}v_{\mathrm{X}}(t)=z[v_{\mathrm{Z}}(t)]\\ \Delta_{\mathrm{X}}=G_0\Delta_{\mathrm{Z}}\end{cases} \tag{4-17}$$

式中，$v_{\mathrm{Z}}(t)$ 为支路潮流的基础函数；Δ_{Z} 为支路潮流的随机部分；G_0 为支路方程的雅可比矩阵。

4. 动态概率潮流的计算过程

智能配电网 t_0 时刻的动态概率潮流计算步骤如下：

(1) 计算动态随机变量的概率模型中的基础函数或进行负荷预测，求出 t_0 时刻各节点注入量的基础函数值；

(2) 采用阻尼牛顿法计算式（4-16）中的基础方程式组，得出 t_0 时刻状态变量的基础函数值 $v_X(t_0)$ 和最后一次迭代时的雅可比矩阵 J_0，然后根据式（4-17）计算支路潮流的基础函数值 $v_Z(t_0)$ 和 G_0；

(3) 根据各注入变量的动态概率模型，由历史数据统计其各阶原点矩，并由式（4-9）、式（4-10）求出对应的半不变量；

(4) 利用半不变量的可加性，先后根据式（4-16）、式（4-17）求出状态变量和支路潮流的动态概率模型中随机变量的各阶半不变量，然后根据式（4-9）、式（4-11）计算相应随机变量的各阶原点矩；

(5) 利用 Gram-Charlier 级数求解状态变量和支路潮流中随机成分的概率密度函数，并把概率密度平移到对应的基础函数值 $v_X(t_0)$、$v_Z(t_0)$ 上，从而得到状态变量和支路潮流的动态概率分布。

4.2.4 仿真分析

1. 负荷随机性对潮流分布的影响

对于 A1 网，按图 4-1 所示的负荷曲线进行仿真，各线路和母线的概率潮流分布分别如图 4-25～图 4-34 所示。从图 4-25～图 4-28 可以看出，线路中的有功、无功功率曲线分别与其所供有功、无功负荷具有相同的变化趋势，有功功率具有较大的峰谷差，无功功率则较平坦。由于 35S3 变电站负荷的随机波动较小，所以 Ln2 线各个时刻的有功、无功功率概率密度很集中，相反，110S5 变电站负荷的随机波动较大，引起 Ln1 线有功功率的概率密度相对较分散。

从图 4-2 可知，220S1 2 号变压器负荷功率的随机性最大，其次是 110S5 变电站负荷，另外两个负荷的随机变化很小，与负荷的变化趋势相同，220S1 变电站母线 B13 的电压集中分布在基础值附近，在早晚高峰时段电压集中分布在电压较低水平，并且高峰时段概率密度相对更分散，而 220S1 变电站母线 B14 的电压波动较大，且功率密度较分散。受此影响，110S5 变电站母线电压的概率密度相对较分散，35S3 变电站母线电压的概率密度则相对集中，并且越到电网末端，电压的波动范围更大，概率密度更分散。

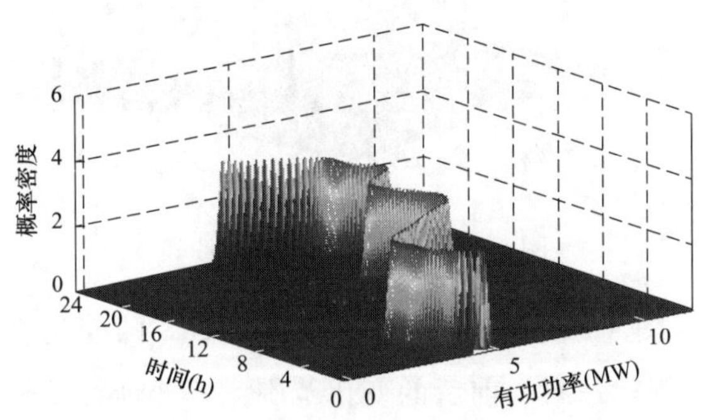

图 4-25 Ln2 线有功功率曲线

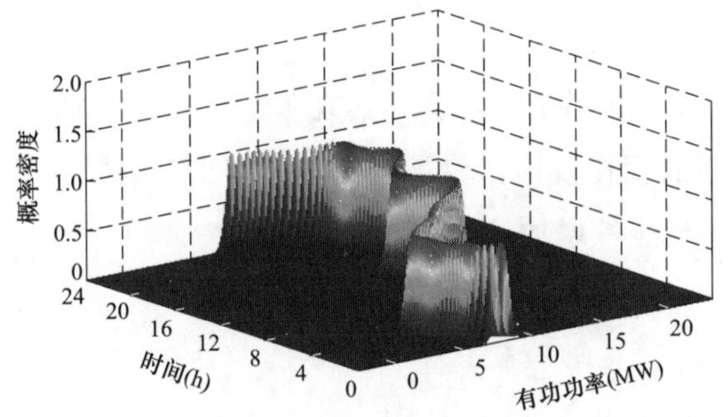

图 4-26 Ln1 线有功功率曲线

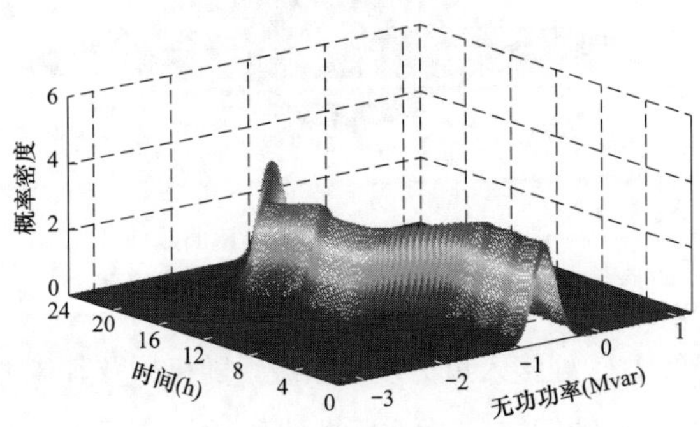

图 4-27 Ln2 线无功功率曲线

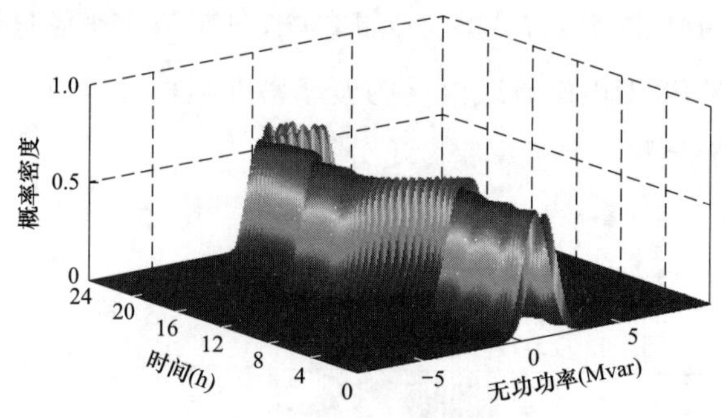

图 4-28　Ln1 线无功功率曲线

结合图 4-29～图 4-34 可知，B21 和 B22 与 B13 的变化规律一致，B31 和 B32 与 B14 的变化规律一致，前者的变化范围大，即峰谷差较大，但均以极大的概率取得该电压值，而后者峰谷差稍小，但取值范围较大，并且取值的概率较小。也就是说，受负荷变化曲线的影响，在同一分支上各条母线的电压具有相同的变化趋势，即智能配电网中各分支的变化规律具有解耦性。另外，B22 和 B32 相对于同一分支的上游节点而言，其概率分布相对分散，由此可见，虽然同一分支具有相类似的变化规律，但是越到负荷末梢，电压的波动性和随机性都变大，即电压的不确定性增加。

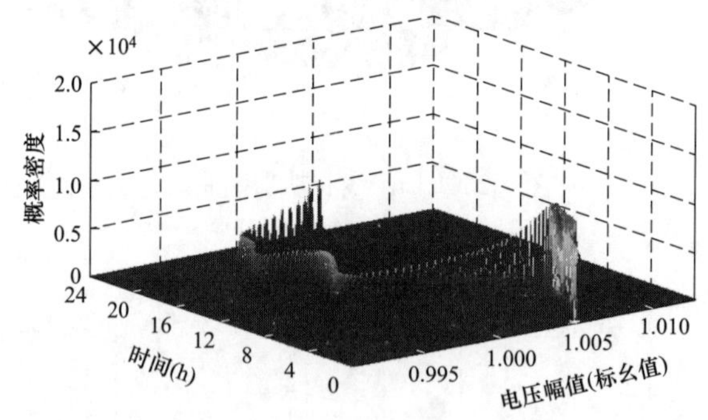

图 4-29　母线 B13 的电压曲线

2. 风力发电对潮流分布的影响

在 A1 网的母线 B21 处接入风力发电系统，随机风及其风力发电系统的输出功率曲线分别如图 4-35 和图 4-36 中实际曲线所示，按图 4-1 所示的负荷曲线进行仿真，各线路和母线的概率潮流分布分别如图 4-37～图 4-42 所示。

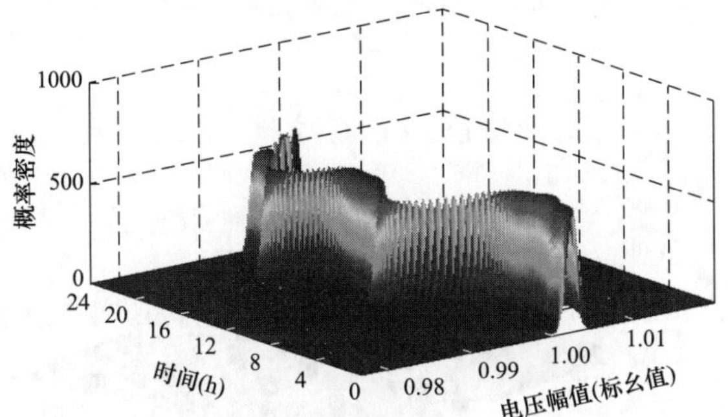

图 4-30　母线 B14 的电压曲线

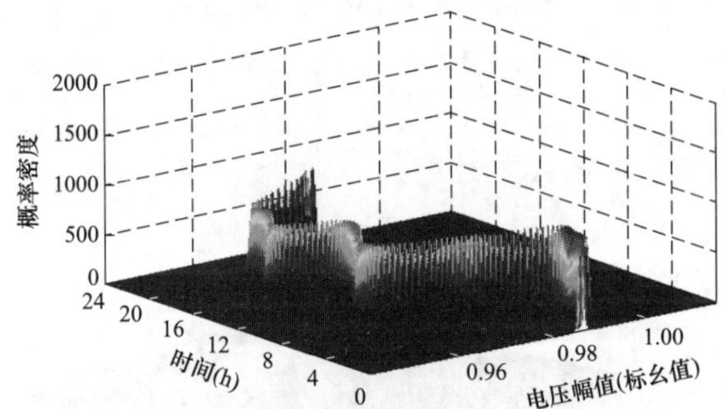

图 4-31　母线 B21 的电压曲线

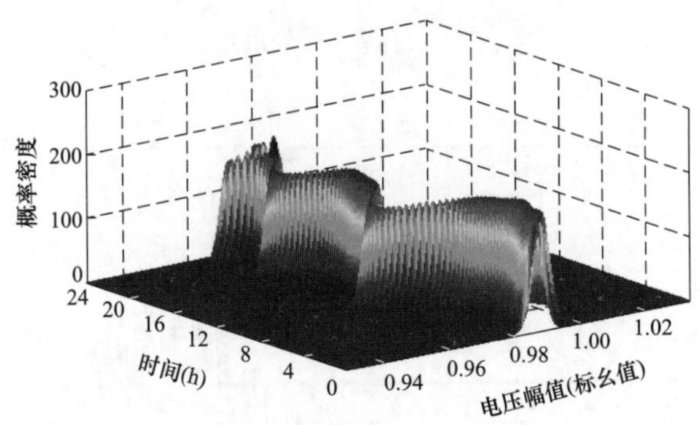

图 4-32　母线 B31 的电压曲线

与无 DG 时对比可以发现，Ln1 线功率、母线 B14 和 B31 的电压都没有变化，主要是因为平衡母线电压相同，开环运行时两侧的潮流处于解耦状态。然而受风力发电系统的影响，Ln2 线功率和母线 B13、B21 电压的概率分布不存在

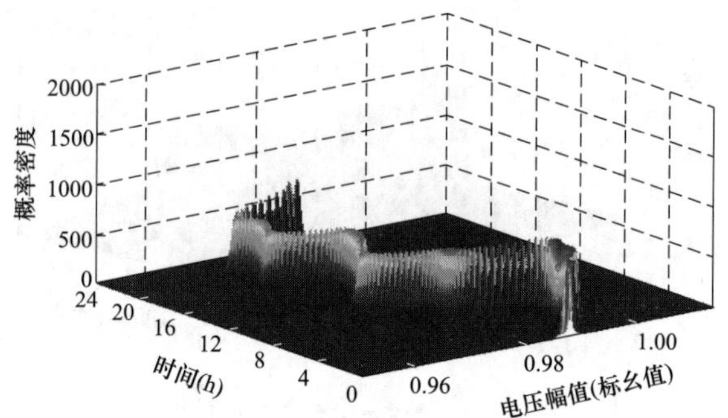

图 4-33　母线 B22 的电压曲线

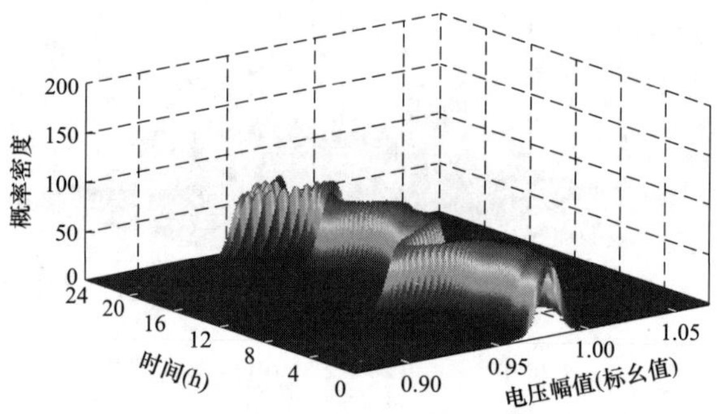

图 4-34　母线 B32 的电压曲线

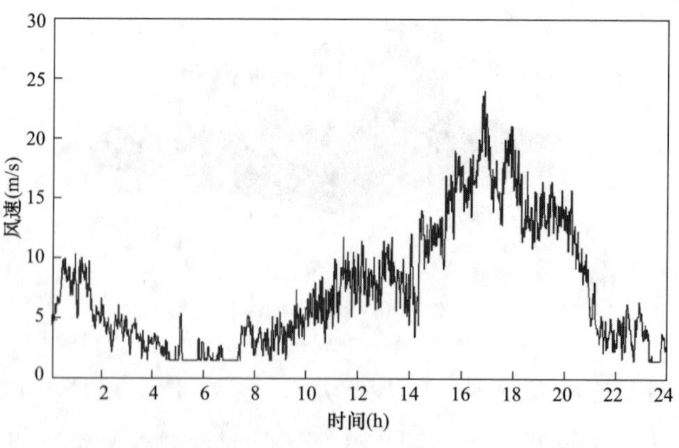

图 4-35　风速曲线

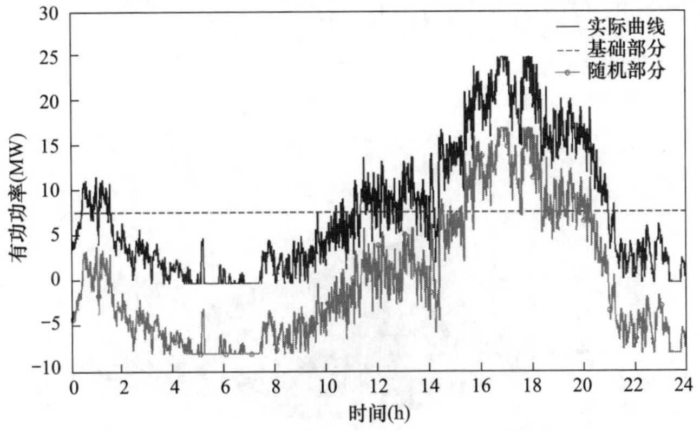

图 4-36 风力发电系统输出功率曲线

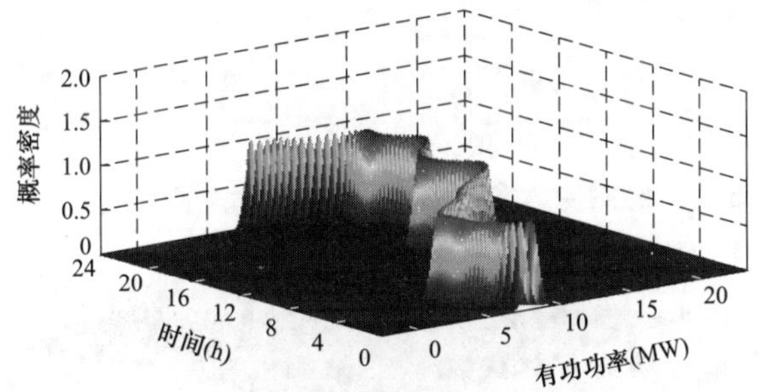

图 4-37 Ln2 线有功功率曲线

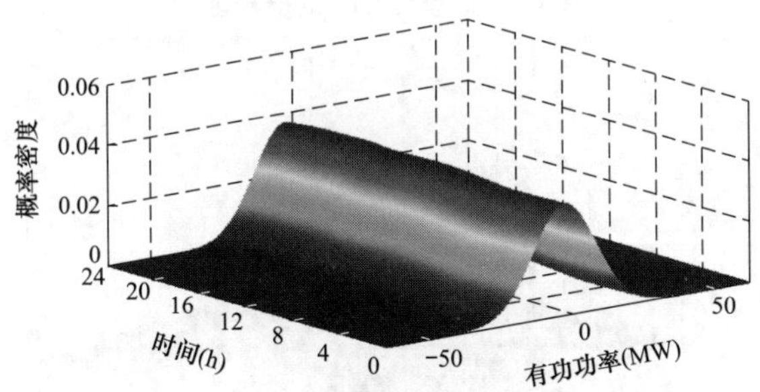

图 4-38 Ln1 线有功功率曲线

峰谷差现象，且每一点的概率相差很小，如图 4-37、图 4-39、图 4-41 所示，其他规律不变，末端的电压波动更大，取值范围更大，而相应的概率密度则更分散。其主要原因是风力发电系统输出功率的随机性大，且输出功率大小与负荷相当，在负荷的高峰时段由于风力发电系统输出功率较大，35S3 变电站还会倒送功率给 220S1 变电站。

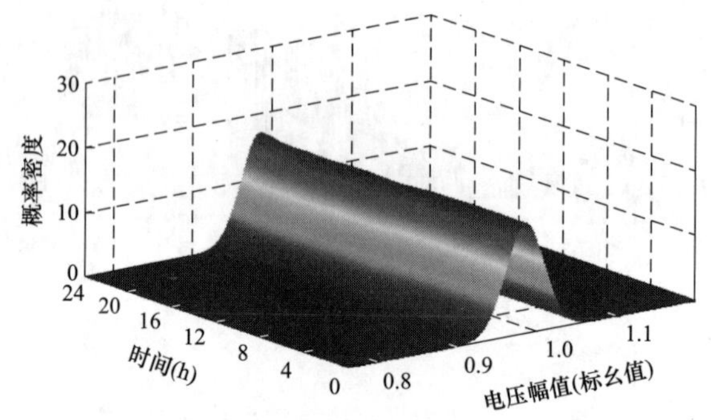

图 4-39　母线 B13 的电压曲线

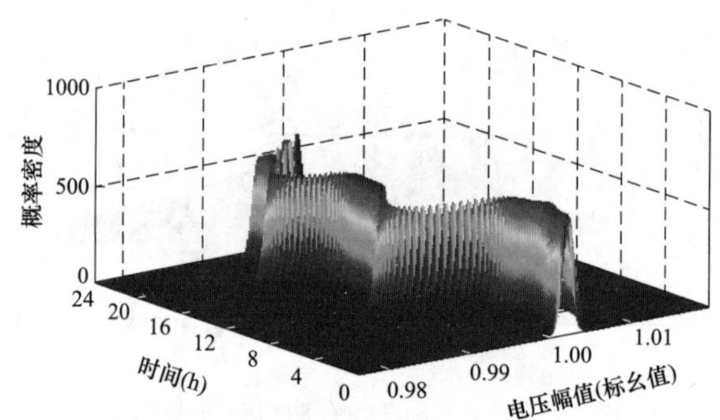

图 4-40　母线 B14 的电压曲线

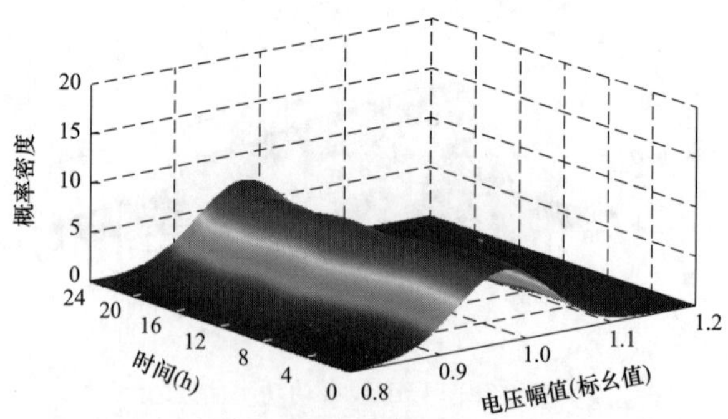

图 4-41　母线 B21 的电压曲线

如果将风力发电系统的输出功率缩小到 20%，则支路功率和母线电压的变化曲线分别如图 4-43 和图 4-44 所示，支路功率和母线电压的变化范围缩小，概率分布更加集中，且各个时刻的动态概率密度出现了明显的变化。原因是在风速一定时，风力发电系统输出功率的减少减弱了其不确定性影响，一定程度上体现出规律性变化。

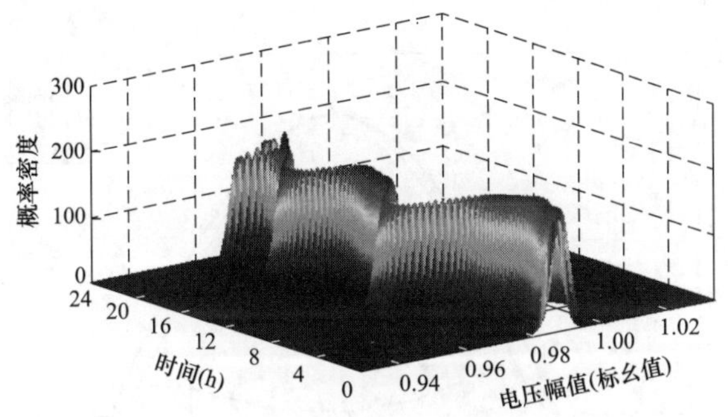

图 4-42　母线 B31 的电压曲线

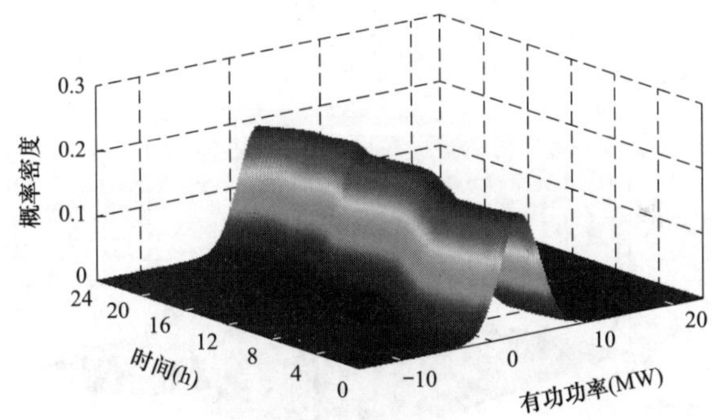

图 4-43　Ln2 线有功功率曲线

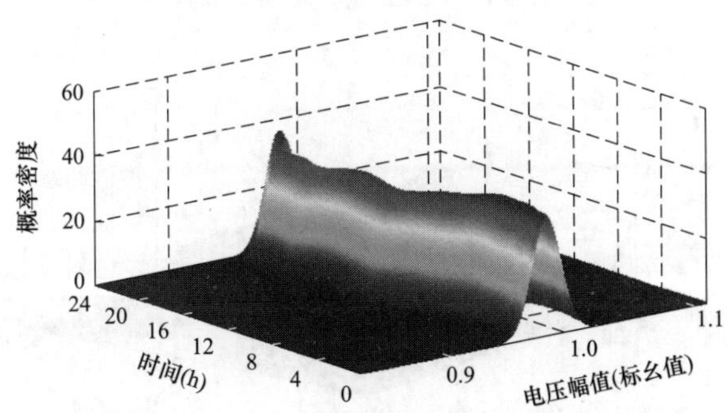

图 4-44　母线 B21 的电压曲线

3. 太阳能光伏发电对潮流分布的影响

在 A1 网的母线 B21 处接入太阳能光伏发电系统，其输出功率曲线如图 4-45 所示，按图 4-1 所示的负荷曲线进行仿真，各线路和母线的概率潮流分布分别如图 4-46～图 4-49 所示。

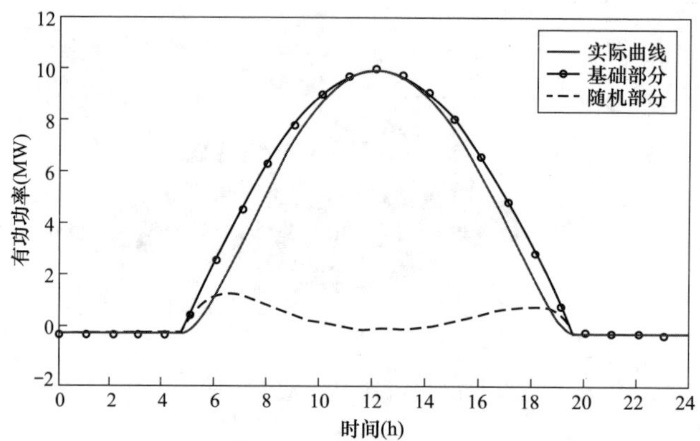

图 4-45 太阳能光伏发电系统输出功率曲线

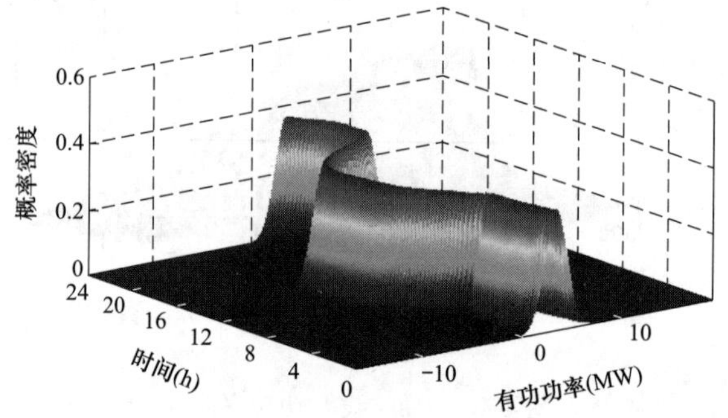

图 4-46 Ln2 线有功功率曲线

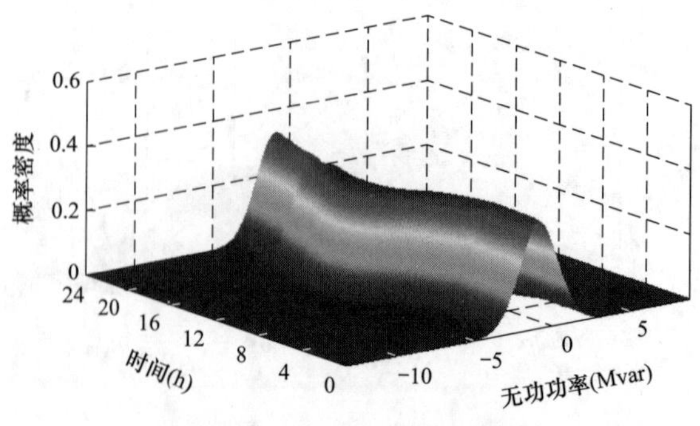

图 4-47 Ln2 线无功功率曲线

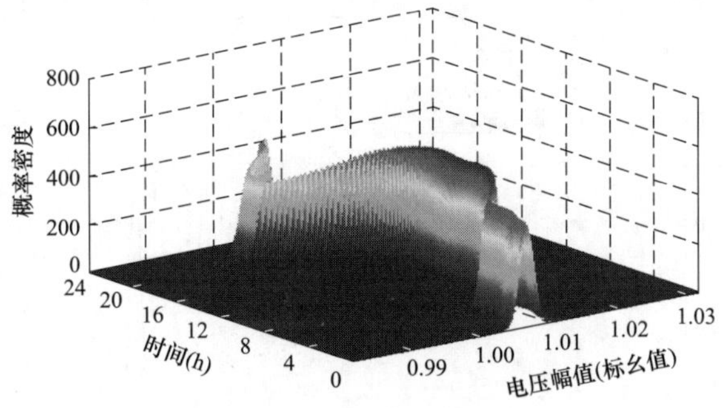

图 4-48 母线 B13 的电压曲线

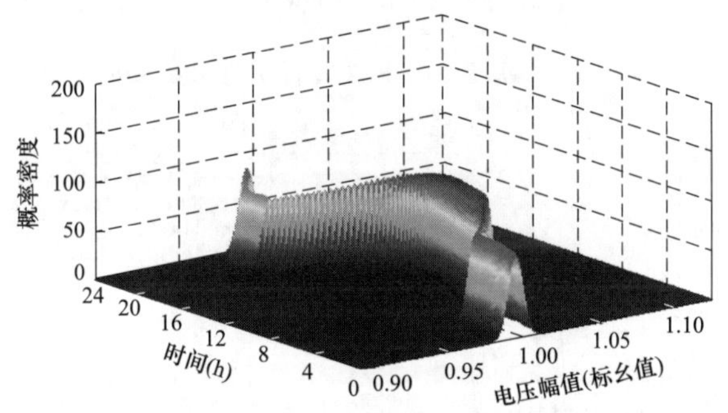

图 4-49 母线 B21 的电压曲线

从图 4-46～图 4-49 可以看出，太阳能的规律性变化远比其受阻的随机性对智能配电网潮流分布的影响大。由图 4-45 可知，太阳能照射强度较大时，光伏发电系统输出功率也较大，在夜间没有阳光的照射，太阳能光伏发电系统不能发出电能。接入节点的电压在白天以较大的概率处于稍高的位置，而早晚时段由于不受太阳能的影响，该节点电压的概率分布与未接入分布式电源时相同。

4. 概率模型对比分析

为了更直观地说明动态概率模型的优势，与采用静态模型进行对比分析，分别如图 4-50～图 4-55 所示。其中前两张图分别是图 4-25 和图 4-31 在 8 时、11 时、16 时的剖面和静态概率密度，表示没有接入 DG 时的情况。图 4-52 和图 4-53 是在 35S3 变电站母线 B21 上接入风力发电系统后的情况，即分别表示在图 4-37 和图 4-41 在 8 时、11 时、16 时的剖面和静态概率密度。图 4-54 和图 4-55 则表示在 35S3 变电站母线 B21 上接入太阳能光伏发电系统后的情况，即分别表示在图 4-46 和图 4-49 在 8 时、11 时、16 时的剖面和静态概率密度。

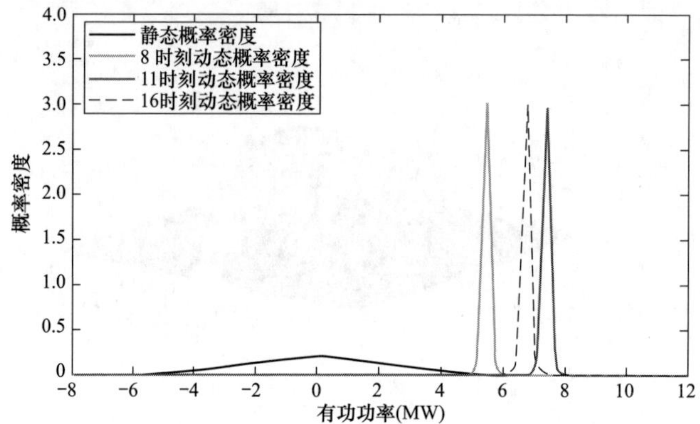

图 4-50 无 DG 时 Ln2 线有功功率概率密度

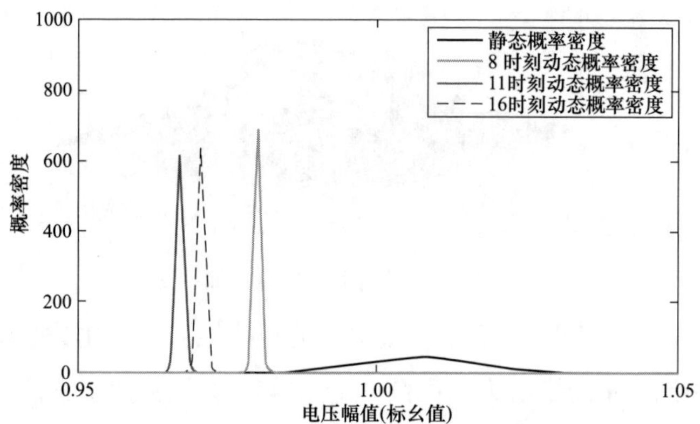

图 4-51 无 DG 时母线 B21 电压概率密度

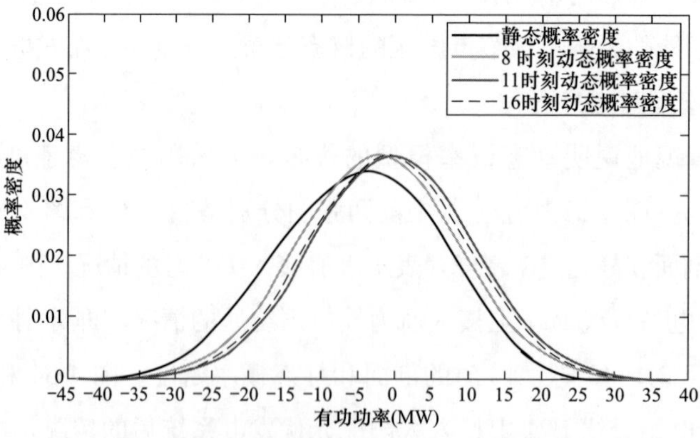

图 4-52 含风力发电时 Ln2 线有功功率概率密度

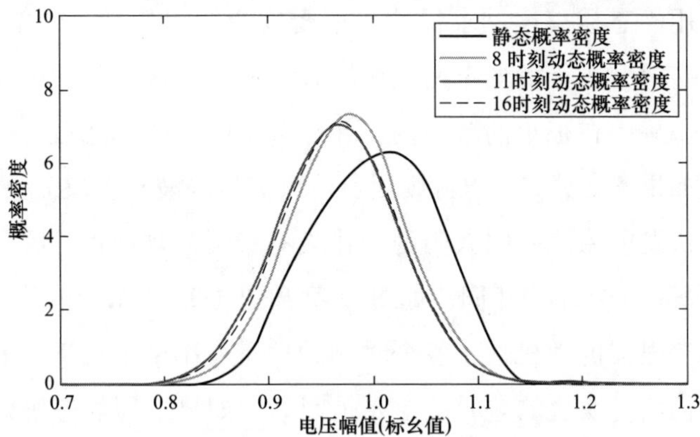

图 4-53　含风力发电时母线 B21 电压概率密度

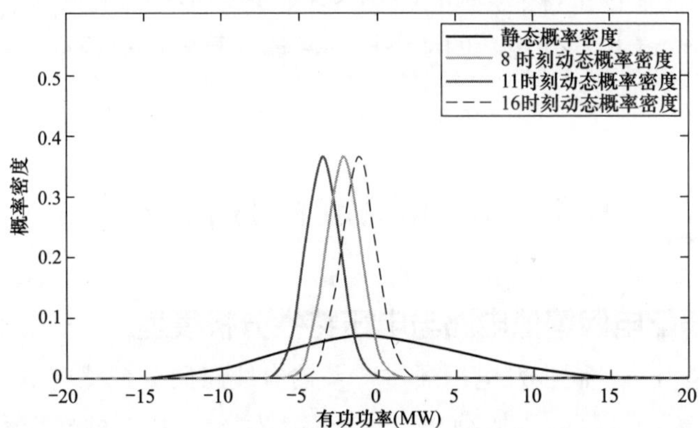

图 4-54　含太阳能发电时 Ln2 线有功功率概率密度

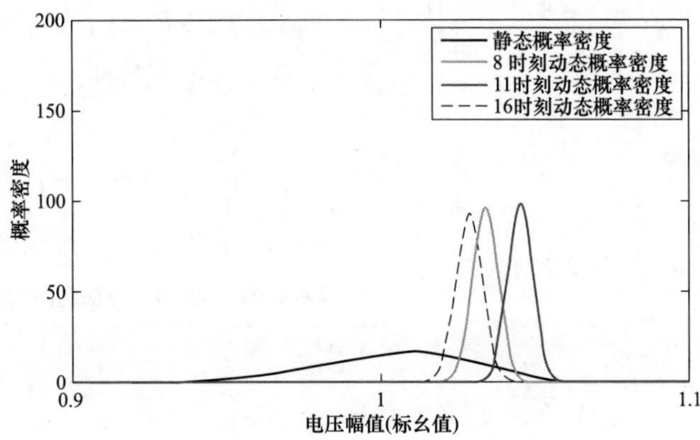

图 4-55　含太阳能发电时母线 B21 电压概率密度

可见，采用静态概率模型求得的概率密度曲线很低平，概率分布很分散；而采用动态概率模型求得的概率密度函数存在一个尖峰，母线电压和线路功率均以极大的概率集中在很小的范围内。并且各个时刻的动态概率密度期望差别很大，尤其是如果不含分布式电源则因负荷具有波峰波谷现象而呈现出规律性，含有太阳能光伏发电系统时因太阳的变化具有极强的规律性，因此这两种情况下各个时刻的概率分布不应相同。如图 4-52 和图 4-53 所示，虽然风力发电系统的输出功率具有很强的随机性，各个时刻的动态概率密度相近，但是与静态概率密度相比，仍然有明显的差异。主要是因为，如果采用静态概率模型来表示这些随机变量的变化过程，忽略了其变化中隐含着的某种特定变化规律。

综上所述，本节所定义的动态随机变量，提出的动态概率潮流模型和基于半不变量、Gram-Charlier 级数的动态概率潮流计算方法更接近实际情况，应用前景较大。

4.3　电压稳定性分析方法

4.3.1　高压配电网等值电路与电压特性分析模型

图 4-56 是由一台同步发电机通过一条输电线路向一台感应电动机负荷供电的多电压等级电网，是一个典型的单机单负荷系统。从电网结构看，由大电网向一个区域（变电站）的负荷供电，可采用图 4-56 所示的单机单负荷系统来分析其电压特性。

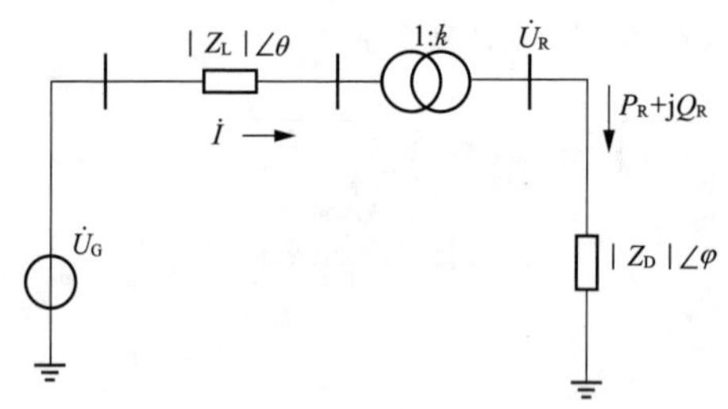

图 4-56　单机单负荷系统

图中，$\dot{U}_G$ 为电源端电压；k 为变压器变比；$|Z_L|\angle\theta$ 为线路阻抗；$|Z_D|\angle\varphi$ 为负荷等效阻抗；单位均为标幺值。因此，线路电流为

$$\dot{I}=\frac{\dot{U}_G}{|Z_L|\angle\theta+\frac{1}{k^2}|Z_D|\angle\varphi} \tag{4-18}$$

其幅值可表示为

$$I=\frac{k^2U_G}{\sqrt{k^4|Z_L|^2+2k^2|Z_L||Z_D|\cos(\theta-\varphi)+|Z_D|^2}} \tag{4-19}$$

令 $x=\frac{|Z_L|}{|Z_D|}$、$I_{sc}=\frac{U_G}{|Z_L|}$，则实际电流与短路电流之比、负荷电压与电源端电压之比分别为

$$I/I_{sc}=\frac{k^2x}{\sqrt{k^4x^2+2k^2x\cos(\theta-\varphi)+1}} \tag{4-20}$$

$$U_R/U_G=\frac{k}{\sqrt{k^4x^2+2k^2x\cos(\theta-\varphi)+1}} \tag{4-21}$$

电动机负荷对负荷电压的影响较大，感应电动机的定、转子电压方程及运动方程（机电暂态模型）如下

$$\begin{cases}U_{ds}=R_sI_{ds}+X'_sI_{qs}+E'_{dL}\\U_{qs}=R_sI_{qs}-X'_sI_{ds}+E'_{qL}\end{cases} \tag{4-22}$$

$$\begin{cases}pE'_{dL}=-\frac{1}{T'_0}[E'_{dL}-(X_s-X'_s)I_{qs}]-p\theta_rE'_{qL}\\pE'_{qL}=-\frac{1}{T'_0}[E'_{qL}+(X_s-X'_s)I_{ds}]+p\theta_rE'_{dL}\end{cases} \tag{4-23}$$

$$T_J\frac{ds}{dt}=(T_m-T_e) \tag{4-24}$$

$$\frac{d\theta_r}{dt}=s \tag{4-25}$$

$$X'_s=\omega_s\left(L_s-\frac{L_m^2}{L_r}\right)$$

$$E'_{dL}=\frac{\omega_sL_m}{L_r}\psi_{qr}$$

$$E'_{qL}=\frac{\omega_sL_m}{L_r}\psi_{dr}$$

$$X_s=\omega_s(L_s+L_m)$$

$$T_m=k[\alpha+(1-\alpha)(1-s)^{\rho}]$$

$$T_e=E'_{dL}I_{ds}+E'_{qL}I_{qs}=\frac{U^2r_2}{\left(r_1+\frac{r_2}{s}\right)^2+(x_1+x_2)^2}\frac{1}{s}$$

式中，x_s'为暂态电抗（标幺值）；E_{dL}'为 d 轴暂态电势（标幺值）；E_{qL}'为 q 轴暂态电势（标幺值）；X_s 为定子自电抗（标幺值）；T_m 为机械转矩（N・m）；k 为电动机的负荷率系数；α 为与转速无关的阻力矩系数；ρ 为与转速有关的阻力矩的关系；T_e 为电磁转矩（N・m）。

可以看出，负荷电压与实际载荷情况、变压器变比、负荷与电源之间的电气距离有关。

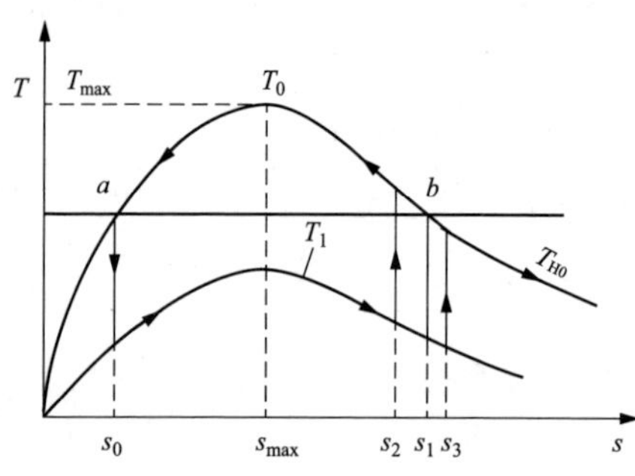

图 4-57　电动机转矩与转差的关系

1. 负荷对电压特性的影响

由上可知，电动机的电磁转矩与端电压的平方成正比，故障造成负荷电压迅速下降，从而电动机的电磁转矩和转速降低。假设机械转矩恒定不变（$T_m=T_{m0}$），则转矩与转差之间的关系可用图 4-57 表示，当故障等原因使电压由 U_0 减小到 U_1 时，电动机的电磁转矩特性将减小 $(U_1/U_0)^2$ 倍，即 $T_1=T_0\left(\frac{U_1}{U_0}\right)^2=\frac{2T_{max}}{\frac{s}{s_{max}}+\frac{s_{max}}{s}}\left(\frac{U_1}{U_0}\right)^2$，通过转子运动方程可求得电动机的转差随时间的变化趋势，如果故障消除后电动机能恢复正常运行，需要尽快消除故障，不能使滑差超过 s_1，因为当 $s>s_1$ 时，电动机将进入特性曲线的不稳定区域，即使电压恢复也不能阻止电动机的制动和停转。

实际配电网中，负荷类型复杂、特性多样，与电网电压和频率有关，当负荷增大或采用不同类型的负荷构成时，综合负荷的等值参数会发生变化，比如增大旋转负荷及其比例，等值的定、转子电阻和电抗将变小，此时 x 将变大，由式（4-21）可知负荷母线的电压将下降，也就是说，旋转负荷的大小和比例会影响母线电压的恢复，动态负荷越多对高压配电网电压的稳定性越不利。

2. 网络参数对电压特性的影响

高压配电网的网架结构和设备参数对其电压特性有直接影响，在图 4-56 所示的电网中，线路长度、型号、变压器挡位、电压等级、运行方式等因素的变化，都会改变 x，从而使线路上流动的功率及损耗、母线电压发生变化。对于

35kV 线路，由于电阻较大，尤其是线路较长时，线路上的电压降落较大，易引起下游母线电压出现偏低，继而发生电压失稳现象。

3. 故障对电压特性的影响

大电网相对于高压配电网来说，电气距离很小，比如在大方式下 220S1 变电站 220kV 母线的短路电抗为 0.0133，小方式下为 0.0694，而 220S1 变电站的主变压器电抗为 0.3350，Ln1 线电抗为 0.3206，Ln2 线电抗为 0.4269，高压配电网内部电抗是大电网的 10 倍左右，可将其视为无穷大电源。假设大电网等效电源的 a 相端电压为 $u_{\mathrm{a}}=U_{\mathrm{m}}\sin(\omega t+\alpha)$，在高压配电网中发生三相短路故障，D 为故障点与大电网之间的任一位置，则短路电流和故障点的电压可分别表示为

$$
\begin{aligned}
i_{\alpha}= & \frac{U_{\mathrm{m}}}{\sqrt{R_4^2+X_4^2}}\sin\left(\omega t+\alpha-\arctan\frac{X_4}{R_4}\right) \\
& +\left[I_{\mathrm{m0}}\sin(\alpha-\varphi_0)-\frac{U_{\mathrm{m}}}{\sqrt{R_4^2+X_4^2}}\sin\left(\alpha-\arctan\frac{X_4}{R_4}\right)\right]\mathrm{e}^{-\frac{t\omega R_4}{X_4}}
\end{aligned} \tag{4-26}
$$

$$
u_{\mathrm{D}}=i_{\alpha}(R_5+\mathrm{j}X_5) \tag{4-27}
$$

式中，I_{m0}、φ_0 为短路前稳态电流的幅值及其与大电网等效电源电压之间的相角差；$R_4+\mathrm{j}X_4$ 为大电网等效电源与故障点之间的等效阻抗；$R_5+\mathrm{j}X_5$ 为 D 点与故障点之间的等效阻抗；单位均为标幺值。当网络结构和参数一定情况下，等效阻抗 $R_4+\mathrm{j}X_4$、$R_5+\mathrm{j}X_5$ 将随着故障位置而改变，从而会改变 D 点的电压。

4.3.2 无分布式电源的高压配电网电压稳定性仿真分析

对于 A1 网，在一般负荷水平（相对于设备容量偏小，以下称为小负荷工况），高电动机负荷比例构成（见附录 A 的表 A-1）、变压器变比都置为 1∶1.1 情况下，假设 10s 时，母线 B14 上发生三相短路接地故障，持续 1s 后恢复，则各母线的电压稳定在表 4-7 所示的数值。

表 4-7　　B14 三相短路后母线电压稳定值（标幺值）

母线	电压	母线	电压	母线	电压	母线	电压	母线	电压	母线	电压
B22	0.8319	B23	0.8431	B21	0.8674	B12	1.0218	B14	0.9321	B11	0.9263
B13	0.9433	B15	1.0257	B32	0.8956	B31	0.9202	B33	0.8873		

可以看出，母线 B22 的电压最低。以下仿真中，取上述网络及其相应的参

数，并以母线 B22 作为观察点，改变某一条件来考察其对高压配电网电压稳定性的影响。

1. 负荷水平对电压稳定性的影响

各负荷同比例改变，分别在三种负荷水平下进行仿真：①小负荷工况；②大负荷工况（负荷增大为 1.8 倍）；③超负荷工况（负荷增大为 2.2 倍，220S1 变电站 1 号变压器过载运行）。母线 B22 的电压变化如图 4-58 所示。可以看出，随着负荷的增大，最低点电压和故障消除后的电压均大幅降低，三种负荷水平下电压分别恢复到了 0.8318、0.6419 和 0.5621，超负荷工况和大负荷工况时电压严重超出正常运行范围，且大大低于小负荷工况，主要原因是负荷增大在电动机负荷中表现为机械转矩增加，稳定区域缩小。

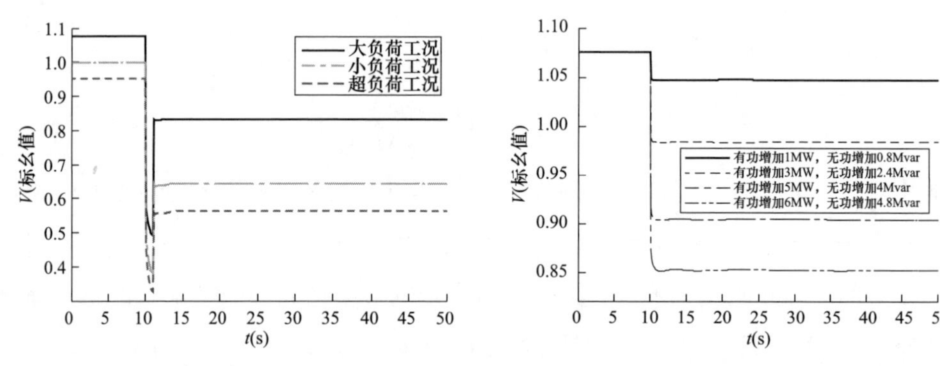

图 4-58 不同负荷水平时母线 B22 的电压变化　　图 4-59 增加负荷时母线 B22 的电压变化

2. 负荷增加对电压稳定性的影响

在 10s 时将 L5 增加不同的功率分别进行仿真：①有功功率增加 1MW，无功功率增加 0.8Mvar；②有功增加 3MW，无功增加 2.4Mvar；③有功增加 5MW，无功功率增加 4Mvar；④有功功率增加 6MW，无功增加 4.8Mvar。母线 B22 的电压变化如图 4-59 所示。可以看出，随着负荷 L5 的增加，母线 B22 的电压逐渐降低，当有功、无功功率分别增加 6MW、4.8Mvar 时，电压已低于正常运行限值（0.9）。

3. 故障位置对电压稳定性的影响

分别在不同位置设置故障进行仿真：①母线 B14 发生故障；②母线 B13 发

生故障；③母线 B31 发生故障。母线 B22 的电压变化如图 4-60 所示。故障发生时故障点的电压降为 0，下游母线失去电源的支撑，只因动态负荷的残压而保持一定的低电压，与故障点不在同一供电区内时母线电压的高低取决于母线与故障点之间的电气距离，距离越近母线电压的下降幅度越大。大电网等效电源与故障点之间的电气距离越远，故障消除后其端电压越高，如图 4-61 所示，故障发生在母线 B13 时故障消除后其电压几乎恢复到原始状态。由功率与电压的关系可知，静态负荷的功率是电压的幂函数，底数在 0～1 时增加的速度小于线性速度，同时，旋转负荷的电压增大使得转差率减小，从而影响其功率的增大，所以母线 B14 与 B31 故障情况下母线电压较低，最终稳定在 0.8319。

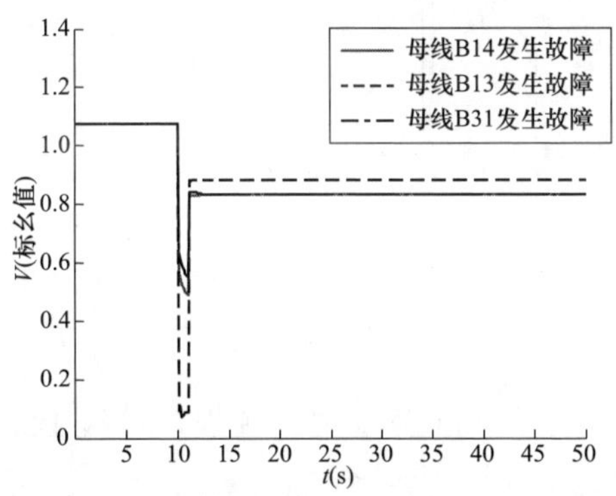

图 4-60　不同故障位置时母线 B22 的电压变化

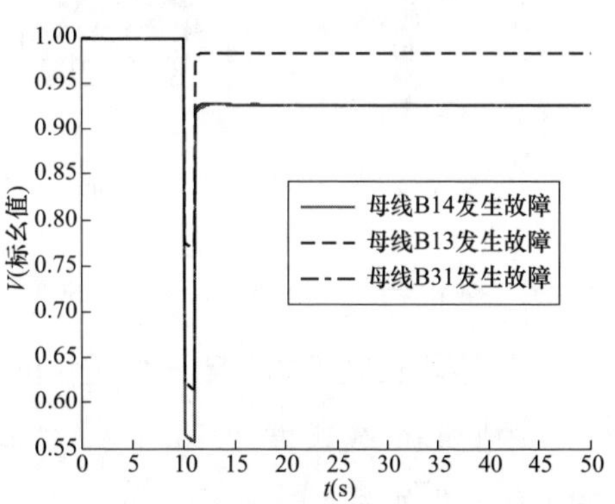

图 4-61　不同故障位置时母线 B11 的电压变化

4. 故障持续时间对电压稳定性的影响

分别在不同的故障持续时间下进行仿真：0.5s，0.7s，1s，1.5s。母线 B22 的电压变化如图 4-62 所示。如果故障持续 0.5s 后恢复，则母线 B22 的电压能够迅速恢复到 1.0755，几乎回到原始状态，若延长 0.2s 再恢复，则电压恢复过程中存在波动，并且只恢复到 0.9367，电压偏低。如果将故障持续时间分别延长至 1s 和 1.5s，则母线 B22 的电压只能够恢复到 0.8319 和 0.8258，不属于正常运行范围。可见，故障持续时间越长越不利于母线电压的恢复，主要原因是母线处于低电压状态时电动机负荷的电磁转矩大幅下降所致。

5. 变压器变比对电压稳定性的影响

分别在不同的变压器变比设置情况下进行仿真：①35S3 变电站变压器变比

为 1∶1（标幺值）；②35S3 变电站变压器变比为 1∶1.05（标幺值）；③35S3 变电站变压器变比为 1∶1.1（标幺值）；④35S3 变电站变压器变比等效为 1∶1.155（35S3 变电站变压器变比为 1∶1.1，220S1 变电站 1 号变压器高压侧和低压侧的变比为 1∶1.05），母线 B22 电压的变化如图 4-63 所示，显然，变比提高后末端电压升高。

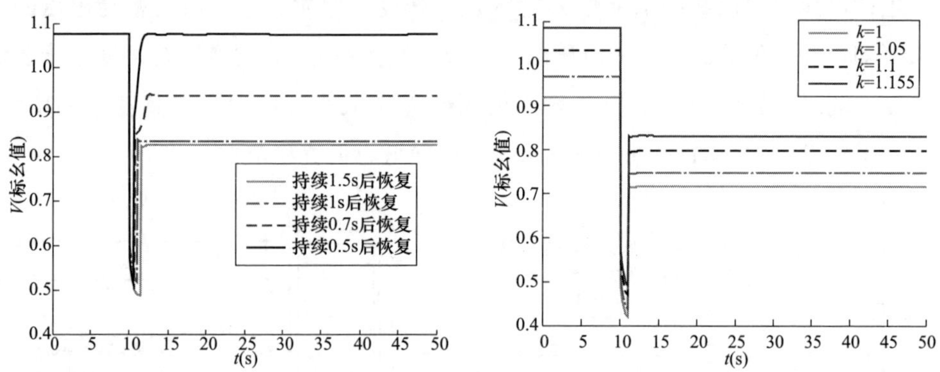

图 4-62　故障持续时间变化时母线 B22 的电压变化　图 4-63　不同变比时母线 B22 的电压变化

6. 线路长度不同对电压稳定性的影响

改变 Ln2 线长度为 13.388、23.388、33.388km 分别进行仿真，母线 B22 的电压变化如图 4-64 所示。可以看出，故障发生及消除后母线 B22 的电压随着线路变长而降低，主要原因是线路越长其产生的压降越大，不利于电动机负荷的电压恢复。

7. 线路电阻对电压稳定性的影响

分别在忽略和保留线路电阻 R 的情况下进行仿真，母线 B22 的电压变化如图 4-65 所示。可以看出，忽略线路电阻 R 时母线 B22 的电压能恢复到 0.8614，比保留 R 时的 0.8318 提高了 3.4%，没有很好地反映高压配电网电压的变化情况，主要是因为高压配电网中 R 与 X 相近，所以不能忽略 R 的作用。

4.3.3　分布式电源对高压配电网电压特性的影响仿真分析

计及分布式发电的影响后可将高压配电网等效为图 4-66 所示的简单系统，DG 接入后多了一个电源支撑点。如图 4-66 所示，DG 经 D 点接入电网，其端电压为 $\dot{U}_D$，接入点 D 到大电网等效电源、负荷侧的变压器、DG 之间的等值阻抗

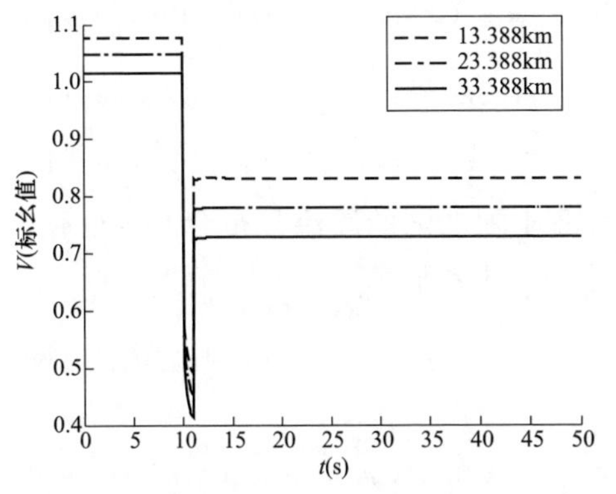

图 4-64 Ln2 线长度变化时母线 B22 的电压变化

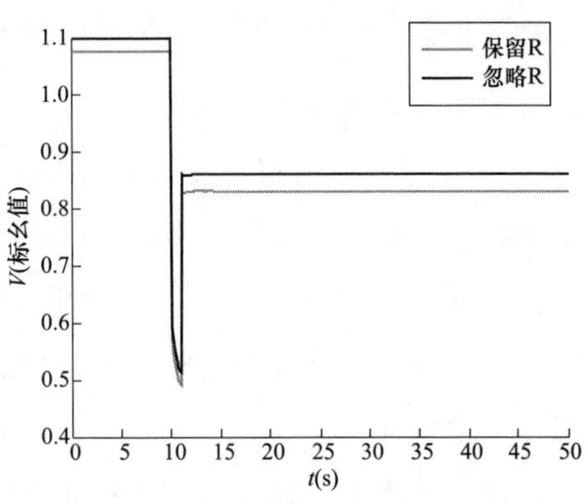

图 4-65 不同线路电阻时母线 B22 的电压变化

分别为 $Z_1\angle\theta_1$、$Z_2\angle\theta_2$ 和 $Z_3\angle\theta_3$。

根据戴维南等值原理合并电源，如图 4-67 所示，其中：

$\dot{U}'_{\mathrm{G}}=\dfrac{\dot{U}_{\mathrm{G}}|Z_3|\angle\theta_3+\dot{E}_{\mathrm{D}}|Z_1|\angle\theta_1}{|Z_3|\angle\theta_3+|Z_1|\angle\theta_1}$，$|Z'_1|\angle\theta'_1=\dfrac{|Z_3|\angle\theta_3\cdot|Z_1|\angle\theta_1}{|Z_3|\angle\theta_3+|Z_1|\angle\theta_1}$，令 $|Z'|\angle\theta'=|Z'_1|\angle\theta'_1+|Z_2|\angle\theta_2$，则线路电流的幅值为

$$I=\frac{k^2U'_{\mathrm{G}}}{\sqrt{k^4|Z'|^2+2k^2|Z'||Z_{\mathrm{D}}|\cos(\theta'-\varphi)+|Z_{\mathrm{D}}|^2}} \tag{4-28}$$

令 $x'=\dfrac{|Z'|}{|Z_{\mathrm{D}}|}$、$I'_{\mathrm{sc}}=\dfrac{U'_{\mathrm{G}}}{|Z'|}$，则

$$U_{\mathrm{R}}/U'_{\mathrm{G}}=\frac{k}{\sqrt{k^4(x')^2+2k^2x'\cos(\theta'-\varphi)+1}} \tag{4-29}$$

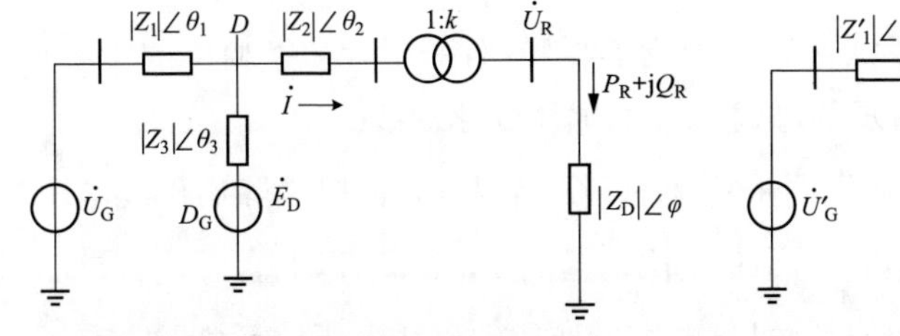

图 4-66 多电源供电的简单系统

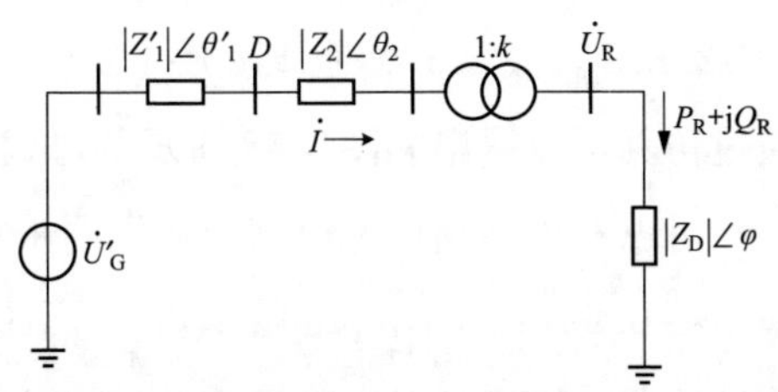

图 4-67 多电源供电系统的等效简化结构图

虽然分布式电源的种类很多，但从对外的物理特性来看，可以分为同步特

性和异步特性两种。从上述的推导可以看出，接入DG后，负荷母线与电源之间的等值阻抗Z'将变小，负荷母线电压U_R有升高的趋势。但如果接入异步特性的DG，由于异步发电机需要从电网吸收无功，会引起机端电压下降，将对高压配电网的电压稳定性起负面影响。DG接入后高压配电网的潮流分布会发生变化，接入不同容量的DG时$Z_3\angle\theta_3$不同，DG接到不同位置时$Z_1\angle\theta_1$和$Z_2\angle\theta_2$不同，会改变负荷母线与电源之间的等值阻抗Z'，这些因素都会影响高压配电网电压的稳定性。

如果在小负荷工况和高电动机比例构成下，在35S3变电站母线B21上接入DG进行仿真，假设10s时母线B14发生三相接地短路故障，持续1s后消除故障，进行如下的仿真分析。

1. DG特性对电压稳定性的影响

分布式电源不仅是集中发电、远距离输电和大电网互联的有益补充，在高压配电网处于非正常运行状态时，还可起到一定的支撑作用，比如在用电高峰时段，利用分布式电源就近供电可以减轻过负荷和输电堵塞。

虽然异步类型的发电机对电网的静态电压稳定性具有负面影响，但是同步类型的发电机和电力电子变换器接口的分布式发电设备并网能改善电网的静态电压稳定性，在适当的分布式电源布置和电压调节方式下，电压骤降可以得到缓解，高压配电网的电压调节能力得以提高。

如果35S3变电站母线B21上分别接入不同特性的分布式电源：①无DG接入；②同步特性DG（容量为12.5MVA，出力恒为10MW）；③异步特性DG（共8台异步风力发电机，每台容量为2MVA，输出功率恒为1.5MW，风速恒为12m/s）。假设10s时母线B14发生三相接地短路故障，持续1s后故障消除，通过仿真可以得出如图4-68所示的母线B22的电压变化曲线。

可以看出，高压配电网中接入同步特性的DG情况下，故障消除后母线电压稳定在0.9977，与不含DG时的0.7829相比，提高了21.5%以上。而接入异步特性的DG的情况下，稳定运行时因机端电容的作用，母线电压比不含DG或者含同步特性的DG情况下还要高，但是故障发生后，发电机端电压急剧下降，风机加速导致转子滑差的绝对值急剧增大，增加了无功的需求，同时机端电容又因端电压的下降减少了无功功率的供给，无功功率严重不足，所以母线 B22 的电压非常低，降到了 0.6465，实际上电压已经失去稳定。

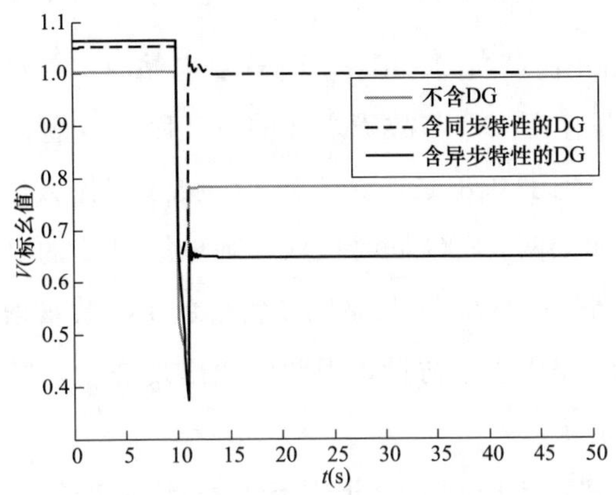

图 4-68　接入不同特性的分布式电源时母线 B22 的电压变化

2. DG 出力对电压稳定性的影响

如果在 10s 时风力发电系统出力突然减半，则母线 B22 的电压和其中一台风机的端电压变化分别如图 4-69 和图 4-70 所示。可以看出，风机出力减半后，由于机端电容器的无功补偿过剩，母线电压升高，进一步促使电容器无功补偿继续增大，最终出现过电压现象。

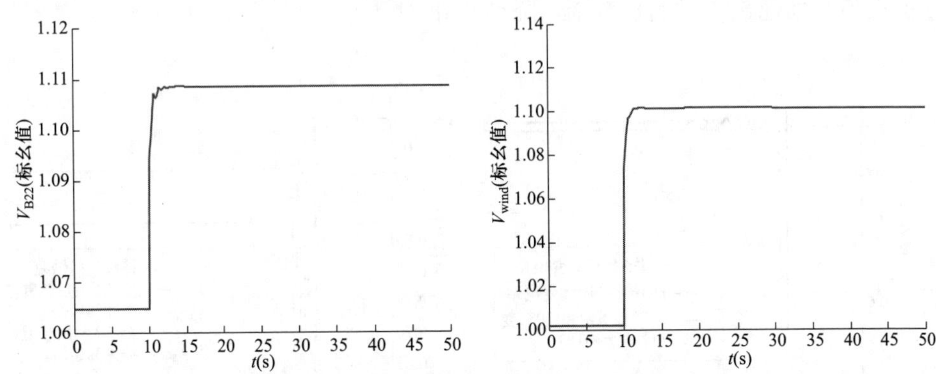

图 4-69　风机出力减半时母线 B22 的电压变化　图 4-70　风机出力减半时其端电压的变化

3. DG 位置和数量对电压稳定性的影响

以 35S3 变电站母线 B21 接入 12.5MVA 的同步特性 DG，出力恒为 10MW

为基础，改变其位置和数量进行仿真：①35S3 变电站母线 B21 接入 12.5MVA；②110S5 变电站母线 B31 接入 47MVA；③35S3 变电站母线 B21 和 110S5 变电站母线 B31 上分接入 12.5MVA 和 47MVA，母线 B22 的电压变化如图 4-71 所示。与接在 35S3 变电站相比，当 DG 接在 110S5 变电站时，与母线 B22 之间的电气距离变长，且故障发生后 DG 与故障之间的电气距离变短，所以母线 B22 的电压（标幺值）只恢复到了 0.8112。无论将 DG 接入到什么位置，对母线电压都有提升作用，因此如果两台 DG 同时接入，则母线 B22 的电压（标幺值）比只含一台 DG 时都要高（1.0175），只是同步特性的 DG 数量增加之后，如果发生故障，各发电机之间需要进行协调，因此电压出现波动，经过一段时间的出力调节后才能达到稳定状态。

4. 故障持续时间对含 DG 高压配电网电压稳定性的影响

在 35S3 变电站母线 B21 接入 12.5MVA 的同步特性 DG，出力恒为 10MW，改变故障持续时间为 1，1.5，2，2.5，3s 分别进行仿真，母线 B22 的电压变化如图 4-72 所示。前三种情况下母线 B22 的电压（标幺值）都恢复到了正常运行范围，分别为 0.9977、0.9688 和 0.9687，无 DG 时若故障持续 1s 和 1.5s，则母线 B22 的电压只能够恢复到 0.8319 和 0.8258，也就是说，同步特性的 DG 可以提高配电网的母线电压。当故障持续时间延长到 2.5s 时，母线 B22 的电压（标幺值）才超出正常运行范围，降到 0.8881。

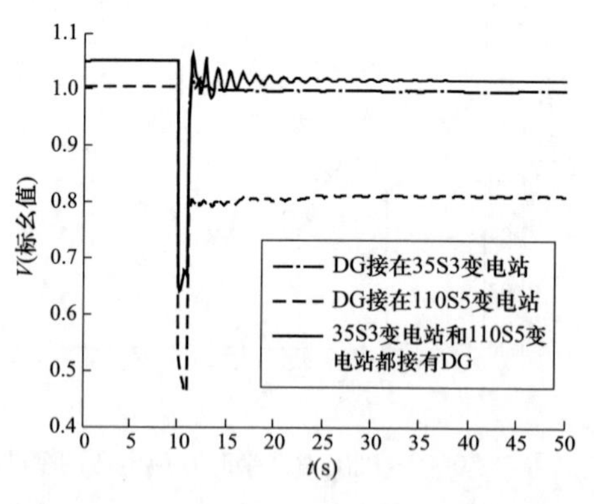

图 4-71 不同 DG 位置和数量时母线 B22 的电压变化

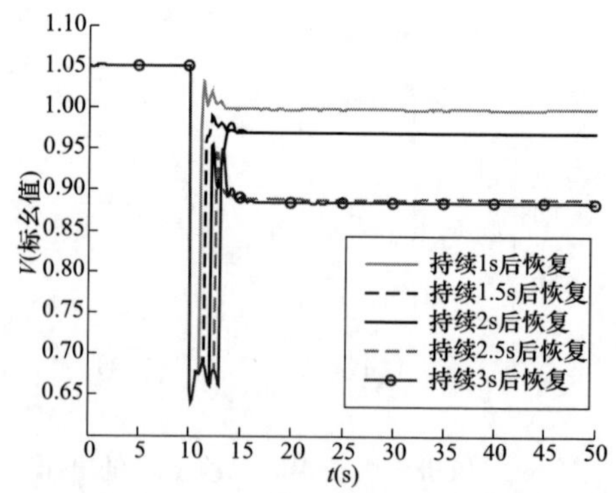

图 4-72 含 DG 并改变故障持续时间时母线 B22 的电压变化

5. 高压配电网孤岛供电时的电压稳定性仿真分析

假设基本参数如下，全网的负荷由 35S3 变电站 DG 和 110S5 变电站 DG 共同进行供电，仿真过程中负荷没有变化，按小负荷工况和高电动机比例构成进行仿真，则系统的备用容量为 12.6%，在 10s 时母线 B14 发生三相短路接地故障，持续 0.5s 后消除故障，并且仍对母线 B22 的电压进行分析。

（1）负荷增加对高压配电网孤岛运行时电压稳定性的影响。在 10s 时将 L5 增加不同的功率分别进行仿真：①有功增加 1MW，无功增加 0.8Mvar；②有功增加 3MW，无功增加 2.4Mvar；③有功增加 5MW，无功增加 4Mvar；④有功增加 6MW，无功增加 4.8Mvar。母线 B22 的电压变化如图 4-73 所示。

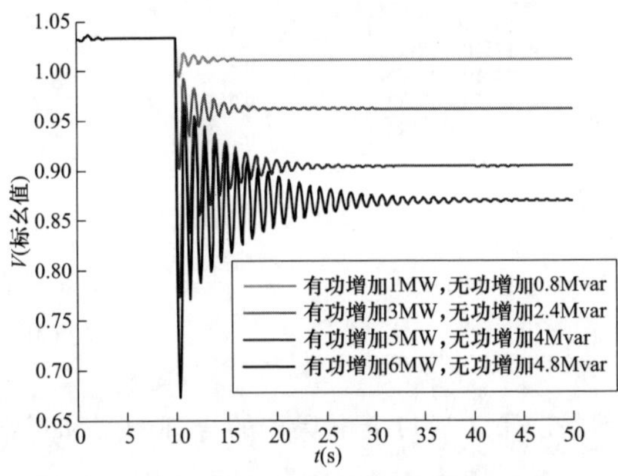

图 4-73　孤岛下增加负荷时母线 B22 的电压变化

结合图 4-59 可知，虽然故障持续时间缩短到 0.5s，但是由于孤岛内电网的惯性小，增加相同的负荷时其稳定后的电压仍比并网运行时低。孤岛运行时如果增加负荷，母线电压需要经历一个波动过程过渡到稳定状态，并且增加的负荷越大波动幅度越大，波动持续时间越长，稳定后电压越低。

（2）故障持续时间对高压配电网孤岛运行时电压稳定性的影响。分别在不同的故障持续时间 1、0.7、0.5、0.3、0.1s 进行仿真，母线 B22 的电压变化如图 4-74 所示。结合图 4-66 可知，孤岛供电时，由于 DG 容量与系统惯性很小，故障持续相同时间后母线电压明显下降，如故障持续 0.7s 恢复后，母线 B22 的电压只能恢复到 0.7574，比无 DG 时的 0.9367 降低了 19.2%。即使故障只持续 0.3s，母线 B22 的电压也只能够恢复到 0.7699，电压偏低，不属于正常运行范围。

（3）备用容量对高压配电网孤岛运行时电压稳定性的影响。使故障持续0.6s后消除，并改变负荷大小分别使高压配电网孤岛内的有功功率备用容量为以下情况进行仿真：①0.36%；②5.6%；③12.6%；④20%；⑤30%。母线B22的电压变化如图4-75所示。可以看出，备用容量越大，母线B22的电压恢复后的值越高，恢复过程越短，恢复过程中的平稳性越好。

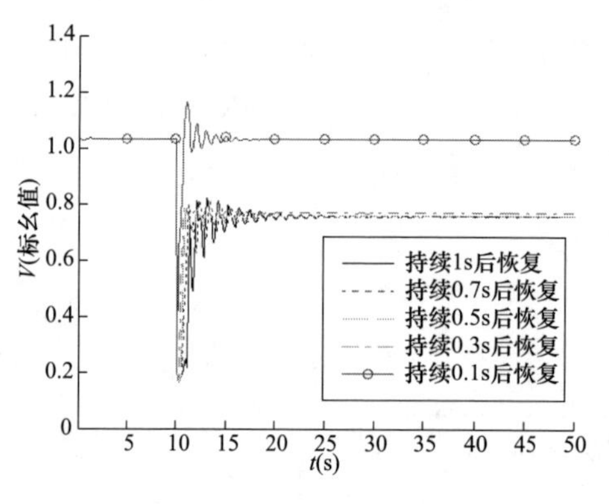

图4-74 孤岛下故障时间不同时母线B22的电压变化

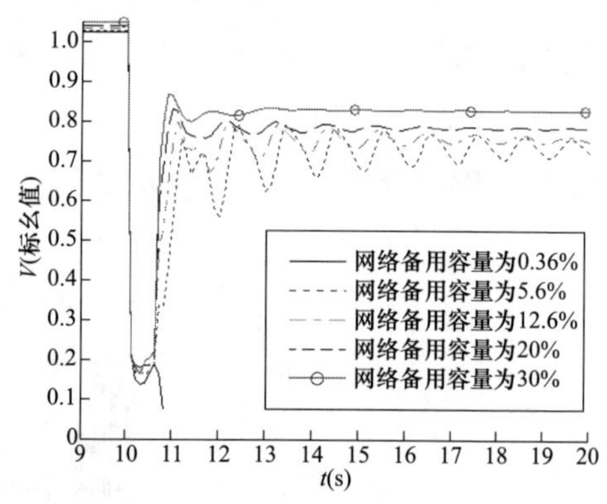

图4-75 备用容量不同时母线B22的电压变化

综上所述，一般情况下，通过继电保护的合理配置和正常动作，可以保证高压配电网的电压稳定性；当高压配电网处于重负荷状态时电压的稳定性较差，故障或大面积负荷突变情况下，高压配电网可能失去电压稳定；高压配电网属于短距离多电压等级供电，变压器分接头位置对其电压水平及其稳定性影响较大，在调节不合理的情况下可能失去电压稳定；如果在高压配电网中接入分布式电源，同步类型的DG有利于电压的稳定性，可以作为电压支撑点，但是如果在小范围内有多台同步类型的DG，当扰动发生时，会引起较大的波动过程，虽然异步类型的DG不利于电压的稳定性，但是为了避免较大的波动过程，可以同时接入同步类型的DG和异步类型的DG，另外，也可增加同步类型DG的容量差来改善其动态性能；高压配电网在孤岛运行时电压稳定性变差，一般的保护不能保证电压的稳定性，在特殊情况下为提高供电的可靠性，必须进行孤岛供电时，须留有足够的备用，并采取特殊的保护方式。

4.4 功角稳定性分析方法

4.4.1 网络等值电路与功角特性分析模型

正常时高压配电网是开环运行，因此内部含有多台DG时，同步特性的DG及其与大电网之间的关系可分别视为双电源供电网，是一个典型的两机系统，可用图4-76所示的系统来分析其运行规律[102]，相应的空间相量关系如图4-77所示。

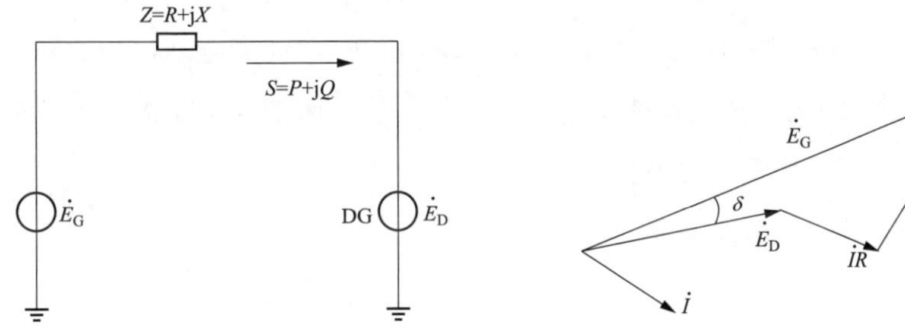

图4-76 典型两机系统的等值电路　　　图4-77 两机系统的空间相量图

在35～110kV电压等级范围内，电阻、电抗的关系不满足$R\ll X$的条件，因此进行计算分析时需要考虑电阻R的影响。假设$\dot{E}_G=E_G\angle 0°$，$\dot{E}_D=E_D\angle\delta$，$R+jX=|Z|\angle\theta$，如图4-76所示两电机系统的功角关系分别采用式（4-30）、式（4-31）表示[103]。

$$P=\frac{E_D[R(E_D-E_G\cos\delta)+E_GX\sin\delta]}{R^2+X^2}=\frac{E_D^2R}{R^2+X^2}+\frac{E_DE_G}{\sqrt{R^2+X^2}}\sin(\delta-\theta)\tag{4-30}$$

$$Q=\frac{E_D[X(E_D-E_G\cos\delta)-E_GX\sin\delta]}{R^2+X^2}=\frac{E_D^2X}{R^2+X^2}-\frac{E_DE_G}{\sqrt{R^2+X^2}}\cos(\delta-\theta)\tag{4-31}$$

4.4.2 分布式电源对高压配电网功角特性的影响仿真分析

在上述的A1网中的35S3变电站母线B21接入容量为12.5MVA的同步汽

轮发电机，其有功出力恒为10MW，并将其设为PV节点，在10s时母线B14发生三相短路接地故障，故障持续1s后消除。以上述参数设置为基础，分别改变某些条件进行仿真分析。

1. DG位置对功角稳定性的影响

分别将DG接入到不同母线上进行仿真：①DG接在35S3变电站母线B21上；②DG接在110S5变电站母线B31上。DG与大电网等效电源之间的功角变化曲线如图4-78所示。110S5变电站母线B31、35S3变电站母线B21与故障点之间的电气距离分别为0.3206、1.0969，由于B21离故障点的距离是B31的3.42倍，所以遭受同样扰动条件下，如果DG接在35S3变电站，当故障消除后DG与大电网之间的功角很快能稳定在一个新的值，而如果DG接在110S5变电站，则在第一摆时功角就失去稳定。

2. DG容量对功角稳定性的影响

将DG接在110S5变电站110kV母线，并改变其容量（有功功率恒为10MW，并设为PV节点）分别进行仿真：①12.5MVA；②47MVA。DG与大电网等效电源之间的功角变化曲线如图4-79所示。DG容量越大，其可以提供的有功功率限额越大，故障持续相同时间下加速面积越小，减速面积越大，因此发电机容量小时不容易稳定。

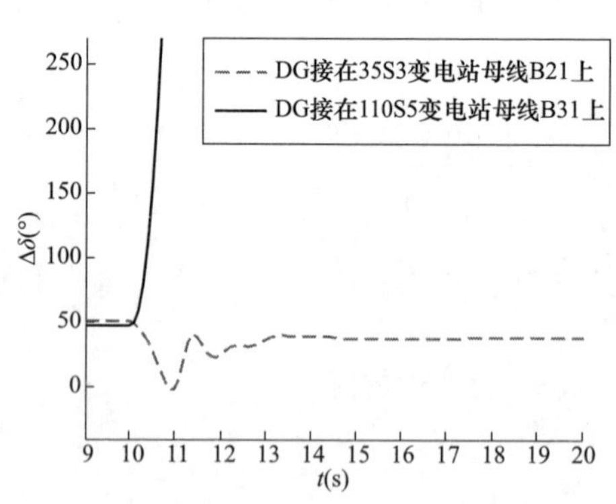

图4-78　DG位置不同时功角的变化曲线

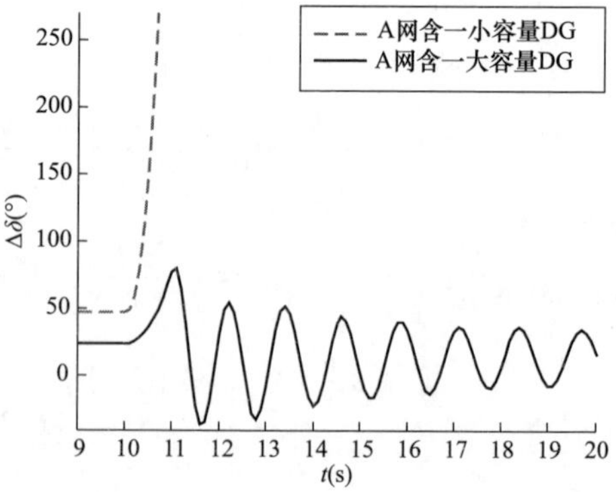

图4-79　DG容量不同时功角的变化曲线

3. 故障位置对功角特性的影响

分别在不同位置设置故障进行仿真：①母线B14发生故障；②母线B13发

生故障；③母线 B31 发生故障。DG 与大电网等效电源之间的功角变化曲线如图 4-80 所示。由于 DG 接在 35S3 变电站母线 B21，当故障发生在母线 B13 时近似于机端发生故障，故第一摆时就失去稳定。母线 B14 与两台发电机之间的电气距离比母线 B31 小，所以故障发生后第②种情况下加速面积比第③种大，功角增加速度更快，DG 调速动作更大，从而最后功角的稳定值偏离初始值更大。

如果全网的负荷由 35S3 变电站 DG 和 110S5 变电站 DG 共同进行供电，系统的备用容量为 12.6%，在 10s 时母线 B14 发生三相短路接地故障，持续 0.5s 后消除故障，则有下述第 4、5 小节所述的功角特性。

4. 故障持续时间对高压配电网孤岛运行时功角特性的影响

分别在不同的故障持续时间：1、0.7、0.5、0.3、0.1s 下进行仿真，两 DG 之间的功角变化曲线如图 4-81 所示。可见，虽然孤岛内只有 12.6%的备用容量，但是故障持续在 1s 以内时经过一段时间的震荡，最终能够稳定。

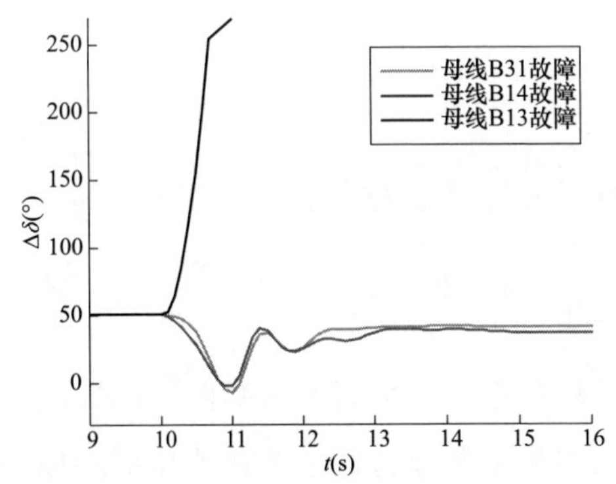

图 4-80　故障位置不同时功角的变化曲线

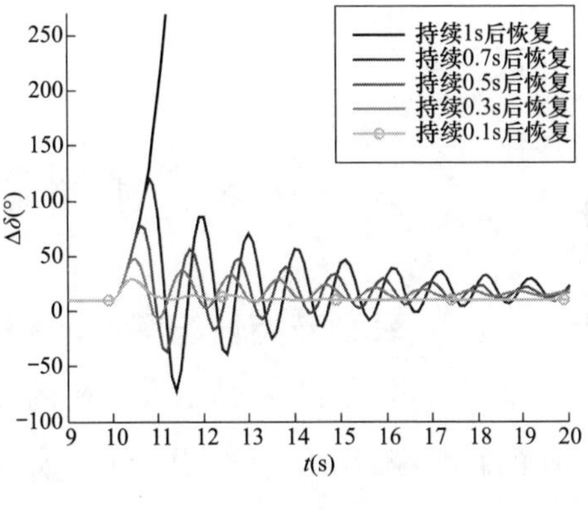

图 4-81　不同故障持续时间下孤岛内功角的变化曲线

5. 备用容量对高压配电网孤岛运行时功角特性的影响

使故障持续 0.6s 后消除，并改变负荷大小分别使高压配电网孤岛内的有功功率备用容量为以下情况进行仿真：①0.36%；②5.6%；③12.6%；④20%；⑤30%。两 DG 之间的功角变化曲线如图 4-82 所示。可见，如果备用容量过小，即使故障持续非常短的时间也会失去稳定。

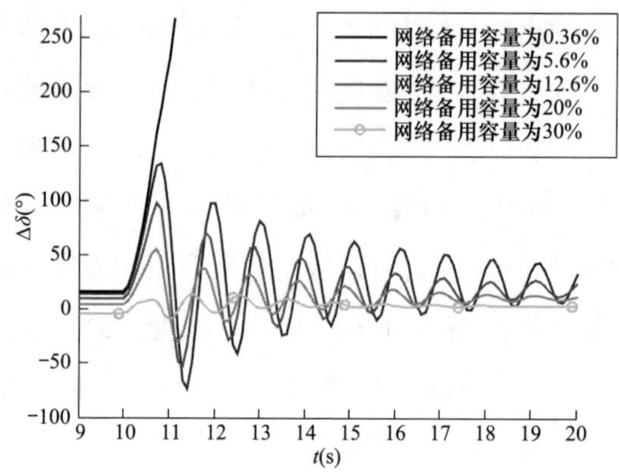

图 4-82　孤岛情况下备用容量不同时功角的变化曲线

综上可知，高压配电网中的功角稳定问题不突出，如果在分布式电源端口或者是近距离点发生故障，可能会失去功角稳定，通过一般的保护能够避免该情况的发生，即便是在孤岛运行情况下，只要留有足够的备用容量，也不会发生功角失稳现象。

4.5　频率稳定性分析方法

4.5.1　频率调节特性与等值网络模型

电网的频率调节特性由发电机的频率调节特性、负荷的频率调节特性以及电压的影响等因素综合作用决定。发电机的频率调节特性由调速器作用和原动机自然调节两部分共同作用形成。如图 4-83 所示，原动机的调速器随着发电机转速的变化不断改变进汽或进水量，从而使得原动机的运行点不断从一条静态频率特性曲线向另一条静态频率特性曲线过渡，当进汽或进水量达到最大值后，调速器失去调节能力，导致发电机转速进一步下降时，运行点只能沿着对应最大进汽或进水量的频率特性转移。由于功率是转矩与转速的乘积，故此时转矩不变但转速减小，会引起原动机功率下降。

除发电机的出力随电网频率的变化而改变外，负荷实际消耗的功率也会随之改变。当电网频率上升时负荷消耗的有功功率增加，而电网频率上升是因为机械功率过大引起，因此负荷消耗功率的增加可减少电网的不平衡功率，从而阻止电网频率继续上升，反之电网频率下降时，负荷消耗的有功功率会减少，并能抑制电网频率继续下降。此为负荷的频率调节特性，该特性有利于减少系统功率的不平衡量。

由上述分析可知，电网的频率调节能力与发电机频率调节特性和负荷的频率调节特性有关。由于电网出现不平衡功率引起频率变化时，各节点的频率变化基本相同，因此本书采用同一频率来表示，从而采用单机模型来分析频率的动态过程。通常用一阶函数来表示调速器特性，则电网频率调节的传递函数框图如图 4-84 所示。

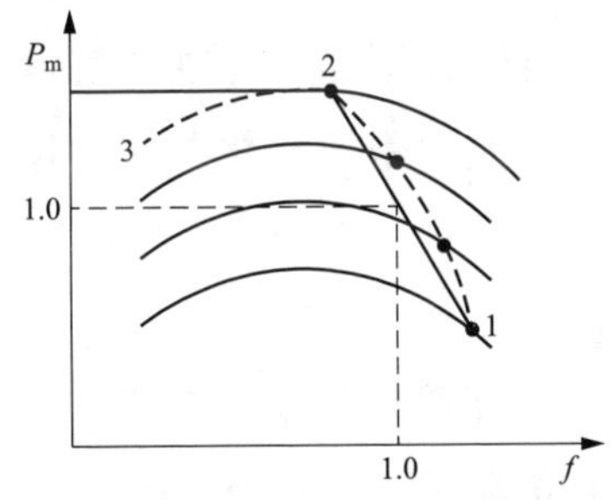

图 4-83　发电机的频率调节特性

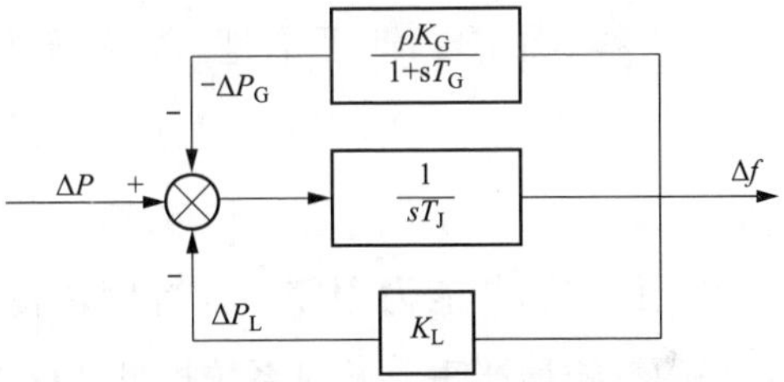

图 4-84　考虑调速器作用的系统传递函数框图

系统方程为

$$sT_J\Delta f = \Delta P + \Delta P_G - \Delta P_L \tag{4-32}$$

$$(1 + sT_G)\Delta P_G = -\rho K_G \Delta f \tag{4-33}$$

$$\Delta P_L = K_L \Delta f \tag{4-34}$$

式中，Δf 表示电网频率的变化量（标幺值）；ΔP 为不平衡功率（标幺值）；ΔP_L 和 ΔP_G 分别为负荷和发电机组因电网频率变化引起的相应有功功率变化量（标幺值）；T_G 为调速器的时间常数（s）；T_J 为电网的惯性时间常数（s）；K_L 为负荷的频率调节效应系数。令 $T_f = T_J/K_L$ 为 $K_G = 0$ 时频率下降的时间常数，$K_s = \rho K_G + K_L$，求解式（4-32）～式（4-34）得

$$\Delta f(t) = -\frac{\Delta P}{K_s}[1 + 2A_m e^{-\alpha t}\cos(\Omega t + \varphi)] \tag{4-35}$$

式中，$\alpha=\frac{1}{2}\left(\frac{1}{T_{\mathrm{G}}}+\frac{1}{T_{\mathrm{f}}}\right)$；$\Omega=\sqrt{\frac{K_{\mathrm{s}}}{T_{\mathrm{J}}T_{\mathrm{G}}}-\alpha^{2}}$；$A_{\mathrm{m}}=\frac{1}{2\Omega T_{\mathrm{J}}}\sqrt{\rho K_{\mathrm{G}}K_{\mathrm{s}}}$；$\varphi=\arctan\left[\frac{1}{\Omega}\left(\frac{K_{\mathrm{s}}}{T_{\mathrm{J}}}-\alpha\right)\right]$。

因此，考虑调速器的作用时，电网频率的动态过程是一条振幅以时间常数 $1/\alpha$ 衰减的振荡曲线，频率的初始下降率为 $\Delta P/T_{\mathrm{J}}$，稳态值为 $\Delta P/K_{\mathrm{S}}$，且频率达到最低值的时间为 $t_{\mathrm{m}}=\frac{1}{\Omega}\arctan\left(\frac{2T_{\mathrm{J}}T_{\mathrm{G}}\Omega}{K_{\mathrm{L}}T_{\mathrm{G}}-T_{\mathrm{J}}}\right)$。

随着电网功率缺额增大，电网的频率特性变差，功率缺额越大，频率偏差越大。系统的旋转备用容量可以改善电网的频率特性，当系统具有旋转备用容量时，电网频率达到稳定后，频率偏差远小于无旋转备用容量的情况，并且功率缺额越大，旋转备用容量的作用越明显。但是，旋转备用容量对电网频率的初始下降率无影响，即无论是否具有旋转备用，只要功率缺额相同，则起始阶段电网的频率变化率相同，其原因是发电机的调速器动作需要一定的响应时间。

如果电网的调节能力用完，没有旋转备用容量时，不平衡功率引起频率变化所带来的影响最严重，此时系统模型的框图如图 4-85 所示。

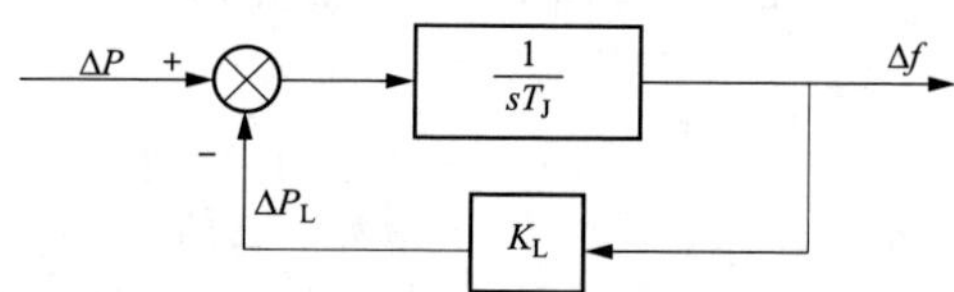

图 4-85　仅考虑负荷调节特性的系统传递函数框图

系统方程为

$$T_{\mathrm{J}}\frac{\mathrm{d}\Delta f}{\mathrm{d}t}+K_{\mathrm{L}}\Delta f=\Delta P \tag{4-36}$$

由式（4-36）可以解得

$$\Delta f(t)=\frac{\Delta P}{K_{\mathrm{L}}}\left(1-\mathrm{e}^{-\frac{K_{\mathrm{L}}}{T_{\mathrm{J}}}t}\right)=\Delta F(1-\mathrm{e}^{-\frac{t}{T_{\mathrm{f}}}}) \tag{4-37}$$

式中，ΔF 为频率稳定时的下降值（标幺值），$\Delta F=\Delta P/K_{\mathrm{L}}$；$T_{\mathrm{f}}$ 为频率下降的时间常数（s），$T_{\mathrm{f}}=T_{\mathrm{J}}/K_{\mathrm{L}}$。

对于高压配电网，与大电网相连时一般不会产生功率缺额，因而不会出现频率失稳现象，当高压配电网处于孤岛运行时，发电机容量相对较小，备用容量不足，甚至极易产生功率缺额引发频率失稳。第 1 章将高压配电网简化为 110/35kV 混联模式和 110kV 直降模式，无论是哪种情况，均可以将孤岛运行的高压配电网分成两个部分，即可视为一个两系统网络，如图 4-86 所示。图中，$\Delta P_1=\Delta P_{1L}-\Delta P_{1G}$ 为网 1 内发电机有功出力与其所带负荷之间的功率缺额，$\Delta P_2=\Delta P_{2L}-\Delta P_{2G}$ 为网 2 内发电机有功出力与其所带负荷之间的功率缺额，两者之间具有式（4-38）所示的关系。

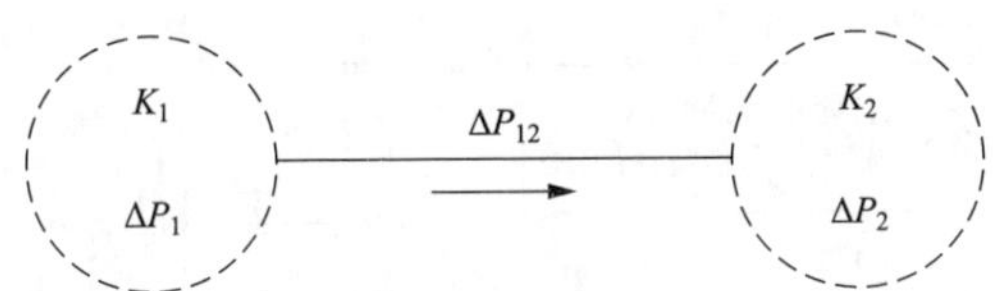

图 4-86　孤岛情况下频率分析时高压配电网的简化图

$$\begin{cases}\Delta P_1+\Delta P_{12}=-K_1\Delta f\\ \Delta P_2-\Delta P_{12}=-K_2\Delta f\end{cases} \tag{4-38}$$

所以，可以得到

$$\Delta f=-\frac{\Delta P_1+\Delta P_2}{K_1+K_2} \tag{4-39}$$

$$\Delta P_{12}=\frac{K_1\Delta P_2-K_2\Delta P_1}{K_1+K_2} \tag{4-40}$$

由上述分析可知，系统的频率调节特性是发电机的频率调节特性和负荷的频率调节特性共同作用的结果，不同特性的 DG 接入、负荷发生变化时都会改变高压配电网整体的频率调节特性，如果两侧网络的负荷发生变化，即出现 ΔP_{1L}、ΔP_{2L}，则会产生 ΔP_1、ΔP_2，从而引起电网频率的变化，当扰动发生时，如果采用不同的运行方式供电，以及发电机有功出力、系统备用容量等不同，那么高压配电网具有不同的频率响应，可能出现不稳定现象。

4.5.2　分布式电源对高压配电网频率特性的影响仿真分析

假设在 A1 网的 35S3 变电站母线 B21 接入容量为 12.5MVA 的同步汽轮发电机（所在区域视为 2 网络），并将其设为 PV 节点，其有功出力恒为 10MW，在 110S5 变电站母线 B31 接入容量为 47MVA 的同步汽轮发电机（所在区域视为 1 网络），并将其设为平衡节点，仅由两台 DG 为孤岛内的负荷供电，在 10s 时母线 B14 发生三相短路接地故障，故障持续 0.5s 后消除，分别改变某些条件进行仿真分析。

1. DG 特性对高压配电网孤岛运行时频率稳定性的影响

35S3 变电站母线 B21 分别接入不同特性的 DG 进行仿真：①同步特性 DG；②异步特性 DG（共 8 台异步风力发电机，每台容量为 2MVA，出力恒为 1.5MW，风速恒为 12m/s），孤岛内频率变化如图 4-87 和图 4-88 所示。

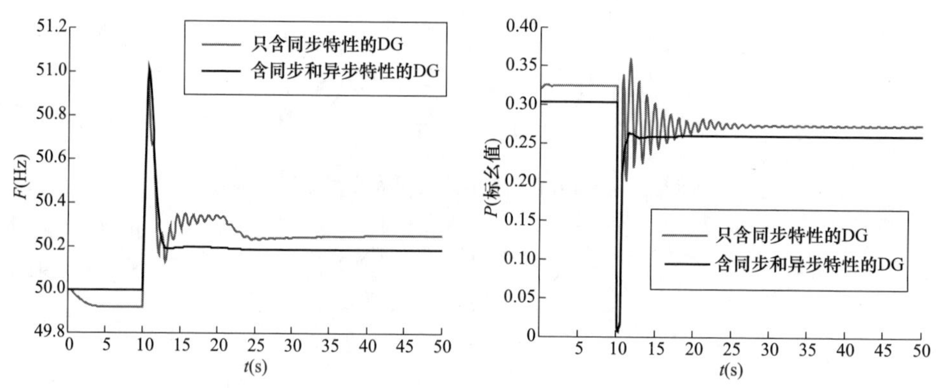

图 4-87 接入不同特性 DG 时孤岛频率的变化 图 4-88 接入不同特性 DG 时其出力的变化

当 DG 都为同步特性时，故障恢复之后两台 DG 之间为了保持同步需要进行有功出力的协调，所以频率会出现一定的波动，且这种情况下，故障前后网络中 110S5 变电站的同步 DG 的有功出力减小量（0.054）比含异步 DG 时要大（0.042），则 ΔP_{1S}（都是同步特性 DG 时大容量 DG 覆盖区域的功率缺额）大于 ΔP_{1y}（含有异步特性 DG 时大容量 DG 覆盖区域的功率缺额），ΔP_{12s}（都是同步特性 DG 情况下两台 DG 之间流动的功率的变化量）小于 ΔP_{12y}（含有异步特性 DG 情况下两台 DG 之间流动的功率的变化量），从而 Δf_s（都是同步特性 DG 时网络频率的变化）大于 Δf_y（含有异步特性 DG 时网络频率的变化），即 DG 全都是同步特性的情况下，故障前后网络频率的变化大于含有异步特性 DG 的情况。

2. 负荷增加对高压配电网孤岛运行时频率稳定性的影响

在 10s 时将 L5 增加不同的功率分别进行仿真：①有功增加 1MW，无功增加 0.8Mvar；②有功增加 3MW，无功增加 2.4Mvar；③有功增加 5MW，无功增加 4Mvar；④有功增加 6MW，无功增加 4.8Mvar，系统频率的变化如图 4-89 所示。L5 增加越多，ΔP_2（小容量 DG 覆盖区域的功率缺额）增加越多，ΔP_{12}（两 DG 所覆盖的区域之间流动的功率变化）增加越多，则网络中频率减小得越多，当负荷增加到一定量（有功增加 5MW，无功增加 4Mvar）时，频率开始失去稳定。

3. 备用容量对高压配电网孤岛运行时频率稳定性的影响

使故障持续 0.6s 后消除，并改变负荷大小分别使高压配电网孤岛内的有功功率备用容量为以下情况进行仿真：①0.36%；②5.6%；③12.6%；④20%；⑤30%。系统频率的变化如图 4-90 所示。可见，如果备用容量很小，则在正常运行时网络中的频率也不能保持稳定。故障发生后，持续时间相同的情况下，有功备用容量越大，可获得的减速面积相对较大，发电机出力最后的稳定值离初始运行状态越近，即 ΔP_{1G}减少越小，则 ΔP_1 增大越小，ΔP_{12}减少越小，Δf 增大越小。

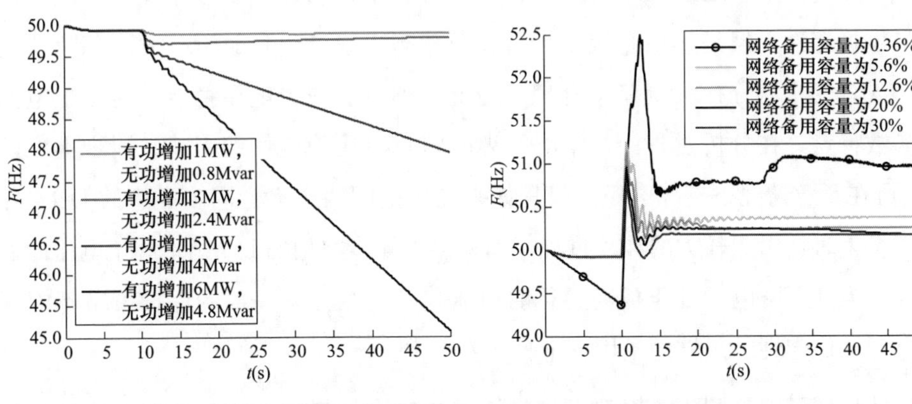

图 4-89　负荷增加时系统频率的变化　　　图 4-90　备用容量不同时系统频率的变化

综上所述，如果在孤岛内含有多台同步类型的发电机，由于相互之间存在功率协调过程而对孤岛内的频率稳定性不利，如果同时存在同步类型和异步类型的发电机则频率的稳定性较好；如果孤岛中留有足够的备用容量，则一般情况下孤岛内的频率不会失去稳定，但是大面积负荷突变有可能会引起频率失稳。

4.6 本 章 小 结

智能配电网分析是进行自愈控制的基础，为了适应智能配电网相对于传统配电网新出现的源、网、荷对象特点和运行特征，本章介绍了智能配电网的稳态运行分析方法、电压稳定性分析方法、功角稳定性分析方法、频率稳定性分析方法。

（1）分析了智能配电网中电源出力及负荷等注入功率特性，针对其变化具有规律性和随机性双重特性，定义了动态随机变量，并建立其概率模型，提出了智能配电网动态概率潮流计算方法，该方法可避免传统的静态概率潮流计算对特有变化规律的淹没现象，能够适用于不同电压等级的配电网，也可推广应用到大电网。

（2）根据高压配电网的运行结构特点分析适用于电压稳定性分析的等值系统模型，分别对无分布式电源和接入分布式电源的情形进行电压稳定性仿真分析。一般情况下，通过继电保护的合理配置和正常动作，能够保证高压配电网的电压稳定性，但是如果系统处于重负荷状态，或者出现故障、大面积负荷突变，或者变压器分接头调节不合理等情况，则可能失去电压稳定。鉴于配电网的参数特点，在分析过程中，不能忽视电阻对电压稳定性的影响。同步类型的DG可在紧急情况下支撑电压，但是如果在小范围内有多台同步类型的DG，在扰动发生时会引起较大的波动过程，如果接入异步类型的DG则不利于电压的稳定性。当高压配电网处于孤岛运行时电压稳定性变差，一般的保护策略不能保证电压的稳定性，足够的备用容量是必要条件。

（3）针对两台同步发电机的情形建立系统等值模型，仿真分析不同分布式电源配置情况下的功角稳定性问题。一般情况下，高压配电网不存在功角稳定性问题，如果在分布式电源端口或者是近距离点发生故障，可能会失去功角稳定，只要具有足够的备用容量，即使是孤岛运行也不会发生功角失稳现象。

（4）基于源、荷的频率调节特性，针对高压配电网孤岛运行场景建立两系统等值模型，对系统的频率稳定性进行仿真分析。多台同步类型的发电机之间存在功率协调过程，不利于孤岛内的频率稳定性，如果备用容量充足，一般情况下孤岛内的频率不会失去稳定，但是大面积负荷突变有可能会引起频率失稳。

智能配电网健康运行状态评估

5.1 本 章 概 述

本书第1章定义了智能配电网及其自愈控制，通过自愈控制可以赋予智能配电网更强的自愈能力，使其始终运行在一种健康状态。智能配电网的健康状态与其所处的运行环境关系密切，而其运行环境非常复杂，针对智能配电网的健康状态进行评估，识别智能配电网当前的运行状态和健康程度，诊断智能配电网中存在的薄弱环节和运行风险，可为智能配电网自愈控制方案的决策提供依据。表征配电网某些特质的指标非常多，但是运行状态的表征涉及当前、未来及历史不同时期的运行工况，因此，为了达到通过健康运行状态评估导向合理控制策略的目标，首先需要针对智能配电网运行控制的目标和特点，结合电气运行参数特征，建立合理的评估指标体系、指标模型和评估方法，实现对智能配电网健康运行状态的评估，这是进行自愈控制的前提和关键内容。

智能配电网的健康运行状态是一个动态变化的过程，在进行健康状态评估时需要考虑负荷等外界条件变化后的状态。为了确保智能配电网的安全、可靠运行，在进行自愈控制决策时需要保留一定的供电裕度，这也反映了智能配电网对负荷波动的承受能力，以便在出现供电能力不足之前采取控制措施，并为恢复控制中的负荷转移提供前提条件，增强控制的主动性。也就是说，智能配电网自愈控制需要考虑未来的运行环境与工况进行供电能力评估，这是智能配电网健康运行状态评估的一项关键内容。

由于智能配电网在源、网、荷三个环节都存在大量的不确定性因素，对其运行状态的影响十分显著，某一扰动可能改变智能配电网的健康运行状态。换句话说，智能配电网健康运行状态随着时间的变化过程中伴随着较大的风险，具有不确定的扰动事件发生可能性及其影响的严重性。因此，通过运行风险评

估揭示智能配电网受各种扰动的影响程度，可为合理制定智能配电网自愈控制方案提供导向依据，这也是智能配电网健康运行状态评估的一项关键内容。

基于上述分析，本章分别建立从整体上对智能配电网的健康运行状态进行评估的方法和从具体特征上对智能配电网的供电能力和运行风险进行评估的方法。首先，根据智能配电网自愈控制的目标，确定智能配电网健康运行状态评估的原则，建立智能配电网健康运行状态评估的指标体系，再根据智能配电网可获取的数据特征建立评估指标的计算模型，并采用属性区间算法对智能配电网健康运行状态进行评估；然后，针对智能配电网健康运行状态的发展趋势及其影响因素特征，建立智能配电网供电能力评估指标及其计算模型，并基于负荷增长模式和重复潮流算法实现对不同电压等级的智能配电网供电能力的评估；最后，从源、网、荷三个方面，分析智能配电网中各种运行风险因素的作用机理，计及各电压等级的不同运行特点，分别建立高压配电网和中压配电网运行风险评估指标体系及其评估指标计算模型，并基于动态概率潮流算法进行评估指标计算，得出不同电压等级智能配电网的运行风险。将上述指标和评估方法应用到高压和中压配电网中进行仿真试验，验证本章所提出的智能配电网健康运行状态评估方法的有效性。

5.2 运行状态评估

5.2.1 智能配电网健康运行状态评估指标体系

本书第 2 章分析了智能配电网对控制的基本要求，第 3 章对智能配电网的运行状态进行了划分，给出了七种运行状态，明确了反映智能配电网健康程度的状态特征。本小节以此为出发点，建立智能配电网健康运行状态的评估指标体系。

智能配电网从安全性、可靠性、优质性、经济性几个方面提出了控制要求，从智能配电网运行健康状态的定义可知与智能配电网安全性、可靠性、优质性、经济性要求相关的运行特征如下：电压偏离额定值越远，含过电压和低电压，以及过负荷、电力设备运行异常等现象都严重威胁智能配电网的安全运行；故障的发生概率、负荷停电风险越大，供电可靠性越低，会造成失电区域或供电孤岛；电压是反映电能质量的关键指标，出现电压偏差和电压越限都可能导致供电不能满足用户的要求，当无功补偿容量不足时，会导致电压质量更加恶化，这些特征反映出对智能配电网优质运行的要求；网络损耗率是衡量电网运行经济效益的一个重要指标，针对实际的负荷水平降低损耗，可减小运行成本，直接反映智能配电网的经济运行要求。

智能配电网最健康的运行状态是强壮运行状态，此时，具有坚强的网架结构、充足的有功无功电源支持、对负荷及其分布的变化具有很强的适应能力。在分布式电源广泛接入、多样性负荷种类不断增加的智能配电网中这一要求得以更加显著的体现。当发生严重的停电事故且无法迅速恢复供电时，基本负荷只能由附近的分布式电源供电。重要用户停电时会对经济、社会造成严重影响，多电源供电是重要的保障措施，要求在控制过程中仍然能保持这种特征。也就是说，智能配电网还需要从有功、无功电源和网络结构几个方面，满足未来电网运行环境和负荷发展水平的要求，因此本书提出建立智能配电网适应性指标要求。

根据上述分析结果，考虑到遵循评估指标选取的一般原则和实际数据的可获取性，本书建立了智能配电网健康运行状态评估的指标体系，如图 5-1 所示。

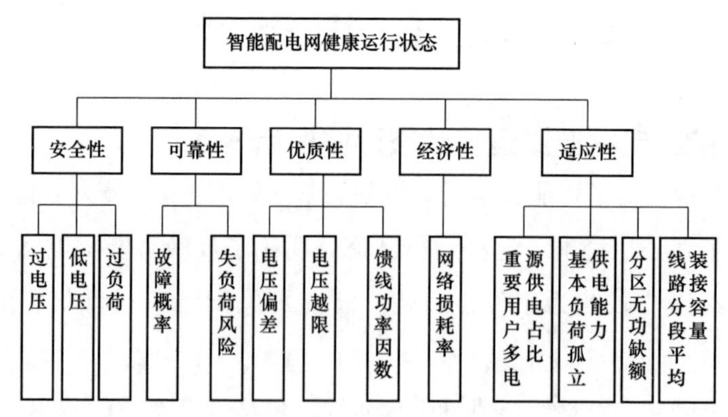

图 5-1 智能配电网健康运行状态评估指标体系

智能配电网健康状态评估指标框架一共分为三个层次：第一层次为目标层，即智能配电网健康状态，该层次功能为进行智能配电网总体的运行健康程度评

估；第二层次为准则层，评估指标分别为安全性、可靠性、优质性、经济性和适应性，主要是基于智能配电网运行控制的基本要求，每项准则都包含若干具体指标，该层次功能为实现智能配电网健康状态评估所涉及的中间环节；第三层次为基础层，评估指标分别为过电压、低电压、过负荷、故障概率、失负荷风险、电压偏差、电压越限、馈线功率因数、网络损耗率、重要用户多电源供电占比、基本负荷孤立供电能力、分区无功缺额、线路分段平均装接容量，基础指标为可解决问题的直接获取或者间接计算的可度量因子。

5.2.2 智能配电网运行状态评估指标的计算模型

1. 安全性评估指标

（1）过电压。过电压程度越高对智能配电网的危害越大，因此，在进行状态评估时需掌握过电压程度最严重的节点及其严重程度，采用所有节点过电压最大值来反映该指标

$$u_s = \max\{|u_i - u_N|\} \quad i = 1,2,\cdots,n \tag{5-1}$$

式中，n 为智能配电网中过电压节点总数；u_i 为第 i 个过电压节点的电压（标幺值）；u_N 为智能配电网的额定电压（标幺值）；u_s 为过电压指标（标幺值）。

（2）低电压。低电压不但会危害设备，还可能发展为电压失稳甚至电压崩溃，低电压程度越低危害程度越大，因此，采用额定电压与低电压程度最严重的节点电压的差值来计算，计算公式同式（5-1），只是其中的 n 为低电压节点总数，u_i 为第 i 个低电压节点的电压。

（3）过负荷。将实际负荷值与配电线路额定容量进行对比，可得出负荷的运行范围，包括无载（未供电）、轻载、经济负载、重载、过载等情况。本书采用支路电流与其最大允许载流量之比，取所有支路中最大值作为过负荷指标

$$K = \max\left(\frac{I_i}{I_{iL}} \times 100\%\right), \quad i = 1,2,\cdots,m \tag{5-2}$$

式中，K 为过负荷指标；m 为智能配电网的支路数；I_i 为第 i 条支路的电流（标幺值）；I_{iL} 为第 i 条支路的最大允许载流量（标幺值）。

2. 可靠性评估指标

（1）故障概率[104]。故障信息的错误有漏报和误报两种。造成故障信息误报的原因有电流互感器发生故障、采集装置或者其后备电源发生故障、故障电流

提取方法存在缺陷等；除了上述原因会产生漏报信息之外，还可能存在通信障碍等。也就是说，可以不考虑每个设备的实际故障率，而根据故障漏报和误报情况来建立故障概率评估指标模型。

设开关设备流过故障电流但却漏报故障电流信息的概率为 p_M，则正确上报的概率为 $\bar{p}_M = 1 - p_M$；设开关实际没有流过故障电流但是误报故障电流信息的概率为 p_E，则不误报的概率为 $\bar{p}_E = 1 - p_E$。从实际运行情况看，p_M 可取为 0.1～0.2，p_E 可取为 0.05～0.10。

所以，如果假设开关流过故障电流的概率为 p_C，则有

$$p_C = \begin{cases} p_M & \text{未收到故障信息} \\ 1 - p_E & \text{收到故障信息} \end{cases} \tag{5-3}$$

(2) 失负荷风险。传统的可靠性评估指标侧重于反映长期供电可靠性统计情况。为了导出合理的自愈控制策略，能够反映短期供电可靠性的指标是一个关键。未来停电失负荷的大小以及停电负荷的重要程度可直观反映供电可靠性，本章用于计算失负荷风险指标，其含义是加权的可能失负荷率

$$p = \sum_{i=1}^{n} c_i \frac{P_{\text{loss}\_i}}{P} \times 100\% \tag{5-4}$$

式中，p 为失负荷风险指标；P 为智能配电网的总负荷（kW）；n 为节点数；P_{loss_i}为第 i 个节点失电的负荷大小（kW）；c_i 为节点负荷的重要程度系数，对于一、二、三级负荷，该系数分别取 1、0.7 和 0.3。

3. 优质性评估指标

(1) 电压偏差。节点的实际电压与额定电压之差相对于额定电压的比称为电压偏差，如式（5-5）所示，当电压没有越限时，不会对智能配电网造成危害，因此，采用所有节点电压偏差的平均值来计算该指标

$$\delta u_i = \frac{|u_i - u_N|}{u_N} \times 100\% \tag{5-5}$$

式中，δu_i 为智能配电网第 i 个节点的电压偏差；u_i 为第 i 个节点的实际运行电压（标幺值）；u_N 为额定电压（标幺值）。

(2) 电压越限。电压越限指标是用于衡量节点电压出现异常的情况，因此采用越限程度最严重的节点进行计算，计算公式同式（5-1），只是此时 n 为非过

电压和非低电压的电压越限节点总数，u_i 为第 i 个电压越限节点的电压。

（3）馈线功率因数。合理的无功补偿可提高功率因数，从而改善电压质量，降低电能损耗，根据智能配电网无功需求和补偿分散的特点，采用所有馈线功率因数的最小值来反映该指标的大小。

4. 经济性评估指标

网络损耗率与电网的结构参数和运行参数密切相关，是网络中损耗的电量与供电量之比，其大小直接反映了智能配电网的经济性

$$\Delta A = \frac{\sum_{i=1}^{T} \Delta p_{i\Sigma}}{A_g} \times 100\% \tag{5-6}$$

式中，ΔA 为网络损耗率；A_g 为系统有功电量（kWh）；$\Delta p_{i\Sigma}$ 为某一时段的总有功损耗电量（kWh）；T 为计算时段数。

5. 适应性评估指标

（1）重要用户多电源供电占比。如果拥有多个电源和供电途径可供选择，重要用户能够大大提高电网故障情况下的供电可靠性和供电恢复的灵活性。为了反映智能配电网针对影响重要用户供电的故障情况的适应性，定义重要用户多电源供电占比指标，即待评估运行方式下按可靠性要求满足多电源配置标准的重要用户数与重要用户总数的比值

$$S = \frac{\sum_{i=1}^{N} h_i}{N} \tag{5-7}$$

式中，S 为重要用户多电源供电占比；h_i 为待评估运行方式下重要用户 i 是否满足多电源配置标准，若满足标准则为 1，否则为 0；N 为重要用户总数。

（2）基本负荷孤立供电能力。基本负荷孤立供电能力定义为在孤岛供电情况下分布式电源出力与基本负荷的比值

$$S_{\text{basis}} = \frac{P_G}{P_{\text{basis}}} \tag{5-8}$$

式中，S_{basis} 为基本负荷孤立供电能力指标；P_G 为分布式电源出力（kW）；P_{basis} 为基本负荷总量（kW）。需要指明的是，如果分布式电源出力大于基本负荷总量时，令 $S_{\text{basis}}=1$。

（3）分区无功缺额。考虑到变电站内的无功补偿装置可向各条馈线输送无功功率，站外的无功补偿装置也可通过网络重构改变其就近无功负荷所包含的范围，因此需要基于站内、外的联络关系进行分区无功平衡，并定义分区无功缺额指标来衡量智能配电网整体无功平衡能力，反映智能配电网无功资源的适应性

$$Q_{\mathrm{com}} = P_{\mathrm{total}}\left(\frac{\sqrt{1-\eta_{\mathrm{current}}^{2}}}{\eta_{\mathrm{current}}} - \frac{\sqrt{1-\eta_{\mathrm{eed}}^{2}}}{\eta_{\mathrm{need}}}\right) \tag{5-9}$$

式中，P_{total}为总有功功率（kW）；Q_{com}为当前所需要补偿的无功功率总和（kvar）；η_{current}为补偿前，即当前时刻的功率因数；η_{need}为所需要补偿的目标功率因数。

（4）线路分段平均装接容量。线路分段平均装接容量定义为配电变压器总容量与线路分段总数的比值

$$R = \frac{\sum_{1}^{m_1} r_i}{\sum_{1}^{m_1} k_i} \tag{5-10}$$

式中，R 为线路分段平均装接容量（kVA）；m 为智能配电网中馈线的总条数；k_i 为第 i 条馈线的分段数；r_i 为第 i 条馈线上装接的配电变压器容量（kVA）。当用于运行状态的实时评估时，用配电变压器输出的视在功率代替容量。

可以看出，线路分段数越多、分段装接容量越小，智能配电网根据负荷变化灵活改变运行方式的能力越强，该指标可用于反映线路分段的合理性。

5.2.3 基于属性区间算法的智能配电网运行状态评估

属性识别理论是一种从自然人思维的角度把对象属性作为集合，将评价问题归结为对定性描述的度量问题以识别对象属性的一种数学方法。我国学者提出属性集、属性空间和属性可测空间的概念，并建立最小代价准则、最大测度原则、置信度准则和评分准则作为属性识别的准则[105～107]。目前，该理论已经广泛应用在系统科学、交通科学、社会经济、管理科学和基础学科等领域。

由于属性测度的概念包含了典型的概率思想，置信度准则辨识方法考虑了属性集合的有序性，因而属性识别理论特别适用于解决多指标、多模糊属性的综合评估问题。本章涉及的多指标是指对应于评估智能配电网运行状态的指标，多属性是指智能配电网的多种运行状态。

1. 智能配电网健康运行状态评估的属性区间模型

智能配电网健康运行状态评估的样本为待评估的 n 个时刻的运行数据，假设每一个运行数据样本用来测量运行状态的 m 个评估指标为 I_1、I_2、…、I_m，第 i 个时刻第 j 个评估指标 I_j 的测量值或计算值为 x_{ij}（$1 \leqslant i \leqslant n$，$1 \leqslant j \leqslant m$），用 K 个等级构成智能配电网健康运行状态空间的评估集（C_1，C_2，…，C_K），这是属性空间的一个有序分割类，且满足 $C_1 < C_2 < \cdots < C_K$，在综合评估中认为评估结果越大越“强”。第 3 章将智能配电网划分为 7 种运行状态，针对正常运行状态，智能配电网在当前负荷水平下运行经济性好，对负荷等运行条件的变化适应能力强，都是优化的表现，这里将经济运行状态和强壮运行状态合并为优化运行状态进行分析，安全隐患在扰动发生之前不会影响电网的运行，因此本章将隐性安全状态和显性安全状态合并，用正常运行状态来表示。在运行状态合并之后，依据智能配电网健康运行状态的优先级顺序，可建立智能配电网简化的有序分割类排序为紧急、恢复、异常、正常、优化。

由于 C_k（$k=1$，2，…，K）是智能配电网健康运行状态的有序分割类，因此，相应的每个状态评估指标也可以按照 C_k（$k=1$，2，…，K）进行分割，形成描述 m 个健康运行状态评估指标优劣程度的分类标准矩阵为

$$\begin{array}{c} \\ I_1 \\ I_2 \\ \vdots \\ I_m \end{array} \begin{array}{c} \begin{array}{cccc} C_1 & C_2 & \cdots & C_K \end{array} \\ \begin{pmatrix} [a_{11}, b_{11}] & [a_{12}, b_{12}] & \cdots & [a_{1K}, b_{1K}] \\ [a_{21}, b_{21}] & [a_{22}, b_{22}] & \cdots & [a_{2K}, b_{2K}] \\ \vdots & \vdots & & \vdots \\ [a_{m1}, b_{m1}] & [a_{m2}, b_{m2}] & \cdots & [a_{mK}, b_{mK}] \end{pmatrix} \end{array} \tag{5-11}$$

在分类标准矩阵中，$[a_{jk}, b_{jk}]$ 为第 j 个评估指标在属性区间 F 上的第 k 个分割区间，满足 $a_{jk} \leqslant b_{jk}$，$k=1$，2，…，K，且 $A=[a_{jk}]_{m \times K}$ 和 $B=[b_{jk}]_{m \times K}$ 分别为下界标准矩阵和上界标准矩阵。

根据智能配电网控制的基本要求和健康运行状态评估指标的分析，依据电力技术导则、评价规程、历史运行资料、行业规范等[108~111]，建立智能配电网健康运行状态评估指标的属性区间分类标准矩阵。

过电压指标在分类标准矩阵中的区间划分：当智能配电网处于优化状态时，

所有节点的电压处于0.98～1.02之间，此时过电压指标计算值为［1，1.02］；10kV配电网电压偏差允许范围为±7%，据此电压正偏差区间的上限为1.07，则过电压指标隶属于正常状态的区间为［1.02，1.07］；过电压指标隶属于异常状态的区间为［1.07，1.18］；过电压的阈值为1.22，则过电压指标隶属于紧急状态的区间为［1.22，u_{max}］，隶属于恢复状态的区间为［1.18，1.22］。

低电压指标在分类标准矩阵中的区间划分：与过电压指标类似，低电压指标隶属于优化状态的区间为［0.98，1］，隶属于正常状态的区间为［0.93，0.98］；低电压指标隶属于异常状态的区间为［0.8，0.93］；低电压的阈值为0.7，则低电压指标隶属于紧急状态的区间为［0，0.7］，隶属于恢复状态的区间为［0.7，0.8］。

过负荷指标在分类标准矩阵中的区间划分：配电网的经济运行负载率为40%～70%，因此过负荷指标隶属于优化状态的区间设为［0.4，0.7］；正常运行时负荷不能超过一个阈值，设为0.95，则过负荷指标隶属于正常状态的区间为［0.7，0.95］；配电网允许一定时间范围内过负荷运行，设此过负荷阈值为1.2，则过负荷指标隶属于异常状态的区间为［0.95，1.2］；设过负荷不能超过30%，则过负荷指标隶属于紧急状态的区间为［1.3，P_{max}］，隶属于恢复状态的区间为［1.2，1.3］。

故障概率指标在分类标准矩阵中的区间划分：当智能配电网运行在优化状态和正常状态时，发生故障的概率较小，属性区间分别设置为［0，0.001］和［0.001，0.05］；运行在异常状态和恢复状态时，发生故障的概率变大，属性区间分别设为［0.05，0.1］和［0.1，0.2］；运行在紧急状态时，发生故障的概率最大，属性区间设置为［0.2，1］。

失负荷风险指标在分类标准矩阵中的区间划分：当智能配电网处于恢复状态时，可能存在负荷与主电源断开而失电，失负荷风险较大，恢复状态往往是由紧急状态发展演变而来，运行在紧急状态或者异常状态时，负荷虽然可能存在失电风险但仍未停电，综合考虑，设置失负荷风险指标隶属于紧急状态的区间为［5，100］，隶属于恢复状态的区间为［2，5］，隶属于异常状态的区间为［1，2］；运行在正常状态或者优化状态时，失负荷风险非常低，为了突出优化

状态比正常状态运行得更好，将失电负荷风险指标隶属于正常状态的区间设为［0.1，1］，隶属于优化状态的区间设为［0，0.1］。

电压偏差指标与过电压指标的分类矩阵区间划分思路一致，不同的是电压偏差为所有运行节点的电压偏差期望值，不包括失电负荷节点，而过电压则是反映最大值，因此认为智能配电网处于紧急状态时的电压偏差比处于恢复状态时的电压偏差大，并且对于电压偏差指标的分类来说，中间几种状态对应的区间范围比过电压指标小，从而形成如表 5-1 中所示的电压偏差分类标准。

电压越上限指标分类矩阵的区间划分与过电压指标分类矩阵一致；电压越下限指标分类矩阵的区间划分与低电压指标分类矩阵一致。

馈线功率因数指标在分类标准矩阵中的区间划分：工业电力用户的功率因数需达到 0.9 及以上；其他 100kVA 及以上电力用户的功率因数需要达到 0.85 及以上；农业电力用户的功率因数需要达到 0.8 及以上。鉴于上述标准，设置馈线功率因数指标隶属于优化状态、正常状态、异常状态、恢复状态和紧急状态的区间分别为［0.95，1］、［0.9，0.95］、［0.85，0.9］、［0.7，0.85］和［0，0.7］。

网络损耗率指标在分类标准矩阵中的区间划分：当智能配电网的损耗率低于 5%时，运行经济性处于第一阶梯；损耗率高于 5%且低于 7.7%时，运行经济性处于第二阶梯；损耗率高于 7.7%且低于 10%时，运行经济性处于第三阶梯；损耗率高于 10%且低于 20%时，运行经济性处于第四阶梯；损耗率高于 20%时，运行经济性处于第五阶梯，由此形成网络损耗率指标的分类标准，如表 5-1 所示。

表 5-1　智能配电网健康运行状态评估基础指标初始分类标准矩阵

基础评估指标	运行状态				
	紧急	恢复	异常	正常	优化
过电压	［1.22，u_{max}］	［1.18，1.22］	［1.07，1.18］	［1.02，1.07］	［1.00，1.02］
低电压	［0，0.7］	［0.7，0.8］	［0.8，0.93］	［0.93，0.98］	［0.98，1.00］
过负荷	［1.3，p_{max}］	［1.2，1.3］	［0.95，1.2］	［0.7，0.95］	［0.4，0.7］
故障概率	［0.2，1］	［0.1，0.2］	［0.05，0.1］	［0.001，0.05］	［0，0.001］
失负荷风险（%）	［5，100］	［2，5］	［1，2］	［0.1，1］	［0，0.1］

续表

基础评估指标	运行状态				
	紧急	恢复	异常	正常	优化
电压偏差	[0, 0.8] [1.2, u_{max}]	[0.8, 0.9] [1.1, 1.2]	[0.9, 0.95] [1.05, 1.1]	[0.95, 0.98] [1.02, 1.05]	[0.98, 1.02]
电压越上限	[1.22, u_{max}]	[1.18, 1.22]	[1.07, 1.18]	[1.02, 1.07]	[1.00, 1.02]
电压越下限	[0, 0.7]	[0.7, 0.8]	[0.8, 0.93]	[0.93, 0.98]	[0.98, 1.00]
馈线功率因数	[0, 0.7]	[0.7, 0.85]	[0.85, 0.9]	[0.9, 0.95]	[0.95, 1]
网络损耗率	[0.2, 1]	[0.1, 0.2]	[0.077, 0.1]	[0.05, 0.077]	[0, 0.05]
重要用户多电源供电占比（%）	[0, 70]	[70, 80]	[80, 90]	[90, 95]	[95, 100]
基本负荷孤立供电能力（%）	[0, 30]	[30, 40]	[40, 60]	[60, 90]	[90, 100]
分区无功缺额	[1.01, ∞]	[0.84, 1.01]	[0.42, 0.84]	[0.16, 0.42]	[0, 0.16]
线路分段平均装接容量（MVA）	[15, 20]	[10, 15]	[5, 10]	[2, 5]	[0, 2]

注 1. u_{max}是大于1.22的某个值，p_{max}是大于1.3的某个值。
2. 此矩阵是初始分类标准矩阵，评估时需要对此矩阵进行修正。

重要用户多电源供电占比指标在分类标准矩阵中的区间划分：超过95%以上的重要用户都按照规定配置合理的双电源时，可认为智能配电网处于优化状态；重要用户多电源供电占比低于70%时，可认为智能配电网处于紧急运行状态。由此，可设置重要用户多电源供电占比指标隶属于优化状态、正常状态、异常状态、恢复状态和紧急状态的区间分别为 [95，100]、[90，95]、[80，90]、[70，80] 和 [0，70]。

基本负荷孤立供电能力指标在分类标准矩阵中的区间划分：如果发生停电事故后90%的基本负荷能由分布式电源恢复供电，则认为基本负荷孤立供电能力指标隶属于优化状态，如果能被分布式电源恢复供电的基本负荷低于30%，则认为基本负荷孤立供电能力指标隶属于紧急状态。由此，基本负荷孤立供电能力指标隶属于优化状态、正常状态、异常状态、恢复状态和紧急状态的区间分别为 [90，100]、[60，90]、[40，60]、[30，40] 和 [0，30]。

分区无功缺额指标在分类标准矩阵中的区间划分：假设分区功率因数需要补偿至0.95、分区的有功功率为 P，由此可计算需要补偿的无功容量，即无功缺额（后文中的区间值均为除以有功功率 P 后的数值）属于优化状态、正常状态、异常状态、恢复状态和紧急状态的区间分别为 [0，0.16]、[0.16，0.42]、

[0.42，0.84]、[0.84，1.01]、[1.01，∞]。

线路分段平均装接容量指标在分类标准矩阵中的区间划分：根据某市配电网的统计数据，宜将每段负荷控制在2MVA以内，因此设置线路分段平均装接容量属于优化状态、正常状态、异常状态、恢复状态和紧急状态的区间分别为[0，2]、[2，5]、[5，10]、[10，15] 和 [15，20]。

综上分析，形成智能配电网健康运行状态基础评估指标的分类矩阵，如表5-1所示。由于各个指标的物理意义各不相同，因此形成的分类矩阵不一定能满足分类标准矩阵的要求，此时需要将分类矩阵进行标准化转换获得分类标准矩阵。

表5-1为基础层评估指标到准则层评估指标的分类标准矩阵，分别对应准则层的安全性、可靠性、优质性、经济性和适应性，由准则层往上层指标推进时，需要建立准则层评估指标的分类标准矩阵，具体如下。

设智能配电网健康运行状态评估的准则层指标属于第 i 个状态的属性区间为 μ_i，即准则层指标隶属于紧急状态、恢复状态、异常状态、正常状态和优化状态的程度分别为 μ_1、μ_2、μ_3、μ_4、μ_5，且满足约束条件 $\mu_1+\mu_2+\mu_3+\mu_4+\mu_5=1$，构建一个目标函数 $f(\mu)=\sum_{i=1}^{5} i\mu_i$。分析可知，目标函数的取值范围为 [1，5]，本书将此区间等分为五个小区间，每个区间的长度均为0.8，由此可形成准则层评估指标的分类标准矩阵。

2. 评估指标的属性测度区间模型

对属性区间进行分析时需要用到属性测度区间的概念，相应于智能配电网的健康运行状态评估时需要计算评估指标的属性测度，即智能配电网某个时刻隶属于某种运行状态的程度。假设评估样本指标矩阵为 $X=[x_{ij}]_{n\times m}$，且 n 个评估样本对运行状态的属性测度区间矩阵如下

$$
\begin{array}{c}
 \\ x_1 \\ x_2 \\ \vdots \\ x_n
\end{array}
\begin{array}{c}
\begin{array}{cccc} \quad 1 \quad & \quad 2 \quad & \cdots & \quad K \quad \end{array} \\
\begin{pmatrix}
[\underline{\mu}_{11},\bar{\mu}_{11}] & [\underline{\mu}_{12},\bar{\mu}_{12}] & \cdots & [\underline{\mu}_{1K},\bar{\mu}_{1K}] \\
[\underline{\mu}_{21},\bar{\mu}_{21}] & [\underline{\mu}_{22},\bar{\mu}_{22}] & \cdots & [\underline{\mu}_{2K},\bar{\mu}_{2K}] \\
\vdots & \vdots & & \vdots \\
[\underline{\mu}_{n1},\bar{\mu}_{n1}] & [\underline{\mu}_{n2},\bar{\mu}_{n2}] & \cdots & [\underline{\mu}_{nK},\bar{\mu}_{nK}]
\end{pmatrix}
\end{array}
\tag{5-12}
$$

式中，$[\underline{\mu}_{ik}, \bar{\mu}_{ik}]$ 为第 i 个时刻评估样本 x_i 相对于第 k 种运行状态的属性测度区间；$\underline{\mu}_{ik}$ 为下界属性测度，由样本 x_i 与下界标准矩阵 A 计算得到，且满足 $\sum_{k=1}^{K}\underline{\mu}_{ik}=1, 0\leqslant\underline{\mu}_{ik}\leqslant 1$；$\bar{\mu}_{ik}$ 为上界属性测度，由样本 x_i 与上界标准矩阵 B 计算得到，且满足 $\sum_{k=1}^{K}\bar{\mu}_{ik}=1, 0\leqslant\bar{\mu}_{ik}\leqslant 1$ 。

3. 智能配电网健康运行状态的属性区间辨识

基于属性识别理论的智能配电网健康运行状态辨识的目标是辨别运行样本 x_i 属于哪一种运行状态，其中样本可以是同一个智能配电网不同时刻的运行样本，也可以是同一时刻不同智能配电网的运行样本。属性区间辨识的过程分为以下六步：

(1) 评估指标的一致化。各项评估指标的基础分类标准中，数据类型、量纲和指标值的变化区间各不相同，可能含有“极大型”“极小型”和“居中型”指标，首先需要进行一致化处理。对于“极小型”指标，令

$$x^{*}=x_{\max}-x \tag{5-13}$$

对于“居中型”指标，令

$$x^{*}=\begin{cases}\dfrac{x-x_{\min}}{x_{\mathrm{opt}}-x_{\min}}, & x_{\min}<x<x_{\mathrm{opt}}\\[2ex]\dfrac{x_{\max}-x}{x_{\max}-x_{\mathrm{opt}}}, & x_{\mathrm{opt}}<x<x_{\max}\end{cases} \tag{5-14}$$

式中，$x_{\min}$为评估指标 x 允许的最小值，$x_{\max}$为最大值，x_{opt}为评估指标的最理想值。

(2) 矩阵规格化处理。假设将第 1 级评估标准中评估指标 j 的下界标准 a_{j1} 的相对隶属度规格化为 $\underline{s}_{j1}=0$，第 K 级评估标准中评估指标 j 的下界标准 a_{jK} 的相对隶属度规格化为 $\underline{s}_{jK}=1$，则第 k 级评估标准中指标 j 的下界标准 a_{jk} 的相对隶属度为

$$\underline{s}_{jk}=\frac{(a_{jk}-a_{j1})}{(a_{jK}-a_{j1})} \tag{5-15}$$

通过上式的变换，可得到与下界标准矩阵 $A=[a_{jk}]_{m\times K}$ 相对应的下界标准相对隶属度矩阵 $\underline{S}=[\underline{s}_{jk}]_{m\times K}$。同理，可以得到与上界标准矩阵 $B=[b_{jk}]_{m\times K}$ 相对

应的上界标准相对隶属度矩阵 $\bar{S}=[\bar{s}_{jk}]_{m\times K}$。

由于“极小型”指标和“居中型”指标已转化为“极大型”指标，在计算待评估指标值的相对隶属度时指标区间的取值也需要进行相应的变换。当考虑待评估指标值 x_{ij} 为“极大型”指标时可采用式（5-16）计算其下界相对隶属度 $\underline{z}_{ij}$。将公式中的下界标准 a_{j1} 和 a_{jk} 换成上界标准 b_{j1} 和 b_{jk}，即可得到相应的上界相对隶属度 $\bar{z}_{ij}$

$$\underline{z}_{ij}=\frac{x_{ij}-a_{j1}}{a_{jk}-a_{j1}} \tag{5-16}$$

（3）评估指标权重计算。对于 m 个评估指标来说，其重要程度可能相同也可能不同，因此采用层次分析法计算各层评估指标的权重[112]。首先根据九级标度法建立判断矩阵，然后计算其最大特征根和特征向量，并进行一致性校验，通过校验后即可计算出评估指标权重系数，这里用 $w=(w_1,w_2,\cdots,w_m)^T$ 来表示。

（4）属性测度区间计算。属性测度的确定方法一般是建立其属性测度函数，在应用属性区间识别模型进行综合评估时，基于线性属性测度函数的评估结果往往存在较大误差，使评估结果的可信度降低。为了克服此缺点，这里建立非线性属性测度函数，并通过双非线性目标加权法来计算评估指标的属性测度。

广义加权距离 $\underline{D}_{ik}$ 表示第 i 个样本与第 k 种运行状态的下界分类标准之间的差异[113]，即

$$\underline{D}_{ik}=\underline{\mu}_{ik}d_{ik}=\underline{\mu}_{ik}\sum_{j=1}^{m}(\omega_j\,|\,\underline{z}_{ij}-\underline{s}_{jk}\,|) \tag{5-17}$$

式中，$\underline{\mu}_{ik}$ 的确定应使全体待评估样本与评估标准之间的加权广义距离之和最小，即 $\min\underline{D}=\sum_{i=1}^{n}\sum_{k=1}^{K}\underline{\mu}_{ik}\sum_{j=1}^{m}(\omega_j\,|\,\underline{z}_{ij}-\underline{s}_{jk}\,|)$，同时，将 $\underline{\mu}_{ik}$ 看作第 i 个样本属于第 k 个运行状态的“下界概率”，为消除随机性和模糊性，根据最大熵原理，$\underline{\mu}_{ik}$ 的确定应使信息熵最大化，即 $\max\underline{H}=\sum_{i=1}^{n}\left(-\sum_{k=1}^{K}\underline{\mu}_{ik}\ln\underline{\mu}_{ik}\right)$；$d_{ik}$ 为第 i 个样本与第 k 种运行状态的下界分类标准之间的加权距离；ω_j 为各项健康运行状态评估指标的权重，且满足 $\sum_{j=1}^{m}\omega_j=1$，$\omega_j\geqslant 0$。

针对上述两个目标优化来计算评估指标的属性测度是一个双目标规划问题，采用加权法构造单目标规划模型以获得属性测度函数的非劣解

$$\min Y(\underline{\mu}_{ik}) = \underline{D} - \frac{1}{k_{\mathrm{H}}}\underline{H} = \sum_{i=1}^{n}\sum_{k=1}^{K}\left\{\underline{\mu}_{ik}\sum_{j=1}^{m}(\omega_j \mid \underline{z}_{ij} - \underline{s}_{jk} \mid) + \frac{1}{k_{\mathrm{H}}}\underline{\mu}_{ik}\ln\underline{\mu}_{ik}\right\}$$

(5-18)

$$\mathrm{s.t.}\sum_{k=1}^{K}\underline{\mu}_{ik} = 1, 0 \leqslant \underline{\mu}_{ik} \leqslant 1$$

因此，下界属性测度$\underline{\mu}_{ik}$的计算公式如下

$$\underline{\mu}_{ik} = \frac{\exp\left[-k_{\mathrm{H}}\sum_{j=1}^{m}(\omega_j \mid \underline{z}_{ij} - \underline{s}_{jk} \mid)\right]}{\sum_{k=1}^{K}\exp\left[-k_{\mathrm{H}}\sum_{j=1}^{m}(\omega_j \mid \underline{z}_{ij} - \underline{s}_{jk} \mid)\right]} \tag{5-19}$$

式中，k_{H} 为正常数，一般取 10。

同理，基于评估指标值对上界标准矩阵 B 的相对隶属度矩阵 $\bar{Z} = [\bar{z}_{ij}]_{n\times m}$，并采用类似的方法计算得到评估指标值的上界属性测度$\bar{\mu}_{jk}$。

$$\bar{\mu}_{ik} = \frac{\exp\left[-k_{\mathrm{H}}\sum_{j=1}^{m}(\omega_j \mid \bar{z}_{ij} - \bar{s}_{jk} \mid)\right]}{\sum_{k=1}^{K}\exp\left[-k_{\mathrm{H}}\sum_{j=1}^{m}(\omega_j \mid \bar{z}_{ij} - \bar{s}_{jk} \mid)\right]} \tag{5-20}$$

这样，即可建立智能配电网健康运行状态评估指标值的属性测度区间 $\mu_{ik} = [\underline{\mu}_{ik}, \bar{\mu}_{ik}]$。

(5) 综合属性测度计算。对评估指标属性测度区间做均值化处理，如式 (5-21) 所示，得到智能配电网评估样本 x_i 属于第 k 种运行状态的综合属性测度 μ_{ik}

$$\mu_{ik} = 0.5\underline{\mu}_{ik} + 0.5\bar{\mu}_{ik} \tag{5-21}$$

(6) 智能配电网健康运行状态辨识。由于智能配电网健康运行状态评估指标框架存在层级关系，因此，首先应用级别特征值计算公式得到准则层评估指标的值，并将其作为准则层评估指标向上一层推进计算时的输入，然后利用级别特征值计算公式和置信度准则对智能配电网的健康运行状态进行辨识，具体方法如下。

级别特征值法：应用最大隶属度原则进行模糊评估可能造成评估结果失真，为了提高评估的准确性，应有效利用全部隶属度信息，因此，采用级别特征值

公式进行辨识属性区间辨识

$$H_{1i} = \sum_{k=1}^{K} k\mu_{ik} \tag{5-22}$$

与设置准则层评估指标分类标准矩阵思路一致，将级别特征值计算结果作为评估智能配电网运行状态的依据，准则层指标隶属于紧急状态、恢复状态、异常状态、正常状态、优化状态的区间分别为［1，1.8］、［1.8，2.6］、［2.6，3.4］、［3.4，4.2］、［4.2，5.0］。

置信度准则法：智能配电网的健康运行状态集合｛紧急、恢复、异常、正常、优化｝为一个有序集，并满足 $C_1 < C_2 < \cdots < C_K$，其中 $K=5$，λ 为置信度，取值为 $0.5 \leqslant \lambda \leqslant 0.7$。

$$H_{2i} = \min\left\{k: \sum_{l=1}^{k} \mu_{il} \geqslant \lambda\right\} \qquad (1 \leqslant k \leqslant K) \tag{5-23}$$

即寻求一个最小的 k 值，使前 k 个综合属性测度之和满足不小于所设置的置信度值，则智能配电网样本 x_i 属于第 k 种运行状态。

5.2.4 算例分析

以某配电网的运行情况为例进行分析，其网络拓扑如图 5-2 所示。此配电网有三条分支，一共有 27 台配电变压器，其负荷主要包括工业、商业和居民三大类负荷，基本负荷为 4675.2kW，其首端支路的允许载流量为 505A。在干线 09 号节点和支线 0905 号节点处接入分布式电源。

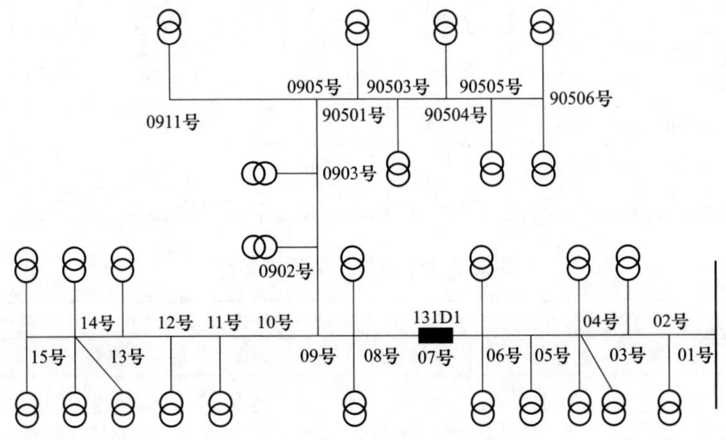

图 5-2　某地区 10kV 配电网拓扑图

选取该配电网2013年6月20日六个典型时刻的运行状态进行评估。选取的时刻分别为2点30分、8点30分、10点30分、17点30分，19点30分，23点30分，分别简称为时刻1～6。这六个时刻的负荷具有典型特征，且每个时刻的负荷大小差异较大。六个时刻分布式电源的出力预测结果分别为3646.7、3179.1、2103.8、3833.7、3412.9kW和4441.5kW。

1. 准则层评估指标计算

分析获得基本数据后利用上述的指标模型计算，并进行一致化（形成极大型指标）得到各项评估指标值如表5-2所示，一致化后的标准分类矩阵如表5-3所示。其中电压越限指标分为电压越上限指标和电压越下限指标进行计算。

表5-2　　一致化后六个时刻的评估指标值

基础层评估指标	评估时刻					
	时刻1	时刻2	时刻3	时刻4	时刻5	时刻6
过电压	1	1	1	1	1	1
低电压	1	1	1	1	1	1
过负荷	1	0.648	0.576	0.891	0.663	0.916
故障概率	0.9	0.9	0.9	0.9	0.9	0.9
失负荷风险	1	0.998	0.99	1	0.998	1
电压偏差	0.997	0.937	0.930	0.952	0.938	0.995
电压越上限	1	1	1	1	1	1
电压越下限	1	0.919	0.911	0.926	0.920	1
馈线功率因数	0.846	0.842	0.835	0.841	0.835	0.948
网络损耗率	0.932	0.921	0.915	0.948	0.921	0.960
重要用户多电源供电占比	90	90	90	90	90	90
基本负荷孤立供电能力	100	68	45	82	73	100
分区无功缺额	2.523	2.534	2.552	2.536	2.549	2.516
线路分段平均装接容量	19.8	16.0	14.8	18.6	15.8	19.2

表5-3　　基础层评估指标分类标准矩阵

基础层评估指标	运行状态				
	紧急	恢复	异常	正常	优化
过电压	[0，0.78]	[0.78，0.82]	[0.82，0.93]	[0.93，0.98]	[0.98，1]
低电压	[0，0.7]	[0.7，0.8]	[0.8，0.93]	[0.93，0.98]	[0.98，1]

续表

基础层评估指标	运行状态				
	紧急	恢复	异常	正常	优化
过负荷	[0，0.5]	[0.5，0.57]	[0.57，0.75]	[0.75，0.93]	[0.93，1]
故障概率	[0，0.8]	[0.8，0.9]	[0.9，0.95]	[0.95，0.999]	[0.999，1]
失负荷风险	[0，0.95]	[0.95，0.98]	[0.98，0.99]	[0.99，0.999]	[0.999，1]
电压偏差	[0，0.8]	[0.8，0.9]	[0.9，0.95]	[0.95，0.98]	[0.98，1]
电压越上限	[0，0.78]	[0.78，0.82]	[0.82，0.93]	[0.93，0.98]	[0.98，1]
电压越下限	[0，0.7]	[0.7，0.8]	[0.8，0.93]	[0.93，0.98]	[0.98，1]
馈线功率因数	[0，0.7]	[0.7，0.85]	[0.85，0.9]	[0.9，0.95]	[0.95，1]
网络损耗率	[0，0.8]	[0.8，0.9]	[0.9，0.923]	[0.923，0.95]	[0.95，1]
重要用户多电源供电占比	[0，70]	[70，80]	[80，90]	[90，95]	[95，100]
基本负荷孤立供电能力	[0，30]	[30，40]	[40，60]	[60，90]	[90，100]
分区无功缺额	[0，1.84]	[1.84，2.01]	[2.01，2.43]	[2.43，2.69]	[2.69，2.85]
线路分段平均装接容量	[0，5]	[5，10]	[10，15]	[15，18]	[18，20]

通过规格化处理，计算基础层评估指标分类标准矩阵对应的上、下界标准相对隶属度矩阵，以及评估指标值的上、下界相对隶属度，然后计算评估指标权重和属性测度。准则层五个评估指标的下界和上界属性测度分别如表 5-4 和表 5-5 所示，综合测度如表 5-6 所示。

表 5-4　　准则层评估指标的下界属性测度

时刻	安全性评估状态					可靠性评估状态				
	紧急	恢复	异常	正常	优化	紧急	恢复	异常	正常	优化
1	0.0002	0.0482	0.1286	0.5745	0.2484	0.0000	0.0944	0.2033	0.2886	0.4138
2	0.0004	0.1018	0.2717	0.4787	0.1473	0.0093	0.4326	0.2453	0.1787	0.1341
3	0.0007	0.1701	0.4538	0.2871	0.0884	0.2105	0.3472	0.1969	0.1434	0.1020
4	0.0001	0.0152	0.0405	0.2978	0.6464	0.0000	0.1429	0.3077	0.3129	0.2364
5	0.0004	0.0914	0.2437	0.5082	0.1564	0.0093	0.4326	0.2453	0.1787	0.1341
6	0.0000	0.0095	0.0255	0.1872	0.7778	0.0000	0.0985	0.2122	0.3012	0.3881
时刻	优质性评估状态					经济性评估状态				
	紧急	恢复	异常	正常	优化	紧急	恢复	异常	正常	优化
1	0.0020	0.4470	0.1849	0.1766	0.1895	0.0000	0.0809	0.2317	0.2952	0.3922
2	0.0025	0.5499	0.1584	0.1513	0.1379	0.0000	0.0809	0.2317	0.2952	0.3922
3	0.0027	0.5857	0.1586	0.1404	0.1126	0.0000	0.0842	0.2412	0.3072	0.3674
4	0.0023	0.5170	0.1613	0.1540	0.1653	0.0000	0.0809	0.2317	0.2952	0.3922

续表

时刻	优质性评估状态					经济性评估状态				
	紧急	恢复	异常	正常	优化	紧急	恢复	异常	正常	优化
5	0.0025	0.5514	0.1564	0.1494	0.1402	0.0000	0.0809	0.2317	0.2952	0.3922
6	0.0020	0.4484	0.1844	0.1761	0.1890	0.0000	0.0809	0.2317	0.2952	0.3922

时刻	适应性评估状态				
	紧急	恢复	异常	正常	优化
1	0.0006	0.0555	0.2746	0.4131	0.2562
2	0.0013	0.1124	0.5560	0.2641	0.0663
3	0.0036	0.3238	0.5802	0.0769	0.0155
4	0.0005	0.0473	0.2339	0.3731	0.3452
5	0.0011	0.0972	0.4807	0.3270	0.0940
6	0.0005	0.0416	0.2021	0.2999	0.4560

表 5-5　　准则层评估指标的上界属性测度

时刻	安全性评估状态					可靠性评估状态				
	紧急	恢复	异常	正常	优化	紧急	恢复	异常	正常	优化
1	0.0006	0.0060	0.2937	0.2812	0.4185	0.0000	0.0052	0.0386	0.4701	0.4860
2	0.0041	0.0404	0.5812	0.1832	0.1911	0.7191	0.1896	0.0500	0.0217	0.0196
3	0.0133	0.1320	0.5200	0.1639	0.1709	0.7392	0.1948	0.0514	0.0077	0.0070
4	0.0002	0.0015	0.1305	0.4248	0.4431	0.0013	0.2625	0.3663	0.1819	0.1881
5	0.0033	0.0331	0.5861	0.1847	0.1927	0.7191	0.1896	0.0500	0.0217	0.0196
6	0.0000	0.0004	0.0313	0.4048	0.5636	0.0000	0.0086	0.0638	0.4560	0.4715
时刻	优质性评估状态					经济性评估状态				
	紧急	恢复	异常	正常	优化	紧急	恢复	异常	正常	优化
1	0.0152	0.0294	0.1719	0.3615	0.4219	0.0003	0.0508	0.1606	0.6194	0.1688
2	0.0370	0.0487	0.2842	0.3506	0.2795	0.0004	0.0573	0.1810	0.6980	0.0633
3	0.0648	0.0766	0.3493	0.2834	0.2259	0.0006	0.0822	0.2597	0.6076	0.0499
4	0.0207	0.0293	0.1710	0.3595	0.4195	0.0004	0.0538	0.1700	0.6559	0.1198
5	0.0369	0.0457	0.2668	0.3620	0.2886	0.0004	0.0573	0.1810	0.6980	0.0633
6	0.0151	0.0294	0.1720	0.3616	0.4219	0.0004	0.0525	0.1656	0.6390	0.1426

时刻	适应性评估状态				
	紧急	恢复	异常	正常	优化
1	0.0069	0.1059	0.5175	0.3046	0.0651
2	0.0396	0.6044	0.3053	0.0418	0.0089
3	0.4620	0.5131	0.0221	0.0023	0.0005
4	0.0049	0.0744	0.3855	0.4410	0.0943
5	0.0304	0.4632	0.4228	0.0689	0.0147
6	0.0020	0.0306	0.1473	0.4424	0.3777

表 5-6　　　　准则层评估指标的综合属性测度

时刻	安全性评估状态					可靠性评估状态				
	紧急	恢复	异常	正常	优化	紧急	恢复	异常	正常	优化
1	0.0004	0.0271	0.2112	0.4279	0.3335	0.0000	0.0498	0.1209	0.3793	0.4499
2	0.0022	0.0711	0.4265	0.3310	0.1692	0.3642	0.3111	0.1476	0.1002	0.0769
3	0.0070	0.1510	0.4869	0.2255	0.1296	0.4748	0.2710	0.1241	0.0755	0.0545
4	0.0001	0.0083	0.0855	0.3613	0.5447	0.0006	0.2027	0.3370	0.2474	0.2123
5	0.0018	0.0622	0.4149	0.3465	0.1745	0.3642	0.3111	0.1476	0.1002	0.0769
6	0.0000	0.0050	0.0284	0.2960	0.6707	0.0000	0.0536	0.1380	0.3786	0.4298
时刻	优质性评估状态					经济性评估状态				
	紧急	恢复	异常	正常	优化	紧急	恢复	异常	正常	优化
1	0.0086	0.2382	0.1784	0.2690	0.3057	0.0002	0.0659	0.1961	0.4573	0.2805
2	0.0197	0.2993	0.2213	0.2509	0.2087	0.0002	0.0691	0.2063	0.4966	0.2278
3	0.0337	0.3312	0.2540	0.2119	0.1692	0.0003	0.0832	0.2504	0.4574	0.2087
4	0.0115	0.2731	0.1661	0.2568	0.2924	0.0002	0.0674	0.2009	0.4756	0.2560
5	0.0197	0.2986	0.2116	0.2557	0.2144	0.0002	0.0691	0.2063	0.4966	0.2278
6	0.0086	0.2389	0.1782	0.2688	0.3055	0.0002	0.0667	0.1987	0.4671	0.2674
时刻	适应性评估状态									
	紧急	恢复	异常	正常	优化					
1	0.0038	0.0807	0.3961	0.3588	0.1606					
2	0.0204	0.3584	0.4306	0.1529	0.0376					
3	0.2328	0.4185	0.3012	0.0396	0.0080					
4	0.0027	0.0608	0.3097	0.4071	0.2197					
5	0.0157	0.2802	0.4518	0.1979	0.0544					
6	0.0013	0.0361	0.1747	0.3712	0.4168					

然后利用级别特征值公式进行计算，准则层评估指标的计算结果如表 5-7 所示。

表 5-7　　　　准则层评估指标计算结果

时刻	准则层评估指标				
	安全性	可靠性	优质性	经济性	适应性
1	4.0669	4.2293	3.6250	3.9521	3.5918
2	3.5937	2.2144	3.3296	3.8827	2.8288
3	3.3198	1.9639	3.1517	3.7910	2.1715
4	4.4422	3.4680	3.5454	3.9199	3.7803
5	3.6296	2.2144	3.3466	3.8827	2.9951
6	4.6323	4.1846	3.6237	3.9348	4.1662

2. 健康运行状态辨识

将准则层评估指标计算结果作为输入进行规格化处理，并计算其相对隶属度矩阵，然后计算目标层评估指标的综合属性测度，如表 5-8 所示。

表 5-8　　目标层评估指标的综合属性测度

时刻	智能配电网健康状态				
	紧急	恢复	异常	正常	优化
1	0.0010	0.0122	0.1491	0.4671	0.3706
2	0.0237	0.1783	0.4439	0.3196	0.0344
3	0.0748	0.3259	0.4127	0.1709	0.0157
4	0.0016	0.0191	0.1829	0.4391	0.3574
5	0.0217	0.1630	0.4420	0.3349	0.0384
6	0.0003	0.0032	0.0392	0.3784	0.5789

分别用级别特征值公式和置信度准则公式对智能配电网的运行状态进行辨识，其中置信度为 0.7。六个时刻该配电网的运行状态评估结果如表 5-9 所示，相对应的状态为“正常状态”“异常状态”“异常状态”“正常状态”“异常状态”“优化状态”。

表 5-9　　测试配电网健康运行状态辨识结果

识别公式	时刻					
	1	2	3	4	5	6
级别特征	4.1694	3.0314	2.7826	4.0000	3.0649	4.3959
置信度准则	4	3	3	4	3	5

根据评估结果可知，在凌晨 2 点 30 分，电网处于轻载状态，发生故障的概率小，电压处于正常范围之内且电压偏差较小，但是轻载使得运行不经济，综合评估结果是电网处于“正常状态”；在上午 8 点 30 分，出现过负荷，电压已处于越限范围，且电压偏差较大，一致化处理后的电压偏差为 0.937，综合评估结果为“异常状态”；在上午 10 点 30 分，出现严重过负荷（一致化后的过负荷指标为 0.576），导致电压下降较多，从而造成电压偏差大（一致化后为 0.930），此时如果发生停电事故，分布式电源输出功率很小，只能满足 45%的基本负荷

供电需求，综合评估结果为“异常状态”，且异常程度超过上一时刻；在下午17点30分，该配电网接近经济负载运行，但该时刻由于无功补偿不足导致个别节点电压稍越限（最低电压为0.926），从而电压发生偏差（一致化后为0.952），综合评估结果为“正常状态”；在晚上19点30分，居民负荷增加导致该配电网处于略过负荷运行水平，电压稍越限（一致化后电压越下限指标为0.92、电压偏差指标为0.938），综合评估结果为“异常状态”；在晚上11点30分，该配电网达到经济负载水平，发生故障的概率小，电压处于优化范围内，电压偏差小，馈线功率因数好于其他评估时刻，重要用户多电源供电占比高，分布式电源输出功率最大，综合评估结果为“优化状态”。

时刻4的最低电压为0.926，此时已处于越下限状态，按照智能配电网运行状态的定义直接判断此时刻应为异常状态，采用属性区间方法辨识结果为正常状态，由于此电压越下限的程度非常低，且其他指标都正常，因此辨识为正常状态更为客观，体现了该方法的优点。

5.3 供电能力评估

5.3.1 智能配电网的供电能力及其评估指标建模

1. 供电能力评估及其数学模型

充足的供电能力是保证智能配电网运行安全可靠的前提条件。本书研究的智能配电网供电能力可界定为智能配电网在某一运行方式下，负荷按一定的模式增长，以满足支路功率约束和节点电压约束为条件所能供给的最大负荷。可见，智能配电网的供电能力由其运行方式和负荷增长模式共同决定。因此，智能配电网的最大供电能力是时间的变量，网络结构的调整、变压器分接头位置的改变、无功补偿设备的投切都会对其产生影响，须根据实际运行方式进行在线评估。

在输电系统中，限制输送容量的主要因素有热极限、电压降极限、稳定极限。在对智能配电网供电能力进行评估时只考虑前两者，忽略稳定极限。在评估过程中，取线路或变压器的经济负荷或最大负荷作为其功率约束，本书以线路支路热极限决定的最大传输功率作为其功率上限，变压器支路的额定功率为其传输上限，并假设上级电网能提供充足的电能，负荷增长模式为评估区域内的负荷同比例增长。根据评估区域的不同，对智能配电网的供电能力进行实时评估可分为三类：

（1）对整个智能配电网供电能力的评估。整个电网的所有负荷同比例持续增加，直到约束条件起作用为止。通过对整个电网供电能力的评估，可得到当前运行方式下，电网的最大供电能力及剩余供电裕度，对诊断电网是否能承受一定的负荷波动，是否需要调整当前运行方式具有指导意义。

（2）对智能配电网部分区域供电能力的评估。仅评估区域内的负荷持续增加，其他负荷维持当前水平不变，直到约束条件起作用为止。通过对电网部分区域供电能力的评估，可得到该区域所能供应的最大负荷，对于当前运行方式下，诊断该区域是否能投入新的负荷以及最大可投入多少负荷具有指导意义。

（3）对某一负荷点供电能力的评估。在其他负荷保持不变的前提下，计算该负荷点所能供应的最大负荷。这类评估在智能配电网发生故障后的恢复控制中非常重要，因为在当前的实际电网中，相邻馈线一般都通过联络开关相连接，当某一馈线出现故障时，应尽可能多地将非故障区段的负荷转移到相邻馈线上，以尽快恢复供电，这就需要准确计算出相邻电网的联络节点可容纳转移负荷的能力，以确定转移负荷的大小。

根据上述分析，在对智能配电网供电能力进行评估时首先需建立以评估区域所能供给的最大负荷为目标函数的数学模型

$$S=\sum_{j=1}^{N}S_{0j}+\sum_{j\in D}kS_{\mathrm{d}j} \tag{5-24}$$

式中，S 为评估区域所能供给的最大负荷（标幺值）；S_{0j} 为节点 j 的当前实际负荷（标幺值）；N 为负荷节点数，所以目标函数中的第一项即为当前实际负荷之和；$S_{\mathrm{d}j}$ 为负荷增长区域中节点 j 的负荷增长基数，取 $S_{\mathrm{d}j}=S_{0j}$；k 为负荷增长倍数；D 为进行供电能力评估的区域。当对整个智能配电网的供电能力进行评估时，D 为整个智能配电网；当对电网中的一个区域进行评估时，D 为相应区域；当对电网中的一个节点或一条支路的供电能力进行评估时，D 为对应节点。

约束条件包括潮流约束、节点电压约束及导线和变压器支路的容量约束，即

$$f(x)=0 \tag{5-25}$$

$$V_{Lk}\leqslant V_k\leqslant V_{Uk} \tag{5-26}$$

$$i_l\leqslant i_{l\max} \tag{5-27}$$

$$S_t\leqslant S_{t\max} \tag{5-28}$$

式中，V_k、V_{Uk}、V_{Lk}分别为节点k的电压及其上下限（标幺值）；i_l、$i_{l\max}$分别为各线路流过的电流和其允许的最大载流量（标幺值）；S_t、$S_{\max}$分别为各变压器支路流出的功率及其最大允许值（标幺值）。

2. 智能配电网安全运行水平的评估指标

智能配电网的安全运行水平由其供电能力和当前的负荷水平所决定，只有在充分了解智能配电网安全运行水平的前提下，才能在安全等级偏低时提前采取控制措施，避免事故的发生，增强控制的主动性。为此，需要构造评估智能配电网安全运行水平的指标，使其能够同时计及供电能力和当前负荷水平这两个因素。

智能配电网安全运行水平指标K定义为所有负荷同比例增长时的最大供电能力与当前负荷水平的比值，即当前负荷水平可增长的倍数。即

$$K=\frac{\max S}{\sum_{j=1}^{N}S_{0j}} \tag{5-29}$$

式中，$\max S$为在满足各种约束条件的前提下，评估区域可提供的最大负荷（标幺值）；$\sum_{j=1}^{N}S_{0j}$为评估区域实际的负荷水平（标幺值）；N为负荷节点数。由此可见，智能配电网供电能力越高，当前负荷水平越低，其供电裕度越大，安全运行水平越高。$\max S$主要反映网架结构及运行方式给安全运行水平带来的影响，当运行方式发生变化时，$\max S$的大小也相应发生改变。$\sum_{j=1}^{N}S_{0j}$主要反映实际系统中负荷随时间变化所带来的影响，考虑在线计算，不同的时间点对应的$\sum_{j=1}^{N}S_{0j}$值也不同，因此也对应着不同的K值。

不难看出，K是一个大于1的量。因此，根据K值的大小，将智能配电网

的安全运行水平分为高、中、低三个等级，三个等级之间由两个阈值加以区分，分别是 l_{H} 和 l_{L}，且 $l_{\mathrm{H}}>l_{\mathrm{L}}$。

当 $K\geqslant l_{\mathrm{H}}$ 时，定义智能配电网的安全运行水平为高水平；当 $l_{\mathrm{L}}\leqslant K<l_{\mathrm{H}}$ 时，定义智能配电网的安全运行水平为中等水平；当 $K<l_{\mathrm{L}}$ 时，定义智能配电网的安全运行水平为低水平。

另一个评估智能配电网供电能力的指标是供电裕度，即网络在满足潮流约束、节点电压约束，以及线路和变压器支路容量约束的条件下，在现有负荷水平的基础上还能增加的负荷量。即

$$T=\max S-\sum_{j=1}^{N}S_{0j} \tag{5-30}$$

式中，各变量的含义同式（5-29）。该指标可为网络间的负荷转移提供依据。

5.3.2 基于重复潮流算法的智能配电网供电能力评估

1. 重复潮流算法及其应用概述

智能配电网供电能力评估的实质是在给定的运行方式及负荷增长模式下求取一临界点，使得在该临界点恰好有一约束起作用，当负荷有一微小增长并越过该临界点时将有电压越限现象发生，该临界点对应着智能配电网的最大供电能力，最大供电能力与当前所供负荷之差即为剩余的供电裕度。临界点的求取方法很多，重复潮流法是有效方法之一，其基本思想是：通过不断增大系统的负荷，并反复进行潮流计算来确定系统所能供应的最大负荷。

具体方法为：从当前运行点出发，选取一个合适的步长 h，按照一定的负荷增长模式 S_{d}，不断增大负荷，并求取潮流解，直到发生越限为止。在负荷增长过程中，步长 h 按一定策略不断调整，直到满足指定精度要求。即将发生越限的那个临界点所对应的负荷即为智能配电网的当前运行方式所能供应的最大负荷。

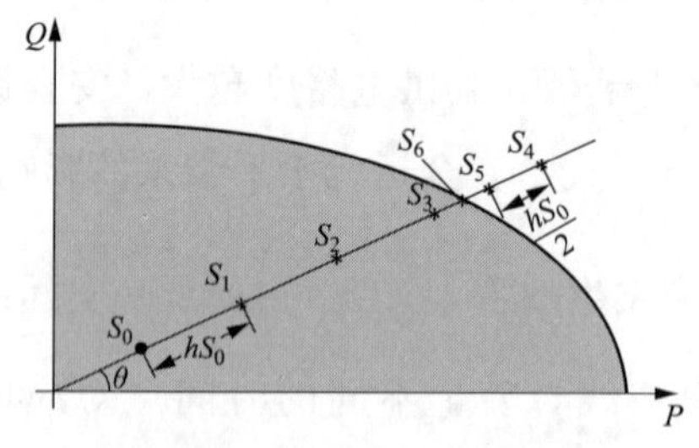

图 5-3　利用重复潮流算法对智能配电网供电能力评估计算迭代示意图

搜索过程如图 5-3 所示，图中阴影部分为智能配电网可正常供应的负荷区域，当前的负荷水平为 S_0，以原负荷为增长基

数不断扩大负荷，直到越限为止，然后缩小步长，最终收敛在边界点。

基于重复潮流的智能配电网供电能力评估算法具有以下优点：

（1）适用范围广，对智能配电网的电压等级和接线形式没有特殊要求；

（2）考虑约束条件全面，可计及支路容量约束、节点电压约束等各种运行约束条件；

（3）简单、容易实现，能够准确得到当前运行方式的最大供电能力和剩余供电裕度；

（4）计算量小，由于实际电网的最大供电能力不会超过实际负荷很多倍，因此取初始步长 $h_0=2$ 时，一般迭代不超过 4 次便会有越限发生；取收敛精度 $\varepsilon=10^{-3}$时，整个迭代过程中，潮流计算的次数一般为 10 次左右，计算量明显小于各种智能算法，因此基于重复潮流求取临界点的方法很适合在智能配电网供电能力实时评估中应用。

2. 供电能力的评估流程

在智能配电网最大供电能力的评估过程中，选取负荷增长倍数 k 的步长非常重要，如果步长选的过大，会降低计算结果的精度，如果步长过小，则收敛速度太慢。因此本书采用自动变步长的方法逐步向前搜索。若搜索成功（没有越限发生），则以原步长继续向前搜索；若搜索失败（发生越限），则步长减半，如此反复，直到步长减小到满足精度要求为止。详细步骤如下：

（1）确定初始搜索步长（$h_0>0$）及收敛精度（$\varepsilon>0$）；

（2）确定负荷增长模式 S_d，令 S 等于当前的实际负荷 S_0，$h=h_0$，$K=1$；

（3）若 $h>\varepsilon$，继续下一步；若 $h<\varepsilon$，计算结束，返回 S 和 K，S 即为智能配电网在当前运行方式下可供应的最大负荷，$S-S_0$ 即为剩余的供电裕度，K 为最大供电倍数；

（4）计算 $S'=S+hS_d$；

（5）以 S'为基准进行潮流计算，判断是否有越限发生，如果没有越限，继续下一步，否则转入步骤（7）；

（6）令 $S=S'$，转到步骤（4）；

（7）步长缩小为原来的一半，即 $h=\frac{h}{2}$，转到步骤（3）。

综上所述，智能配电网供电能力评估流程如图 5-4 所示。

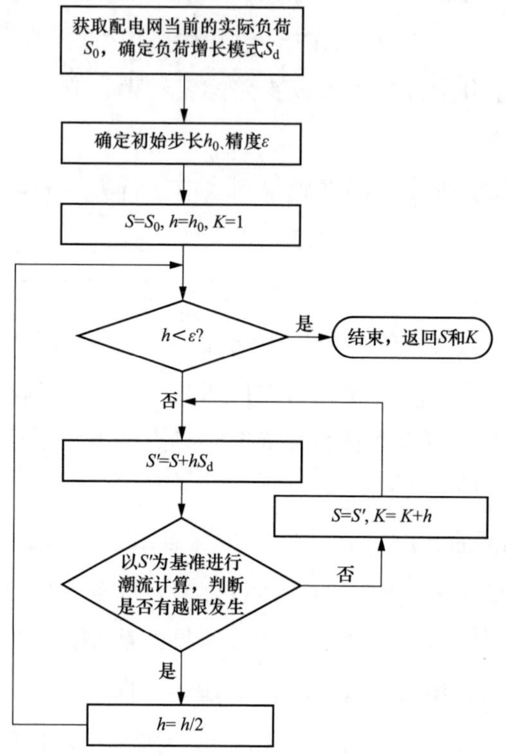

图 5-4　基于重复潮流的智能配电网供电能力评估流程图

5.3.3　算例分析

1. 高压配电网

某电网为 220kV 母线以下 10kV 母线以上的多电压等级网络，如图 5-5 所示，共包含 220kV 变电站 3 座，110kV 变电站 4 座，35kV 变电站 6 座，共有 51 条母线，7 台三绕组变压器，10 台双绕组变压器，25 条线路。为了减小短路容量、避免电磁环网，采取分区运行方式，因此三座 220kV 变电站之间虽有联络线相连，但正常运行时通过远端线路相连，本区域内通过图中所示点划线分开的三个区域各自运行，总负荷为 121.88MW＋j68.36Mvar。35kV 和 110kV 母线电压允许范围取（1－3％）u_N～(1＋7％)u_N，10kV 母线电压范围取（1±5％)u_N。

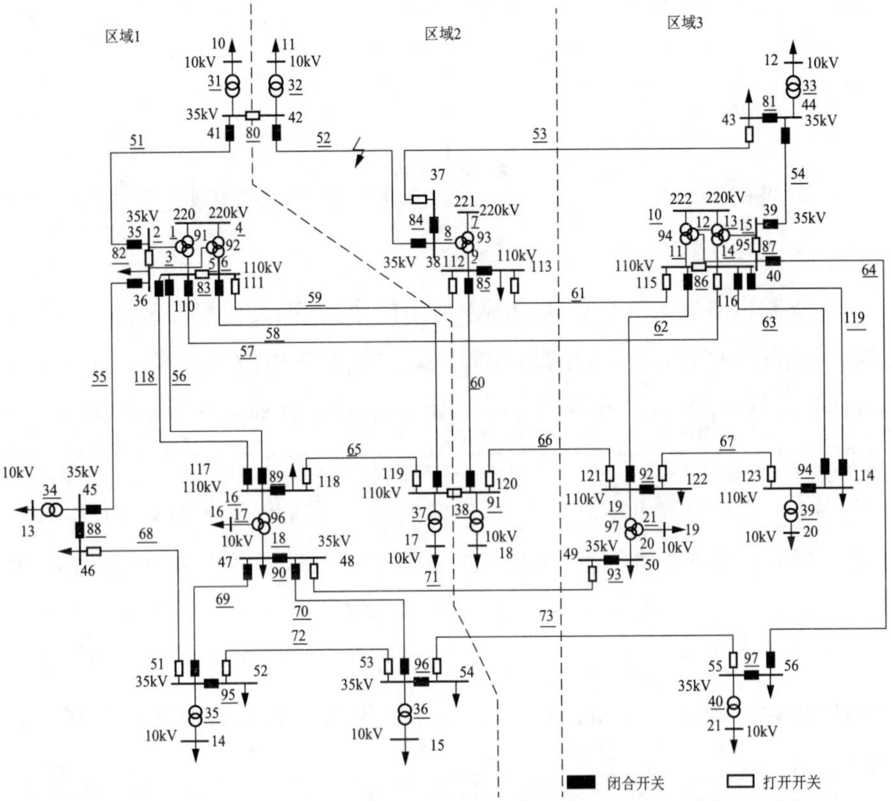

图 5-5　某 51 节点高压配电网接线图

（1）三个区域的安全运行水平评估。分别计算三个区域当前的供电能力，结果如表 5-10 所示。区域 2 的安全运行水平指标 K 的值最高，所以该区域可承受的负荷波动能力最强；区域 1 的剩余供电裕度最大，为 38.1693MW+j23.9894Mvar，三个区域的安全运行水平均满足供电安全性的要求。

表 5-10　　**三区域供电能力评估结果**

评估项		区域 1	区域 2	区域 3
原始负荷	有功（MW）	51.09	22.19	48.60
	无功（Mvar）	32.11	9.36	26.89
剩余供电裕度	有功（MW）	38.17	31.43	27.50
	无功（Mvar）	23.99	13.26	15.22
k_{max}		0.7471	1.4164	0.5659

续表

评估项	区域 1	区域 2	区域 3
安全运行水平指标 K	1.7471	2.4164	1.5659
起作用的约束条件	母线 117、16 和 47 间三绕组变压器功率越限	母线 11 电压越限	母线 222、115 和 40 间三绕组变压器功率越限

(2) 支路供电能力计算。假设图中所示的线路 52 发生短路故障，则需要将该线路两端开关打开，将该故障线路隔离，该线路所供应的母线 42 上所连负荷可通过闭合母联开关 80，由区域 1 中母线 41 供电。此时就需要对区域 1 中母线 41 的供电能力进行实时评估，从而决定是否可通过闭合母联开关恢复全部负荷。

利用上述算法计算可知母线 41 可供应的最大负荷为 19.12MW+j12.70Mvar，如果继续增大负荷则支路 51 的电流将越限，减去母线 41 本身所连负荷后，可知剩余供电裕度为 13.52MW+j8.98Mvar，可完全恢复母线 42 所供应的所有负荷。不需要切除该母线所供应的部分负荷，而只需闭合母联开关 80 即可恢复全部负荷的供电。因此，支路供电能力的计算为故障后的负荷转移提供了决策依据。

由上述仿真结果可知，通过对智能配电网的供电能力进行在线计算，可实时了解电网当前的安全运行水平，从而提前采取预防控制措施，避免越限的发生，并为故障发生后最大限度地进行负荷转移提供实时决策依据。在智能配电网供电能力的仿真计算过程中发现：节点电压约束是一重要的约束条件，经常出现因节点电压越限而限制负荷的增长，因此仅根据支路容量约束对供电能力进行估算缺乏合理性。

2. 中压配电网

IEEE 标准单电源配电系统的网络结构如图 5-6 所示，其中共有 33 个节点，32 条支路，节点 8 和节点 21、节点 9 和节点 15、节点 12 和节点 22、节点 18 和节点 33、节点 25 和节点 29 之间设有联络开关。当前运行点，系统的总功率为 3.7150MW+j2.5100Mvar，变压器的容量约束取其额定容量，线路的容量约束为其热极限容量，电压幅值的允许波动范围为 1±5%。

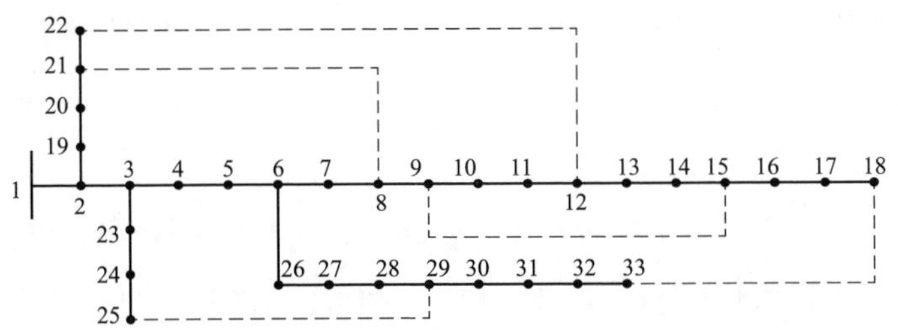

图 5-6　33 节点单电源配电网络结构

在给定的正常负荷下，经潮流计算可知，系统的最低电压为 9.512kV，各条支路的传输容量均在额定值范围以内。表 5-11 为中压配电网供电能力评估结果。

表 5-11　　　　　　　　中压配电网供电能力评估结果

区域	原始负荷		剩余供电裕度		最大供电倍数 K
	有功（MW）	无功（Mvar）	有功（MW）	无功（Mvar）	
整个配电网	3.7150	2.5100	0.0798	0.0539	1.0215
节点 26～33	0.9200	1.1600	0.0413	0.0521	1.0449
节点 19～22	0.3600	0.1600	1.2002	0.5334	4.3340
节点 33 处	0.0600	0.0600	0.0400	0.0400	1.6660

以下分别从三个角度评估该配电网的最大供电能力，计算剩余的供电裕度，计算过程中取初始步长 $h_0=2$，收敛精度 $e=10^{-3}$。以下为中压配电网重复潮流计算的结果。

（1）整个配电网的评估。对整个配电网进行评估，迭代 43 次收敛，用时 0.810195s，最大供电能力为原负荷的 1.0215 倍，即 3.7948MW＋j2.5639Mvar，此时节点 33 的电压达到下限 0.95。因为 $K=1.0215$，故该配电网当前的安全裕度不满足要求，不足以承受一定的负荷波动，急需变更网络的运行方式。

（2）部分区域的评估。以节点 26～33 区域内的负荷增长为例，其他区域内负荷保持不变，当该区域负荷增大到原来的 1.0449 倍，即 0.9613MW＋j1.2121Mvar 时，节点 20 的电压约束起作用，即达到电压约束下限 0.95，迭代 45 次收敛。区域 19～22 的可供应的最大负荷为原负荷的 4.3340 倍，即 1.5602MW＋j0.6934Mvar，继续增大负荷，节点 33 将出现电压越限。

（3）针对某个负荷节点的评估。节点 33 通过联络开关与相邻节点相连，相邻节点中发生故障后，需转移部分负荷至该节点，经计算节点 33 可供应的最大负荷为原负荷的 1.6660 倍，即 0.1000MW+j0.1000Mvar，即相邻馈线可向该节点最大转移这么多的负荷，继续增大负荷，节点 1 与节点 2 之间的支路将发生传输容量越限。

在该算例的仿真过程中发现在 10kV 电压等级的长馈线辐射状配电网中，由于馈线末端电压降落比较明显，节点电压约束是一重要的约束条件，经常出现由于节点电压越限而限制负荷的增长。如节点 33，因为连接该节点的线路较长且该支路的阻抗较大，所以造成该节点的电压很容易越界。综上所述，一方面找出了 33 节点为该配电网的薄弱节点，需要及时调整运行方式；另一方面，通过此仿真案例可见，仅根据支路容量约束对供电能力进行估算的方法不精确。

5.4 运行风险评估

5.4.1 智能配电网运行风险源分析

智能配电网由电源、网络、负荷构成，三者中都存在影响系统运行的风险因素。本节从智能配电网中源、网、荷三类风险源出发，分析运行风险的基本成因，为开展智能配电网运行风险评估奠定基础。从电源来看，重点是在安全可靠满足负荷需求的前提下，尽可能提高利用效率。发电设备本身的运行安全主要受制于系统的负荷水平及负荷增长量，在大负荷水平下的负荷增长容易导致设备过载，智能配电网的主要电源为变电站，因此电源设备安全运行风险主要存在于变电站的变压器运行过程中。同时，多种形态的分布式电源接入配电网，其发电量的大小不仅受电源本身特性的影响，还与并网接口的系统状态息息相关。当接口不满足并网要求时，分布式电源不允许接入电网发电，当电网故障或特殊运行方式时，要求降低分布式电源的出力。但从能源利用的角度出发通常希望接入系统的分布式电源尽可能多发电，因此分布式电源接入系统后存在发电风险。

从网络运行来看，需要在保证电网安全运行前提下，尽可能提高设备运行效率。由于系统中存在众多随机因素，导致设备的运行环境容易超出正常运行范围，例如过载或过压，如果长期运行于非正常范围，会加速设备老化，严重时会导致设备损坏，因此，系统中存在网络设备安全运行风险，包括设备过压

运行引起的绝缘风险和设备过载引起的风险。另外，电流通过设备时会产生损耗，与多种因素有关，即存在一定的设备运行的经济风险。

用户需要的是安全可靠地使用优质的电能。如果电网发生故障，可能导致用户无法进行正常的生产和生活，存在用户可靠用电风险。另外，不同的用电设备对电能质量的要求存在差异，不同用户期望获得适合各自设备运行的优质电能，但电能质量会受到外界因素的影响而变化，造成用户优质用电风险，敏感负荷尤为突出。

综上所述，从源、网、荷三个方面可较为完整地描述智能配电网运行风险的成因。风险源通过改变智能配电网中内部状态变量影响智能配电网的正常运行。图 5-7 展示了智能配电网运行风险的基本成因。

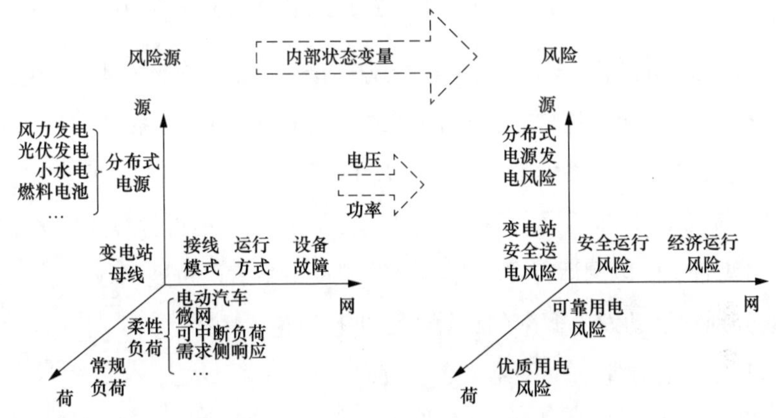

图 5-7　智能配电网运行风险示意图

5.4.2　智能配电网运行风险及其评估指标建模

1. 运行风险的定义及扰动概率的计算方法

IEEE 100—1992 标准对风险的一般定义为：“对不期望发生的结果的概率和严重度的度量，通常采用概率和结果乘积的表达形式”[114]。因此事故发生的可能性与事故后果的严重性是风险的两个重要因素，将两者的乘积表示成风险指标，定量描述系统的运行状态，其计算式为

$$R = PS_{ev} \tag{5-31}$$

式中，R 为研究对象的风险值；P 为研究事故发生的概率值；S_{ev} 为研究事故发生后对研究对象造成的危害程度。

风险评估需要考虑多种不同的扰动。本书将系统运行过程中遭受的扰动分为网络设备扰动和非网络设备扰动，其中，网络设备扰动是指网络设备发生故障引起的扰动；非网络设备扰动是系统在运行过程中，由于负荷大小及发电机出力波动所产生的扰动；两者同时影响系统的运行风险。网络设备扰动的概率可以通过历史统计数据获得，非网络设备扰动可通过动态概率潮流将其反应到系统的状态变量中。如果需要计及系统电源、用户设备的故障扰动，可将其等效处理成相应电源、负荷出力的波动。因此，针对智能配电网运行风险可进一步描述为：故障扰动发生的概率、电网内部状态变量变化概率以及状态变量化对电网造成危害的严重度函数的乘积。其数学表达式为

$$R(Y_t) = \int P(E_i \mid Y_{t_0}) \int P(Y_t \mid E_i, Y_{t_0}) S(Y_t) dY_t dE_i \tag{5-32}$$

式中，$R(Y_t)$ 为 t 时刻智能配电网的运行风险指标；E_i 为未来 t 时刻发生的网络设备扰动；Y_t 为智能配电网在 t 时刻的系统运行状态；Y_{t_0} 为系统初始运行状态；$P(E_i \mid Y_{t_0})$为在初始状态下发生设备扰动 E_i 的概率；$P(Y_t \mid E_i, Y_{t_0})$ 为在初始状态下网络设备扰动 E_i 发生后受非网络设备扰动影响的系统运行状态变量 Y_t 的概率分布；$S(Y_t)$为智能配电网运行在状态 Y_t 下所遭受的危害严重度函数。

下面分别对扰动发生概率的计算方法进行讨论。

(1) 基于状态枚举法的网络设备扰动。

网络设备扰动是指系统网络设备发生故障引起的扰动。对于网络设备扰动而言，由于受到多方面因素的影响，扰动发生的概率不尽相同，因此需要通过对历史数据进行收集、分析，然后利用条件概率和全概率的公式求出最终的概率值。

配电网中存在较多的电力设备，其中主要包括断路器、负荷开关、熔断器、电缆线路、架空线路等，其数量和种类繁多，若单独考虑所有设备的故障扰动，则会引起组合爆炸问题。因此在保留系统运行特性的前提下，为方便风险评估计算，对网络进行简化，减少网络设备故障扰动状态的可能性。根据实际运行情况，将网络最小单元抽象为基础元件的组合，定义为元件组，如图 5-8 所示的线路元件组是由线路和两端的开关组成。

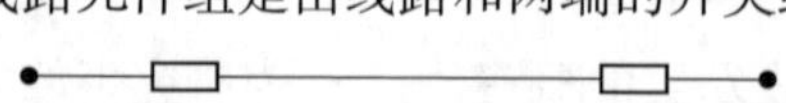

图 5-8 线路元件组示意图

对于元件组而言，整体故障率由构成元件组的元件共同决定，假设所有负荷开

关的故障率相同，且用常数 A 表示，可通过统计得到，线路 i 的故障率 $\lambda_i(l_i)$ 假设与长度 l_i 成正比，则上述线路元件组的整体故障率可表示为

$$\lambda_i = 1 - [1 - \lambda_i(l_i)](1 - A)^2 \tag{5-33}$$

通过统计发现，对于交流线路而言，线路不发生故障的概率基本服从泊松分布，因此根据概率理论，第 i 条线路在给定时间 t 内不发生故障的系统场景 $\bar{F}_i$ 发生的概率为

$$P(\bar{F}_i) = \frac{(\lambda_i t)^0 \mathrm{e}^{-\lambda_i t}}{0!} = \mathrm{e}^{-\lambda_i t} \tag{5-34}$$

该线路在时间 t 内发生故障的概率为

$$P(F_i) = 1 - P(\bar{F}_i) = 1 - \mathrm{e}^{\lambda_i t} \tag{5-35}$$

通过状态枚举法，可得系统整体各个状态 s 的概率为

$$P(s) = \prod_{i=1}^{N_\mathrm{f}} P_\mathrm{r}(\bar{F}_i) \prod_{j=1}^{N-N_\mathrm{f}} P_\mathrm{r}(F_i) \tag{5-36}$$

式中，N 为系统总体元件的集合，N_f 和 $N-N_\mathrm{f}$ 分别为扰动状态 s 下正常工作元件和失效元件的集合。

根据式（5-36）可知，随着系统元件组的增加，采用状态枚举法模拟系统网络设备多重故障扰动，系统扰动状态仍然会出现组合爆炸问题。然而在实际运行中，对于单条馈线而言，在同一时刻，同时有多个线路元件组发生故障的概率通常很小，因此只考虑单重网络设备故障扰动下系统的运行风险。基于这样的假设，系统仅有第 i 条线路元件组发生故障的系统场景 E_i 发生的概率为

$$\begin{aligned} P(E_i) &= P_\mathrm{r}(\bar{F}_1 \cap \cdots \bar{F}_{i-1} \cap \bar{F}_i \cap \bar{F}_{i+1} \cap \cdots \bar{F}_n) \\ &= (1 - \mathrm{e}^{-\lambda_i t})\mathrm{e}^{-\sum\limits_{j=1, j\neq i}^{N} \lambda_j t} \end{aligned} \tag{5-37}$$

当 $-\sum\limits_{j=1, j\neq i}^{N} \lambda_j t \to 0$ 时，$\mathrm{e}^{-\sum\limits_{j=1, j\neq i}^{N} \lambda_j t} \to 1$，则系统场景 E_i 发生的概率为

$$P(E_i) \approx P(F_i) \tag{5-38}$$

当模拟系统所有网络设备故障状态并计算对应状态发生的概率后，即可计算出所有网络设备不发生故障的状态概率。通过状态枚举法可以获得所有网络设备故障扰动状态集及其对应扰动发生的概率。

（2）基于动态概率潮流算法的非网络设备扰动。

非网络设备扰动是指由于负荷大小及发电机出力波动所产生的扰动，这些

扰动并不影响网络结构，所产生的随机性均可等效为节点注入功率的波动。第 4 章中论述的动态概率潮流计算模型和方法能够准确计及这部分扰动量，并将其体现在系统内部状态变量上，这里不再赘述。

2. 基于效用理论的严重度函数建模

严重度函数是用来描述状态变量在不同运行状态下所产生的影响，直接由状态变量本身的特性所决定，应与偏离理想值（区间）程度的大小和偏离持续时间的长短相关。从严重度函数的定义出发，应该遵循如下基本原则：

（1）严重度是评估对象状态变量的函数，即状态变量的每一个数值都有唯一的一个严重度值与其对应；

（2）严重度函数的所有取值为非负数，且一般在理想解（区间）时，严重度值为 0。

丹尼尔·伯努利在解释圣彼得堡悖论时提出了效用的概念，目的是挑战以金额期望值作为决策的标准。在经济学领域，效用指商品或劳务满足人的欲望或者需要的能力，效用函数是对效用的一种度量方法，给出了综合满意程度的量化形式[115]。效用函数形式根据决策者对风险的态度来确定，常用效用函数有保守型、中立型和冒险型[116]，分别对应图 5-9 中 A、B、C 曲线。

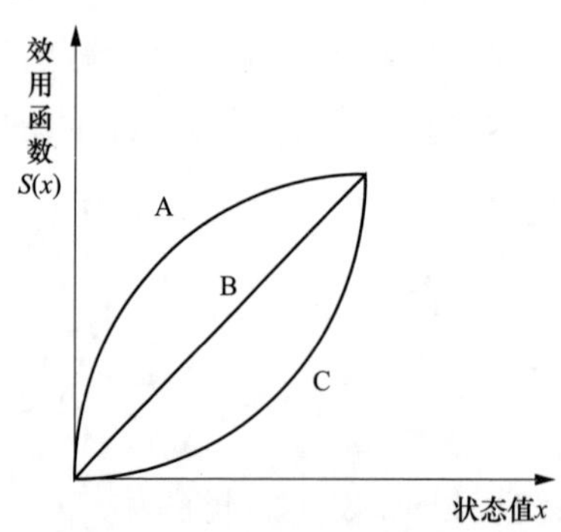

图 5-9　效用函数示意曲线

设 $S(x)$ 为决策者对评估对象的效用函数，x 为评估对象偏离理想状态值的大小，$S(x)$ 连续，有一阶、二阶导数，且 $S'(x)>0$，为递增函数，可分为三类：

（1）$S''(x)<0$，即凸函数，效用函数为保守型，通常可以采用标准的指数型函数 $S(x)=(1-e^{-\gamma x})/(1-e^{-\gamma})$，$\gamma>0$；

（2）$S''(x)=0$，即线性函数，效用函数为中立型，通常可以采用线性函数 $S(x)=ax+b$，$a>0$，$b\geqslant 0$；

（3）$S''(x)>0$，即凹函数，效用函数为冒险型，通常可以采用标准的指数型函数$S(x)=(e^{\gamma x}-1)/(e^{\gamma}-1)$，$\gamma>0$。

效用函数采用何种类型，需结合评估对象的物理机理决定。如果当某一固定函数难以描述同一物理量在不同状态下的严重程度时，也可以采用分段函数的形式来表示其严重度函数，即局部区域遵循相同的严重度函数。

3. 高压配电网运行风险评估指标建模

下面分别针对高压配电网和中压配电网的不同物理对象，建立运行风险评估的指标，给出具体的运行风险评估指标计算公式和严重度函数。

对于高压配电网而言，分布式电源出力的不确定性和负荷特性的不确定性，将会造成静态小干扰性质的运行风险；各种故障的发生则引起电压、电流、频率等运行参数较大范围的变化，造成暂态性质的运行风险。因此，本书提出高压配电网运行风险评价指标从确保高压配电网安全运行的角度出发分为静态运行风险评估指标和暂态运行风险评估指标两个方面。静态运行风险评估指标主要评估负荷波动和分布式电源出力波动这两类小扰动类型的风险源对高压配电网产生的风险，包括静态电压风险指标和静态电流风险指标；暂态运行风险评估指标主要评估电网发生故障引起的风险，因此其评价对象为外网故障、内网故障这两类故障类型的风险源，包括暂态电压风险指标、暂态电流风险指标、频率风险指标、功角风险指标和电压暂降/暂升风险指标。通过对高压配电网静态运行风险和暂态运行风险两个方面的评估，综合表征高压配电网的安全运行水平。上述评估指标的框架结构如图 5-10 所示。

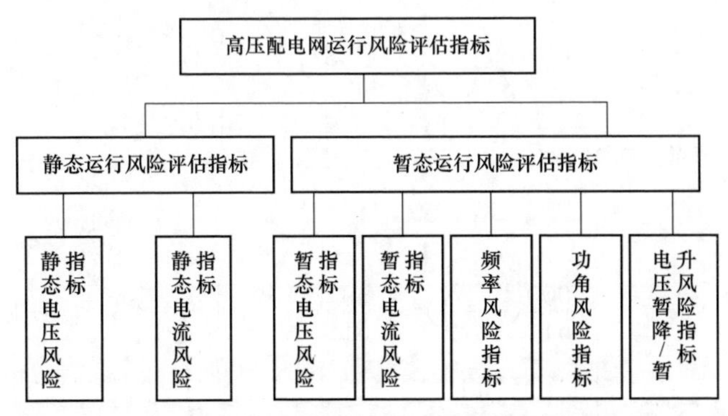

图 5-10　高压配电网运行风险评估指标体系

（1）电压风险评估指标。

电压安全是电力系统在额定运行条件下和遭受扰动之后系统中所有母线都

持续地保持在可接受的电压范围内的能力。电压越限和电压崩溃是电力系统的电压安全问题的两个主要方面。电压崩溃可以看作是电压越限问题的持续发展，表现为系统在遭受扰动后一些母线电压持续降低并最终导致整个系统瓦解。

静态电压风险指标反映的是系统发生的扰动造成电网中母线电压越限的可能性和危害程度。整个高压配电网静态电压风险指标公式为

$$R(U_s|E,L)=\sum_j\int P(U_{i,j}|E,L)\times S(U_{i,j})\mathrm{d}U_{i,j} \tag{5-39}$$

式中，$U_{i,j}$为发生第i个扰动时第j条母线的电压（标幺值）；$P(U_{i,j}|E, L)$为高压配电网发生扰动E_i后第j条母线电压的概率分布；$S(U_{i,j})$为发生第i个扰动时第j条母线相应的电压越限严重度。

电压越限问题是最常见的电压问题，包括电压越上限和电压越下限两个方面。目前我国对发电厂、变电站母线电压规定了允许电压偏差，发电厂和220（330）kV变电站的110～35kV母线：正常运行方式下，电压允许偏差为相应系统额定电压的−3%～+7%；事故后为系统额定电压的±10%。据此，本书按照电压的偏移幅度将电压分为5个区间，每个区间的电压严重度函数不同

$$S(u)=\begin{cases}144 & u<0.6\\ 0.5\times[4.1231^{10(1-u)}-1] & 0.6\leqslant u<0.8\\ 1000(1-u)^3 & 0.8\leqslant u<0.9\\ \dfrac{61000}{637}(u-1)^2+\dfrac{27}{637} & 0.9\leqslant u<0.97\\ -\dfrac{30}{7}(u-1) & 0.97\leqslant u\leqslant 1\\ \dfrac{30}{7}(u-1) & 1<u\leqslant 1.07\\ \dfrac{7000}{51}(u-1)^2-\dfrac{19}{51} & 1.07<u\leqslant 1.1\\ 0.1\times[11^{10(u-1)}-1] & 1.1<u\leqslant 1.3\\ 133 & u>1.3\end{cases} \tag{5-40}$$

式中，u为待评估的母线电压（标幺值）。

1）正常运行区间（电压标幺值为0.97～1.07）。在此区间内电压严重度与

母线电压幅值呈线性关系。当母线电压标幺值为1.0时，说明电压正常，电压严重度函数取值为0；当母线电压标幺值大约升到1.07时，取较小值0.3，正负电压区间指标函数以1为对称轴。

2）事故运行区间（电压标幺值为0.9～0.97，1.07～1.1）。在负区间，随着电压降低，经济风险增大，且与电压是平方关系；在正区间，随着电压升高，经济和安全风险增大。两段区间都是属于允许范围（事故允许方式，只是不允许长期存在），所以综合考虑，电压严重度函数为母线电压幅值的二次函数，并且当电压取值为0.9或1.1时，严重度取为1。

3）电压标幺值为0.8～0.9。随着电压的降低，严重度的增大比电压标幺值为0.9～0.97区间变化更陡一些，用三次方关系表示，并通过（0.9，1）和（1，0）这两点。

4）电压标幺值为0～0.8。此段影响安全稳定运行的可能性更大，电压标幺值为0.7以下可以认为不稳定，范围扩大一点，可以认为电压标幺值为0.6以下引起的电压严重度相同（由不稳定发展，最后负荷中断供电），所以综合考虑，随着电压的降低电压严重度的增大比电压标幺值为0.8～0.9段变化更陡，用指数关系表示，并通过（0.8，8）这一点，电压标幺值为0.6以下则用相同的电压严重度表示。

5）电压标幺值为1.1～∞。在此电压区间，电网安全运行受到严重威胁，其危害程度参考欠电压时的情况，当电压标幺值幅值为1.1时，电压严重度取1，并设电压严重度函数为电压的指数函数。取电压标幺值为1.3以上时严重度相同。

（2）静态电流风险指标。

电流风险反映的是系统发生事故等扰动导致系统中支路有功功率过载的可能性和危害程度。电流风险指标式为

$$R(I_{\mathrm{s}}|E,L)=\sum_{j}\int P(I_{i,j}|E_i,L)\times S(I_{i,j})\mathrm{d}I_{i,j} \tag{5-41}$$

式中，$I_{i,j}$为发生第i个扰动E_i时第j条支路的电流（标幺值）；$P(I_{i,j}|E_i,L)$为电网发生扰动E_i后第j条支路电流的概率分布；$S(I_{i,j})$为发生第i个扰动E_i时第j条支路相应的电流越限严重度。

未过载时，对设备无影响，不存在风险。一般变压器和线路都有过载能力，

允许一定程度的短时过载，一般短时间内允许过负荷 1.2～1.4 倍；短路情况下，高压配电网中的短路电流不一定能达到 10 倍，甚至可能与一般的过负荷电流在一个数量级，因此，综合考虑，可以按额定电流的 0～0.9、0.9～1、1～2、2 倍以上进行分段，第一段的风险为 0，最后一段的风险为 1，0.9～1 段取线性关系，1 时风险取值为 0.1，1～2 段的风险取平方关系，即

$$S(i)=\begin{cases}0 & 0\leqslant i<0.9\\ i-0.9 & 0.9\leqslant i\leqslant 1.0\\ 0.3i^2-0.2 & 1.0<i\leqslant 2.0\\ 1 & i>2.0\end{cases} \tag{5-42}$$

（3）暂态电压风险指标。

暂态电压风险指标反映的是故障发生后电网中各母线电压越限的可能性及其危害程度，其计算式为

$$R(U_t|E,L)=\sum_i P(E_i)\int P(U_{i,j}|E_i,L)S(U_{i,j})\mathrm{d}U_{i,j} \tag{5-43}$$

式中，$U_{i,j}$ 为发生第 i 个故障时第 j 条母线的电压（标幺值）；$P(U_{i,j}|E_i, L)$ 为高压配电网发生第 i 个故障后第 j 条母线电压值的概率分布；$S(U_{i,j})$ 为发生第 i 个故障时第 j 条母线的电压越限严重度。

无论是小扰动还是故障导致的电网电压越限，其产生的危害影响都由电压越限程度决定，因此暂态电压风险指标中的电压严重度函数可采用静态电压风险指标中的定义。

（4）暂态电流风险指标。

暂态电流风险指标反映的是高压配电网发生故障后电网中支路电流越限的可能性及其危害程度，其计算式为

$$R(I_t|E,L)=\sum_i P(E_i)\int P(I_{i,j}|E_i,L)S(I_{i,j})\mathrm{d}I_{i,j} \tag{5-44}$$

式中，$I_{i,j}$ 为发生第 i 个故障时第 j 条支路的电流（标幺值）；$P(I_{i,j}|E_i, L)$ 为高压配电网发生第 i 个故障后第 j 条支路电流值的概率；$S(I_{i,j})$ 为发生第 i 个故障时第 j 条支路相应的电流越限严重度。

无论是小扰动还是故障导致的电网支路功率越限，其产生的危害影响都由

电流越限程度决定，因此暂态电流风险指标中的电流严重度函数与静态电流风险指标中定义的一样。

（5）频率风险指标。

频率稳定研究虽在逐步深入，但目前还缺乏评价频率稳定性的量化指标，尤其是在频率稳定的概率风险评估领域。频率风险指标反映的是系统发生故障后发电机频率偏差的可能性和危害程度。频率风险指标公式为

$$R(f|E,L)=\sum_{i}P(E_i)\int P(f_{i,j}|E_i,L)S(f_{i,j})\mathrm{d}f_{i,j} \tag{5-45}$$

式中，$f_{i,j}$为第i个故障发生后第j台发电机的频率（Hz）；$P(f_{i,j}|E_i, L)$为高压配电网发生第i个故障后第j台发电机频率的概率分布；$S(f_{i,j})$为发生第i个故障时第j台发电机相应的频率越限严重度。

电力系统稳定运行时，全系统有相同的频率。在允许的频率偏差范围内，主要是引起设备的效率问题；当偏差超过范围，则会危及设备的安全，严重时甚至造成系统瓦解崩溃。我国规定，电力系统频率的额定值为50Hz，系统容量在3000MW及以上时，偏差不得超过±0.2Hz，系统容量在3000MW以下时，偏差不得超过±0.5Hz。本书按照频率的偏差幅度将频率分为5个区间，每个区间的频率严重度函数不同，即

$$S_{\mathrm{ev}}=\begin{cases}275.4 & 0\leqslant f<45, f>55\\ 3.078255^{(50-f)}-1 & 45\leqslant f<47.5\\ 64\times\left(\dfrac{50-f}{51.5-f}\right)^3 & 47.5\leqslant f<49.5\\ \dfrac{10}{3}(f-50)^2+\dfrac{1}{6} & 49.5\leqslant f\leqslant 49.8, 50.2\leqslant f\leqslant 50.5\\ -\dfrac{3}{2}(f-50) & 49.8\leqslant f\leqslant 50\\ \dfrac{3}{2}(f-50) & 50<f\leqslant 50.2\\ 64\times\left(\dfrac{f-50}{f-48.5}\right)^3 & 50.5<f\leqslant 52.5\\ 3.078255^{(f-50)}-1 & 52.5<f<55\end{cases} \tag{5-46}$$

1）正常运行区间（49.5～50.5Hz）。从上文分析看，此段频率偏差主要危

害用户，一些生产线对频率要求严格，因此将其分成三段：49.5～49.8，49.8～50.2，50.2～50.5，中间采用线性关系，两边采用平方关系。低频与高频段的风险函数分别以 $f=50\text{Hz}$ 为对称轴。

2）事故运行区间（47.5～49.5Hz，50.5～52.5Hz）。此频率区间主要影响电网运行经济性，一般不会引起安全问题，但是有不稳定的趋势，且安全储备下降。火电厂水泵出力随电源频率的 3 次方成正比变化。因此可设危害度与频率呈立方关系。

3）0～47.5Hz，52.5～∞Hz。在此区间内电网安全稳定性受到影响；设备性能受到影响。综合考虑，取指数关系进行描述，两边取对称值（45/55Hz 都会引起断裂等），高于 55Hz 或低于 45Hz 后严重程度不变（此时为最严重）。

（6）功角风险指标。

对于含分布式电源的高压配电网，当接入发电机为同步电机时，存在功角问题。发电机之间的功角差是电网暂态稳定判据的基本指标。当电网遭受大扰动时，发电机的输入机械功率和输出电磁功率失去平衡，引起转子角的变化，各组间发生相对摇摆，当这种摇摆使一些发电机之间的相对角度不断增大时，发电机之间失去同步，即电网失去暂态稳定。功角风险指标反映的是电网发生事故造成的发电机之间的功角摇摆的可能性和危害程度

$$R(\Delta\delta|E,L)=\sum_i P(E_i)\int P(\Delta\delta_i|E_i,L)S(\Delta\delta_i)\mathrm{d}\delta_i \tag{5-47}$$

式中，$\Delta\delta_i$ 为第 i 个故障期间偏离发电机惯性中心最大发电机的功角（rad）；$P(\Delta\delta_i|E_i，L)$为配电网发生第 i 个故障后发电机功角的概率分布；$S(\Delta\delta_i)$ 为发生第 i 个故障时相应的功角摇摆严重度。

功角严重度函数取为偏离角度与系统失稳判据角（$\Delta\delta_{\text{max,adm}}$）的百分比。当偏离的角度大于 $\Delta\delta_{\text{max,adm}}$时，功角严重度函数取为 1；当角度减小时，功角严重度函数值随之线性减小；当角度减小到 $\Delta\delta_{\text{max,adm}}$的一半时，功角严重度函数近似为 0。

$$S_{\text{ev}}=\begin{cases}0 & 0\leqslant\dfrac{\Delta\delta_i}{\Delta\delta_{\text{max,adm}}}\leqslant 0.5\\ 2\times\dfrac{\Delta\delta_i}{\Delta\delta_{\text{max,adm}}}-1 & 0.5<\dfrac{\Delta\delta_i}{\Delta\delta_{\text{max,adm}}}<1.0\\ 1 & \dfrac{\Delta\delta_i}{\Delta\delta_{\text{max,adm}}}\geqslant 1.0\end{cases} \tag{5-48}$$

（7）电压暂降/暂升风险指标。

由于电压暂降/暂升现象只有发生和没有发生这两种状态，因此其发生概率满足（0-1）分布。电压暂降/暂升风险表达式为

$$R(\Delta U|E,L)=\sum_{i}P(E_i)\int P(\Delta U_{i,j}|E_i,L)S(\Delta U_{i,j})\mathrm{d}\Delta U_{i,j} \tag{5-49}$$

式中，$\Delta U_{i,j}$为第 i 个故障发生后第 j 条母线电压波动过程中电压暂降/暂升的幅度（标幺值）；$P(\Delta U_{i,j}|E_i，L)$ 为配电网发生第 i 个故障后第 j 条母线电压暂降/暂升的概率分布；$S(\Delta U_{i,j})$ 为发生第 i 个故障时第 j 条母线相应的电压暂降/暂升严重度。

衡量电压暂降/暂升的参考量是主要指电压变化的幅度和持续时间，因此本书定义电压暂降/暂升严重度函数用降落/升高的最大幅值与降落/升高持续时间的乘积表示。

电压暂降严重度函数为

$$S_{\mathrm{ev}}=(1-u_{\min})T \tag{5-50}$$

式中，$u_{\min}$为电压暂降的最低值（标幺值）；T 为电压暂降持续时间（s），即电压值处于区间［0.1，0.9］的时间满足 $0.01s\leqslant T\leqslant 60s$。

电压暂升严重度函数为

$$S_{\mathrm{ev}}=(u_{\max}-1)T \tag{5-51}$$

式中，$u_{\max}$为电压暂升的最高值（标幺值）；T 为电压暂升持续时间（s），即电压值处于区间［1.1，1.8］的时间满足 $0.01s\leqslant T\leqslant 60s$。

4. 中压配电网运行风险评估指标建模

相对于高压配电网，中压配电网与用户安全、可靠、优质用电的关联程度更为紧密，大量分布式电源接入这一电压等级则使得中压配电网运行风险的影响因素变得更加复杂。因此，本书根据 5.4.1 节对智能配电网中电源、网络和负荷对配电网运行风险影响的分析成果，建立中压配电网运行风险评估指标及其计算模型和严重度函数。中压配电网运行风险评估指标框架如图 5-11 所示。

（1）电源风险指标。

智能配电网中的电源包括常规的变电站电源和分布式电源两类。定义变电站安全供电风险指标用于评估负荷增长对变电站内变压器安全运行的影响；定

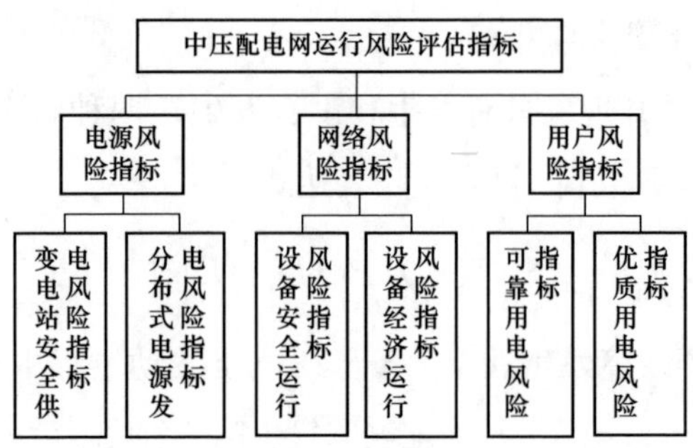

图 5-11　中压配电网运行风险指标体系

义分布式电源发电风险指标用于描述分布式电源并网点的运行状态对其出力的影响，一方面考虑能否允许分布式电源接入系统；另一方面，考虑在分布式电源接入系统后允许其生产电能的大小，由于不同形态的分布式电源接入标准存在较大差异，因此需区别对待。

1）变电站安全供电风险指标。

变电站安全供电风险指标是反映由于馈线下游负荷过大导致变压器过载运行对变压器所产生的影响，可以通过变压器输送功率计算获得。结合风险指标的定义，变电站安全供电风险计算式为

$$R(S_{\mathrm{T}t}) = \int P(E_i \mid S_{\mathrm{T}t_0}) \int P(S_{\mathrm{T}t} \mid E_i, S_{\mathrm{T}t_0}) S(S_{\mathrm{T}t}) \mathrm{d}S_{\mathrm{T}t} \mathrm{d}E_i \tag{5-52}$$

式中，$S_{\mathrm{T}t}$为变压器在 t 时刻输送的功率（kW）；$R(S_{\mathrm{T}t})$ 为变压器在 t 时刻的变电站安全供电风险指标。

当变压器过载运行时，设备运行温度升高，使变压器内部过热，绝缘老化加剧，使变压器的寿命减少，因此，一般情况下变压器不允许过载运行。特殊情况下，允许短时间过载，但允许过载的时间和过载量有关。过载倍数增大，允许过载时间变短，通常过载量与允许过载运行时间如表 5-12 所示。

表 5-12　　变压器过载量与对应持续时间

过载量	持续时间（min）	过载量	持续时间（min）
10%	180	60%	45
20%	150	75%	15
30%	120	/	/

从表 5-12 可以看出，变压器越限 10%～30%时，允许持续时间持续下降，

且下降趋势相同，而在越限 60%～75%时，下降趋势有所减缓，因此，严重度函数采用分段中立型函数。根据变压器输送功率的标幺值大小，将变电站安全供电风险评估指标划分为 5 个区间，即 0～1、1～1.3、1.3～1.6、1.6～1.75、大于 1.75。当变压器负载率处于 0～1 区间时，设备能安全可靠运行，严重度函数为 0；后三个区间严重度函数采用线性函数，斜率为表中持续时间对过载量斜率的相反数；最后一个区间认为变压器保护装置动作，设备停运，其严重函数为 0。变压器安全供电风险指标的分段严重度函数为

$$S(s)=\begin{cases}0 & 0\leqslant s\leqslant 1\\ 300(s-1) & 1<s\leqslant 1.3\\ 250(s-1.3)+90 & 1.3<s\leqslant 1.6\\ 200(s-1.6)+165 & 1.6<s\leqslant 1.75\\ 0 & 1.75<s\end{cases}\tag{5-53}$$

2）分布式电源发电风险指标。

分布式电源发电风险指标用于反映分布式电源接入点的运行状况对电源能否接入系统发电和接入系统后允许出力的影响。由于分布电源种类繁多，其并网发电的特性存在较大的差异，因此需要结合分布式电源具体的运行特性，确定其发电风险指标的计算方式和严重度函数。由于一般分布式电源并网发电对并网接口的电压都有要求，因此结合风险的定义，将分布式电源发电风险定义为

$$R(U_{Gt})=\int P(E_i\,|\,U_{Gt_0})\int P(U_{Gt}\,|\,E_i,U_{Gt_0})S(U_{Gt})\mathrm{d}U_{Gt}\mathrm{d}E_i\tag{5-54}$$

式中，U_{Gt}为 t 时刻分布式电源并网点的节点电压幅值（标幺值）；$R(U_{Gt})$ 为分布式电源在 t 时刻的发电风险。

一般分布式电源并网运行都要求电网的运行电压在合理区间内，电压过低或过高时，系统不允许分布式电源接入电网，而在合理运行区间内，需根据偏离理想值程度的大小，对分布式电源出力进行额定功率的调整，因此将电源额定出力与当前运行时刻分布式电源允许出力的差值作为该分布式电源运行的严重度。为了计及分布式电源的额定容量的差异，本书将严重度函数定义为

$$S_G(u)=S_GS(u)\tag{5-55}$$

式中，$S_G(u)$ 为分布式电源的严重度函数；S_G 为分布式电源的额定容量（kVA）；$S(u)$ 为分布式电源容量归一化严重度函数。

$S(u)$ 采用分段函数表示，以额定运行电压为中心，根据并网点运行电压标幺值的大小，将分布式电源发电风险指标划分为 6 个区间。并网节点电压标幺值在 0.93～1.07 区间时，分布式电源允许接入电网且可以满额发电，严重度函数为 0；当在 0.8～0.93、1.07～1.2 区间时，没有超过分布式电源的安全运行范围，但需要降额运行，严重度函数取线性函数；而在 0～0.8、1.2～φ_G（节点电压保护装置整定值）时，分布式电源不允许接入电网，则定义其严重度函数为 1；当大于 φ_G 时，保护装置动作，隔离分布式电源，其出力为零，则严重度为 1。分布式电源发电风险指标的分段严重度函数为

$$S(u)=\begin{cases}1 & 0<u\leqslant 0.8\\ \dfrac{1}{0.13}(0.93-u) & 0.8<u\leqslant 0.93\\ 0 & 0.93<u\leqslant 1.07\\ \dfrac{1}{0.13}(u-1.07) & 1.07<u\leqslant 1.2\\ 1 & 1.2<u\leqslant \varphi_G\\ 1 & \varphi_G<u\end{cases} \tag{5-56}$$

（2）网络风险指标。

网络风险指标用于描述系统中网络设备的安全经济运行，包括设备安全运行风险指标和设备经济运行风险指标。设备安全运行风险指标主要用于衡量电能传输过程，当前运行环境对电力设备本身安全所产生的影响，包括设备绝缘风险指标和设备过载风险指标，前者从设备运行电压角度考虑，后者从设备运行功率（电流）角度考虑；设备经济运行风险指标主要是指在设备安全运行前提下，设备运行所产生的经济损失。

1）设备过载风险指标。

设备过载风险指标反映设备在超过额定功率环境下运行所承受的风险，可以通过支路的功率计算获得，即

$$R(S_{jt})=\int P(E_i\mid S_{jt_0})\int P(S_{jt}\mid E_i,S_{jt_0})S(S_{jt})\mathrm{d}S_{jt}\,\mathrm{d}E_i \tag{5-57}$$

式中，S_{jt} 为第 j 条线路 t 时刻流过的功率（kW）；$R(S_{jt})$ 为系统中第 j 条线路 t 时刻的过载风险指标。

随着过载量的增加，设备所处过载阶段不同，其单位增量给设备带来的风险会越来越大，因此设备过载风险采用分段函数表示，部分区间采用冒险型函数。一般来说，未过载时设备本身不存在安全风险，设备都有过载能力，允许一定程度上的短时过载，一般短时间内允许过负荷 1.2～1.4 倍，同时中压配电线路上过载保护装置通过电流一般为额定运行电流的 2～3 倍，因此结合实际生产规律综合考虑，按支路功率标幺值将过载引起的危害严重度函数划分为 0～1、1～1.4、1.4～2、大于 2 四个区间，严重度函数数值区间为 0～1。当功率处于正常运行区间时其危害的严重度数值为 0，当功率处于 1～1.4 区间时，严重度函数采用线性函数模型，当功率处于 1.4～2 时取其危害严重度为二次函数，当功率大于 2 时，保护装置可靠动作，隔离保护设备，设备本身安全不会受到威胁，严重度数值取为 0。因此过载风险指标严重度函数的分段函数模型为

$$S(s)=\begin{cases}0 & 0\leqslant s\leqslant 1\\ 0.5(s-1) & 1.0<s\leqslant 1.4\\ 0.3922s^2-0.5687 & 1.4<s\leqslant 2.0\\ 0 & 2.0<s\end{cases} \tag{5-58}$$

2）绝缘风险指标。

绝缘风险指标用于描述系统设备在运行过程中，绝缘水平随着运行电压的变化所遭受到的风险，可通过设备节点运行电压计算获得，因此，绝缘风险指标计算式为

$$R(U_{kt})=\int P(E_i\,|\,U_{kt_0})\int P(U_{kt}\,|\,E_i,U_{kt_0})S(U_{kt})\mathrm{d}U_{kt}\mathrm{d}E_i \tag{5-59}$$

式中，U_{kt} 为系统中第 k 个节点 t 时刻的节点电压幅值（标幺值）；$R(U_{kt})$ 为系统中第 k 个节点 t 时刻的绝缘风险指标。

设备绝缘状况与运行电压密切相关，当运行电压在额定电压附近或低于额定电压时，设备绝缘不受威胁，高于额定电压则会破坏设备绝缘。因此只考虑过电压情况下设备的绝缘风险，其严重度函数同样采用分段函数，局部为冒险型。根据 10kV 电压允许偏差为电额定电压的±7%标准以及设备自身的耐压范

围，按节点电压标幺值将绝缘风险危害严重度函数划分为5个区间。运行电压标幺值在0～1区间时，降压运行，取其危害度为0；运行电压标幺值在1～1.07正常运行区间内变化时，其危害严重度与越限大小呈线性函数关系；当电压标幺值超过1.07，但在1.2以内时，设备处于非正常运行范围，但在设备的耐压范围内，运行受到威胁，采用二次凹函数来表示其严重度函数；如果电压标幺值超过1.2，但仍然在保护动作整定值 φ_E 范围之内时，超出设备本身耐压范围，设备绝缘受到更为严重的威胁，故采用指数函数来表示；当电压处于保护装置整定值之外时，认为系统节点电压保护装置可靠动作，设备被隔离停运，严重度为0。因此，设备绝缘风险严重度函数可建立的分段函数模型为

$$S(u)=\begin{cases}0 & 0\leqslant u\leqslant 1\\ u-1 & 1<u\leqslant 1.07\\ 5\,(u-1)^2+0.0455 & 1.07<u\leqslant 1.2\\ 2.1608e^u-6.9285 & 1.2<u\leqslant \varphi_E\\ 0 & \varphi_E<u\end{cases}\tag{5-60}$$

3）设备经济运行风险指标。

设备经济运行风险评估是在保证设备安全运行前提下进行，因此需要在上述设备过载风险和绝缘风险均为理想值条件下进行分析。设备经济运行风险指标是反映设备在运行过程中由于损耗所造成的经济损失，定义为

$$R(Loss_{jt})=\int P(E_i\,|\,Loss_{jt_0})\int P(Loss_{jt}\,|\,E_i,Loss_{jt_0})S(Loss_{jt})\mathrm{d}Loss_{jt}\,\mathrm{d}E_i\tag{5-61}$$

式中，$Loss_{jt}$ 为第 j 条线路元件组在 t 时刻的损耗（kW）；$R(Loss_{jt})$ 为第 j 条线路元件组在 t 时刻的运行经济风险值。

由于损耗直接产生经济费用，设备经济运行风险指标的严重度函数采用中立型线性函数，斜率为电能的单位电价，其严重度函数为

$$S(Loss_{jt})=cLoss_{jt}\tag{5-62}$$

式中，c 为电价（元/kWh）；$Loss_{jt}$ 为第 j 条线路 t 时刻网络损耗（kW）。

（3）用户风险指标。

用户风险指标用于描述用户可靠优质用电过程中对用户本身造成的风险，

包括用户可靠用电风险指标和优质用电风险指标。用户可靠用电风险指标用于评估电网无法保证用户供电对生产、生活产生的影响；用户优质用电风险指标是为评估不同供电质量对不同类型用户带来的风险。

用户可靠用电风险指标用于反映电网在故障或保护装置动作后导致用户无法获得电能供应所造成的风险。当用户无法获得电力供应时，用户接入节点的电压为零，因此，采用负荷节点电压为计算依据，将用户可靠用电风险指标定义为

$$R(U_{lt}=0)=\int P(E_i|U_{lt_0})P(U_{lt}=0|E_i,U_{lt_0})S(U_{lt}=0)\mathrm{d}E_i \quad (5\text{-}63)$$

式中，U_{lt} 为第 l 个用户节点 t 时刻的节点电压（标幺值），当 $U_{lt}=0$ 时，则用户停电；$R(U_{lt}=0)$ 为第 l 个用户节点 t 时刻的用户可靠用电风险指标。

发生不同网络故障后所造成的停电区域和停电负荷存在差异，风险评估应更加关注重要用户（包括特级用户、一级用户、二级用户和临时重要用户）及大用户的可靠性，因此，认为用户可靠用电风险的严重度函数与故障所引起的停电负荷重要程度也成正比，与负荷量成正比，故采用中立型线性函数，将其严重度函数定义为

$$S(U_{lt}=0)=F_l Load_{lt} \quad (5\text{-}64)$$

式中，F_l 为第 l 个用户的重要等级，$Load_{lt}$ 为第 l 个用户节点在 t 时刻的负荷大小（kW）。

用户优质用电风险指标用于反映在可靠供电前提下，供电质量差异造成不同类型用户在生产生活过程中产生的风险，主要讨论充裕性指标，因此仅考虑电压偏差所产生的风险，定义为

$$R(U_{lt})=\int P(E_i|U_{lt_0})\int P(U_{lt}|E_i,U_{lt_0})S(U_{lt})\mathrm{d}U_{lt}\mathrm{d}E_i \quad (5\text{-}65)$$

式中，U_{lt} 为第 l 个用户节点 t 时刻的节点电压幅值（标幺值）；$R(U_{lt})$ 为第 l 个用户节点 t 时刻的优质用电风险指标。

为计及不同类型用户设备对供电质量承受能力的差异，以及同类型用户设备额定容量间的差异，定义用户优质用电风险严重函数为

$$S(U_{lt})=Load_l E_l S(u) \quad (5\text{-}66)$$

式中，$Load_l$ 为节点 l 的负荷容量（kW）；E_l 为节点 l 的负荷敏感程度，可根据负荷情况制定对应常数；$S(u)$ 为常规设备对电压偏移的严重度函数，即

$$S(u)=\begin{cases}2.1608e^{2-u}-6.9285 & 0<u\leqslant 0.8\\ 5(1-u)^2+0.0455 & 0.8<u\leqslant 0.93\\ 1-u & 0.93<u<1\\ 0 & u=1\\ u-1 & 1<u\leqslant 1.07\\ 5(u-1)^2+0.0455 & 1.07<u\leqslant 1.2\\ 2.1608e^{u}-6.9285 & 1.2<u\leqslant \varphi_l\\ 0 & \varphi_l<u\end{cases} \tag{5-67}$$

综上所述，各个风险指标均可通过相应的节点电压和支路功率计算获得，如果将系统节点分为电源节点、用户节点、设备节点，支路分为电源支路和网络支路，与节点电压和支路功率相关的风险指标关系可用图 5-12 和图 5-13 来表示。

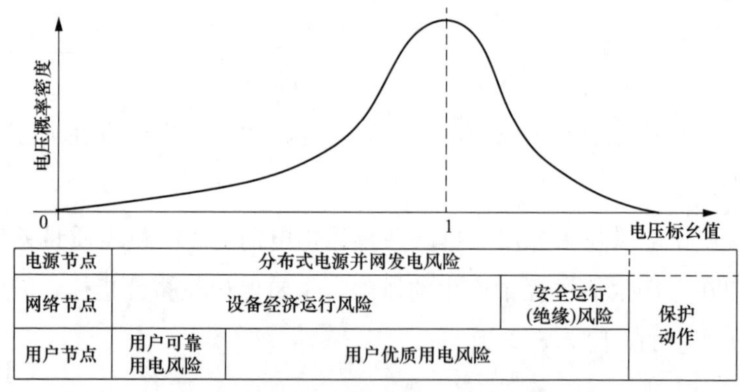

图 5-12　节点电压相关风险指标

上述的运行风险评估指标都是针对单个设备而言，属于元件级评估，有利于对单独某个或某类设备进行评估和分析，但是对整个系统而言，离散的设备指标不能有效地反应系统当前整体运行风险，因此，需要在元件级评估基础上，获得系统的整体评价。对于属于不同设备的同一个风险指标而言，可以通过直接累加的方式得到系统整体的各个风险评估指标。对于不同的风险指标而言，

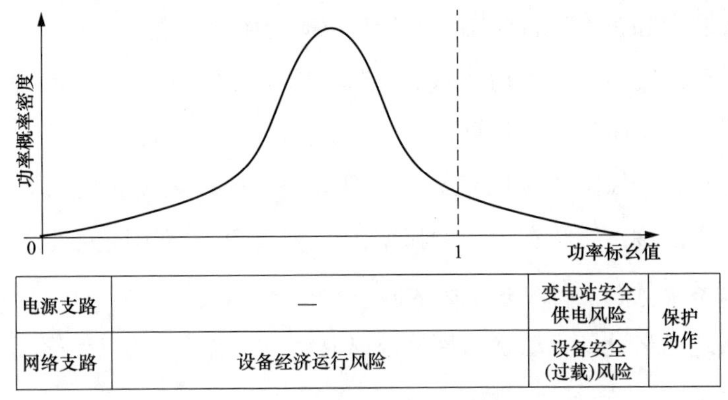

图 5-13　支路功率相关风险指标

由于不同风险指标是从不同的侧面对系统的运行情况进行评估，侧重点存在较大差异，导致各个指标间的数量级和量纲也存在较大差别。通常人们进行评估时经常采用将多个指标经过归一化处理之后进行累加的方式来获得对整体的评估，但运行风险与安全稳定性的特点类似，具有相对性和绝对性，一般人们更关注与运行风险的相对性，风险评估指标只有通过比较才能更好地显示意义。因此，本书结合风险相对性评估及 Pareto 最优的思想，保留其原有各个风险指标的数值，相关部门可依据自身的需求有选择性的选取系统级风险指标，为优化应对系统运行风险的策略提供参考依据。

5.4.3　基于动态概率潮流算法的智能配电网运行风险评估

1. 静态运行风险评估

考虑单时间断面时，系统运行风险的主要影响因素是当前时间断面下系统的运行状况，主要包括网络结构、负荷大小、分布式电源出力等，由于只计及当前时间断面下系统运行状态对风险影响和作用，因此称为静态运行风险评估。

基于第 4 章建立的智能配电网动态概率潮流计算方法，可通过以下流程进行静态运行风险评估：

（1）读取基础数据，包括所要评估的网架结构及参数、多样性负荷和分布式电源的预测数据及其预测误差的历史运行数据、系统各类型设备故障的概率统计值；

（2）根据当前断面网络连线方式构造对应的系统网络设备扰动状态集，包括单重故障状态和正常运行状态，并计算出对应的状态概率；

(3) 从系统网络设备扰动状态集中选取第 i 个系统状态，读取当前断面系统运行数据进行动态概率潮流计算，得出系统各个状态变量；

(4) 依据各个风险指标的定义及计算方法，计算该扰动状态下各个元件级风险指标，乘以该系统状态发生的概率 P_i，然后再进行不同元件之间的指标累加，得到该系统状态下各个系统级风险指标；

(5) 系统网络设备扰动状态集是否选取完毕，若否，令 $i=i+1$，转至步骤 (2)；否则，转至步骤 (6)；

(6) 累加不同系统扰动状态下的各个系统级风险指标，得到该运行方式下系统级各个风险指标。

2. 动态运行风险评估

实际系统中，当前时刻的运行状态不仅与此时刻相关，还与多个部门在不同时间尺度下采取的多种调度控制措施相关，例如，当前的网络运行方式与中长期的网络规划结果相关，与短期的网络运行方式调整及检修计划安排相关，也与超短期的网络故障及继电保护设备动作相关。基于上述思想，在对当前时间断面进行运行风险评估时，不仅需要计及当前网络运行状态，还需要结合历史系统状态及风险的性质，动态地考虑过去不同时间尺度下不同调度手段对当前时刻运行风险的影响。本书将计及历史一段时间内系统运行状态对当前时刻运行风险影响的评估称为动态运行风险评估。

由于动态运行风险评估所计及的历史时间尺度的不同，其考虑的因素和所产生的影响存在一定的差异，这里以日为周期进行动态运行风险评估，考虑历史一天内系统运行状态对当前时刻系统运行风险的影响。假设每个小时内的系统运行状态相同，每个小时为一个评估时刻，每个时刻的动态评估考虑过去 23 个小时系统控制手段的影响，其示意图如图 5-14 所示。

由于历史控制结果都会在历史系统运行状态中得以体现，因此，在计及日为周期的历史控制手段对当前时刻运行风险影响时，可通过历史连续 23 个时间断面下系统的运行持续状态来进行分析。换句话说，动态运行风险评估可等效于在静态运行风险评估基础上叠加了系统状态变量时间累积效应，其中，元件级评估指标和系统级评估指标的计算方法均可与静态评估相同。

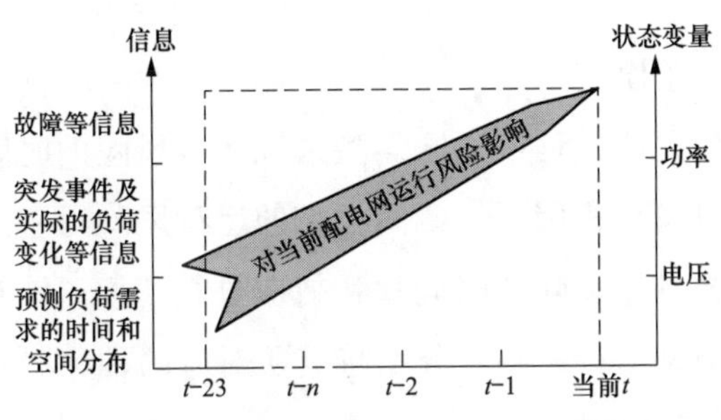

图 5-14　以日为周期的动态运行风险评估

（1）运行风险时间累积效应分析。

同一因素在历史不同阶段中对当前状态的不同风险指标的影响存在差异，需要分类进行分析。某类风险只与当前时间断面的系统运行状态有关，与历史系统运行状态无关，即与当前状态的持续时间无关，定义此类风险为无记忆型风险。如果风险与时间累积相关，则定义为记忆型风险，假设系统运行风险随系统状态持续时间的增加而增长，则定义此类风险为加强记忆型风险，反之，则为遗忘记忆型风险。

电源风险中，变压器安全送电风险与过载持续时间密切相关，相同状态下持续时间越长造成的风险越大，属于加强记忆型风险；分布式电源并网发电风险仅与当前断面下并网接口相关，与并网接口状态的持续时间无关，故此风险与时间累积无关，属于无记忆型风险。

网络风险中，设备安全运行风险取决于过载运行状态时设备自身温度的不断升高以及设备绝缘材料在此温度下的老化程度，而设备过载和运行电压偏移的持续时间均对设备所产生的热量累积有影响，且随着持续时间的增加，将增大设备安全运行风险，因此该风险属于加强记忆型风险；设备经济运行风险与系统设备的损耗相关，损耗只与当前系统的运行状态及结构相关，故该风险属于无记忆型风险。

负荷风险中，用户可靠用电风险取决于用户当前时刻下能否获得电力供应，该风险属于无记忆型风险；用户优质用电风险与电能质量密切相关，当电能质量持续运行在较差状态时，随着持续时间的增加，用户的用电损失会增大，属于加强记忆型风险。

（2）时间累积因子模型。

为计及动态风险评估过程中不同类型系统运行风险的时间累积效应，定义动态运行风险评估时间累积因子，不同类型的运行风险对应的时间累积因子模型存在差异，需结合具体风险的时间累积效应进行建模。针对无记忆、加强记忆、遗忘记忆三种类型运行风险，分别将其所对应的抽象时间累积因子模型定义为恒定、增长和下降模型。

对于无记忆型风险，无论当前系统状态已经持续了多长时间，对应的风险值仅与当前系统状态本身有关，相对于持续时间长度来说恒定不变，换而言之，历史系统状态没有对此刻的风险具有时间累积效应，对应的时间累积因子为恒定模型，此时间累积因子为常数 1，如图 5-15 所示，图中横坐标表示当前时刻下系统状态持续运行的时间，纵坐标表示时间累积因子数值，用于反映当前系统状态在不同持续时间下对当前风险指标的影响。静态风险评估等效于所有的评估风险指标均采用了时间累积因子恒定模型。

对于加强记忆型风险，随着历史系统状态持续时间的增加，当前断面的运行风险会不断增大，为计及历史系统状态对此类风险的影响，定义增长型时间累积因子模型。根据增长的快慢可以分为减速增长型、线性增长型、加速增长型，分别如图 5-16 中曲线 B、C、D 所示，具体增长的程度需依据风险性质制定。对于一般风险而言，持续时间越长，所产生的影响越大，因此系统运行风险多数适用于增长型时间累积因子模型。

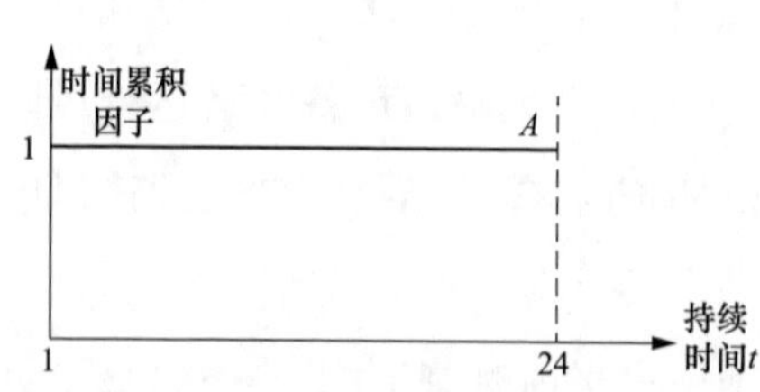

图 5-15　时间累积因子恒定模型示意图

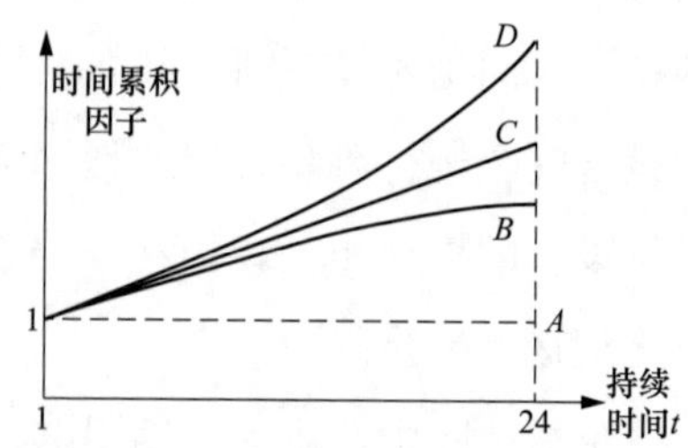

图 5-16　增长型时间累积因子示意图

对于遗忘记忆型风险，随着历史系统状态持续时间的增加，当前断面的运行风险会不断减小，为计及历史系统状态对此类运行风险的影响，定义下降型时间累积因子模型。根据减缓的快慢可以分为减速减缓模型、线性减缓模型、加速减缓模型，分别如图 5-17 中曲线 E、F、G 所示，具体减缓的程度需依据具体风险性质制定。只有当风险对系统环境具有适应性的情况下，才会采用此类型，实际运行中非常少有。

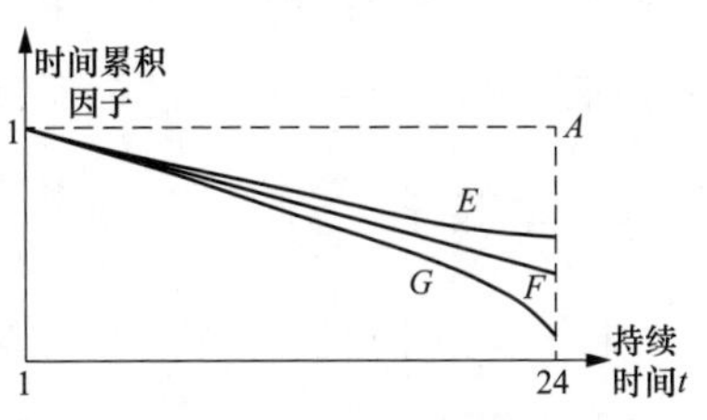

图 5-17　下降型时间累积因子示意图

在确定具体运行风险的时间累积因子时，需要结合其时间累积效应分析和时间累积因子抽象模型进行具体量化。由上述分析可知，这些风险指标均可通过系统运行内部状态变量计算获得，因此只需建立对应系统内部状态变量的时间累积因子模型，即可体现各个风险指标时间累积的影响。

对于同一个系统状态变量，当运行在不同数值时，在持续时间相同条件下，其风险的时间累积效果存在差异，为计及这种差异，需要按照具体每个状态变量数值建立对应的时间累积因子函数。考虑到系统状态变量取值范围较大，将一个状态变量划分为多个区间，每个区间作为一个整体考虑，认为状态变量处于同一个区间的时间累积因子相同。

（3）指标计算方法。

为计及时间累积效应，动态运行风险评估指标的计算方法与静态有所区别。整个动态评估周期可分解为当前时间断面 t 时刻和历史 23 个时间断面，假设系统状态变量 Y 在 t 时刻处于区间 B 的概率为 $P_{Y_t}(B)$，那么处于该区间之外的概率为$\overline{P_{Y_t}(B)}$，该断面下系统状态变量 Y_t 在区间 B 持续累积 n 个时间断面发生的概率为 $P_{Y_t}^n(B)$，其中 $0\leqslant n\leqslant 24$。

当 $n=0$ 时，相当于在 t 时刻下，系统状态变量 Y_t 都不处于该区间，此时状态发生概率 $P_{Y_t}^0(B)=\overline{P_{Y_t}(B)}$。

当 $1\leqslant n\leqslant 23$ 时，计算式为

$$P_{Y_t}^n(B) = P_{Y_t}(B)P_{Y_{t-1}}(B)\cdots P_{Y_{t-n+1}}(B)\overline{P_{Y_{t-n}}(B)}$$

$$= \prod_{i=0}^{n-1} P_{Y_{t-i}}(B) \overline{P_{Y_{t-n}}(B)} \tag{5-68}$$

当 $n=24$ 时，即系统状态变量 Y_t 持续 24 个静态断面，表明在 t 时刻及历史 23 个时间断面下，系统状态变量 Y_t 都处于该区间，此时状态发生的概率为 $P_{Y_t}^{24}(B) = \prod_{i=0}^{i=23} P_{Y_{t-i}}(B)$ 。

在求得 t 时刻状态变量 Y 在区间 B 内不同持续时间发生的概率后，结合建立的时间累积因子模型，可计算得到 Y_t 在区间 B 内持续不同时间下的时间累积因子。假设状态变量 Y_t 在区间 B 内持续 n 个时间断面的时间累积因子为 $TS_{Y_t}^{B}(n)$，那么系统状态变量 Y_t 在区间 B 的整体时间累积因子为

$$TS_{Y_t}^{B} = \sum_{n=1}^{24} TS_{Y_t}^{B}(n) P_{Y_t}^{n} \tag{5-69}$$

结合上述对风险的定义，可得到在动态风险评估过程中计及时间累积因子单时间断面的风险指标计算公式为

$$R(Y_t) = \int P(E_i \mid Y_{t_0}) \sum_{k=1}^{N_{Y_t}} TS_{Y_t}^{B_k} \int_{B_k^-}^{B_k^+} P(Y_t \mid E_i, Y_{t_0}) S(Y_t) \mathrm{d}Y_t \mathrm{d}E_i \tag{5-70}$$

式中，B_k 为 t 时刻系统状态变量 Y_t 处于第 k 个状态区间；B_k^- 为第 k 个状态区间的下限；B_k^+ 为第 k 个状态区间的上限；N_{Y_t} 为状态变量被分解成的区间个数。

（4）动态风险评估流程。

本书以日为周期进行动态运行风险评估，考虑过去一天内系统运行状态对当前时刻系统运行风险的影响，在上述时间累积因子模型基础上建立动态风险评估流程，具体步骤如下：

1）选取需要评估的时间断面，读取当前时间断面下的基础数据，构造对应的系统网络设备扰动状态集，计算每个扰动下系统状态变量的概率分布及对应的状态概率；

2）将各个扰动状态集中系统状态变量的概率分布乘以对应系统扰动状态发生的概率，并叠加获得当前时刻下系统各个状态变量的总体概率分布；

3）读取当前断面相邻历史连续 23 个时间断面下各个系统状态变量的整体历史概率分布；

4）计算各个内部状态变量在各个区间内不同累积时间长度的发生概率，求出对应风险的时间累积因子；

5）计算当前时间断面下以日为周期的动态运行风险评估指标。

5.4.4 算例分析

1. 高压配电网

(1) 不计分布式电源影响。

在第 1 章中介绍的 A1 网基础上进行扩展，与大电网通过两条联络线相连，如图 5-18 所示。考虑到实际运行时，相比线路发生故障的概率而言，变压器发生故障的概率非常小，因此对线路故障进行仿真分析，设预想故障集包含 Ln2 线、Ln1 线、联络线 1 及联络线 1、2 发生短路故障 4 种情况，并假设所有线路和变压器的年故障率分别相同，分别为 0.0084、0.0009 次/年。

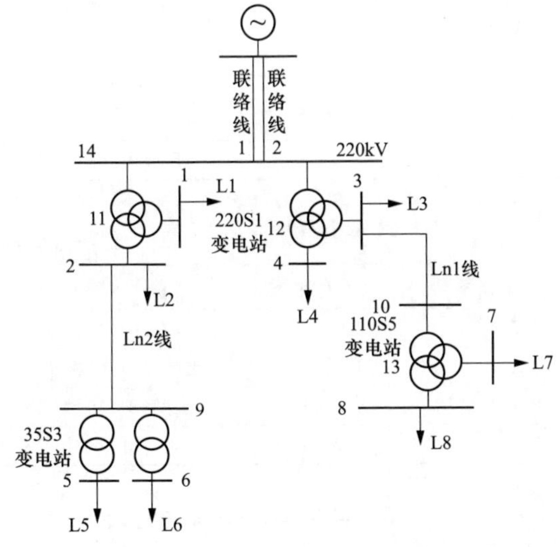

图 5-18　扩展 A1 网接线图

Ln2 线、Ln1 线和联络线 1 发生故障的概率均相同，即

$$P(E_1)=P(E_2)=P(E_3)=\left(1-e^{-\frac{0.0084}{365}}\right)e^{\left(3\times\frac{0.0084}{365}+5\times\frac{0.0009}{365}\right)}$$
$$=2.3012\times10^{-5} \tag{5-71}$$

联络线 1 和 2 同时发生故障的概率为

$$P(E_4) = \left(1 - e^{-\frac{0.0084}{365}}\right) e^{\left(2\times\frac{0.0084}{365}+5\times\frac{0.0009}{365}\right)}$$
$$= 5.2959 \times 10^{-10} \tag{5-72}$$

表5-13～表5-16分别为动态负荷所占比例为0.73时的暂态电压、暂态电流、频率和功角的风险指标。

表 5-13　　暂态电压风险评估结果

事故	概率	严重度	暂态电压风险	全网暂态电压累计风险
Ln2线故障	2.3012×10^{-5}	0.2757	6.3444×10^{-6}	3.3527×10^{-5}
Ln1线故障	2.3012×10^{-5}	0.5829	1.3414×10^{-5}	
外网一条线路故障	2.3012×10^{-5}	0.5981	1.3763×10^{-5}	
外网两条线路故障	5.2959×10^{-10}	11	5.8255×10^{-9}	

表 5-14　　暂态电流风险评估结果

事故	概率	严重度	暂态电流风险	全网暂态电流累计风险
Ln2线故障	2.3012×10^{-5}	0.0056	1.2887×10^{-7}	1.3205×10^{-7}
Ln1线故障	2.3012×10^{-5}	9.5605×10^{-5}	2.2001×10^{-9}	
外网一条线路故障	2.3012×10^{-5}	4.2532×10^{-5}	9.7875×10^{-10}	
外网两条线路故障	5.2959×10^{-10}	0	0	

表 5-15　　频率风险评估结果

事故	概率	严重度	频率风险	全网频率累计风险
Ln2线故障	2.3012×10^{-5}	1.1872×10^{-4}	2.7320×10^{-9}	1.2223×10^{-8}
Ln1线故障	2.3012×10^{-5}	3.7471×10^{-6}	8.6228×10^{-11}	
外网一条线路故障	2.3012×10^{-5}	3.8566×10^{-4}	8.8748×10^{-9}	
外网两条线路故障	5.2959×10^{-10}	1	0	

表 5-16　　电压暂降风险评估结果

事故	概率	严重度	电压暂降风险	全网电压暂降累计风险
Ln2线故障	2.3012×10^{-5}	0.0803	1.8479×10^{-6}	1.0201×10^{-5}
Ln1线故障	2.3012×10^{-5}	0.1620	3.7279×10^{-6}	
外网一条线路故障	2.3012×10^{-5}	0.2010	4.6254×10^{-6}	
外网两条线路故障	5.2959×10^{-10}	0	0	

在保持各节点负荷大小不变的情况下，改变动态负荷与静态负荷的比例，分析3种不同比例下的暂态风险指标，动态负荷所占比例分别为0.73（比例1），

0.70（比例 2），0.67（比例 3）。每种比例下 A1 网的各种暂态风险指标值如图 5-19 所示。

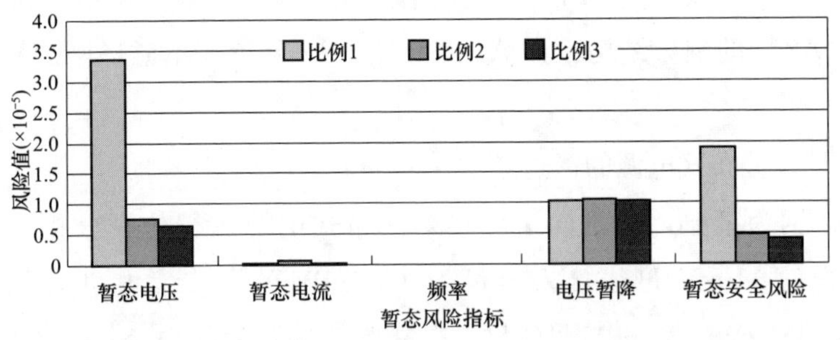

图 5-19　不同动态负荷比例下的暂态风险指标

由图 5-19 可知，暂态电压风险指标相比其他暂态指标要大很多，对于同一个网络，当动态负荷所占比例增大时，暂态电压风险增幅较大，暂态电流和频率风险有一定增大，电压暂降指标变化不大，频率风险非常小。

分别对第 1 章中介绍的 A1 网、A2 网以及开关全闭合情况下的 A3 网和 B 网的开环运行方式进行仿真分析，暂态风险指标如表 5-17、图 5-20 所示。

表 5-17　　不同电网结构的暂态风险指标计算结果

网络	暂态电压	暂态电流	频率	电压暂降	暂态风险
A1 网	7.57217×10^{-6}	7.64×10^{-7}	1.283×10^{-8}	1.041×10^{-5}	4.8444×10^{-6}
A2 网	7.29976×10^{-5}	1.161×10^{-6}	1.375×10^{-8}	1.136×10^{-5}	4.1100×10^{-5}
A3 网	2.47×10^{-5}	1.421×10^{-6}	2.144×10^{-8}	1.503×10^{-5}	1.4682×10^{-5}
B 网	1.14497×10^{-5}	1.163×10^{-7}	1.939×10^{-8}	1.203×10^{-5}	6.8704×10^{-6}

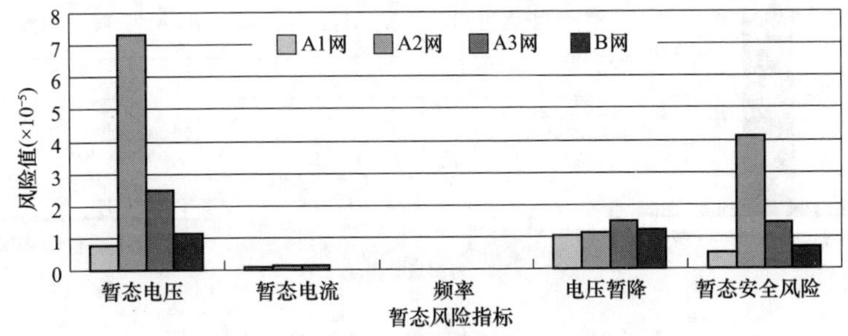

图 5-20　不同电网结构的暂态风险指标

从图 5-20 可看出，相对于 A1 网来说，A2 网和 A3 网的暂态电压风险明显增大，暂态电流风险、频率风险和电压暂降风险增幅不大，整体暂态风险都大于 A1 网，电压等级简化后的 B 网的暂态电压暂降和暂态风险值稍大于 A1 网，结果表明 A2 网的网架结构不如 A1 网合理，A3 网处于电磁环网运行，使其安全性下降。

(2) 计及分布式电源的影响。

以 A1 网为基础，分不同情况接入分布式电源进行仿真分析，分别是在 110S5 变电站 110kV 母线接入容量为 37.5MW 的同步发电机（大容量同步 DG）、在 35S3 变电站 35kV 母线接入容量为 10MW 的同步发电机（小容量同步 DG）、同时在 110S5 变电站 110kV 母线和 35S3 变电站 35kV 母线分别接入 37.5MW 和 10MW 的同步发电机（两同步 DG）、在 35S3 变电站 35kV 母线接入容量为8×1.5MW 的风力发电机（异步 DG），以及同时在 110S5 变电站 110kV 母线接入容量为 37.5MW 同步发电机和 35S3 变电站 35kV 母线接入容量为 8×1.5MW 的风力发电机（同步 DG+异步 DG）。

由图 5-21 可知，A1 网在高压侧接入大容量同步机的暂态风险大于在低压侧接入小容量同步机；当接入分布式电源为异步发电机时，暂态电压风险指标大增，导致暂态风险增大很多，电压安全性成为主要问题；同时接入两台同步发电机时，功角安全问题也需引起重视。总的来说，接入分布式电源的容量越大，接入电压等级越高，故障引起的电网安全性风险越大。

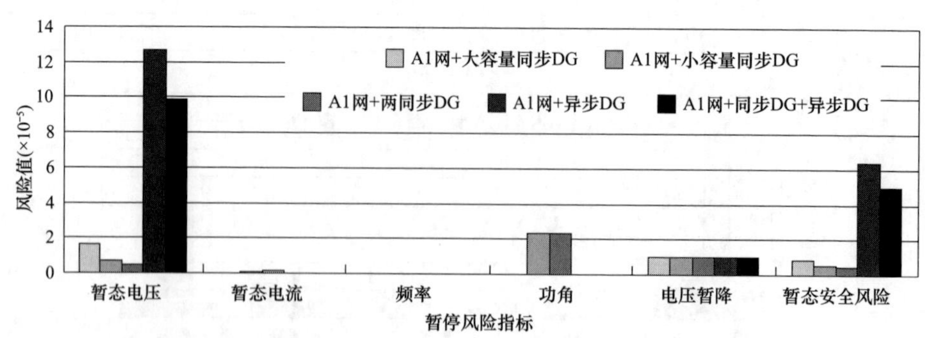

图 5-21　含不同类型 DG 的暂态风险指标

2. 中压配电网静态运行风险评估

在 IEEE 69 节点系统中，假设每条馈线额定容量均为 4375kVA，根据某供电公司配电网运行月报估计得到整条馈线的故障率取 $\lambda=1.42\times10^{-14}$ 次/(馈线·h)，每条馈线段故障率根据其电阻的大小等比例折算获得，同时根据历史运行经验可知负荷开关发生故障的概率较小，因此忽略负荷开关故障的影响。

(1) 不同分布式电源接入的影响。

分别在节点 9、27 接入不同容量的风力发电系统、太阳能光伏发电系统进行仿真分析，其中风电出力的功率因数取 0.9578 滞后，光伏出力的功率因数为 0.9903 超前，计算结果见表 5-18。

表 5-18　　不同分布式电源接入下系统运行风险指标

系统状态		初始状态	接入风力发电系统			接入太阳能光伏发电系统
接入节点		—	9	9	27	27
容量（kW）		—	300	1000	300	300
变电站安全送电风险		—	—	—	—	—
分布式电源发电风险		0	0	0	2.8509e-3	2.8509e-3
设备安全运行风险	过载	1.8628e-1	6.2721e-2	4.8090e-14	6.1700e-2	5.9635e-2
	绝缘	0	0	3.0213e-29	0	0
设备经济运行风险		1.0295e+2	1.0304e+2	9.5095e+1	9.7030e+1	9.2840e+1
用户可靠用电风险		6.7008e-2	6.5645e-2	6.2466e-2	5.6509e-2	5.6509e-2
用户优质用电风险		1.7699e+2	1.6681e+2	1.4679e+2	1.5999e+2	1.5892e+2

从表 5-18 可以看出，在同一节点接入不同容量的分布式电源时，电源容量越大，其支撑作用越明显，有利于系统整体运行风险的降低，但同时随着容量的增大，其出力的随机性也会增加，导致电压波动性增大，从而影响系统的设备安全运行绝缘风险。同样的分布式电源接入点靠近末端能够减少更多支路的功率，对末端电能质量的支撑作用更强，能够降低网络、用户运行风险和变压器安全送电风险，从而有利于系统安全运行；由于配电系统末端电压较低，会反作用于分布式电源，增加分布式电源出力风险。在相同节点接入相同容量不同类型的分布式电源时，对系统运行风险的影响与电源的运行特性有关，一般来说太阳能光伏发电的出力相对平稳，随机波动成本比风力发电小。

（2）不同故障的影响。

选择故障发生概率最大和故障后风险指标相对较大两种状态进行对比，结果如表 5-19 所示。

表 5-19　　不同故障状态下系统运行风险指标

系统状态		支路 33-34 故障	支路 8-9 故障	正常运行	合计
状态概率		8.4722e-6	2.4454e-7	9.9988e-1	1
变电站安全送电风险		0	0	0	0
分布式电源发电风险		—	—	—	—
设备安全运行风险	过载	7.2829e-7	0	1.8627e-1	1.8628e-1
	绝缘	0	0	0	0
设备经济运行风险		4.2846e-4	7.1764e-22	1.0294e+2	1.0295e+2
用户可靠用电风险		1.6439e-4	1.2045e-3	0	6.7008e-2
用户优质用电风险		7.3645e-4	2.0737e-6	1.7697e+2	1.7699e+2

从表 5-19 可以看出，不同种类故障下系统运行风险存在差异，支路 33-44 故障发生的概率明显大于支路 8-9，但是由于支路 33-34 接近网络末梢，影响的用户较少，因此其用户可靠用电风险明显小于后者，正是由于支路 8-9 处于网络中心，影响的用户较多，一旦发生故障，剩余接入网络中的负荷较少，导致其设备过载风险、设备经济运行风险以及用户优质用电风险要小于支路 33-34 故障时的情况。同时，由于变电站容量一般远大于单条馈线的容量，因此变压器安全送电风险均为 0；网络中的节点电压低于母线额定电压，因此其各个系统状态下的设备绝缘风险为 0。

总体来看，部分故障虽然发生的概率较小，但是故障的后果严重，导致整体的运行风险相对较大，因此需要综合分析不同故障下系统运行风险的相对大小，确定系统的薄弱环节，从而为提高系统安全稳定运行提供决策依据。另外，通过与未发生故障和系统整体指标的对比可知，用户可靠供电风险主要源自各种故障状态，其余风险主要来自正常运行状态。

（3）运行方式的影响。

分别对初始运行状态和如图 5-22 所示的运行方式 1 进行仿真分析，结果如表 5-20 所示。

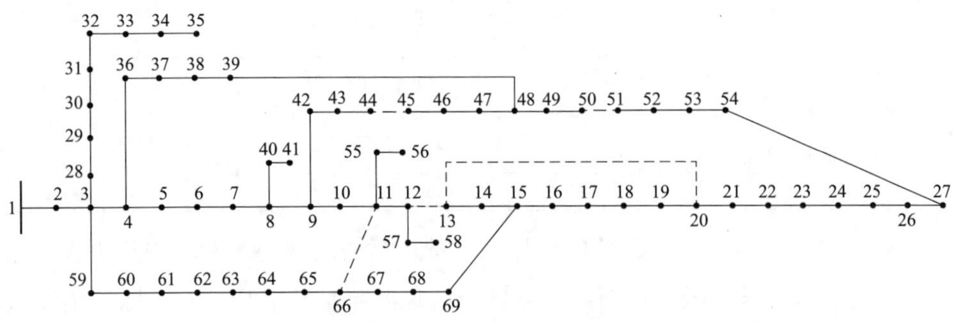

图 5-22　IEEE 69 节点算例运行方式 1

表 5-20　　不同运行方式下系统运行风险指标

运行方式		初始状态	运行方式 1
变电站安全送电风险		0	0
分布式电源发电风险		0	0
设备安全运行风险	过载	1.8627e−1	1.1486e−1
	绝缘	0	0
设备经济运行风险		1.0295e+2	4.5763e+1
用户可靠用电风险		6.7008e−2	4.9134e−2
用户优质用电风险		1.7699e+2	1.1638e+2

从表 5-20 可以看出，在初始运行状态下，部分支路过长且所带的负荷过重，其他供电路径较短且轻载运行，运行方式 1 的网架结构更为合理，负荷分布相对均衡，因此风险指标全面低于初始运行状态。

（4）不同负荷特性的影响。

考虑大负荷、负荷敏感以及可中断负荷三种状态。在初始负荷状态下，大负荷状态是指提高所有的负荷大小至 1.5 倍，敏感负荷状态是提高所有负荷的敏感系数至 2 倍，可中断负荷状态是指把馈线中所有负荷均设置为可中断负荷。具体计算结果如表 5-21 所示。

表 5-21　　不同负荷状况下系统风险指标

负荷状态		初始状态	大负荷状态	敏感负荷状态	可中断负荷状态
变电站安全送电风险		0	3.0901e−222	0	0
分布式电源发电风险		0	0	0	0
设备安全运行风险	过载	1.8627e−1	2.5647	1.8627e−1	1.8627e−1
	绝缘	0	0	0	0

续表

负荷状态	初始状态	大负荷状态	敏感负荷状态	可中断负荷状态
设备经济运行风险	1.0295e+2	2.5509e+2	1.0295e+2	1.0295e+2
用户可靠用电风险	6.7008e−2	1.0051e−1	6.7008e−2	0
用户优质用电风险	1.7699e+2	4.4105e+2	3.5399e+2	1.7699e+2

从表 5-21 可以看出，负荷的增加使设备运行裕度减小，网络损耗更大，用户末端的节点电压更低，从而导致系统所有风险指标均有所增加；随着负荷敏感程度的提升，用户对电能质量的要求更高，导致用户优质用电风险更高；当用户为可中断负荷时，用户在一定程度上允许停电，使得用户可靠用电风险降低为 0。也就是说，负荷增加降低系统设备裕度会增加系统的运行风险，敏感负荷和可中断负荷改变了负荷性质，仅对用户本身的运行风险有影响。

3. 中压配电网动态运行风险评估

假设居民、工业和商业三种类型的负荷随机分布在 69 节点系统中，各个节点负荷的峰值取 69 节点标准节点负荷，各负荷类型的 24 小时梯形负荷曲线如图 5-23～图 5-25 所示[117]。风速和光照强度数据分别采集自某风电场和光伏电站的实测数据。其中，风速服从 Weibull 分布，风机采用变速恒频发电模型，切入风速为 2m/s，额定风速为 20m/s，切除风速为 25m/s，额定容量为 300kW，接入点为 9 节点。光照强度服从 Beta 分布，光照起始时刻为 4 时 40 分，光照结束时刻为 19 时 30 分，太阳能光伏电站额定容量为 300kW，接入点为 27 节点。

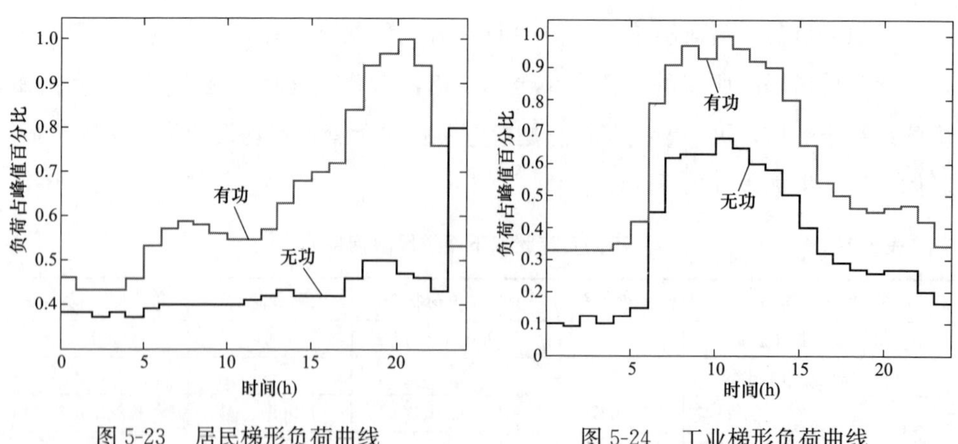

图 5-23　居民梯形负荷曲线

图 5-24　工业梯形负荷曲线

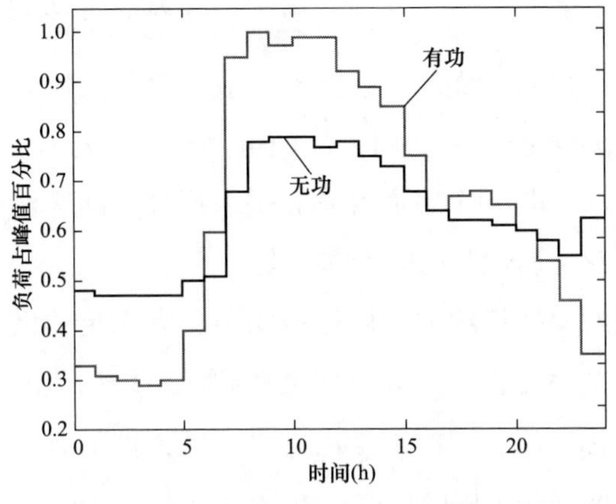

图 5-25　商业梯形负荷曲线

分考虑和不考虑时间累积效应两种情况进行仿真计算，结果如表 5-22 所示。

表 5-22　　动态评估与第 24 时刻的静态评估结果

评估方式		静态评估结果	动态评估结果	增加百分比（%）
变电站安全送电风险		0	0	0
分布式电源发电风险		0	0	0
设备安全运行风险	过载	0	5.5512e-231	—
	绝缘	6.9783e-55	1.5835e-42	2.2693e+10
设备经济运行风险		8.0365	8.0365	0
用户可靠用电风险		2.2709e-2	2.2709e-2	0
用户优质用电风险		1.7680e+1	1.8378e+1	3.9480

由表 5-22 可知，由于变压器额定容量较大，变电站安全送电风险均为 0，设备安全运行风险（过载和绝缘）和用户优质用电风险属于加强记忆型风险，因此动态评估结果比静态评估结果大，其中设备绝缘风险增量较大；其余无记忆型风险的动态评估结果与静态评估结果相同。

5.5　本　章　小　结

本章论述了智能配电网健康运行状态评估的相关理论。在智能配电网自愈控制框架中，运行状态评估是实现自愈控制的前提条件，为控制策略的制定提供导向。为了使评估结果的导向科学合理，以智能配电网运行的基本要求和特征为基础，按安全、可靠、优质、经济和适应五个方面建立健康运行状态评估的指标体系及其计算模型；考虑到智能配电网运行状态评估涉及的指标众多，且智能配电网运行状态是一个多属性集，引入属性区间算法将智能配电网健康运行状态的评估转化为属性测度的计算问题。

由于智能配电网保持持续的健康运行需要具有充足的供电能力，保证对负荷等运行条件变化的适应性，因此针对这些要求，以负荷的增长为条件、安全运行水平为考核目标，建立智能配电网的供电能力评估方法。所建指标可得到当前运行方式下电网的剩余供电裕度，也可为评估最多可新增的负荷提供指导，以及为准确计算出相邻电网的联络节点可容纳转移负荷的能力，确定转移负荷的大小提供手段。最后基于重复潮流算法实现对高压和中压两个不同电压等级配电网的供电能力进行评估。

任何扰动都可能改变智能配电网的健康运行状态，因此运行风险评估是智能配电网健康运行状态评估的重要内容。首先对智能配电网中存在的运行风险进行分析和界定，给出运行风险的定义及扰动概率的计算方法。针对高压配电网，从静态风险和暂态风险两个方面提出智能配电网的运行风险评估指标并推导指标计算模型和严重度函数；针对中压配电网，则从智能配电网中源、网、荷三大风险源的角度提出适应于中压配电网运行风险评估的指标并推导指标计算模型和严重度函数。进一步考虑时间因素对智能配电网运行风险的影响，建立智能配电网单时间断面静态运行风险评估和多时间断面动态运行风险评估的评估策略和流程，并基于第 4 章中介绍的动态概率潮流算法完成对不同电压等级智能配电网运行风险的评估计算与分析。

智能配电网健壮控制

6.1 本 章 概 述

根据本书对智能配电网自愈控制的定义及运行状态的划分，智能配电网自愈控制的核心思想是预防，在正常运行情况下，首先需要考虑智能配电网未来所面临的运行环境，是否能够适应负荷的发展是关键。因此，本章研究健壮控制的目的是使配电网具有更加坚强的基本结构，重点关注智能配电网未来的供电可靠性。

在日常业务中，对于可靠性的考核往往是根据历史数据进行统计分析。由于本章需要用可靠性指标作为导向，获得合理的健壮控制策略，因此，除了参考历史数据以外，首先需要基于当前网络结构及其未来发展趋势进行分析，建立可靠性分析指标模型，并考虑用户对供电可靠性需求具有差异的因素建立配电网缺电损失模型。馈线之间的联络线是提高供电可靠性的重要手段，在计及联络线的配电网可靠性指标计算基础之上，一方面，需要满足用户差异化的高可靠供电需求；另一方面，要保证智能配电网的建设规划经济性好，方案切实可行，因此建立两者综合协调的智能配电网多目标优化模型。然后，借助蚁群寻食的原理，引入蚁群算法进行求解。

6.2 计及缺电损失的配电网可靠性计算

6.2.1 可靠性分析指标及影响因子模型

1. 可靠性分析指标

在分析可靠性时主要应用节点可靠性和系统可靠性指标，在介绍指标之前，首先定义几个名词，以图 6-1 为例进行说明。

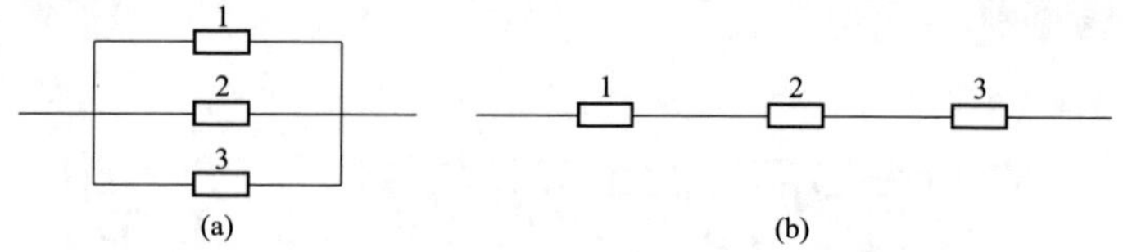

图 6-1 元件连接关系示意图

(a) 元件并联结构；(b) 元件串联结构

元件故障率：该元件发生故障不能持续工作的可能性，与图 6-1 中元件断开的状态概率相对应。一般以年故障持续时间 T_f 占总时间的比例来衡量，用 F 表示，其计算式为

$$F = \frac{T_f}{8760} \tag{6-1}$$

加法原理：计算并联元件故障率对系统可靠性的影响用加法原理，如图 6-1 (a) 中，假设元件 1、2 和 3 的故障概率分别为 F_1，F_2，F_3，则该系统的可靠性为

$$R = 1 - F_1 F_2 F_3 \tag{6-2}$$

乘法原理：计算串联元件故障率对系统可靠性的影响用乘法原理，如图 6-1 (b) 中，系统的可靠性为

$$R = (1 - F_1)(1 - F_2)(1 - F_3) \tag{6-3}$$

节点供电可靠性：该节点能持续获得电力供应的概率，用 R 表示，根据乘法原理，其值依赖于变压器和供电线路等发、输、配电设备的可靠性，因此可以表示为电能到达该节点过程中所经过的发电、输电、配电、供电等设备故障率的函数，表达式为

$$R_i = \prod_{j=1}^{n} (1 - F_j) \tag{6-4}$$

式中，$j=1, 2, \cdots, n$ 表示电能从电源点到达节点 i 途中经过的所有电气设备；F_j 表示相关电气设备的故障率。

系统供电可靠性：该系统保证内部所有节点持续获得电力供应的能力，用 R_{SA} 表示。本书定义为网络内所有节点供电可靠性的加权平均值，如下式所示：

$$R_{SA} = \frac{\sum_{i=1}^{n} \lambda_i S_i R_i}{\sum_{i=1}^{n} S_i} \tag{6-5}$$

式中，R_{SA}是系统平均可靠性指标；λ_i 是根据各负荷的负荷特性来确定的权重系数；R_i 是系统中节点的可靠性指标；S_i 指节点的负荷容量；n 是系统中的节点数。

影响可靠性分析的因素很多，且相互影响，本章考虑元件模型、元件寿命、天气条件、可用修复资源和时变负荷等影响因素，具体如下。

2. 考虑元件寿命的可靠性模型

大多数电力元件都遵循一定形式的寿命周期，在不同阶段中的故障率不是固定值。当电力元件刚投入使用时，由于运输和安装过程中人为的损坏，故障率相对较高，这段时期称为磨合期或者投入期；一段时间以后元件的故障率逐渐降低并达到一个近似恒定不变的值，这段时间称为元件的有用寿命时期；当元件逐渐磨损，故障率趋于升高直至发生故障或者被新的元件替换，这段时期在元件的寿命过程中称为磨损期。因此，进行可靠性分析时，应考虑元件在不同寿命时期故障率对可靠性的影响。其中，投入期（磨合期）、磨损期的故障率可分别为

$$\lambda(t) = K_0 e^{-\beta t} \lambda_c \tag{6-6}$$

$$\lambda(t) = K e^{\gamma t} \lambda_c \tag{6-7}$$

$$\beta = \frac{\ln K_0}{t_{Bl}} \tag{6-8}$$

$$K = e^{-\gamma(t_L - t_{WO})} \tag{6-9}$$

$$\gamma = \frac{\ln K_0}{t_{WO}} \tag{6-10}$$

式中，t 为元件的年龄；K_0 是影响因子的最大值；λ_c 为有用寿命时期的故障率；t_L 为元件寿命；t_{Bl}为元件的投入期（磨合期）；t_{WO}为元件的磨损期。

假设单位长度线路的 λ_c 为 0.065 次/年，变压器的 λ_c 为 0.015 次/年，元件的寿命（线路和变压器）均为 30 年，磨合期和磨损期均为 2 年。则单位长度线路和变压器受其寿命影响的关系曲线如图 6-2 所示。

3. 考虑天气因素的可靠性模型

对于线路、配电变压器等户外元件而言，其故障率是气候条件的函数[118]。恶劣天气出现的概率虽然不高，但处在恶劣气候条件下，电力元件发生故障的概率明显增加，并对元件产生巨大的破坏作用，使配电网发生多种相关和不相

关故障的可能性急剧增加，发生所谓的“故障聚集”现象。因此，在智能配电网可靠性分析中，有必要考虑气候条件对系统可靠性的影响。

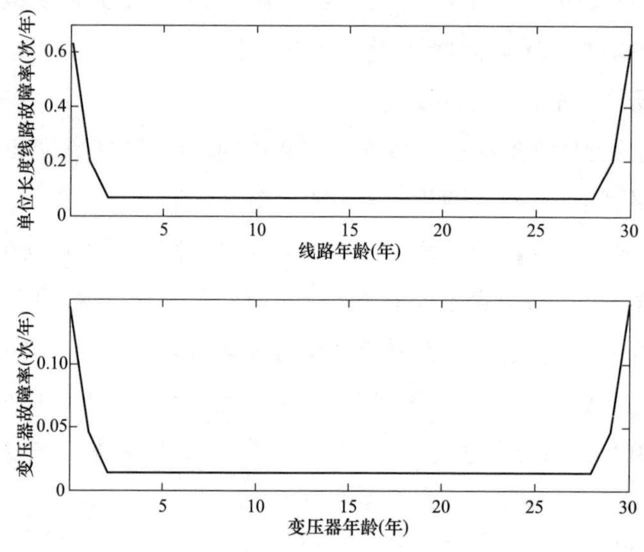

图 6-2　设备故障率变化曲线

分正常天气、恶劣天气、大灾难天气三种情况建立可靠性分析模型。假设给定天气时故障率不变，且正常天气时的故障率为平均故障率 λ，则随天气变化的故障率为

$$\lambda(t) = w(t)\lambda \tag{6-11}$$

式中，$w(t)$ 为与天气因素相关的权重因子，设正常天气 $w(t)=1$；恶劣天气 $w(t)=1.2$；大灾难天气 $w(t)=2$，即当正常天气时某元件的故障率为 λ；恶劣天气时的故障率为 1.2λ；大灾难天气时的故障率为 2λ。同理，如果正常天气时的修复时间为 r，则随天气变化的修复时间为

$$r(t) = w(t)r \tag{6-12}$$

4. 考虑修复资源的可靠性模型

除了天气因素会对元件的修复时间造成影响外，可用修复资源也会影响元件的修复时间，与修复资源相关的因素包括季节的变化、工作日和休息日的变化、白天和夜间的变化。因此，考虑可用修复资源的影响时，元件的修复时间

变为时变函数，如式（6-13）所示，权重因子如图 6-3 所示。

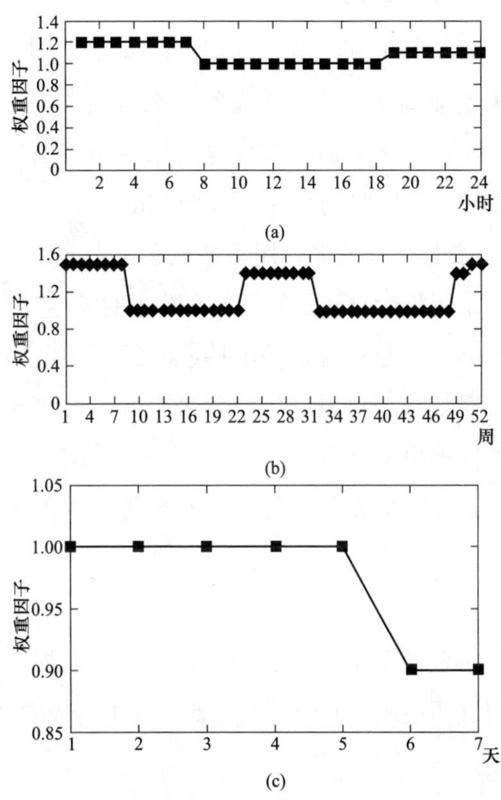

图 6-3　修复时间权重因子

(a) 时变修复时间 24 小时权重因子；(b) 时变修复时间 52 周权重因子；(c) 时变修复时间一周 7 天权重因子

$$r(t) = w_{\mathrm{w}}(t) w_{\mathrm{d}}(t) w_{\mathrm{h}}(t) r \tag{6-13}$$

式中，$w_{\mathrm{w}}(t)$ 为与季节相关的时变权重因子；$w_{\mathrm{d}}(t)$ 为与工作日、休息日相关的权重因子；$w_{\mathrm{h}}(t)$ 为与夜间、白天相关的权重因子。

6.2.2　配电网缺电损失模型

1. 缺电损失的相关因素

由于负荷性质、重要程度、失电量的不同，同样故障所造成的损失也有较大差异，因此在可靠性分析中需要计及缺电损失，也称之为缺电成本。其大小与以下因素有关：

(1) 用户类别，不同类别的用户对电力供应的依赖度不同，每缺 1kWh 电所导致的用户停电损失具有差异；

(2) 停电发生时间，用户的用电具有时间性，比如非三班制的工业用户，其工作日的缺电损失明显高于节假日或夜间的缺电损失，住宅用户主要用电时间在夜间的前半段，所以白天或后半夜停电带来的损失明显低于前半夜停电造成的影响，在不同季节、不同时刻具有不同的缺电损失；

(3) 停电频率，停电次数越多，用户所受的干扰越频繁，停电损失越大，多数工业用户倾向于采用持续时间长但停电次数少的停电方式；

(4) 停电持续时间，一般来说，停电持续时间与停电损失不是简单的线性关系，由于停电的即时效应，停电开始阶段带来的停电损失较大，随着停电时间的持续增加，单位停电损失会下降；

(5) 停电的提前通知时间，如果停电没有预警或提前通知时间不足，会造成更严重的损失，提前通知停电时间可将停电损失降低 30%～60%，甚至可以避免部分损失；

(6) 停电比率，一般情况下，停电比率越大，停电损失越高，部分停电时可选择关掉一些比较有弹性或次要的用电设备，减少造成的停电损失。

2. 用户损失函数

由上可知，影响缺电损失的因素众多，难以直接建立数学模型，往往通过问卷调查的方法获得大量不同时间、不同用户的调查数据，然后采用平均费用模型进行处理，每次停运的平均损失为

$$C_{\mathrm{avg}} = \sum_{i=1}^{k} C_i / k \tag{6-14}$$

单位电量相当的平均损失为

$$C_{\mathrm{avg\_e}} = \sum_{i=1}^{k} C_i \Big/ \sum_{i=1}^{k} E_{\mathrm{i}} \tag{6-15}$$

式中，C_i 为调查者 i 的停电费用估计值（元）；k 为可用的费用调查结果数；E_{i} 为调查者 i 一年消耗的总电量值（kWh）。

根据工业划分标准（Standard Industrial Classification，SIC），将电力用户划分为大用户、工业用户、商业用户、农业用户、居民用户、政府和事务所机

构等七类，以此分类统计的不同用户停电损失情况[119]如表 6-1 所示，调查显示停电损失费用取决于遭受停电的用户类型、负荷的大小和停电的持续时间。

表 6-1　　停 电 损 失 费 用　　(美元/kWh)

用户类型	停运时间				
	1min	20min	60min	240min	480min
大用户	1.005	1.508	2.225	3.968	8.240
工业用户	1.625	3.868	9.085	25.16	55.81
商业用户	0.381	2.969	8.552	31.32	83.01
农业用户	0.060	0.343	0.649	2.064	4.120
居民用户	0.001	0.093	0.482	4.914	15.69
政府用户	0.044	0.369	1.492	6.558	26.04
事务所机构	4.778	9.878	21.06	68.83	119.2

由于问卷调查的结果是离散的停运时间的停电损失费用，故以此数据为基础，采用线性插值方法求取对应的停电费用。对于大于 8h 的停运时间，则根据 4h 和 8h 的斜率进行外推来获取其停电损失费用。图 6-4 描绘了居民用户停电损失费用的处理结果。

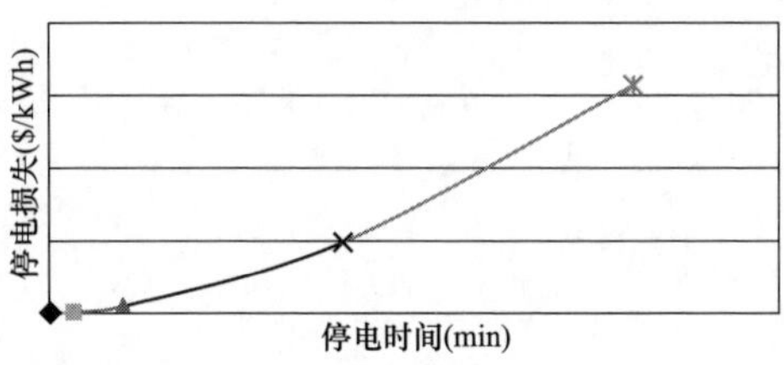

图 6-4　居民用户的停电损失费用函数曲线

3. 馈线停电损失的计算

由于停电时间可能发生在负荷较大和单位停电损失费用较高的时期，此时的供电可靠性更为关键，假设停电发生在峰值负荷期间，则馈线 f 的用户停电损失为

$$C_f = \sum_{i=1}^{NC(f)+1} IC_f^i = \sum_{i=1}^{NC(f)+1} \lambda_f^i \left(\sum_{j=1}^{NC(f)+1} C_f^{ij} L_f^{ij} \right) \tag{6-16}$$

$$C_f^{ij} = Res_f^j(\%)fr(r_f^{ij}) + Com_f^j(\%)fc(r_f^{ij}) + Ind_f^j(\%)fi(r_f^{ij}) \quad (6\text{-}17)$$

式中，IC_f^i 为馈线 f 中第 i 段发生故障时所产生的停电损失（元）；$NC(f)$ 为馈线 f 的开关数；λ_f^i 为馈线 f 第 i 段的故障率；L_f^{ij} 为馈线 f 中第 i 段故障时造成的第 j 段的停电量（kWh）；C_f^{ij} 为第 i 段发生故障时第 j 段的单位负荷停电损失费用（元）；$Res_f^j(\%)$，$Com_f^j(\%)$，$Ind_f^j(\%)$ 分别为居民用户、商业用户和工业用户在馈线 f 第 j 段的负荷比重；$fr(r_f^{ij})$，$fc(r_f^{ij})$，$fi(r_f^{ij})$ 分别为居民用户、商业用户和工业用户各自的停电损失费用函数（元）；r_f^{ij} 为馈线 f 中第 i 段发生故障时第 j 段的停电时间（h）。

6.2.3 算例分析

假设各负荷点每次停电恢复时间为 1h，用电成本为 6.56 元/kWh，故障率采用居民负荷点 0.1 次/年、商业负荷点 0.2 次/年、工业负荷点 0.3 次/年。以某配电网为例进行分析，如图 6-5 所示，系统包括 4 条馈线、26 个拓扑节点及 23 个分段开关和 4 个联络开关，系统总负荷为 16581kW+j8014kvar，线路参数见附录Ⅱ的表Ⅱ-1。

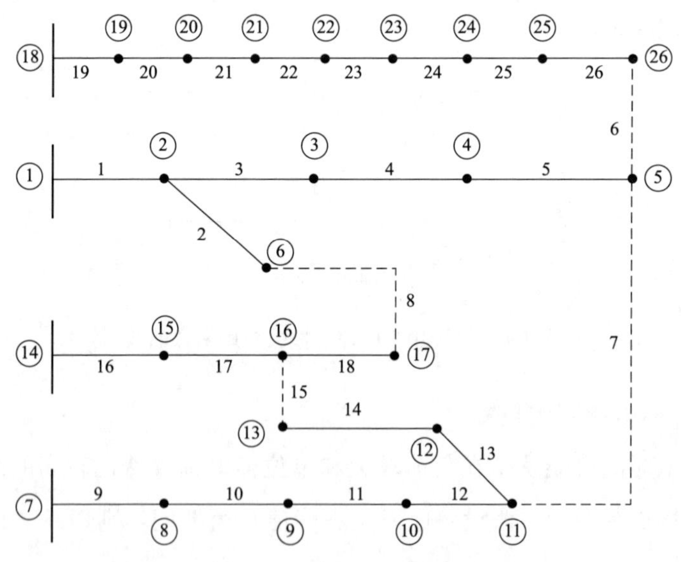

图 6-5 南京某实际配电网 26 节点网络结构图

系统负荷类型及有功最大值如表 6-2、表 6-3 所示。

表 6-2　　负荷类型

节点	用户类型	有功负荷最大值（kW）	节点	用户类型	有功负荷最大值（kW）
1	平衡节点	0	14	平衡节点	0
2	居民用户	618.75	15	居民用户	250.31
3	居民用户	150	16	居民用户	243.75
4	居民用户	517.13	17	商业用户	1616.6
5	商业用户	375	18	平衡节点	0
6	居民用户	300	19	工业用户	150
7	平衡节点	0	20	工业用户	589.13
8	工业用户	375	21	工业用户	93.75
9	工业用户	236.25	22	工业用户	225
10	工业用户	168.75	23	工业用户	284.06
11	商业用户	225	24	工业用户	262.5
12	商业用户	382.88	25	工业用户	450.38
13	商业用户	375	26	商业用户	187.5

表 6-3 为各负荷点在一年内有可能因为故障所造成的缺电损失。

表 6-3　　各负荷点因故障致全网损失值

负荷点	停电损失（元）	负荷点	停电损失（元）
1	0	14	0
2	397.16	15	1406.3
3	352.9	16	1394.3
4	345.6	17	2765
5	641.4	18	0
6	14.46	19	6111.44
7	0	20	5702.62
8	4647.6	21	4096.9
9	3625.5	22	3841.4
10	2981.6	23	3228.2
11	1681	24	2453.99
12	1296.3	25	1738.5
13	641.4	26	511

可以看出，缺电损失与故障率和负荷特性密切相关，故障率高的馈线缺电损失值较大，当馈线上工业负荷和商业负荷较多时，缺电损失也较大。例如在节点 18～26 上，负荷大多数为工业负荷，其单位缺电损失成本较高，且该馈线

故障率也比较高，所以其停电损失成本大大高于其他馈线。

6.3 基于高可靠性的智能配电网多目标优化规划

6.3.1 计及联络线的智能配电网优化模型

为了保证不间断地向用户供应足够的、质量符合规定的电能，健壮的电网结构是基础，合理的联络线布置可为高可靠供电提供支撑条件。增建联络线可提高系统的可靠性，但只有在增加联络线和联络开关所减少的可靠性损失大于增加的投资及维护费时才具有可行性，同时为了更好地反映“闭环设计、开环运行”的特点，增强网架的健壮性，采取同时确定优化的网架结构和联络线分布，且优化模型中同时考虑可靠性和经济性目标。

(1) 经济性目标：包括联络线和开关在内的网络建设投资费用和运行维护费用、网络损耗等内容。其计算式为

$$\min f_1 = \sum_{i=1}^{n}(C_l l_i C_{LP} L_i + C_s C_{SP} s_i) + C_p \tau_{max} \Delta P \tag{6-18}$$

式中，l_i 为线路集合 L（含联络线）的元素，当待选线路 i 被选中时 $l_i=1$，否则 $l_i=0$；$C_l=\gamma_l+\alpha_L$，γ_l 是线路投资回收率，α_L 是线路年折旧维修率；C_{LP}为线路单位长度的投资费用（元/km）；L_i 为线路 i 的长度（km）；s_i 是开关集合 S 的元素，当待选线路 i 作为开关线路时 $s_i=1$，否则 $s_i=0$；$C_s=\gamma_s+\alpha_s$，γ_s 是开关投资回收率，α_s 是开关年折旧维修率；C_{SP}为开关单价（元/台）；C_p 是电价（元/kWh）；ΔP 是总网络损耗（kW）；τ_{max}是年最大损耗时间（h）。

(2) 可靠性目标由停电损失费用表示，即

$$\min f_2 = C_f \tag{6-19}$$

式中，停电损失费用 C_f 的计算方法参照 6.2.2 小节。

(3) 约束条件包括连通性约束、等式约束和不等式约束等，分别为

$$\text{s.t.}\begin{cases} g_i(x) \leqslant 0, & i=1,\cdots,m \\ h_j(x)=0, & j=1,\cdots,l \end{cases} \tag{6-20}$$

在此基础上，引入模糊满意度，定义隶属函数 $\mu_1(X)$、$\mu_2(X)$ 分别对应于目标函数 f_1、f_2，则

$$\mu_1(f_1)=\begin{cases}0 & f_1 \geqslant f_{1,\max} \\ (f_{1,\max}-f_1)/(f_{1,\max}-f_{1,\min}) & f_{1,\min}<f_1<f_{1,\max} \\ 1 & f_1 \leqslant f_{1,\min}\end{cases} \tag{6-21}$$

$$\mu_2(f_2)=\begin{cases}0 & f_2 \geqslant f_{2,\max} \\ (f_{2,\max}-f_2)/(f_{2,\max}-f_{2,\min}) & f_{2,\min}<f_2<f_{2,\max} \\ 1 & f_2 \leqslant f_{2,\min}\end{cases} \tag{6-22}$$

式中，$f_{1,\min}$、$f_{1,\max}$分别为仅以经济性为优化目标得到的最小和最大投资费用；$f_{2,\min}$、$f_{2,\max}$分别为仅以可靠性为优化目标得到的最小、最大缺电损失费用；$\mu_1(f_1)$ 和 $\mu_2(f_2)$ 分别表示经济性优化目标和可靠性优化目标接近最佳值的满意程度，前者大表明经济性目标比较理想，后者大表明可靠性目标比较理想。

为了协调经济性和可靠性进行综合优化，根据模糊满意度的概念，将上述模型转化为系统的经济性和可靠性指标的公共满意度最大化，即

$$\lambda=\min[\mu_1(f_1),\mu_2(f_2)] \tag{6-23}$$

式中，λ 为系统的经济性和可靠性指标的公共满意度。

6.3.2 基于蚁群算法的智能配电网结构优化

自然界中蚂蚁在搜寻食物时，能在其经过的路径上留下一定量的信息素，单位时间内等量蚂蚁沿着较短路径往返于蚁巢与食物源之间的次数较多，从而在较短路径上留下的信息素数量也较多，这使后来者以更大的概率选择此路径。蚁群算法正是模拟此过程来求解优化问题，该算法有三个特点：正反馈、分布式计算和富于建设性贪婪启发式搜索，通过正反馈有助于快速地发现较好的解，分布式计算可减少早熟现象的出现，贪婪启发式搜索的运用有助于较早发现可行解。

1. 供电路径的表示

将供电电源和负荷点分别表示成一个城堡，每两个城堡之间有四条路径可以相通，分别表示无线路相连、有线路直接相连、通过带分段开关的线路相连和带联络开关的线路相连四种情况，蚁群可选择其中任意一条路径从一个城堡到达另外一个城堡，蚁群穿越所有城堡后便完成一次搜索。

2. 蚁群前进路径的选择算法

路径的状态转移概率（路径被选中的概率）既要反映蚁群以前的行为对后

续行为的影响，又要反映各条路径的客观情况对觅食是否有利，避免蚁群的随机行为引起路径选择的盲目性，其表达式为

$$p(k,i,j)=\begin{cases}\dfrac{\tau(k,i,j)\,[\eta(i,j)]^{\beta}}{\sum\limits_{m\in J(i,j)}\tau(m,i,j)\,[\eta(i,j)]^{\beta}} & j\in J(i)\\ 0 & \text{其他}\end{cases} \tag{6-24}$$

式中，$\tau(k, i, j)$ 为从城堡 i 到城堡 j 第 k 条路径上积累的信息素；$\eta(i, j)$ 为选择从城堡 i 到城堡 j 各路径的期望，定义为城堡 i 到城堡 j 距离的倒数；β 为期望相对于信息素的重要性系数；$J(i, j)$ 为从城堡 i 到城堡 j 的路径集合。

确定路径的状态转移概率后用轮盘方法选择蚁群前进的路径。将一个圆盘分成 n 个区间，每个区间代表一条路径，区间面积的大小由对应路径的选择概率大小决定。由计算机产生一个随机数，该随机数落在圆盘的位置所对应的路径确定为蚂蚁前进的路径。式（6-24）表示信息素较多且距离较短的路径被选中的概率较大。

3. 信息素的局部更新

每只蚂蚁完成一次搜索时，对各路径上的信息素进行局部更新，即

$$\tau^{t+1}(k,i,j)=\rho_{L}\tau^{t}(k,i,j)+\tau(t) \tag{6-25}$$

式中，ρ_L 为路径上原有信息素的局部遗忘系数，表示信息素的挥发程度，$0<\rho_L<1$；$\tau^t(k, i, j)$ 为路径上原有的信息素；$\tau(t)$ 为第 t 只蚂蚁通过路径后留下的信息素，计算式为 $\tau(t)=C\lambda$，其中 C 为常数。

4. 信息素的全局更新

蚁群完成一次搜索时，对各路径上的信息素进行全局更新，对最优路径的更新公式为

$$\tau(o,i,j)=\rho_{G}\tau_{0}(o,i,j)+k_{0}\tau_{0}(t) \tag{6-26}$$

式中，$\tau_0(o, i, j)$ 和 $\tau(o, i, j)$ 分别为最优路径上原有的信息素和更新后的信息素；ρ_G 为路径上原有信息素的全局遗忘系数；k_0 为最优路径上蚁群留下信息素的放大系数，为一常数；$\tau_0(t)$ 为最优路径上蚁群新留下的信息素。

蚁群完成一次搜索时还需对非最优路径进行更新

$$\tau(k,i,j)=\rho_{G}\tau_{0}(k,i,j) \tag{6-27}$$

5. 算法流程图

基于蚁群算法的优化计算流程如图 6-6 所示。

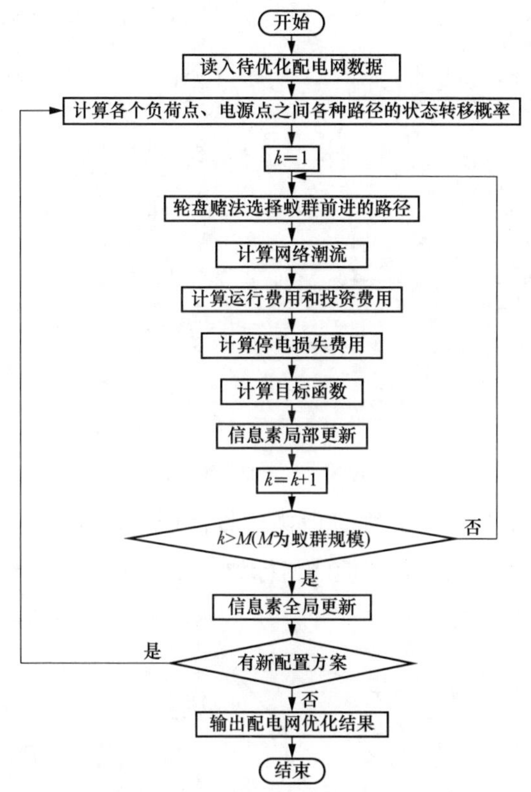

图 6-6　基于蚁群算法的优化流程图

6.3.3　算例分析

待优化的网架结构如图 6-7 所示，具有 4 个电源点，50 个负荷点，虚线表示可选的待建线路。线路容量为 20MVA，单位长度的电阻和电抗分别为 0.12、0.1Ω/km，投资费用为 20 万元/km，投资回收率 $\gamma_l=0.1$，年折旧维修率 $\alpha_l=0.055$；开关的投资费用为 4 万元/只，投资回收率 $\gamma_s=0.1$，年折旧维修率 $\alpha_s=0.03$；电价为 $C_p=0.5$ 元/kWh；最大负荷利用小时数为 $\tau_{max}=3000h$；线路的停电概率为 0.001，停电持续时间为 20min。各路径的初始信息素为 1，信息素局部遗忘系数为 0.9，全局遗忘系数为 0.8，最优线路上蚂蚁留下信息素的放大系数为 10，蚁群规模为 30。

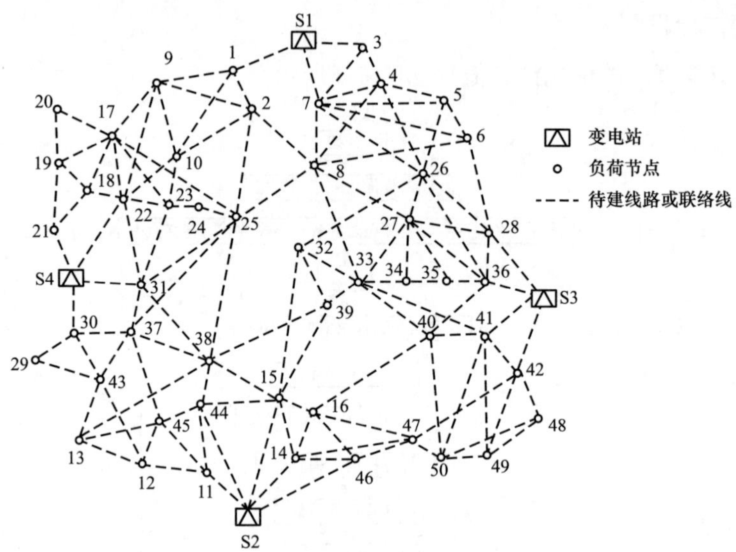

图 6-7 待优化网络

分别以经济性、可靠性和综合最优为目标进行计算，优化后的网络结构分别如图 6-8～图 6-10 所示。各项性能指标如表 6-4 所示。

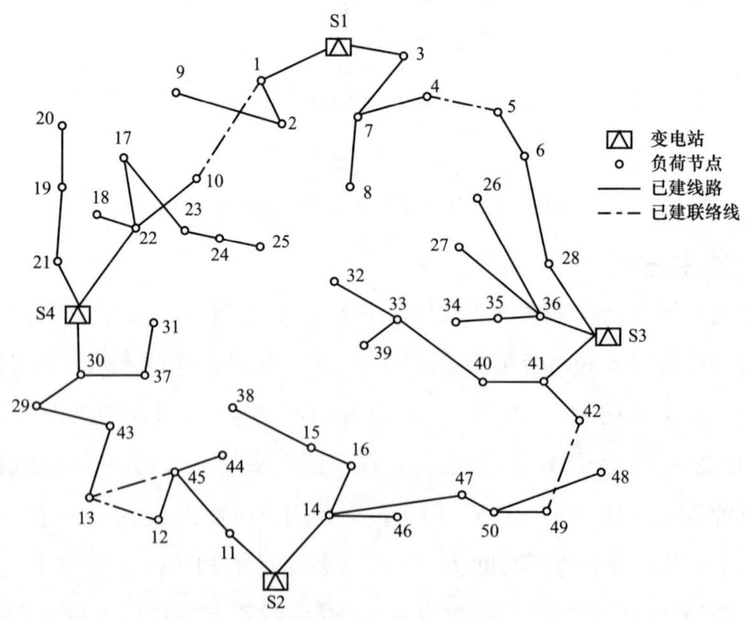

图 6-8 以经济性最优为目标的优化结果

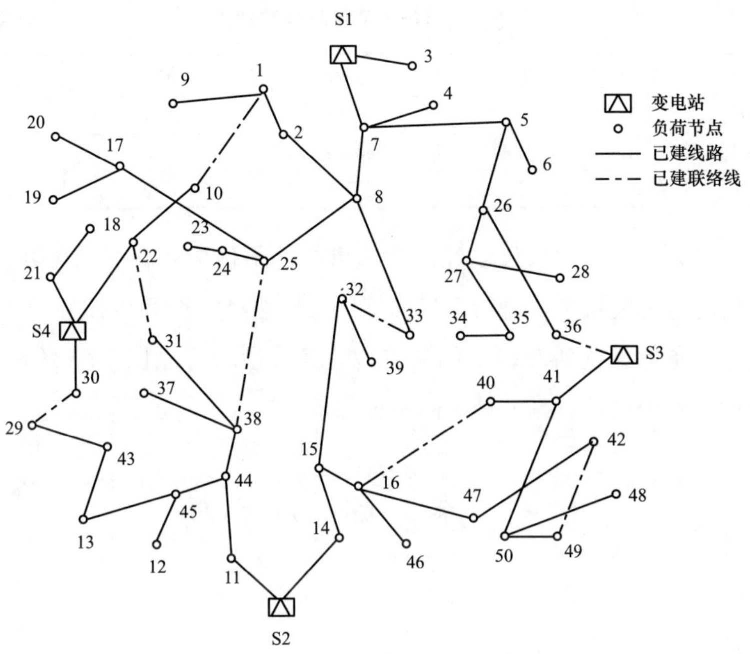

图 6-9　以可靠性最优为目标的优化结果

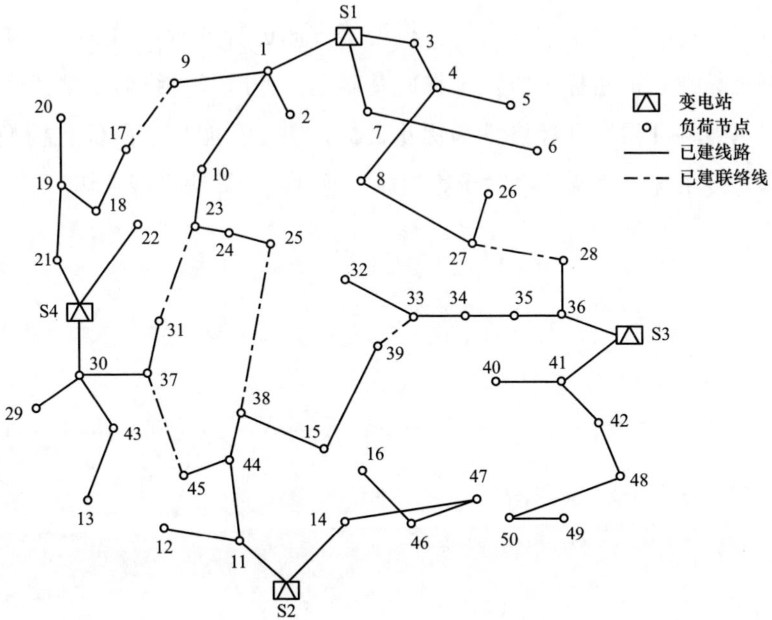

图 6-10　经济性和可靠性综合最优结果

表 6-4　不同优化目标下的指标计算结果　单位：万元

规划方案	线路费用	网络损耗	总经济性费用	缺电损失费用	总费用
经济性最优	237.18	61.48	298.66	74.17	372.83
可靠性最优	294.92	205.36	500.28	40.55	540.83
综合最优	239.00	68.51	307.51	52.35	359.86

由计算结果可知，如果仅以经济性或可靠性最优为目标必将牺牲另一项指标，如果同时考虑两项指标进行多目标优化，虽然经济性和可靠性都不是最优，但是相对于单指标最优所获得的结果来说，经济性和可靠性下降都不大，并且综合优化后总费用最低，是较理想的一种方案。

6.4 本章小结

智能配电网健壮控制是针对电网未来运行环境的一项自我预防手段，增强智能配电网的适应能力是首要目标，通过健壮控制可实现智能配电网从其他运行状态向强壮运行状态转移。本章首先对可靠性分析指标及影响配电网可靠性的相关因素、停电所带来的损失计算模型等方面进行分析，建立计及缺电损失的配电网可靠性分析指标和方法。在此基础上，考虑联络线对供电可靠性的支撑作用，以兼顾可靠性和经济性为优化目标，建立智能配电网优化模型，并基于模糊满意度来统一协调这一对矛盾指标，通过蚁群算法进行求解。

7 智能配电网优化控制

7.1 本章概述

根据本书前两章的分析可知，智能配电网不同电压等级的网络结构都具有网状结构设计、开环方式运行的特点，配电网络中存在着大量的分段开关和联络开关，一般情况下，分段开关闭合、联络开关打开，使得在不考虑分布式电源作用条件下智能配电网呈辐射状运行结构。由于接入配电网的负荷性质不同、分布式电源种类不同，如果固定某种方式运行就无法兼顾各种情况而保持在最佳运行方式，因此需要针对不同的运行工况，在不同地方进行开环使智能配电网的运行更加优化。换句话说，在正常运行情况下，自愈控制需要通过优化控制改变智能配电网的运行方式，即在满足辐射状运行、线路容量与变压器容量不过载的前提下，通过较少的控制网络中开关的开合状态，改变网络中的潮流分布，降低网络损耗、提高负荷均衡度、改善电压质量、运行参数更接近于额定值、设备的性能更优化，使得整个配电网的运行更加优化。

鉴于智能配电网优化控制是一种典型的多目标优化问题，本章首先介绍一般的多目标优化问题及 Pareto 非支配解的概念，然后针对智能配电网的特点和优化需求建立优化控制模型。由于高压配电网和中压配电网的结构相似，但也存在不同之处，所以考虑各自的特点分别进行网络拓扑简化，然后基于 Pareto 最优的思想，应用多目标粒子群优化算法（MOPSO）进行求解。

相对于输电网来说，接入配电网的负荷类型划分更加精细、单负荷容量更小，负荷的变化更明显且频繁，变化的随机性非常大，负荷的这种变化特点导致适应负荷分布的最优网络结构也不断随时间变化。因此，如果以跟踪匹配负荷分布的最优网络结构为目标进行优化控制，必将导致开关的频繁动作，增加开关操作成本和系统的运行风险。为了保证智能配电网在一段时间内安全、可靠、优质、经济运行，需要考虑负荷的变化趋势及其随机性，对相应时段内智能配电网整体最优目标进行优化。由第 4 章的分析可知，一方面受天气等环境因素的影响，分布式电源的接入加强了潮流的随机分布；另一方面，部分类型的节点注入功率具有一定的变化规律，比如太阳能光伏发电系统接入后，其出力的规律性变化加强了节点注入功率的变化趋势，因此，智能配电网的优化控制还需要计及分布式电源出力的变化趋势和随机性双重特性。

因此，本章计及分布式电源出力的影响，提出负荷分布变化度模型，基于该模型进行控制周期的时间段划分，并建立多时段优化控制模型。然后利用粒子群编码特点，将多个时段统一进行编码，实现不同时间区间进行联合寻优的目标。针对存在的不确定性因素，从风力发电系统、太阳能光伏发电系统和负荷几个方面建立节点注入功率的随机模型，然后建立考虑随机性的智能配电网优化控制模型，并根据两点估计法随机潮流计算原理进行分析和多目标粒子群算法优化求解。

7.2 基于 Pareto 趋优的智能配电网多目标优化控制

7.2.1 智能配电网多目标优化控制的数学模型

根据上述分析可知，智能配电网优化控制是一个典型的多目标优化问题，无论是高压配电网还是中压配电网，都属于同一类数学问题，因此，本节首先介绍多目标优化问题的一般概念，然后再详细分析智能配电网的多目标优化控制问题。

1. 多目标优化的一般性概念

（1）多目标优化的问题描述。

一个求目标最小值的多目标优化问题可描述为

$$\begin{aligned} \min f(\boldsymbol{X}) &= [f_1(\boldsymbol{X}), f_2(\boldsymbol{X}), \cdots, f_m(\boldsymbol{X})] \\ \text{s.t. } g_k(\boldsymbol{X}) &\geqslant 0, \quad k = 1,2,\cdots,p; \\ h_l(\boldsymbol{X}) &= 0, \quad l = 1,2,\cdots,q; \\ x_{i\min} \leqslant x_i &\leqslant x_{i\max} \quad i = 1,2,\cdots n \end{aligned} \tag{7-1}$$

式中，$\boldsymbol{X}=[x_1, x_2, \cdots x_n]$为 n 维决策变量，每个决策变量 x_i 在其最大值 $x_{i\max}$

与最小值 $x_{i\min}$ 范围内变化；$f_j(\boldsymbol{X})$（$j=1, 2, \cdots, m$）为 m 个目标函数，满足 p 个不等式约束和 q 个等式约束。

针对多目标问题的求解，一般有两种方法：①传统求解方法，主要包括多目标加权法、逐步法、目标规划法等，其实质是将多目标转化为单目标处理，往往只能得到一个解；②采用帕累托（Pareto）最优的理念得到一个 Pareto 最优解集，在这个集合中，不存在任何一个解在降低某些标准的同时不引起其他标准的提升，集合里面的每个解都称为 Pareto 非支配解，目标函数下的 Pareto 最优解集的分布图称为 Pareto 前沿。

（2）Pareto 非支配解。

对于一个多目标优化问题 $\min f(\boldsymbol{X})$，如果解 $\boldsymbol{X}_1$ 与解 $\boldsymbol{X}_2$ 的目标函数满足

$$\begin{aligned} &\forall j \in \{1,\cdots,m\}, \quad f_j(\boldsymbol{X}_1) \leqslant f_j(\boldsymbol{X}_2) \\ &\exists j \in \{1,\cdots,m\}, \quad f_j(\boldsymbol{X}_1) < f_j(\boldsymbol{X}_2) \end{aligned} \tag{7-2}$$

那么称解 $\boldsymbol{X}_1$ 支配解 $\boldsymbol{X}_2$，记作 $\boldsymbol{X}_1 \prec \boldsymbol{X}_2$，并称 $\boldsymbol{X}_1$ 为 Pareto 非支配解或非劣解。

处理多目标多约束优化问题时，可以将解的约束满足情况与 Pareto 支配相结合，引出约束 Pareto 支配的概念：

（1）解 $\boldsymbol{X}_1$ 为可行解，解 $\boldsymbol{X}_2$ 为不可行解；

（2）当 $\boldsymbol{X}_1$ 和 $\boldsymbol{X}_2$ 都为不可行解时，$\boldsymbol{X}_1$ 对于约束条件违背少；

（3）当 $\boldsymbol{X}_1$ 和 $\boldsymbol{X}_2$ 都为可行解时，满足上式的要求。

当且仅当满足以上一个条件时，$\boldsymbol{X}_1$ 约束支配 $\boldsymbol{X}_2$。

此外，若 $\boldsymbol{X}^* \in \boldsymbol{\Omega}$，且不存在其他的 $\overline{\boldsymbol{X}}^* \in \boldsymbol{\Omega}$ 使得 $\boldsymbol{X}^* \succ \overline{\boldsymbol{X}}^*$，则称 $\boldsymbol{X}^*$ 为 Pareto 最优解；多目标问题所有的 Pareto 最优解的集合称为 Pareto 最优解集；Pareto 最优解集的目标值构成的区域，称为 Pareto 最优前沿。多目标优化问题的求解就是要获得 Pareto 最优解集。

2. 智能配电网多目标优化控制的目标函数

（1）网络损耗指标

$$\min f_1 = \sum_{i=1}^{L} k_i r_i \frac{P_i^2 + Q_i^2}{U_i^2} \tag{7-3}$$

式中，L 为智能配电网的支路总数；i 为支路编号；r_i 为支路 i 的电阻（标幺

值)；P_i 和 Q_i 为支路 i 注入的有功功率和无功功率（标幺值)；U_i 为支路 i 功率注入节点的电压幅值（标幺值)；k_i 为开关的状态变量，0 代表打开，1 代表闭合。

（2）最大电压偏移指标

$$\min f_2 = \frac{\max|U_i - U_{\text{rate}}|}{U_{\text{rate}}} \times 100, \quad i = 1,2,\cdots,N_p \tag{7-4}$$

式中，N_p 为节点总数；U_{rate}为指定电压幅值（标幺值)；U_i 为节点 i 的电压（标幺值)。

（3）开关动作次数

$$\min f_3 = \sum_{i=1}^{m}(1 - k_{\text{ss},i}) + \sum_{j=1}^{n} k_{\text{ts},j} \tag{7-5}$$

式中，m 为智能配电网中分段开关的数量；n 为联络开关的数量；$k_{\text{ss},i}$、$k_{\text{ts},j}$分别代表控制后分段开关以及联络开关的状态。

3. 智能配电网多目标优化控制的约束条件

（1）支路电流约束

$$L_1(x): I_i \leqslant I_{i,\max} \quad i = 1,2,\cdots,N_b \tag{7-6}$$

式中，$I_{i,\max}$为支路 i 的最大允许电流（标幺值)；N_b 为支路总数。

（2）节点电压约束

$$L_2(x): U_{i,\min} \leqslant U_i \leqslant U_{i,\max} \quad i = 1,2,\cdots,N_p \tag{7-7}$$

式中，$U_{i,\min}$，$U_{i,\max}$为节点 i 的电压上、下限（标幺值)。

（3）网络拓扑约束

$$L_3(x): x \in G \tag{7-8}$$

式中，G 为所有辐射状网络结构集合。

7.2.2 基于 MOPSO 的智能配电网多目标优化控制

1. MOPSO 的基本原理

Coello C A C，Pulido G T，Lechuga M S 等人在文献［120］中提出了多目标粒子群优化算法（multi-objective particle swarm optimization，MOPSO)，该算法采用外部粒子群存储搜索过程中的 Pareto 非支配解，并且不断更新使得外部粒子群中始终存储 Pareto 最优解，同时使用自适应网格法评估外部粒子群中非支配解的空间位置分布密度，选择位置分布密度最小 Pareto 非支配解作为粒子群的 gbest 来引导粒子飞行，在尽量多地保存 Pareto 非支配解的同时使得 Pareto 最优前沿均匀分布。另外，粒子群算法与遗传算法相比，避免了交叉、变异等个体操作，计算复杂度低。

MOPSO 算法采用了以下关键技术：外部粒子群的更新策略、外部粒子群中粒子密度信息估计、全局最优粒子位置选择。这些关键技术保证了多目标优化算法的 3 个性能评价指标。

（1）外部粒子群更新策略。

外部粒子群用于存储在搜索过程中所遇到的非支配解，其容量大小具有一定限制。设外部粒子群为 A，A 更新策略的主要目标是决定一个新的解（N_S）是否能加入外部粒子群，N_S 为每次迭代后内部粒子群中的非支配解。具体决策过程分为四种情况，如图 7-1 所示。

1）如果 A 为空，N_S 存入 A 中；

2）如果 A 中存在某个解 S_1 支配 N_S（用 $S_1 \prec N_S$ 表示），那么 N_S 不能被存入 A 中；

3）如果 A 中不存在解能支配 N_S 中的某个解（用 $A \prec\succ N_S$ 表示），那么将 N_S 中的这个解存入 A 中；

4）如果 A 中存在某个解被 N_S 所支配（用 $N_S \prec S_1$ 表示），那么 A 中被支配的这些解将会被 N_S 所替换。

此外，当 A 的粒子数大于其容量时，那么 A 中空间分布密度大的粒子将会被删除，粒子密度评估方法在下面进行介绍。

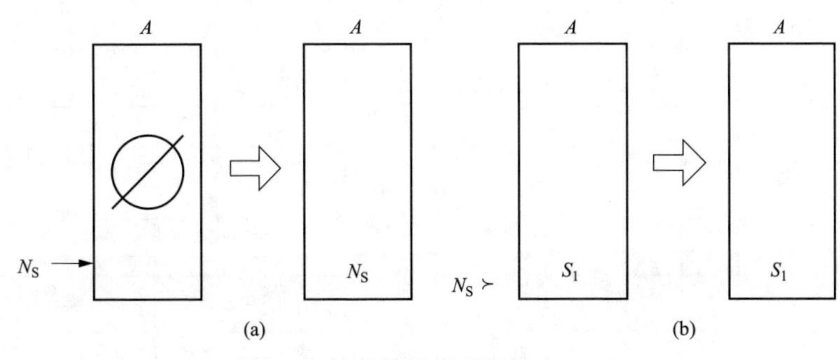

图 7-1　外部粒子群更新策略（一）

（a）A 为空，N_S 存入 A 中；（b）$N_S \prec S_1$，N_S 不被存入 A 中

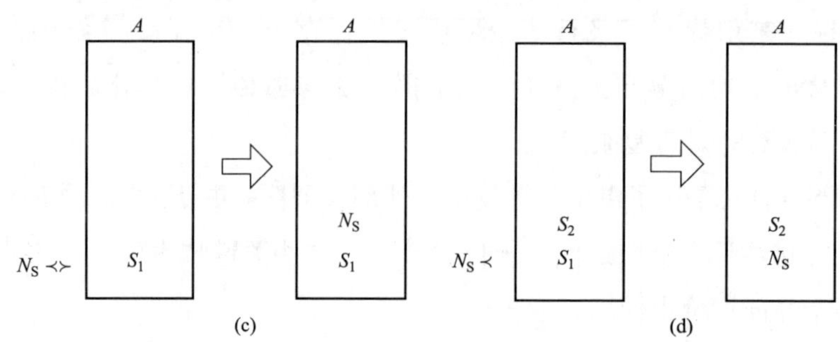

图 7-1　外部粒子群更新策略（二）

（c）$A<>N_S$，N_S 存入 A 中；（d）$N_S<S_1$，A 中被支配解被替换

（2）非支配解的空间分布密度信息估计。

由于外部粒子群中的非支配解之间没有优先关系，很难得到个体关于 Pareto 优先关系的偏好信息，个体的空间分布密度成为选择 gbest 以及删除多余非支配解的主要依据。因此外部粒子群中粒子的空间分布密度评估是算法能够搜索到多样性好的非支配解的基础，也是 Pareto 最优解搜索的主要依据，MOPSO 算法采用自适应网格密度法评估粒子的空间分布密度。

自适应网格密度估计方法的基本思想是：把目标空间用多维立体网格等分成若干个区域，以每个区域中包含的粒子数作为粒子的密度值。粒子所在网格中包含的粒子数越多，其密度值越大，反之越小。如果新加入的解超出了当前网格的边界，那么网格信息将被重新计算并且每一个粒子将会被重新定位。假设有一个二维的目标空间，被分为 6×6 个区域，区域的自适应调节过程如图 7-2 所示。

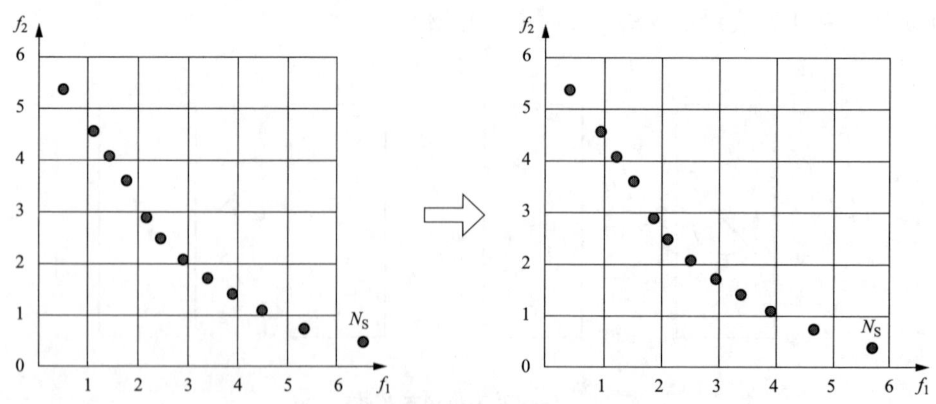

图 7-2　基于自适应网格密度的粒子空间密度评估方法

（3）gbest 和 pbest 位置的确定策略。

选择 gbest 的策略决定了 MOPSO 算法的收敛性和非支配解集的多样性。MOPSO 算法依据自适应网格密度法得到的外部粒子空间分布密度选择 gbest 的位置。所在的粒子位置空间分布密度值越低，其被选择的概率就越大，反之越小。

gbest 位置的选择方法为：首先计算每个立体空间网格里面所含粒子的个数，将它作为网格的密度，并使用轮盘赌的方法选择某个密度较低的网格；然后在这个空间网格中随机选择一个粒子作为 gbest 位置。

内部粒子群个体最优位置 pbest 的更新策略和确定 Pareto 非支配解相似，具体策略为：如果当前粒子的位置被其 pbest 所支配，那么 pbest 不更新；如果 pbest 被当前粒子的位置所支配，当前粒子的位置会替换 pbest；如果两者都没有相互支配，则随机选择其中的一个作为 pbest。

2. MOPSO 算法的基本步骤

MOPSO 算法的基本步骤如下：

（1）随机初始化内部粒子群的位置和速度。

（2）将粒子位置代入待优化的多个目标函数中，计算适应度值。

（3）根据 Pareto 非支配解的概念，选择非支配解所对应的粒子位置并存储到外部粒子群中。

（4）构造立体空间存放外部粒子群，选择空间分布密度最小的粒子位置为 gbest；在内部粒子群中根据 pbest 更新规则选择每个粒子的 pbest。

（5）计算内部粒子群中的粒子飞行速度，并更新内部粒子群中的粒子位置。

（6）判断是否到达预先设定的停止准则（通常设置为最大迭代次数），若是，停止迭代；否则，返回步骤（2）。

流程图如图 7-3 所示。

3. 配电网络拓扑简化分析

在利用智能优化算法进行配电网优化控制决策时，由于产生的解具有随机性，在初始化和迭代过程中都会产生大量的无效解。所谓无效解是指通过解码还原出的配电网络结构不满足网络拓扑约束条件，即存在“环网”或“孤岛”。无效解的存在极大地增加了智能配电网控制的搜索空间，降低了搜索效率。因此，在优化过程中应设法避免无效解的产生。此外，由于实际配电网规模大、支路多，因此优化变量数目庞大，应用智能算法时，编码太长，需要对网络做一定的简化处理。由于高压配电网与中压配电网在结构上各有特点，需要分别根据其结构特点对高压和中压配电网进行简化。

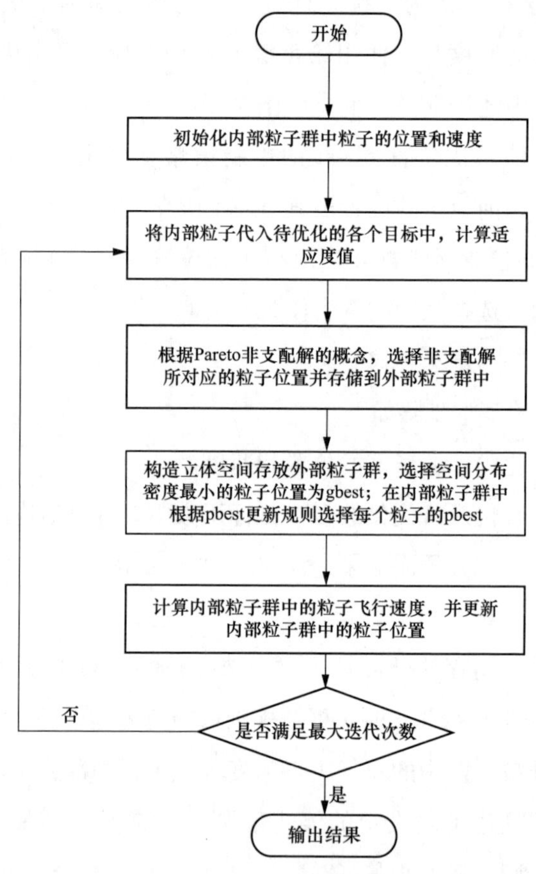

图 7-3 MOPSO 算法流程图

（1）高压配电网简化。

所谓“环”是指在配电网络上有可能形成的闭环的路径。本章在考虑分布式电源和上级变电站（如 220kV 变电站）为高压配电网电源的情况下，定义如下三种形式的高压配电网环：

1）从高压配电网的一个电源点出发，每个变电站节点最多只经过一次，到达另一个同类型电源点的环，所经过的环路称为第一类环；

2）从高压配电网的一个电源点出发，每个变电站节点最多只经过一次，到达另一个不同类型电源点的环，所经过的环路称为第二类环；

3）从高压配电网的一个电源点出发，每个变电站节点最多只经过一次，又回到这个电源点的环，所经过的环路称为第三类环。

如图 7-4 所示的 110kV 高压配电网中共有 2 个分布式电源，4 座 220kV 变电站，24 条支路（双回线视为一条支路），9 个开环点。系统中包含了上述三种不同类型的环路，其中第一类环有 4 个，第二类环有 5 个，第三类环有 1 个。

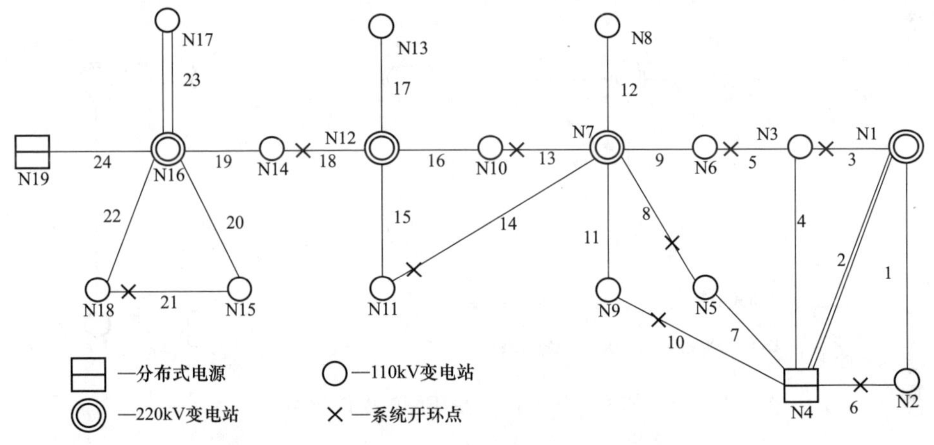

图 7-4　某 110kV 高压配电网接线图

本章从高压配电网的电气和结构特点出发，在三种环路形式基础上，提出以下的网络简化规则：

1）双回线支路全部闭合；

2）不在任何环路的支路均闭合；

3）如果一个高压配电网中的变电站节点与一个电源（分布式电源或 220kV 变电站）直接相连，那么此变电站节点连接该电源的线路闭合，所有在环路上的此变电站节点的其他单回出线断开；

4）如果一个高压配电网中的变电站节点与两个以上电源（分布式电源或 220kV 变电站）直接连接，那么连接此变电站节点与这些电源的线路均闭合，所有在环路上的此变电站节点的其他单回出线断开。

其中简化规则 1）反映优化控制的综合目标需要均衡负荷，一般来讲，双回线的传输容量比单回线大，故将所有双回线路闭合。简化规则 2）、3）和 4）主要是从高压配电网呈辐射状结构运行这一前提导出。规则 2）表示要保证不在任何环路上的支路得到电能，必须闭合。规则 3）、4）表示一个变电站节点与一个电源直接相连时，优先考虑从此电源获得电能，断开此变电站节点通过其他通路与某电源的连接。

按照上述的高压配电网简化规则，可将图 7-4 所示的高压配电网化简为图 7-5 所示的简化网络。

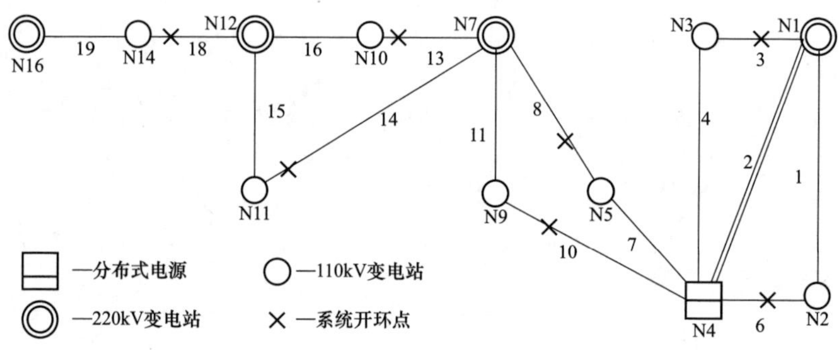

图 7-5　某 110kV 高压配电网简化图

图 7-5 只保留了用于编码的支路。简化系统有 14 条支路，7 个可用于编码的环路，即环路（18、19）、（14，15）、（13、16）、（10、11）、（7、8）、（3、4）、（1、6）。其中环路（18、19）、（14，15）、（13、16）为第一类环；环路（10、11）、（7、8）、（3、4）、（1、6）为第二类环。利用简化规则不仅可以简化系统，使其变得简单、直观，便于辨别环路和编码，而且可以大大缩短粒子的编码长度，减小 MOPSO 算法的搜索空间，提高计算速度。

（2）中压配电网简化。

通过对中压配电网的拓扑分析，可知具有以下特点：

1）任意一个联络开关闭合时，在中压配电网中必然会产生环网，为保证辐射状结构运行，必须断开环路中的某一个开关。

2）一些开关并不在环路上，为了保证所有节点都能得到供电，即不形成孤岛，这些开关必须处于闭合状态，因此不能作为控制时的控制变量。

根据这两个特点对网络进行简化，主要有 3 步：

1）首先找到中压配电网中含有的所有基本环路；

2）删除不在基本环路上的所有支路；

3）合并解环效果相同的支路。

图 7-6 为 69 节点配电网络简化图。

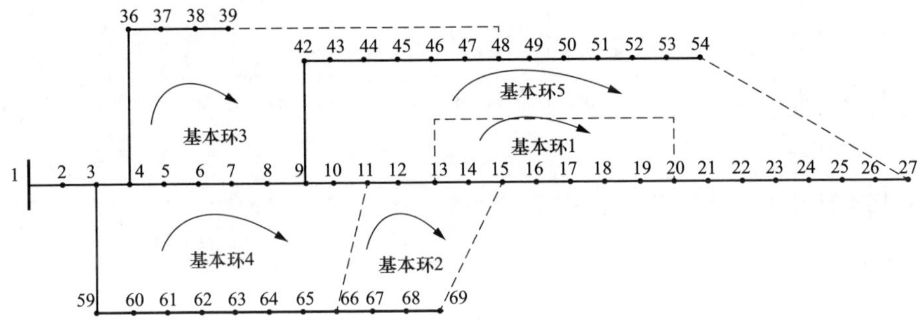

图 7-6 69 节点配电网简化图

4. 基于 MOPSO 的智能配电网多目标控制算法实现

（1）粒子编码。

粒子的编码形式如图 7-7 所示，粒子包括三部分：①第一部分代表粒子在搜索空间中的位置，主要作用是通过粒子群位置及其速度更新公式对粒子群进行更新；②第二部分代表粒子在目标空间中的位置，即各个目标函数的值，主要作用是根据 Pareto 非支配解的概念确定内部粒子群中的非支配解；③第三部分代表粒子的密度信息，仅对外部粒子群的粒子有作用，第一位代表粒子密度，第二位代表粒子所在网格的编号，存储密度信息的主要作用是方便选择全局最优粒子 gbest 以及删除外部粒子群中多余的粒子。

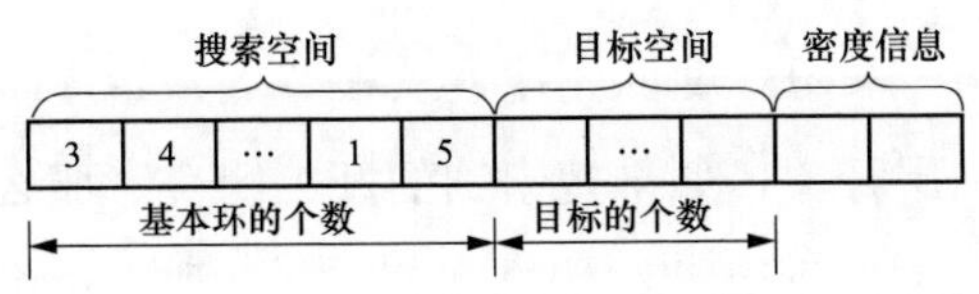

图 7-7 粒子的编码形式

使用粒子群算法处理智能配电网控制问题时，以 0、1 设置所有开关状态的编码容易产生大量的无效解，不仅降低了搜索效率，且影响搜索结果。因此，在网络简化分析基础上，根据参考文献［121］中的方法进行编码。

首先对每一个基本环内所包含的开关进行编号，然后以配电网络的基本环数为粒子在搜索空间的维数，基本环内开关的编码号为粒子的内容进行粒子编码。图 7-6 中有 5 个环路，则有：

基本环路 BL_1＝{13，14，15，16，17，18，19，69}；

基本环路 BL_2＝{43，44，45，70，14，13，12，11，72}；

基本环路 BL_3＝{4，5，6，7，8，52，53，54，55，56，57，58，71，49，48，47，46}；

基本环路 BL_4＝{35，36，37，38，39，40，41，42，72，10，9，8，7，6，5，4，3}；

基本环路 BL_5＝{63，62，61，60，59，58，57，56，55，54，53，52，9，10，11，12，69，20，21，22，23，24，25，26，73，64}。

其中，{} 中代表的是支路号，如果想要断开某条支路，就选择这条支路在基本环路集合中的位置。假设支路 69，14，57，72，61 断开的话，那么这个粒子个体在搜索空间的编码形式为 8｜5｜11｜9｜3。粒子在搜索空间第 i 维的范围为 1 到 $\mathrm{size}(S_i)$，$\mathrm{size}(S_i)$ 代表开关集合 S_i 的大小。

（2）初始种群生成。

首先选择将第一个环路中某一个开关置为断开，同时在其他环路中将该开关置为不可操作。随后选择将第二个环路中某一个开关置为断开，在剩下的环路中将该开关置为不可操作。重复上述步骤直到所有环路中都有开关断开为止，此时一个粒子初始化完成。按照这个过程初始化所有的粒子。

（3）网络辐射状校验。

检验辐射状结构，采用广度优先搜索从根节点开始逐步遍历下游节点。开始搜索的开关为第一层开关，如果搜索到的开关闭合，那么这个开关的下游所连区域可搜索到，记为“visited”，如果开关打开，那么这个开关的下游区域不可遍历，记为“unvisited”。在第一层的开关全部搜索完成后，记为“visited”

的区域用列表 L 存储。与 L 中带电区域 Z 直接相连的开关记为第二层开关，遍历所有第二层开关，确定带电区域，更新列表 L。与 L 中带电区域 Z 直接相连的开关记为第三层开关，不断重复这个过程，直到所有的开关都遍历过为止。以图 7-8 为例，广度优先搜索过程说明如下：

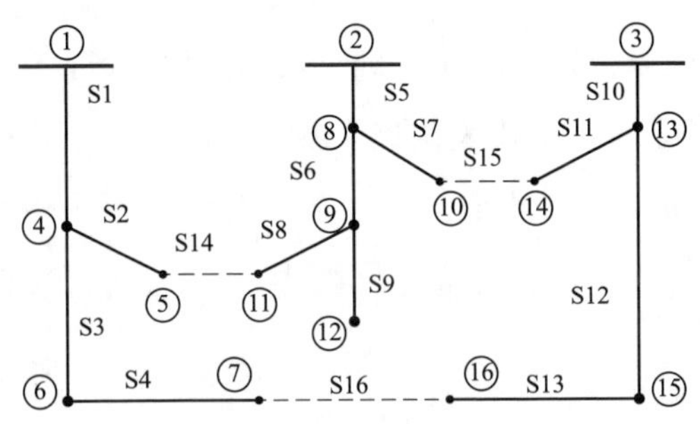

图 7-8　16 节点配电网

第一层开关：S1，S5，S10，与第一层开关直接相连区域：Z4，Z8，Z13。

第二层开关：S2，S3，S6，S7，S11，S12，与第二层开关直接相连区域：Z5，Z6，Z9，Z10，Z14，Z15。

第三层开关：S4，S8，S11，S13，与第三层开关直接相连区域：Z7，Z11，Z12，Z16。

第四层开关：所有区域已经遍历完成。

在搜索过程中如果某区域被“visited”次数超过一次，则存在环路，说明辐射状检验不成立。

（4）计算适应度值。

在检验完网络拓扑后需要进行潮流计算，以得到符合辐射状约束的粒子的适应度函数值。适应度函数的值是粒子群算法指导搜索方向的依据，本节多目标配电网优化控制问题的目标函数为网络损耗、电压偏移率和开关动作次数，这里直接选择这个三个目标函数为适应度函数。

（5）内部粒子群更新。

根据上述对粒子编码的定义方式可知，粒子在搜索空间的为离散变量形式，内部粒子位置的更新公式为

$$\begin{cases} v_{ik}(t+1) = wv_i(t) + c_1 \text{rand}[pbest_{ik}(t) - x_{ik}(t)] + \\ \qquad c_2 \text{rand}[gbest_k(t) - x_{ik}(t)] \\ x_{ik}(t+1) = x_{ik}(t) + \text{Round}[v_{ik}(t)] \end{cases} \tag{7-9}$$

$$w = w - \frac{w_{\max} - w_{\min}}{I_{\max}} \times I \tag{7-10}$$

式中，c_1 和 c_2 是加速系数；rand 是 0 到 1 之间的随机数；运算符 Round 代表四舍五入；w 代表惯性权重；I 代表迭代次数；$I_{\max}$代表迭代次数最大值；$w_{\max}$和 $w_{\min}$代表惯性权重的最大、最小值。

如果 $x_{ik} \notin (x_{ik,\min}, x_{ik,\max})$ 或者 $v_{ik} \notin (v_{ik,\min}, v_{ik,\max})$，则通过下面的表达式更新

$$\begin{cases} v_{ik} = \max[\min(v_{ik,\max}, v_{ik}), v_{ik,\min}] \\ x_{ik} = \max[\min(x_{ik,\max}, x_{ik}), x_{ik,\min}] \end{cases} \tag{7-11}$$

式中，$x_{ik,\max}$为粒子 i 第 k 维的最大值，在控制问题中表示第 k 环所含的开关总数；$x_{ik,\min}$为粒子 i 第 k 维的最小值，在控制问题中该值为 1。

综上所述，采用 MOPSO 对智能配电网进行多目标优化控制的步骤如下：

1）输入智能配电网相关参数并对网络进行简化分析。

2）设定内部粒子群规模 M 以及外部粒子群规模 A，惯性权重系数 $w_{\min}$、$w_{\max}$，加速系数 c_1、c_2，最大迭代次数 $I_{\max}$等参数。

3）随机初始化内部粒子群的位置，得到 M 个可行解，并初始化粒子群飞行速度。对内部粒子群中的每个粒子进行网络辐射状校验，若不满足校验条件则说明该粒子为不可行解。

4）计算满足辐射状约束的粒子位置的网络损耗、最大电压偏移以及开关动作次数，并判断是否违反运行约束。

5）根据 Pareto 非支配解的概念，选择内部粒子群中的非支配解，并更新外部粒子群。

6）构造立体空间存放外部粒子群，用自适应网格法评估非支配解的空间分布密度，选择空间分布密度小的粒子位置为 *gbest*；在内部粒子群中根据 *pbest* 更新策略选择每个粒子的 *pbest*。

7）更新内部粒子群中粒子的飞行速度以及位置，每次更新后，检查飞行速度以及粒子位置是否超过最大值或最小值，如果超出该范围，速度限制为该极值。

8）判断是否到达最大迭代次数，若是，停止迭代，否则，返回步骤 4）。

7.2.3 算例分析

1. 高压配电网优化分析

如图 7-4 所示的高压配电网，采用上述优化方法的计算结果如表 7-1 所示。

表 7-1　高压配电网优化结果

数据项	优化前	优化后
断开的支路	3，5，6，8，10，13，14，18，21	1，3，5，8，11，15，16，19，21
网损（kW）	50.9	39.6
最低电压	0.9591	0.9645
负荷均衡	0.7366	0.5012

由表 7-1 可知，在当前负荷水平下，如图 7-4 所示的高压配电网，通过 5 组开关状态的交换，网损可从 50.9 下降到 39.6，降幅超过了 22%，主要原因是优化后负荷的分布相对更均衡，电压更高，促进了损耗的降低。

2. 中压配电网优化分析

（1）IEEE 69 节点系统。

IEEE 69 节点系统的接线图如图 7-9 所示，是一个 12.66kV 配电系统，有 69 个节点和 5 个基本环路、68 个分段开关和 5 个联络开关，系统总负荷为 3802kW+j2694kvar，控制前的初始网损为 225kW。表 7-2 是通过 MOPSO 算法优化得到控制方案中的一部分。

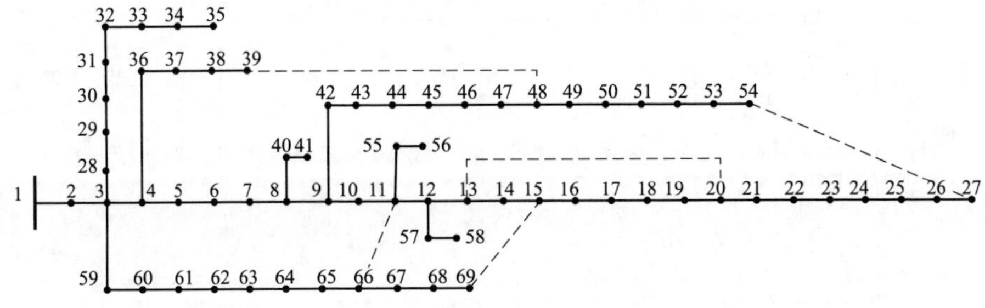

图 7-9　69 节点配电网

表 7-2　　IEEE 69 节点系统的最优解集

控制方案	网络损耗（kW）	最大电压偏移率（%）	开关动作次数	打开的开关
1	99.62	5.72	6	13-20，12-13，44-45，11-66，50-51
2	102.1	6.79	4	11-66，14-15，13-20，27-54，46-47
3	103.3	5.73	8	19-20，12-13，46-47，11-66，50-51
4	106.2	5.27	8	13-20，14-15，45-46，9-10，50-51
5	112.3	5.72	10	18-19，13-14，45-46，8-9，50-51
6	134.1	7.37	2	13-20，15-69，45-46，11-66，27-54

从表 7-2 可看出，方案 1 的网损最小，为 99.62kW，与控制前初始网损相比下降了 55.7%，最大电压偏移率为 5.72%，高于方案 4，开关动作次数为 6 次，大于方案 2、6；方案 4 的最大电压偏移率最小，但其网损为 106.2kW，高于方案 1、2、3，比方案 5、6 小，开关动作次数为 8 次，比方案 6 的 2 次，方案 2 的 4 次，方案 1 的 6 次都多；方案 2、3 的网损、最大电压偏移率、开关动作次数都处在中间。

（2）TPC 86 节点系统。

TPC 86 节点系统为实际配电网的一部分，接线图如图 7-10 所示，包括 11 条馈线及 83 个分段开关和 13 个联络开关，系统总负荷为 28350kW+j20700kvar。初始网损为 531.99kW，采用 MOPSO 得到的控制方案如表 7-3 所示。

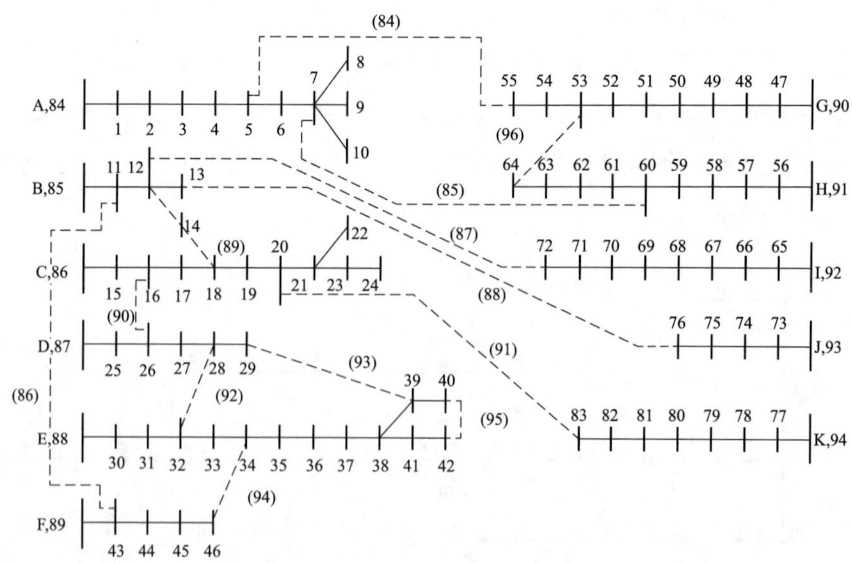

图 7-10　TPC86 节点配电系统

表 7-3　　TPC86 节点系统的最优解集

控制方案	网络损耗（kW）	最大电压偏移率（%）	开关动作次数	打开的开关
1	469.8	4.68	16	55，7，86，72，88，89，90，83，92，39，34，42，62
2	471.1	4.82	12	55，7，86，87，91，89，90，88，92，39，34，42，62，
3	493.2	4.82	10	7，88，89，34，37，95，55，61，97，87，86，90，92
4	518.8	5.2	4	7，88，89，38，84，95，96，87，91，86，90，92，94

从表 7-3 可知，方案 1 的网损最小，为 469.8kW，与控制前相比网损下降了 11.7%，其最大电压偏移率为 4.68%，优于其他方案，但其开关动作次数最大，达到了 16 次，方案 4 的开关动作次数最少，只有 4 次，但其网损为 518.8kW，只比初始网损下降了 2.5%，其最大电压偏移率也较高，方案 2、3 的 3 个优化目标都处在中间位置。

7.3　考虑负荷变化趋势的智能配电网多时段优化控制

7.3.1　多时段优化的数学模型

前一节是针对某一个时间断面的优化控制，实际中负荷随时间动态变化，导致网络的最优结构也为时变量，仅根据当前时刻的负荷分布情况进行网络运行方式优化，可能刚调整完不久会因为负荷的变化而需要再次调整，造成短时间内开关频繁动作，增加了开关操作成本，对系统的稳定性和可靠性产生不利影响。为了保证配电网在一段时间内安全、优质、经济运行，需要对配电网运行方式进行动态调整，即进行多时段优化控制。具体来看，是在满足开关操作次数约束前提下，考虑一段时间内负荷的动态变化，对配电网的拓扑结构进行动态调整，使得配电网在一段时间内达到最优运行状态。首先要使一个优化周期内的网络损耗最小，其表达式为

$$\min \int_{t_\mathrm{b}}^{t_\mathrm{e}} P_{\mathrm{loss}}(t)\,\mathrm{d}t \tag{7-12}$$

式中，$P_{\mathrm{loss}}(t)$ 代表 t 时刻的网络损耗（kW）；$\int_{t_\mathrm{b}}^{t_\mathrm{e}} P_{\mathrm{loss}}(t)\,\mathrm{d}t$ 代表一个优化周期（从 t_b 到 t_e）内总的网络损耗（kWh）。实际中一般采用梯形曲线近似代替连续

负荷曲线，即忽略在较小时间段（一般取 1h）内负荷的波动，其实质是将连续变量离散化，关注变化趋势。离散型目标函数为

$$\min\sum_{t=1}^{T}P_{\text{loss}}(t)\Delta t \tag{7-13}$$

式中，$P_{\text{loss}}(t)$ 代表时间段 t 内的网损（kW）；Δt 代表一个时段的长度（h）；T 为时间段的总数目，若优化周期为一天，则 T 为 24。

考虑到频繁的网络拓扑结构变换会大大降低开关设备的使用寿命，所以除了满足传统的单时段优化约束条件（潮流约束、电压约束、支路容量约束、网络拓扑约束）外，还需增加整个时间周期中总的开关动作次数限制

$$N_{\text{total}}\leqslant N_{\text{total max}} \tag{7-14}$$

式中，N_{total}为所有开关的动作次数；$N_{\text{total max}}$为所有开关的最大动作次数。

从数学模型可以发现，多时段优化控制与单时段优化控制之间的联系与区别，主要是以下两个方面：

(1) 多时段优化控制问题的时间区域是一个优化周期，单时段优化控制的时间区域是某个时间断面或较短的时间段，因而多时段优化控制可近似看成是由多个单时段优化控制问题构成。如果将整个优化周期退化成一个时间段落，则多时段优化控制问题就变为单时段优化控制问题，因此，单时段优化控制问题是多时段优化控制问题的特例。

(2) 多时段优化控制的决策变量是在整个优化周期内的开关开合状态，属于离散时间系统的混合整数规划问题，但是控制变量还受到最大开关动作的次数制约，因而不能将多时段优化控制看成是单时段优化控制的简单组合。

7.3.2 基于负荷分布变化度的时间区间划分

由于系统总负荷曲线不能反映各节点负荷的变化情况，不同时间区间内系统最优运行结构与系统的总负荷大小无直接关系，主要取决于系统中各个负荷大小的分布情况。因此，本书定义了负荷分布变化度作为时间区间划分的依据，将智能配电网动态特征相似的时段划分在同一个时间区间内。一般来说，随着时间区间的增多，前后两次控制后的网损变化量差别变小，从而不能带来明显的经济效益，因此，通过分析时间区间个数与网损变化量的关系可确定整个优化周期的最优时间区间划分数。

1. 负荷分布变化度

从一个时间到另一个时间可能出现智能配电网负荷整体为同一趋势变化，单个负荷大小的变化不会导致系统中负荷分布的变化。因此，将负荷在各个时间段进行标准化，即

$$D_i(t)=\frac{L_i(t)}{L_{\text{total}}(t)} \tag{7-15}$$

式中，$L_i(t)$ 为时段 t 时负荷 i 的大小（kW）；$L_{\text{total}}(t)$ 为时段 t 时的总负荷大小（kW）；$D_i(t)$ 代表该时段下负荷 i 标准化后的值，含义是时段 t 时负荷 i 在总负荷中所占的比重。

在所有负荷的标准化完成后，可用下式计算单负荷变化度

$$\Delta D_i(t_1,t_2)=|D_i(t_1)-D_i(t_2)| \tag{7-16}$$

式中，$\Delta D_i(t_1, t_2)$ 代表负荷 i 在时段 t_1 和 t_2 之间负荷变化度。那么从时段 t_1 到 t_2 总的负荷分布变化度 $\Delta D(t_1, t_2)$ 可表示为

$$\Delta D(t_1,t_2)=\sum_{i=1}^{m}|D_i(t_1)-D_i(t_2)| \tag{7-17}$$

2. 时间区间划分

在进行时间区间划分时需要确定一个负荷分布变化度的阈值 $\Delta D_{\max}$ 作为时间区间划分的依据。时间区间划分的具体步骤如下：

（1）设置初值 $\Delta D_{\max,0}$ 以及 $i=0$，首先计算整个周期内最大负荷变化度 $\max\Delta D$，时间区间数为 n，则

$$\Delta D_{\max,0}=\frac{\max\Delta D}{n} \tag{7-18}$$

（2）选择优化周期中的第一个时间段作为第一个时间区间的开始点；

（3）选择整个优化周期中的下一个时间段，如果没有下个时间段转至步骤（5），分别计算新加入时间段与该时间区间其他时间段之间的负荷差异度 ΔD，并判断是否小于 $\Delta D_{\max,i}$；

（4）如果步骤（3）中条件满足，则表明新加入时间段与原时间区间内的负荷分布特征较为相似，可划分在同一时间区间内，否则将其作为一个新的时间区间的开始点，转入步骤（3）；

（5）判断时间区间数 n_i 是否等于 n，如果相等则时间区间 n 划分完毕，进入控制环节；如果不满足则进入步骤（6）；

（6）如果 $n_i > n$，那么

$$\Delta D_{\max,i+1} = \Delta D_{\max,i} + \varepsilon \tag{7-19}$$

如果 $n_i < n$，那么

$$\Delta D_{\max,i+1} = \Delta D_{\max,i} - \varepsilon \tag{7-20}$$

在调节完 $\Delta D_{\max,i}$ 之后，$i=i+1$，并返回步骤（2）。

7.3.3 基于 MOPSO 的智能配电网多时段优化控制

1. 粒子编码

在完成时间区间的划分后，需要对各个时间区间进行控制，由于存在最大开关动作次数限制，如果各个时间区间分别优化，可能会出现整体控制方案违反开关最大动作次数约束的情况，如果通过启发式规则对各时间区间的运行方式进行协调，则会使计算变得繁琐而耗时。由于运用 MOPSO 算法可以得到一组控制方案的集合，本书应用该特点对所有时间区间进行联合编码寻优，通过算法本身的搜索能力去寻找各个时间区间的最佳运行方式，可得到整体上比较好的效果。

将 7.2.2.4 小节的编码形式从时间层面上进行拓展，以方便计算各个粒子的开关动作总次数。如果时间区间数为 n，则粒子的整个编码就有 n 个子串，每个子串代表该时间区间内网络拓扑结构所对应的编码形式。粒子群中粒子的位置与速度的更新方法和 7.2.2.4 小节的方法相同。图 7-11 给出的是一个时间区间数为 3 的粒子编码形式。

$$\begin{bmatrix} x_{1,1} & x_{1,2} & x_{1,3} & x_{1,4} & x_{1,5} \\ x_{2,1} & x_{2,2} & x_{2,3} & x_{2,4} & x_{2,5} \\ x_{3,1} & x_{3,2} & x_{3,3} & x_{3,4} & x_{3,5} \end{bmatrix} \begin{matrix} \text{子串1} \\ \text{子串2} \\ \text{子串3} \end{matrix}$$

图 7-11　时间区间数为 3 的粒子编码形式

2. 初始粒子群的生成

由于对粒子的编码从时间层面上面进行了拓展，粒子维度的增加会导致算法寻优能力下降，但是如果粒子的初值较好则能够有效提高算法的效率与效果。

根据前面的分析可知，虽然在不同时间区间数下的多时段优化控制方案会有所不同，但是多时段优化控制方案中各个时间区间的控制方案都是较好的解，并且前后两次多时段优化控制所能引起的网络结构变化不会太大。如果将前一次多时段优化控制时得到的最优解集，即此时粒子最优解 pbest 中所保存的多时段优化控制方案，作为后一次多时段优化控制的初始种群，运用多目标粒子群算法的局部搜索能力，在这些粒子邻域附近搜索便能很容易搜索到符合要求的解。具体方法是：

（1）将前一次多时段优化控制的最优解集以及 pbest 中的各个子串分离出来存放在一个可行解库中，每一个子串就代表一个可行并且较好的网络拓扑结构；

（2）从可行解库中随机选取子串组成符合当前多时段优化控制要求的粒子编码形式，形成当前多时段优化控制时的初始粒子群。

3. 最优时间区间数的确定

在一个优化周期内控制的次数越多，所能降低的网络损耗越大，但是随着控制次数增多，前后两次优化后的网络结构相同或差别不大，所产生的经济效益变小。另外，控制次数的增多会导致开关操作次数增加，须考虑网络损耗和开关操作的总费用最低。在实际中，开关的维护成本和操作成本难以准确地确定，因此采用以下的判据来确定最优时间区间数。

$$P_{\text{loss}}^{n} - P_{\text{loss}}^{n+1} \leqslant \varepsilon_{\text{loss}} \tag{7-21}$$

式中，n 表示时间区间数；P_{loss}^{n}代表在时间区间数为 n 时满足开关操作次数的最小网络损耗值（kWh）；$\varepsilon_{\text{loss}}$为 n 个时间区间到 $n+1$ 个时间区间网络损耗下降量阈值（kWh），根据经验，$\varepsilon_{\text{loss}}$一般取网络初始损耗的 1%～2%，式（7-21）的含义是如果要使时间区间数从 n 增加到 $n+1$，那么最小网络损耗值的下降量必须大于给定的阈值 $\varepsilon_{\text{loss}}$。

4. 分布式电源的处理

分布式电源出力会改变系统原有的负荷曲线，因此在处理含有分布式电源的配电网多时段优化控制时需要考虑分布式电源出力的动态特性对系统负荷曲线的影响。在计算分布式电源接入节点的负荷分布变化度值时，需要在该节点原有负荷值基础上叠加分布式电源的出力。假设节点 i 的分布式电源在时段 t 时的出力为 $DG_i(t)$，原有负荷值为 $Load_i(t)$，那么考虑分布式电源注入后的节点的负荷值应该修改为

$$L_i(t) = Load_i(t) - DG_i(t) \tag{7-22}$$

5. 算法步骤

多时段优化控制具体步骤如下：

（1）读取智能配电网结构数据和节点注入功率数据。

（2）令时间区间 $n=1$，并采用单时段优化控制方法对整个优化周期进行控制。

（3）运用负荷分布变化度将整个优化周期划分为 $n+1$ 个时间区间。

（4）使用上述方法进行多时段优化，并选出符合开关操作次数约束条件的最优方案。

（5）判断是否所有的解都不符合开关操作约束；如果是，转入步骤（7）；否则，转入步骤（6）。

（6）判据 $P_{\text{loss}}^{n} - P_{\text{loss}}^{n+1} \leqslant \varepsilon_{\text{loss}}$ 是否成立；如果是，转入步骤（7）；否则，$n=n+1$ 并转入步骤（3）。

（7）输出时间区间数为 n 时的多时段优化控制方案。

图 7-12 是多时段优化控制流程图。

7.3.4 算例分析

假设居民、工业和商业三种类型的负荷随机分布在 69 节点系统中，各个节点负荷的峰值取 69 节点标准节点负荷，其他数据同第 5 章的中压配电网动态运行风险评估算例数据。假设最大开关动作次数 $N_{\text{total max}}$ 为 10，网络损耗下降阈值 $\varepsilon_{\text{loss}}$ 取 15kWh。分以下两种情况进行讨论：

情况 1：系统不加分布式电源，仅考虑居民、工业、商业这三种负荷随时间变化的趋势。

情况 2：在节点 9、60、69 各并入 3 个光伏电源、节点 18、48、27 各并入 3 台风力发电机。

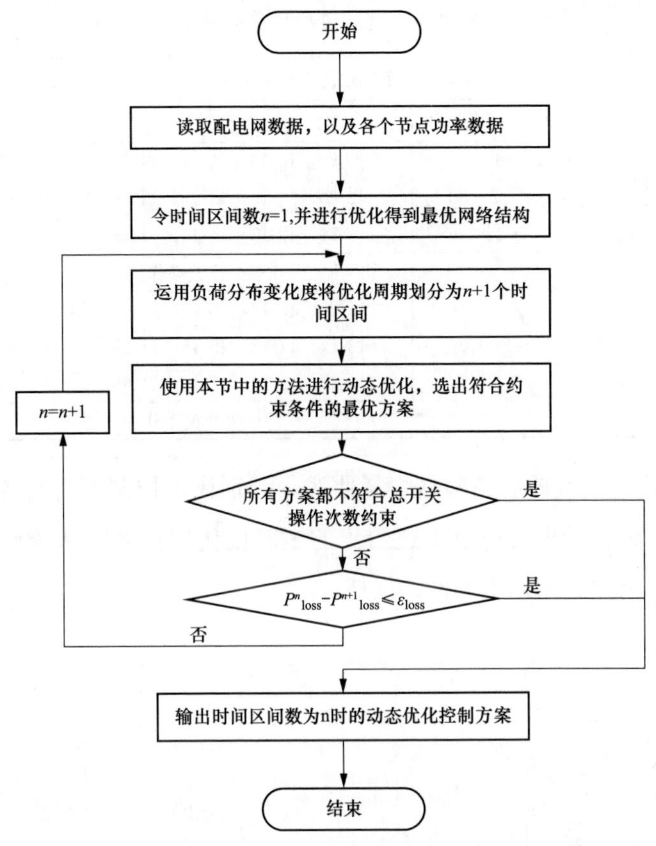

图 7-12　多时段优化控制流程图

［情况 1］　表 7-4 是分别运用基于负荷分布变化度和总负荷大小变化值进行时间区间划分得到的多时段优化控制结果。运用负荷分布变化度进行时间区间划分的结果为 0：00～6：00，6：00～17：00，17：00～24：00，用总负荷变化值进行时间区间划分的结果为 0：00～6：00，6：00～22：00，22：00～24：00。很明显，在第二个和第三个时间区间的划分上，两种方法有很大差异。基于负荷分布变化度的时间区间划分方法再通过多时段优化控制得到的全天总网络损耗值为 972.59kWh，基于总负荷变化值所得到的全天总网络损耗值为 983.92kWh，前者所得到的网络状态更友好，反映了上述给出的负荷分布变化度指标相对于总负荷变化值指标更能体现配电系统中负荷的变动情况，能更好地指导时间区间的划分。

表 7-4　　两种方法多时段优化控制结果

时间区间划分方法	多时段优化控制方案		网络损耗(kWh)
	时间区间	打开的开关	
负荷分布变化度	0：00～6：00	13-20，12-13，46-47，11-66，50-51	62.09
	6：00～17：00	13-20，14-15，44-45，11-66，50-51	759.07
	17：00～24：00	13-20，12-13，44-45，11-66，50-51	151.26
总计	6 次开关动作		972.59
总负荷变化值	0：00～6：00	13-20，12-13，46-47，11-66，50-51	62.09
	6：00～22：00	13-14，12-13，45-46，11-66，52-53	893.30
	22：00～24：00	13-20，12-13，47-48，11-66，50-51	28.03
总计	10 次开关动作		983.42

图 7-13 代表控制前后的网络损耗曲线，分别代表控制前、后各个时段的网络损耗情况。可以看出，通过上述给出的多时段优化控制方法能够有效地降低配电网络在一个控制周期中的网络损耗。

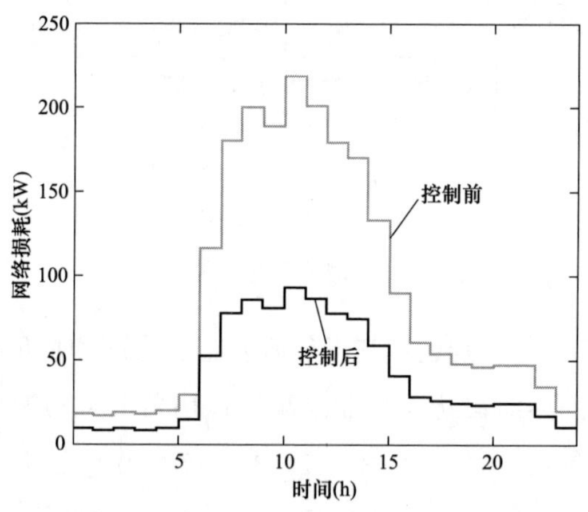

图 7-13　情况 1 控制前后网络损耗比较

表 7-5 给出了在不考虑开关操作次数约束时，不同时间区间数情况下，通过多时段优化控制所得到的一个控制周期内网络损耗值、降损率及开关动作次数。图 7-14 是时间区间数与网络损耗以及开关动作次数之间的关系曲线。从图中不难发现，当时间区间数为 1、2、3 时系统的网络损耗下降效果明显，但是总开关动作次数在 10 次以内；当时间区间数超过 4 时系统的网络损耗下降缓慢，但

是总开关动作次数增加较多。这说明在一天中时间区间数不宜划分太多，2～4个比较适宜。

表 7-5　　不同时间区间数下的多时段优化控制结果

时间区间数	控制后网络损耗（kWh）	降损率（%）	总开关动作次数
1	1125.7	47.84	0
2	988.55	54.20	4
3	972.59	54.93	8
4	970.41	55.03	12
5	969.56	55.07	16
6	968.34	55.13	22
7	965.92	55.25	24
8	964.71	55.30	26
9	963.34	55.36	28
10	963.34	55.36	28

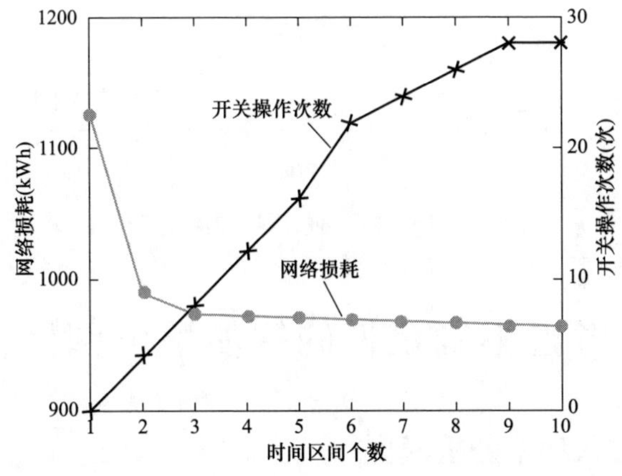

图 7-14　网络损耗与开关动作次数随时间区间数的变化曲线

［情况 2］　表 7-6 是接入分布式电源后的优化结果，由表 7-6 可以发现，在情况 2 时将整个控制周期划分为两个时间区间：0：00～14：00，14：00～24：00，与无分布式电源的情况 1 相比，控制结果差异很大，这是因为分布式电源出力使得节点负荷曲线发生了巨大变化，当时间区间为 3 时所能带来的网络损耗下降值不明显，因此选择时间区间为 2 的控制结果以避免不必要的开关动作。表 7-6 和图 7-15 表明，上述给出的多时段优化控制方法可有效地处理含有分布式电源

的配电网多时段优化控制问题。

表 7-6　　分布式电源接入后的多时段优化控制结果

多时段优化控制方案		网络损耗（kWh）
时间区间	打开的开关	
0：00～14：00	13-20，13-14，8-9，9-10，50-51	525.01
14：00～24：00	13-20，12-13，47-48，11-66，50-51	253.12
6 次开关动作		778.13

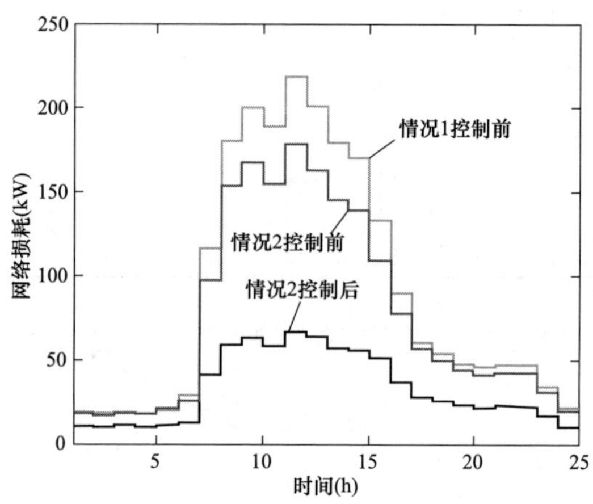

图 7-15　控制前后网络损耗比较

7.4　考虑不确定性的智能配电网优化控制

7.4.1　节点注入功率随机模型

从第 4 章的分析可知，智能配电网中含有多种不确定性因素，潮流的变化具有较大的不确定性，因此，在优化控制时需要计及这些不确定性因素的影响。首先针对某一时刻从风力发电系统、光伏发电系统和负荷几个方面建立节点注入功率的随机模型。

1. 风力发电系统的随机模型

一般认为风速的分布服从 Weibull 分布[122]，其概率密度函数为

$$f(v)=\frac{k}{c}\left(\frac{v-v_0}{c}\right)^{k-1}\exp\left[-\left(\frac{v-v_0}{c}\right)^{k}\right] \tag{7-23}$$

式中，v 为风速（m/s）；k、c、v_0 为 Weibull 分布的 3 个参数，k 为形状系数（反映风速的特点），c 为尺度参数（反映平均风速的大小，m/s），v_0 为位置参数（m/s）。参数 k、c 可以根据风速均值 μ、标准差 σ 求得

$$\begin{cases} k = \left(\dfrac{\sigma}{\mu}\right)^{-1.086} \\ c = \dfrac{\mu}{\Gamma(1+1/k)} \end{cases} \tag{7-24}$$

式中，Γ 为 Gamma 函数。

鉴于变速恒频双馈风力发电机应用较多，考虑其控制特点以及实际中风速大多介于切入风速和额定风速之间，可得风力发电系统的有功概率密度函数

$$f(P_{\mathrm{w}}) = \frac{k}{k_1 c}\left(\frac{P_{\mathrm{w}} - k_2}{k_1 c}\right)^{k-1} \exp\left[-\left(\frac{P_{\mathrm{w}} - k_2}{k_1 c}\right)^{k}\right] \tag{7-25}$$

式中，k 为形状参数；c 为尺度参数（m/s）。

假定通过风力发电系统中无功补偿装置的控制，可使功率因数保持不变，则风力发电系统吸收的无功功率 Q_{w} 可表示为

$$Q_{\mathrm{w}} = P_{\mathrm{w}} \tan\alpha \tag{7-26}$$

式中，α 为功率因数角，一般位于第四象限，$\tan\alpha$ 为负值。

2. 光伏发电系统的随机模型

太阳光照强度可近似认为服从 Beta 分布[123]，其概率密度函数为

$$f(r) = \frac{\Gamma(\alpha+\beta)}{\Gamma(\alpha)\Gamma(\beta)}\left(\frac{r}{r_{\max}}\right)^{\alpha-1}\left(1-\frac{r}{r_{\max}}\right)^{\beta-1} \tag{7-27}$$

式中，r 和 $r_{\max}$ 分别为短时间段内的实际光强（lx）和最大光强（lx）；α、β 均为 Beta 分布的形状参数；Γ 为 Gamma 函数。参数 α、β 可由光照强度的均值 μ 及标准差 σ 求得

$$\begin{cases} \alpha = \mu\left[\dfrac{\mu(1-\mu)}{\sigma^2} - 1\right] \\ \beta = (1-\mu)\left[\dfrac{\mu(1-\mu)}{\sigma^2} - 1\right] \end{cases} \tag{7-28}$$

假设光伏电池阵列有 M 个电池组件，每个组件的面积和光电转换效率分布为 A_m(m^2) 和 η_m(m=1，2，…，M)，则总面积 $A = \sum_{m=1}^{M} A_m$(m^2)，光电转换效率 $\eta =$

$\frac{\sum_{m=1}^{M} A_m \eta_m}{A}$，从而此光伏电池阵列的总输出功率为 $P_M = rA\eta$（kW），其概率密度函数也为 Beta 分布，即

$$f(P_M) = \frac{\Gamma(\alpha+\beta)}{\Gamma(\alpha)\Gamma(\beta)} \left(\frac{P_M}{R_M}\right)^{\alpha-1} \left(1-\frac{P_M}{R_M}\right)^{\beta-1} \tag{7-29}$$

式中，$R_M = A\eta r_{\max}$ 为光伏电池阵列的最大输出功率（kW）。

3. 负荷的随机模型

从预测角度看，可用正态分布近似反映负荷的不确定性[124]。假设负荷的有功和无功参数分别是 μ_P、σ_P 和 μ_Q、σ_Q，则其有功和无功的概率密度函数分别为

$$f(P) = \frac{1}{\sqrt{2\pi\sigma_P}} \exp\left[-\frac{(P-\mu_P)^2}{2\sigma_P^2}\right] \tag{7-30}$$

$$f(Q) = \frac{1}{\sqrt{2\pi\sigma_Q}} \exp\left[-\frac{(Q-\mu_Q)^2}{2\sigma_Q^2}\right] \tag{7-31}$$

式中，P 为负荷的有功功率（kW）；Q 为负荷的无功功率（kvar）；μ 为数学期望；σ^2 为方差。

7.4.2 两点估计法随机潮流计算

1. 基本原理

两点估计法（2PEM）[125]是由点估计法发展而来，主要思路是对于每个随机变量，在其均值两侧确定两个值，分别用这两个值作为随机变量的取值，同时其他随机变量取各自的均值进行组合，运行一次确定性潮流计算。若系统有 m 个节点注入随机变量 x_i，则需要运行 $2m$ 次确定性潮流计算，然后统计得出系统状态量的统计信息 $Z=F(x_1, x_2, \cdots, x_m)$。

设节点注入随机变量 $x_i (i=1, 2, \cdots, m)$ 概率密度数为 f_{x_i}，两点估计法通过采用随机变量 x_i 均值两侧的点 $x_{i,1}$ 和 $x_{i,2}$ 来匹配 x_i 的前三阶矩：均值、方差和偏度，从而取代 f_{x_i}。$x_{i,1}$ 和 $x_{i,2}$ 的表达式如下

$$x_{i,k} = \mu_{x_i} + \xi_{i,k}\sigma_{x_i}, \quad k=1,2 \tag{7-32}$$

式中，μ_{x_i} 和 σ_{x_i} 分别为随机变量 x_i 的均值和标准差；位置系数 $\xi_{i,k}$ 可用下式计算求得

$$\xi_{i,k} = \lambda_{i,3}/2 + (-1)^{3-k} \times \sqrt{m + (\lambda_{i,3}/2)^2}, \quad k=1,2 \tag{7-33}$$

随机变量 x_i 的偏度系数$\lambda_{i,3}$的计算公式为

$$\lambda_{i,3}=\frac{E[(x_i-\mu_{x_i})^3]}{(\sigma_{x_i})^3} \tag{7-34}$$

式中，$E[(x_i-\mu_{x_i})^3]$ 为随机变量 x_i 的三阶中心矩。

对变量 x_i 来说，用其均值两侧的值 $x_{i,1}$和 $x_{i,2}$代替 x_i，同时其他变量在均值处取值，即（μ_{x_1}，μ_{x_2}，…，$x_{i,k}$，…，$\mu_{x_{m-1}}$，μ_{x_m}），通过两次确定性潮流计算得出状态变量（如支路潮流和节点电压）的两个估计值 $Z_r(i,1)$ 和 $Z_r(i,2)$。如果用 $w_{i,k}$表示估计点 $x_{i,k}$的概率集中度，即表示（μ_{x_1}，μ_{x_2}，…，$x_{i,k}$，…，$\mu_{x_{m-1}}$，μ_{x_m}）中 $x_{i,k}$处位置集中的权重，则 $w_{i,k}$可表示为

$$w_{i,k}=\frac{1}{m}(-1)^k\frac{\xi_{i,3-k}}{\zeta_i} \tag{7-35}$$

式中，$\zeta_i=2\sqrt{m+(\lambda_{i,3}/2)^2}$，$w_{i,k}$的取值范围为 0～1，且总和为 1。

从而 Z_r 的 j 阶矩可用下式表示

$$\begin{aligned}E(Z_r^j)&\cong\sum_{i=1}^{m}\sum_{k=1}^{2}w_{i,k}[Z_r(i,k)]^j\\&=\sum_{i=1}^{m}\sum_{k=1}^{2}w_{i,k}[F_r(\mu_{x_1},\mu_{x_2},\cdots,x_{i,k},\cdots,\mu_{x_{m-1}},\mu_{x_m})]^j\end{aligned} \tag{7-36}$$

Z_r 的标准差可由下式计算

$$\sigma_{Z_r}=\sqrt{E(Z_r^2)-[E(Z_r)]^2} \tag{7-37}$$

由此，根据偏度系数$\lambda_{i,3}$确定位置系数$\xi_{i,k}$，得到 x_i 两侧概率集中度为 $w_{i,1}$、$w_{i,2}$的两点 $x_{i,1}$、$x_{i,2}$，对所有随机变量的两点分别进行 $2m$ 次确定性潮流计算，即可获得输出量 Z_r 的相应统计矩。

2. 两点估计法随机潮流计算的步骤

（1）读取数据，包括确定性潮流计算所需要的参数，以及系统中所有随机变量的分布信息，如负荷、风力发电机、光伏发电系统随机出力的均值、方差等；

（2）选择节点注入随机变量 x_i，运用随机变量的随机分布特征信息计算随机变量 x_i 的位置系数$\xi_{i,1}$、$\xi_{i,2}$和概率集中度 $w_{i,1}$、$w_{i,2}$；

（3）在所选随机变量 x_i 的两侧根据其均值和方差确定两个估计点 $x_{i,1}$和 $x_{i,2}$；

（4）取随机变量的一个估计点 $x_{i,k}$，并保持其他随机变量为均值进行确定性

潮流计算，计算输出量（支路潮流、节点电压等）的估计值 $Z_r(i,\ k)$；

（5）重复步骤（2）～（4），直到所有随机变量计算完毕；

（6）计算 Z_r 的 j 阶矩，并确定 Z_r 的期望值和标准差。

7.4.3 基于随机模型的智能配电网优化控制

1. 数学模型

考虑不确定性因素及上述的随机潮流计算结果后，7.2 节中的网络损耗指标、最大电压偏移指标的数学模型需要进行相应的修改，开关动作次数目标及约束条件不变。

（1）网络损耗指标。

$$\min f_1 = \sum_{i=1}^{N_b} E\,(I_i)^2 R_i,\quad i = 1,2,\cdots,N_b \tag{7-38}$$

式中，N_b 为支路总数；R_i 代表支路 i 的电阻（标幺值）；E 为期望值算子；$E(I_i)$ 代表流过支路 i 的电流的期望值（标幺值）。

（2）最大电压偏移指标。

$$\min f_2 = \frac{\max|E(U_i) - U_{rate}|}{U_{rate}} \times 100,\quad i = 1,2,\cdots,N_p \tag{7-39}$$

式中，N_p 为节点总数；U_{rate}为指定电压幅值（标幺值）；$E(U_i)$ 为节点 i 的电压的期望值（标幺值）。

2. 计算步骤

结合 7.2.2 中多目标粒子群算法和两点估计法随机潮流计算，形成如下的优化计算步骤：

（1）数据处理。获取配电网结构、设备参数和运行数据，计算各随机变量的分布信息，并对网络进行简化。

（2）设定内部粒子群规模 M 及外部粒子群规模 A，惯性权重系数 w_{min}、w_{max}，加速系数 c_1、c_2，最大迭代次数 I_{max}等参数。

（3）随机初始化内部粒子群的位置和飞行速度，对每个粒子进行网络辐射状校验，若校验不满足说明该粒子为不可行解。

（4）运用两点估计法计算满足辐射状约束的粒子对应网络的随机潮流，计算网络损耗、最大电压偏移，并确定开关动作次数及约束违反情况。

(5) 根据 Pareto 非支配解原理选择内部粒子群中的非支配解，并更新外部粒子群。

(6) 构造立体空间存放外部粒子群，用自适应网格法评估非支配解的空间分布密度，选择空间分布密度最小的粒子位置为 gbest；在内部粒子群中根据 pbest 更新策略选择每个粒子的 pbest。

(7) 更新内部粒子群中粒子的飞行速度及位置，每次更新后检查飞行速度及粒子位置是否超过最大值或最小值，如果超出该范围，则速度限制为该极值。

(8) 判断是否到达最大迭代次数，若是，停止迭代，否则，返回步骤 (4)。

7.4.4 算例分析

在 69 节点系统中，节点 9 并入 3 个光伏电池阵列，节点 18 并入 3 个风力发电机。风力发电机的额定容量 P_r 为 250kW，切入风速 v_{ci} 为 4m/s，额定风速 $v_r=14$m/s，切出风速 $v_{co}=25$m/s；光伏电池阵列有 1000 个电池组件，额定功率为 100kW，每个组件面积为 2.16m^2，光电转换效率为 13.44%。风速及太阳能光照强度取每天 10：00～11：00 的数据，负荷的期望值为 69 节点系统的原始数据，标准差为期望值的 10%。假设内部粒子群规模为 50，外部粒子群为 30，加速常数 c_1、c_2 为 2，惯性权重的最大最小值 w_{max}、w_{min} 分别为 1.2、0.9。

表 7-7 是采用多目标粒子群算法结合两点估计法潮流计算进行优化后网络损耗最小的控制方案结果。很显然，接入分布式电源前后控制方案变化较大，主要原因是分布式电源出力改变了负荷的分布特性，且由于减少了潮流的远距离传输，网络损耗也明显降低。将无分布式电源情况下的结果与 7.2.3 节中 69 节点系统的优化结果对比可知，开关状态完全相同，网络损耗在数值上有较小差别，表明基于正态分布的负荷随机性对控制方案的影响很小。

表 7-7 最优控制方案

仿真场景	网络损耗（kW）	最大电压偏移率（%）	开关动作次数	打开的开关
含分布式电源	95.52	5.73	8	13-14，12-13，47-48，11-66，50-51
无分布式电源	100.01	5.72	6	13-20，12-13，44-45，11-66，50-51

图 7-16 和图 7-17 分别是节点 8 和节点 17 在各种情况下电压的概率累积曲

线。节点 8 是光伏发电系统接入节点 9 的相邻节点，节点 17 是风力发电机接入节点 18 的相邻节点。

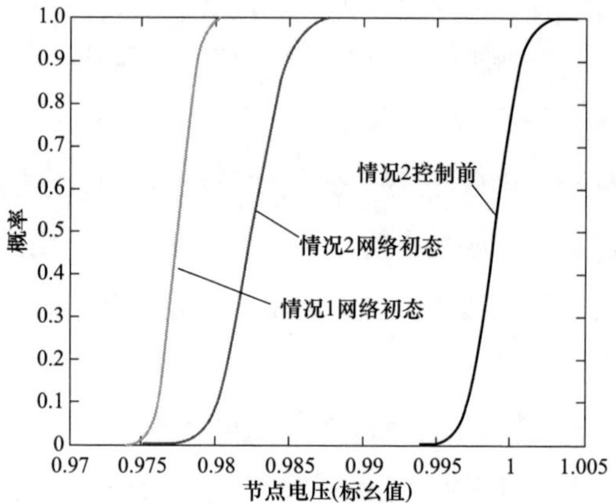

图 7-16　节点 8 的电压概率累积曲线

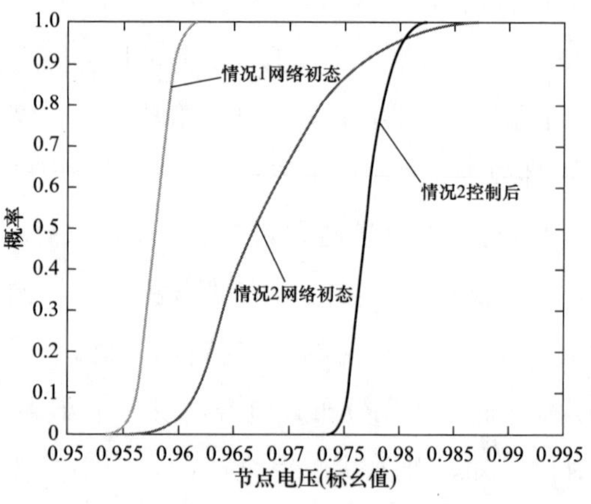

图 7-17　节点 17 的电压概率累积曲线

从图 7-16 可知，无分布式电源时的网络初态（情况 1 网络初态）中节点 8 的电压标幺值分布在 0.975～0.980，接入分布式电源后的网络初态（情况 2 网络初态）中节点电压标幺值在 0.977～0.987，节点电压被抬高，同时节点电压的分布范围增大。接入分布式电源并进行优化控制后（情况 2 控制后）节点 8 的电压标幺值分布在 0.995～1.003，由于潮流分布的改变节点电压被提高了，分布范围比控制前有所减小。

对比两个节点的电压概率累积曲线可以发现，在接入分布式电源后的网络初态（情况 2 网络初态）中节点 17 的电压标幺值分布范围明显大于节点 8，范围为 0.958～0.982，说明风力发电的随机波动明显大于光伏发电。总的来说，分布式电源可提高节点电压水平，但是由于其随机变化会增大节点电压的分布范围，通过优化控制不仅可提高智能配电网的电压水平，还可一定程度上缓解分布式电源出力随机性所引起的电压分布范围扩大问题。

7.5 本章小结

本章根据智能配电网的结构特点及运行数据的变化情况，指出了智能配电网优化控制的必要性及可行性，配电网优化控制分为单时段优化控制和多时段优化控制，单时段优化控制解决了某一个时间断面的控制问题，考虑一段时间内负荷变化趋势的多时段优化控制更符合实际情况。具体来说，可以得到以下结论：

（1）将 MOPSO 算法应用于智能配电网优化控制问题中，发挥 MOPSO 的全局寻优能力得出多样性好的 Pareto 最优解集，运行人员可根据实际运行需要确定控制方案，计算复杂度低，收敛速度快。

（2）提出了负荷分布变化度指标，用于指导时间区间的划分，使用多时段编码方式的 MOPSO 对多个时间区间同时优化协调各个时间区间开关状态，并逐步逼近网损下降阈值确定最优时间区间数。给出多时段优化控制中分布式电源的处理方法。算例仿真结果表明，使用负荷分布变化度指标划分时间区间比总负荷曲线更合理，分析不同时间区间个数的多时段优化控制结果发现，时间区间划分个数的增加带来的实际经济价值有限。

（3）建立考虑分布式电源出力随机性的智能配电网优化控制多目标数学模型，并使用两点估计法潮流计算处理分布式电源随机性对潮流的影响。仿真结果表明，当分布式电源接入智能配电网后可以降低网络损耗，提高节点电压，通过智能配电网优化控制不仅可以降低网络损耗，而且可以减小分布式电源出力随机性所造成节点电压分布范围过大的问题。

8 智能配电网预防与校正控制

8.1 本 章 概 述

安全可靠运行是电力系统正常运转的最基本要求，由本书对智能配电网的定义可以看出，智能配电网对安全可靠运行的要求更高，另外，相对于传统配电网来说，系统的组成对象及运行情况更加复杂，存在着更多的安全隐患。电力设备在运行过程中也会逐渐老化，绝缘强度会下降，如果工作在恶劣条件下会加快这一进程，随着时间的积累，或者在某种特定环境触发下最终发展成为故障。根据第 4 章的分析可知，智能配电网也存在各种不稳定的问题，比如，在运行过程中，随着负荷及外界环境的不断变化系统可能出现不稳定的趋势，如果不及时采取有效的控制措施，最终将造成系统失稳。即使系统没有失去稳定，由于各种扰动的不断发生，比如当负荷增长到超过电力设备所能承载的负荷时可能引发安全事故。以上现象的出现存在一个发展过程，一旦发生便会影响电网的安全稳定运行，因此，需要通过预防控制减少和避免这些现象发生，比如通过检测手段如果发现电缆线路的绝缘强度下降，则可在不影响负荷正常供电情况下及时停运检修此线路，消除安全隐患，避免故障的发生。如果因为某些无法预防的突发事件或其它原因造成智能配电网中已经出现安全问题，则需要及时进行校正，避免运行状态继续恶化。

本章考虑负荷是一个时变量，基于第 5 章提出的安全域度指标建立预防控制模型，结合智能配电网的结构特点建立基于分区的校正控制模型，并依据智能体群体系统理论和上文提出的负荷增长模型进行预防控制决策。此外，考虑到在对智能配电网进行控制过程中，其运行结构可能发生变化，由于继电保护的配置具有一定的适应性，电网运行结构的改变会影响原有的继电保护方案，产生保护误动和拒动。因此，需要考虑分布式电源对配电网继电保护的影响，

建立自适应继电保护策略。

智能配电网中存在的安全隐患需要尽快实施预防控制，这是其运行主动性的体现，这种预防对实时性要求不高。但是，如果由于预防控制措施采取不力或某些无法预防的突发性事件使智能配电网进入异常状态，比如出现电压或潮流越限，或出现严重缺陷的设备等情况时，需要尽快进行校正控制，使智能配电网回到正常运行状态。因此，为了减少全局优化的计算量，本章考虑到智能配电网的开环运行特点，对节点电压采取树形分区控制策略，利用灵敏度算法快速选择分区内各无功补偿设备和变压器分接头对越限节点电压的灵敏度及调节范围，再根据设备动作次数最少和全网电压质量最好这两层优化目标进行优化，选择最优的校正控制方案。

8.2 智能配电网预防与校正控制建模

8.2.1 基于安全裕度的预防控制模型

预防是自愈控制的核心思想，由于负荷功率、分布式电源出力随时都会发生变化，对于一个当前处于正常运行状态的电网，尤其是为了充分发挥资源的作用而接近极限运行，一旦发生扰动就可能出现支路功率和节点电压超出允许范围，使智能配电网处于非正常运行状态。因此，进行预防控制最重要的是保证电网有一定的安全裕度，使其至少满足 $N-1$ 原则。由于设备老化、绝缘下降等现象都可能发展为故障，以及结合其它原因可知智能配电网中不可避免地存在不可预见的故障，要求这种情况下仍然能够保证故障元件隔离后健全区域的正常供电，因此需要提前采取预防控制措施。

总的来说，预防控制是智能配电网自愈控制的关键内容。通过预防控制使智能配电网中任一独立元件（发电机、线路、变压器等）发生故障而被切除后，不造成因其他线路过负荷跳闸而导致用户停电，不破坏系统的稳定性，不出现电压崩溃等事故。同时，为了确保电网的安全运行水平不被破坏，不能仅考核是否满足当前负荷水平，还须满足未来时刻的负荷水平，且在满足要求的情况下，设备的动作量越小越好。因此本章进行智能配电网预防控制的原则为：以满足当前和下一时段负荷的安全运行水平为约束条件，以最少的设备操作次数为优化目标对智能配电网进行在线实时预防控制。

智能配电网在进行预防控制决策时，需要以两个断面的负荷（当前负荷水平和下一时刻的负荷水平）检验预防控制方案是否可行，并将其与电网当前运行方式相比较，计算出设备操作次数，优化选择设备操作次数最少的可行方案。若具有相同设备操作次数的方案有多种，则以电网运行质量最优为目标，进一步对各种预防控制方案进行筛选。根据上文所述，智能配电网的安全隐患主要有支路功率越限和节点电压越限，因此，主要预防这两种情况的出现。

综上所述，智能配电网预防控制的优化目标为

$$\min F_1 = w_1 \sum_{i=1}^{S} |s_i - s_{i0}| + w_2 \sum_{j=1}^{C} |c_j - c_{j0}| + w_3 \sum_{k=1}^{T} |t_k - t_{k0}| \tag{8-1}$$

$$\max F_2 = K \quad \text{或} \quad \min F_2 = \sum_{i=1}^{N} (U_i - U_i^{\mathrm{r}})^2 \tag{8-2}$$

目标函数 F_1 中：第一项表示总的开关动作量，S 为总的开关数，s_{i0} 表示第 i 个开关在预防控制方案执行前的原始状态，s_i 为该开关在预防控制方案执行后的状态，两者均为布尔变量，1 表示开关闭合，0 表示开关打开；第二项表示电容器组的变化量之和，C 为总的电容器个数，c_{j0} 表示第 j 个点的电容器在预防控制方案执行前的投入组数，c_j 为该电容器在预防控制方案执行后的投入组数，这两个变量为非负的整型离散变量；目标函数中的第三项为变压器分接头的调整变化量，T 为总的可调变压器数目，t_{k0} 表示第 k 个变压器在预防控制方案执行前的分接头位置，t_k 为该变压器分接头在预防控制方案执行后的位置，这两者也为整型离散变量。由于不同设备的动作代价不同，因此，分别对三种控制施以不同权重：w_1、w_2 和 w_3。

目标函数 F_2 中：当针对支路功率越限采取预防控制措施时，目标函数 F_2 为网络的供电能力 K 最大值；当针对节点电压越限采取预防控制措施时，目标函数 F_2 为电网的电压质量最好，即 $\min F_2 = \sum_{i=1}^{N} (U_i - U_i^{\mathrm{r}})^2$，其中 N 为参与电压质量考核的节点数，U_i 和 U_i^{r} 分别为第 i 个考核节点的实际电压值（标幺值）和理想电压值（标幺值）。

智能配电网预防控制的约束条件主要有潮流约束、安全运行水平约束、当前时刻和下一时刻的网络运行约束、设备动作次数约束等。

$$K \geqslant 1.2 \tag{8-3}$$

$$S_i^t \leqslant S_{i\max} \tag{8-4}$$

$$U_{Lk} \leqslant U_k^t \leqslant U_{Uk} \tag{8-5}$$

$$S_i^{t+1} \leqslant S_{i\max} \tag{8-6}$$

$$U_{Lk} \leqslant U_k^{t+1} \leqslant U_{Uk} \tag{8-7}$$

$$\sum D_i \leqslant D_{SET} \tag{8-8}$$

其中，式（8-4）和式（8-5）为当前时刻的支路功率约束和节点电压约束；式（8-6）和式（8-7）为下一时刻负荷水平下的运行约束，U_k^t、U_{Uk}、U_{Lk}分别为节点k的电压及其上下限（标幺值）；S_i^t、S_i^{t+1}、$S_{i\max}$分别为各支路流过的视在功率和最大允许值（标幺值）；式（8-8）为设备的动作次数约束，即设备i一天的动作次数之和不能超过允许值。

上述的数学模型体现了在满足当前及下一时刻的安全运行水平的条件下，选择最小的操作代价、最高的安全裕度和最好的电压质量的控制原则。

8.2.2 基于分区的校正控制模型

由前两章的分析可知，智能配电网包括了高压配电网、中压配电网等多个电压等级，通常情况下都是开环运行，系统潮流的分布主要取决于负荷用电需求和网络的开环方式，当存在分布式电源时，则先由分布式电源提供电力供应，不足部分从上级电源获得。对于开环的 A1 网、A2 网等结构来说，变压器挡位的调整会改变整个下游供电区域的电压水平，无功的需求也从就近的无功电源处获得。因此，对于智能配电网这种典型运行结构，即以 220kV 变电站为主电源点，为若干个 110kV/35kV 变电站以辐射状方式供电，然后从变电站馈出若干树状结构运行的线路，将电能分配到若干用户，形成多级分区、分片供电的网架结构，是一种自然的控制分区。

当负荷突然增大或负荷预测不准确，导致预防控制失效时，智能配电网可能会发生支路功率越限的情况，需要通过调整网络运行方式解除已经发生的支路功率越限，此时的校正控制方案求解方法与预防控制相同，可参考上一节的内容，不再赘述。

本节主要对智能配电网的电压校正控制进行研究。220kV 变电站的高压母线为辐射状网络的根节点，一般也以该节点为整个智能配电网的平衡节点。无功电压分区从该平衡节点开始搜索，平衡节点处有几个分支便可分为几个分区，每个分区都是以平衡节点为根节点的一棵树，如图 8-1 所示。

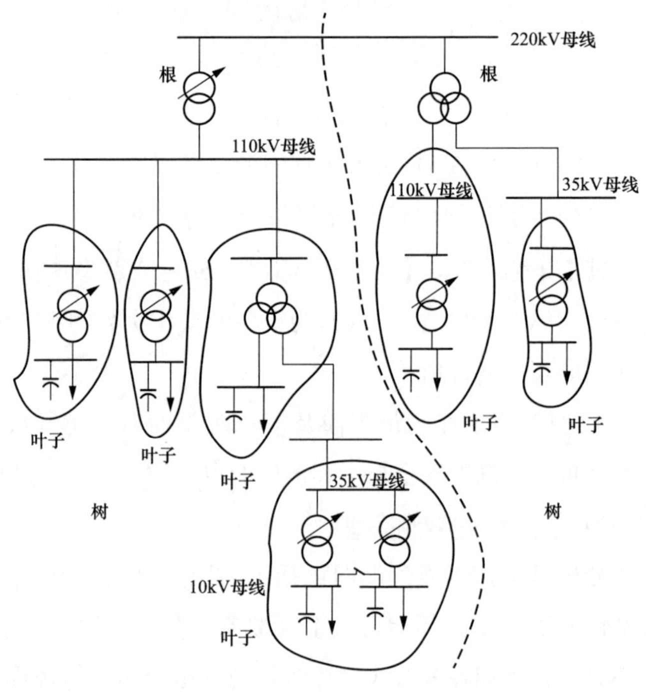

图 8-1　控制分区示意图

除树根的 220kV 变电站外，其余变电站均带有 10kV 母线，对于这些变电站还需要继续进行划分，将彼此间相互影响关系较小的部分划分开来，形成较为独立的控制区域，称为基本控制分区，可称为叶子。各叶子独自完成各自的控制功能并接受上级的协调。最简单直接的划分方法是以单个变电站为一片叶子，且不考虑上下级之间的协调。但是通常在一个变电站内有 2～4 台变压器，有不同的组合运行方式，不能笼统地将其归为一片叶子。例如一个变电站内含有两台变压器，当只有一台变压器运行时只有一片叶子，当两台变压器并列运行时可将并列运行的变压器看作一台变压器进行处理，即当作是一片叶子，当两台变压器分裂运行时，彼此之间的影响较小，应作为两片叶子处理。可见对于基本控制分区的划分必须按照一定的准则，同时考虑变电站内部的拓扑方式。

智能配电网电压校正控制的目标是以最少的设备动作次数校正越限节点的电压水平，若相同的动作次数都可使电压水平满足要求，则以该分区内的电压质量最好作为第二优化目标进一步对校正控制方案进行筛选。具体如下

$$\min F_1 = w_1 \sum_{i=1}^{C} | c_i - c_{i0} | + w_2 \sum_{j=1}^{T} | t_j - t_{j0} | \tag{8-9}$$

$$\min F_2 = \sum_{i=1}^{N} (U_i - U_i^{\mathrm{r}})^2 \tag{8-10}$$

目标函数 F_1 中第一项表示电容器组数的变化量之和，C 为总的电容器个数，c_{i0} 表示第 i 点的电容器在校正控制方案执行前的投入组数，c_i 为该电容器在校正控制方案执行后的投入组数；第二项为变压器分接头的调整变化量，T 为总的可调变压器数目，t_{j0} 表示第 j 个变压器在校正控制方案执行前的分接头位置，t_j 为该变压器分接头在校正控制方案执行后的位置；w_1 和 w_2 分别为两种调整措施的代价的权重系数。

目标函数 F_2 中 N 表示该电压控制分区内的节点总数；U_i 表示该控制分区内第 i 个节点的电压幅值（标幺值）；U_i^{r} 表示该节点的理想电压值（标幺值）。

智能配电网电压校正控制的首要约束条件为各节点的电压水平满足要求，除此之外还有常规的潮流约束、支路功率约束等。

$$U_{\mathrm{L}k} \leqslant U_k \leqslant U_{\mathrm{U}k} \tag{8-11}$$

$$f(x) = 0 \tag{8-12}$$

$$S_i \leqslant S_{i\max} \tag{8-13}$$

式中，U_k、$U_{\mathrm{U}k}$、$U_{\mathrm{L}k}$分别为节点 k 的电压及其上下限（标幺值）；S_i、$S_{i\max}$分别为各线路或变压器流过的视在功率和最大允许值（标幺值）。

除上述约束条件外，无功补偿设备和变压器分接头每天的操作次数和两次操作之间的时间间隔也有限制。

$$T_i^{\mathrm{C}} \geqslant T_{\mathrm{C0}}, \quad T_i^{\mathrm{T}} \geqslant T_{\mathrm{T0}} \tag{8-14}$$

$$D_i^{\mathrm{C}} \leqslant D_{\mathrm{C0}}, \quad D_i^{\mathrm{T}} \leqslant D_{\mathrm{T0}} \tag{8-15}$$

式中，T_i^C 和 T_i^T 分别为第 i 个电容器和变压器分接头距最近一次调整时的时间间隔（min）；T_{C0} 和 T_{T0} 分别为电容器和变压器分接头允许的相邻两次操作的最小时间间隔（min）；D_i^C 和 D_i^T 分别表示第 i 个电容器和变压器分接头当天的调节次数；D_{C0} 和 D_{T0} 分别为电容器和变压器分接头一天内允许的最大调节次数。

8.3 智能配电网安全预警与预防控制

8.3.1 基于负荷增长模式分析的预防控制

在智能配电网的运行过程中，由于负荷会不断波动和增长，可能造成设备功率越限或节点电压越限的情况，为了确保供电能力充足，不至于引发供电中断，需要提前采取预防控制措施。由于变压器、线路等主要设备在电网的数学模型中均用支路表示，因此设备功率越限又称之为支路功率越限。

当需要启动预防控制时，首先判断是支路功率约束还是节点电压约束限制了电网的供电能力，并针对这两种情况分别采取相应的预防控制措施，防止真正出现支路功率越限或节点电压越限，确保下一时刻智能配电网的安全可靠运行。本节主要介绍支路功率预防控制的具体方法与流程，电压越限的预防控制策略与其校正控制策略相似，参见下一节，另外高压配电网和中压配电网具有类似的辐射状结构，对其控制方案进行优化的思路基本一致，因此本节以高压配电网为例进行分析。

为了防止因支路功率越限导致供电能力不足、无法正常供电情况的发生，本节将根据当前负荷和下一时段的负荷预测结果进行潮流计算，找出智能配电网中限制安全运行水平的薄弱环节，即找出负载率较高有可能发生越限的设备，采取针对性的预防控制措施。若存在多条支路的安全运行水平不满足要求，负载率太高，则优先调整电压等级较低的下游支路，原因是减轻这些下游支路上的负载水平可自动释放上游支路的负荷容量。

对于高压配电网，预防支路功率越限的控制策略为：将该支路下游的变电站构成联合体，搜索该联合体的所有外围支路，并计算各外围支路的供电能力，然后闭合部分或全部外围支路后，断开联合体内部的部分开关，使得该联合体

解列运行，恢复电网的辐射状运行。如图 8-2 所示，L3 和 L4 断开，其他支路都闭合，经安全评估，发现线路 L2 负载率过高，不满足安全指标要求，随着负荷的波动可能会发生越限，因此需采取预防控制措施，防止越限的发生。经拓扑分析发现，L2 向变电站 3、变电站 4 和变电站 5 供电，因此这三者构成一联合体，搜索其断开的外围支路有 L3 和 L4，则对这两条支路利用重复潮流算法进行供电能力评估，然后优化选择部分支路进行闭合，并相应断开联合体内部的部分开关，使联合体解列恢复整个高压配电网的辐射状运行，从而减轻线路 L2 的负担，消除支路越限的隐患。

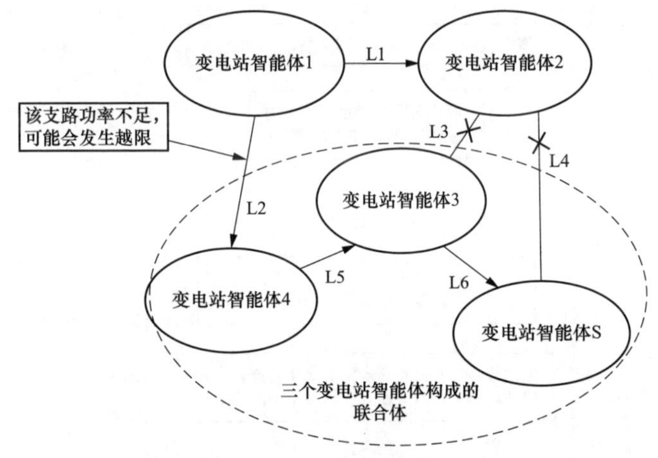

图 8-2　支路功率越限的预防控制分析示意图

相对于中压配电网将线路大量分段，高压配电网的线路较为简单，且过负荷支路下游变电站联合体的外围支路也不多，鉴于预防控制的目标为用最少的开关操作次数，即用最少的操作代价防止越限的发生，因此，本节针对预防支路功率越限的控制方案的搜索策略采用枚举法，从开关操作次数最少的方案开始试探，直到找到满足要求的控制方案为止，若两方案控制次数相同，则利用优化目标 F_2 优选供电裕度更大、电网安全运行水平更高的方案。

首先闭合供电能力最大的一条外围支路，然后采用枚举法选择联合体内部最优的（使负荷最均衡）断开开关，判断是否解除越限支路的安全隐患，满足安全运行水平的要求，若是，则选择该方案作为预防控制措施；否则，继续追加新的外围开关闭合，继续对该联合体进行解列。预防措施决策流程如图 8-3 所示，详细步骤如下：

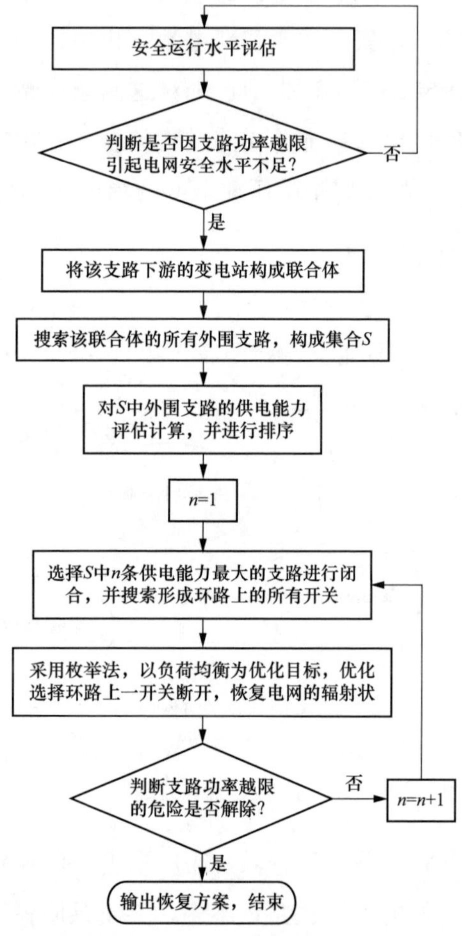

图 8-3　支路功率越限的预防控制决策流程

(1) 对智能配电网进行安全运行水平评估，判断是否因支路功率越限引起的电网安全运行水平不满足要求，若是，继续下一步。

(2) 将越限支路所供电的变电站构成联合体，搜索该联合体所有的外围支路构成集合 S。

(3) 对 S 中所有外围支路进行供电能力评估计算，并按大小进行排序。

(4) 闭合供电能力最大的一条外围支路，并搜索由此形成的环路上的所有

开关。

（5）采用枚举法，依次断开环路上每一个开关，并进行潮流计算，选出负荷最均衡的一种运行方式；断开环路上的开关后，电网恢复辐射状运行。

（6）进行智能配电网的供电能力评估计算，判断该运行方式是否满足安全运行水平，若是，则输出该控制方案并结束优化过程；否则跳转到第（4）步，继续追加新的外围支路。

8.3.2 分布式电源对配电网继电保护的影响

分布式电源在配电网中的应用越来越广，利用分布式电源发电是集中发电的有益补充，除了在正常情况下缓解大容量、远距离输电的压力外，在大电网发生故障时，还可利用分布式电源继续为重要负荷提供电能，减少重要负荷的停电时间，提高配电网的供电可靠性。根据本书第 2 章的分析可知，无论是高压配电网还是中压配电网，通常都是环网结构、辐射状结构运行，对于高压配电网来说，虽然采用开环方式运行，但是仍然是变电站、线路结构，传统的继电保护已经考虑了各类设备，无需从本质上改变，但是除了在变电站出线广泛采用三段式电流保护作为馈线的主保护以外，几乎不再考虑其他中压配电网的继电保护。目前，新能源发电的并网准则中要求风电及光伏电源具备一定的低电压穿越能力，即在电网故障情况下分布式电源应能保持并网运行一段时间，因此，在分布式电源脱网之前会向配电网注入短路电流，对三段式电流保护的可靠性造成负面影响，可能引发继电保护的拒动或者误动，从而对整个配电网的供电可靠性产生负面影响。

另外，在智能配电网中，为充分发挥分布式电源的作用，也期望在紧急情况下分布式电源能承担供电任务，为此，本节考虑中压配电网中多点配置三段式电流保护条件下，分析 DG 对继电保护的影响，为制定预防控制策略提供依据。配电线路配置的三段式电流保护有以下特点：Ⅰ段无时限电流速断保护按躲开本条配电线路末端最大短路电流进行整定；Ⅱ段限时电流速断保护按照下一条相邻线路故障的无时限电流速断保护整定值的 1.1 倍整定；Ⅲ段定时限过电流保护通常作为本线路主保护的后备保护或相邻线路的远后备保护，按照躲开流过本线路的最大负荷电流整定。由于Ⅲ段定时限过电流保护的动作时限较长，分布式电源对Ⅲ段定时限过电流保护的影响较小，故本节主要讨论分布式电源对Ⅰ段和Ⅱ段电流速断保护可靠性的影响。

1. 分布式电源下游线路发生故障

如图 8-4 所示，若分布式电源下游 f_1 处发生故障，由于分布式电源对故障电流的外汲作用，将减小保护 K1 检测到的故障电流大小，从而使保护 K1 的灵敏度降低，甚至可能导致保护 K1 拒动。此时由于是分布式电源下游所在线路发生短路故障，因此保护 K1 检测到的最小短路电流 I_1 应能使保护 K1 的限时电流速断保护可靠动作。由于线路末端发生短路故障时，短路电流 I_1 最小，故应满足下式

$$I_1 \geqslant I_{K1}^{\mathrm{II}} \tag{8-16}$$

式中，I_{K1}^{II}为保护 K1 的限时电流速断保护整定值。

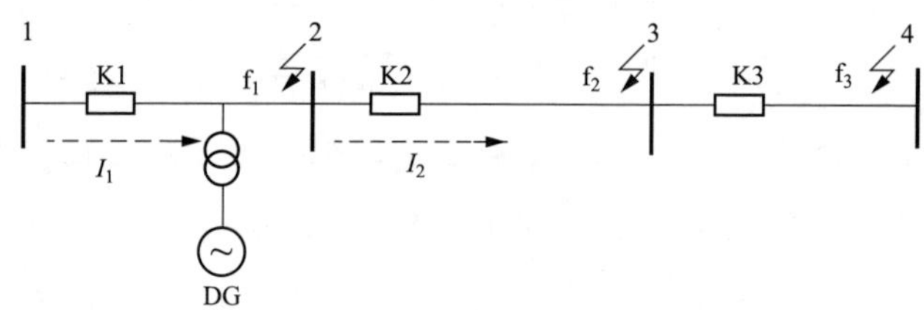

图 8-4　分布式电源下游故障示意图

当 f_2 处发生故障时，由于分布式电源对故障电流的助增作用，将增大保护 K2 检测到的故障电流大小，从而使保护 K2 的可靠性增加。当 f_3 处故障时，如果分布式电源的容量过大，保护 K2 检测到的电流增大到动作电流值时，有可能失去选择性而发生误动。因此短路电流还应该满足下式

$$I_2 \leqslant I_{K2}^{\mathrm{I}} \tag{8-17}$$

式中，I_{K2}^{I}为保护 K2 无时限电流速断保护整定值。

2. 分布式电源上游线路发生故障

如图 8-5 所示，若分布式电源上游 f_1 处发生故障，根据选择性要求应由保护 K1 动作隔离故障，且 K2 不应该跳闸，之后由保护 K1 的重合闸恢复供电。若此时分布式电源没有停止运行或脱离电网，则其注入的流过保护 K2 的短路电

流应小于 K2 的限时电流速断保护整定值

$$I_2 \leqslant I_{K2}^{\mathrm{II}} \tag{8-18}$$

式中，I_{K2}^{II}为保护 K2 限时电流速断保护整定值。

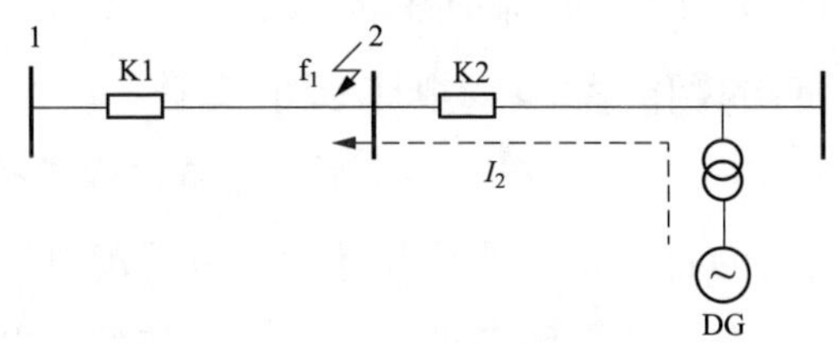

图 8-5 分布式电源上游故障示意图

3. 分布式电源所在线路的相邻馈线发生故障

如图 8-6 所示，若在 f_1 处发生故障，则分布式电源将向故障点提供反向短路电流 I_2。由于保护 K1、K2 不能识别短路电流的方向，当分布式电源容量足够大时有可能引起保护 K1、K2 误动作，导致分布式电源所在馈线停电。因此要求当分布式电源所在线路的相邻馈线故障时，分布式电源所产生的最大反向电流不能引起保护 K1、K2 的动作。考虑极端情况，当相邻馈线的出线端，即母线处发生三相短路故障时，分布式电源产生的反向短路电流最大，而此时保护 K2 不应动作，分布式电源产生的反向短路电流最大值不能超过 K2 的限时速断保护整定值，即分布式电源所产生的短路电流满足条件

$$I_2 \leqslant I_{K2}^{\mathrm{II}} \tag{8-19}$$

式中，I_{K2}^{II}为保护 K2 限时电流速断保护整定值。

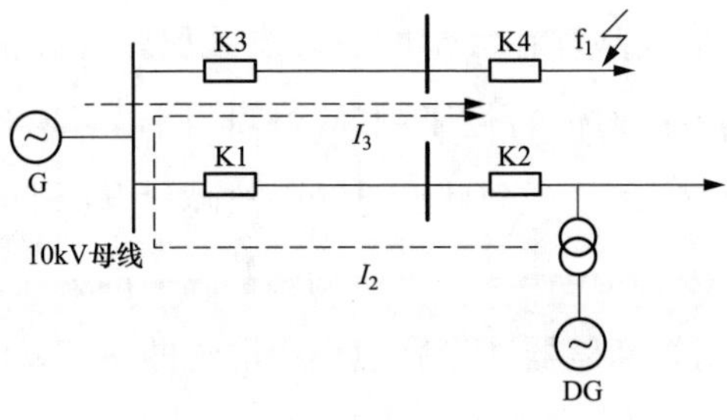

图 8-6 相邻馈线故障示意图

此外，当 f_1 点发生故障时，由于分布式电源对故障电流的助增作用，保护 K3 监测到的短路电流增大，有可能发生误动，此时，短路电流应该满足

$$I_3 \leqslant I_{K3}^{II} \tag{8-20}$$

式中，I_{K3}^{II} 为保护 K3 限时电流速断保护整定值。

8.3.3 基于自适应的智能配电网继电保护策略

由前一节的分析可知，分布式电源接入后，对继电保护整定值的要求增加，同时，由于智能配电网的智能化程度提高，导致智能配电网的运行方式多变。传统的继电保护采用一套定值应对各种运行方式，随着配电网规模日益扩大，分布式电源的推广应用，智能配电网结构和运行方式越来越复杂且变化更加频繁，增加了继电保护装置之间的配合难度。基于自适应的智能配电网继电保护策略成为必然，要求能够根据电网运行方式的变化，在线调整保护的定值、动作逻辑和特性。

自适应保护可以分为局部自适应保护和区域/广域自适应保护。局部自适应保护是指通过获取就地信号、其他辅助信号，实时调整继电装置的保护动作行为，保持电网局部最优，信息的获取不依赖于通信通道，属于无通道保护；区域/广域自适应保护则是指各保护装置协调运作，保证区域或整个系统处于全局最优化运行的能力，信息的获取、传输主要依赖于通信通道。

局部自适应保护通过检测远方断路器动作引起的电流突变，以及该电流突变所处的时间位置来判断远方断路器的动作情况，针对不同的故障情况和线路结构采用不同的方法。情形一：基于双电源配电线路故障后电流增大和对端断路器动作后健全相电流消失的信息，实现双电源配电线路故障快速有选择地切除。情形二：针对配电线路存在大量的有分支线路，突破常规利用非故障相电流的二次突变及其具有的时间特性来判断故障区间，实现有分支配电线路快速有选择地切除。情形三：基于辐射状配电线路故障后电源端电流增大、负荷端电压降低的信息，实现故障从电源端和负荷端两侧隔离的新模式。情形四：基于电源端的故障过电流和对端断路器动作后健全相电流的突变，以及负荷端的故障低电压和对端断路器动作后电压突变，实现辐射状配电线路故障快速有选择地切除。情形五：针对单断路器配置的配电线路，利用正常运行和故障时潮流方向的不同，

实现自动识别保护处是电源端还是负荷端，自适应地投入保护模块。

区域/广域自适应保护采用区域/全网的信息来分析系统当前的运行状态，实时整定和调整保护定值，使保护能够适应电网变化，实现对故障的快速、可靠、精确的切除。当需要进行运行方式的调整时，自适应保护将根据将要调整的运行方式重新设定保护的整定值，然后再改变运行方式以保证网络的安全。

8.3.4 算例分析

为了使分析更加清晰，本节以图 1-2 为基础进行简化，形成如图 8-7 所示的结构。当前总负荷为 160.18MW＋41.34Mvar，5min 后的预测负荷为 182.45MW＋40.55Mvar，具体的负荷数据如附录 C 表 C-1 所示。

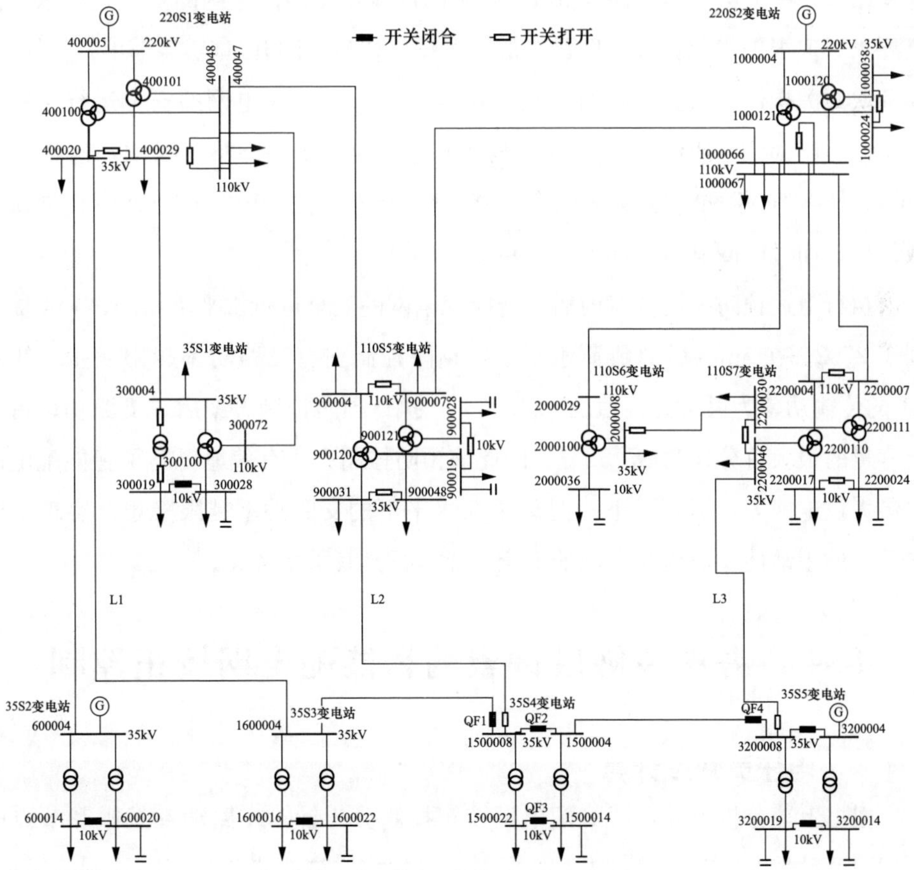

图 8-7　简化的高压配电网接线图

评估的结果是下一时刻线路 L1 发生功率越限，需采取预防控制措施。220S1 变电站通过线路 L1 向 35S3 变电站、35S4 变电站和 35S5 变电站 3 个 35kV 变电站供电，因此，将 L1 供电的 3 个变电站构成一联合体。联合体内部的三个变电站进行搜索可得到该联合体共有两条外围支路，即分别通过线路 L2 和线路 L3 与 110S5 变电站和 110S7 变电站相连，通过供电能力计算，可知 L2 可供应负荷为 12.59MVA，L3 为 19.48MVA。根据控制方案搜索策略，首先闭合供电能力较大的线路 L3，形成一环路，该环路上的开关构成的集合为：{QF1，{QF2，QF3}，QF4}，即闭合线路 L3 后，要想恢复电网的辐射状运行，有三种选择：断开 QF1、断开 QF4 或同时断开 {QF2，QF3}。进行三次潮流计算，结果三种方案均可消除支路 L1 越限的危险，使整个电网的安全运行水平满足要求，但根据优化目标，即最少的开关操作代价，断开 {QF2，QF3} 时因需要两次开关操作，次数较多而舍弃该方案。断开 QF1 时电网的安全运行水平 K 为 1.3276，断开 QF4 时电网的安全运行水平 K 为 1.5328，因此，选择断开 QF4。最终的预防控制方案为闭合线路 L3，断开开关 QF4，该方案不仅操作次数最少，而且电网具有较高的安全裕度。

执行上述预防控制方案前后，智能配电网的安全运行水平 K 由 1.2714 提升到 1.2762。在 5min 后的负荷水平下，预防控制前有支路功率越限发生，线路 L1 的传输功率为最大允许值的 120.06%，执行预防控制方案后，支路功率占额定容量的最大百分比为 87.52%。因此该预防控制方案有效地提高了智能配电网的最大供电能力，消除了下一时刻负荷水平下的支路功率越限隐患，实现了电网运行的主动性，对提高电网的安全可靠运行具有重要意义。

8.4 考虑灵敏度因素的智能配电网校正控制

8.4.1 电压灵敏度计算

根据上述分析可知，智能配电网校正控制分为针对支路功率越限和节点电压越限两种情况，其中针对支路功率越限时的控制策略优化与预防控制时类似，具体方法参考 8.3.1 节，不再赘述。本节主要针对电压越限进行校正控制。

当节点电压越限时，需综合考虑各种调压措施，形成最佳的校正控制方案，因此需要分析各种调压措施对越限节点电压的调整效果，本节利用灵敏度系数进行分析，在分析过程中，可将有关变量分为三类，即控制变量、扰动变量和状态变量。

（1）各类调压措施的调整量，如变压器变比 k、并联补偿设备投入容量的调整量 Q_C，因为这些调压措施的调整控制着智能配电网的电压，故称其为控制变量。

（2）负荷的变化量，即负荷的有功功率和无功功率变化量（P_L 和 Q_L），称这类变量为扰动变量，因为智能配电网正常运行时正是由于负荷的不断变化才会引起节点电压的波动。

（3）以各节点电压 U 为状态变量，因为这些变量能独立描述智能配电网的运行状态。

根据这些变量间的关系，可列出下列方程

$$\Delta U=\begin{bmatrix}\dfrac{\partial U}{\partial k} & \dfrac{\partial U}{\partial Q_C} & \dfrac{\partial U}{\partial P_L} & \dfrac{\partial U}{\partial Q_L}\end{bmatrix}\begin{bmatrix}\Delta k\\ \Delta Q_C\\ \Delta P_L\\ \Delta Q_L\end{bmatrix} \tag{8-21}$$

式中，ΔU、Δk、ΔQ_C、ΔP_L、ΔQ_L 均为列向量，其阶数分别对应于需控制电压的节点数、可有载调节分接头的变压器数、并联无功补偿设备数和负荷数。

由于各种调压措施的调整和负荷的变化对节点电压的影响相关性不大，可分别进行考察，为了研究各种调压措施的效果，假设各负荷功率为定值，重点分析电压与变压器分接头和无功补偿量之间的关系。

1. 电压与变压器分接头的关系

如图 8-8 所示，节点 1 为辐射状配电网络的主供电源点，是系统的平衡节点，电压为常数，阻抗 Z 为考核节点与平衡节点间的等值阻抗。改变变压器变比，分析下游节点电压 U_2 的变化情况。如将变压器的变比定义为 $k=U_{\mathrm{II}}/U_{\mathrm{I}}$，则当施加在变压器一次侧的电压 U_{I} 不变而将一次侧绕组的分接头向下移 Δk，例如 2.5%时，变压器的变比将增大 2.5%，二次侧电压相应提高 2.5%，变压器二次侧提高的电压 $U_1\Delta k$ 相当于一附加电势。也就是说，二次侧电压的计算式

为 $U_2 \approx U_2^0(1+\Delta k)$，从而可得到如下关系

$$\frac{\partial U}{\partial k}=\frac{\Delta U}{\Delta k}=\frac{U-U_2^0}{\Delta k}=\frac{U_2^0(1+\Delta k)-U_2^0}{\Delta k}=U_2^0 \approx 1 \tag{8-22}$$

式中，U_2^0 为调节之前末节点的电压（kV）。

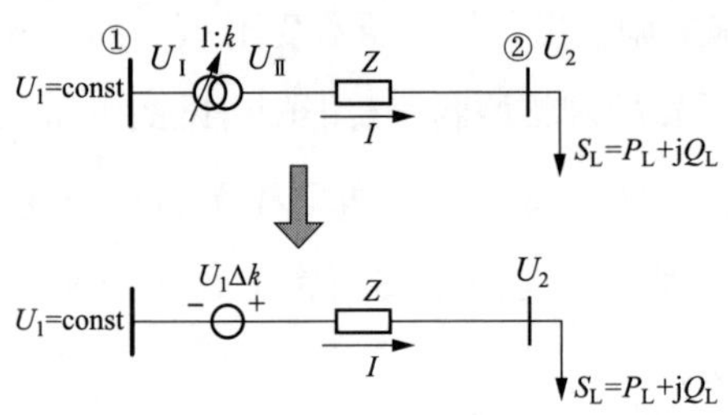

图 8-8　变压器变比调压等值电路图

由上式可见，若变压器在考核节点的上游路径，即在考核节点和平衡节点之间，变压器变比提高 Δk，则考核节点的电压也相应提高 Δk，与考核节点和平衡节点间的阻抗大小基本无关。当变压器不在考核节点的上游路径上时，如在节点下游或在其它分支上，则该节点电压与变压器变比的变化无关，即 $\frac{\partial U}{\partial k}=0$。

综上所述，当变压器在该节点的上游路径上时，$\frac{\partial U}{\partial k}=1$，否则，$\frac{\partial U}{\partial k}=0$。如图 8-9 所示，分析节点电压 U_2 对各变压器变比 k 的灵敏度系数，由于变比为 k_1 和 k_2 的变压器位于该节点的上游支路，而 k_3 位于其它分支，k_4 位于下游支路，因此，$\frac{\partial U_2}{\partial k_1}=\frac{\partial U_2}{\partial k_2}=1$，$\frac{\partial U_2}{\partial k_3}=\frac{\partial U_2}{\partial k_4}=0$。

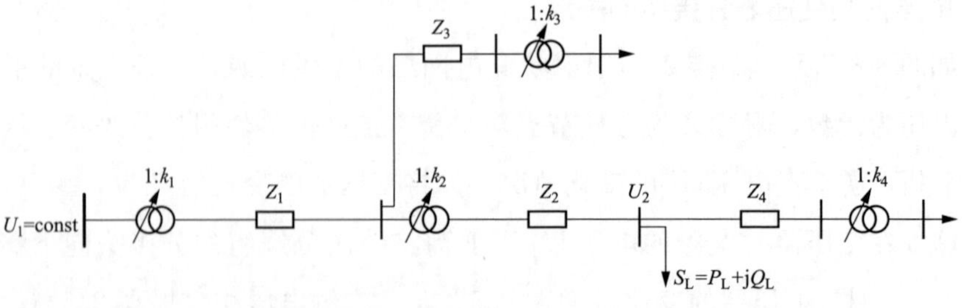

图 8-9　多级变压器调压示意图

2. 电压与无功补偿量的关系

（1）简单线路的$\frac{\partial U}{\partial Q_C}$分析。

假设首节点电压 U_1 保持不变，增大如图 8-10 所示电容 Q_C 的投入容量，变为 $Q_C+\Delta Q_C$。

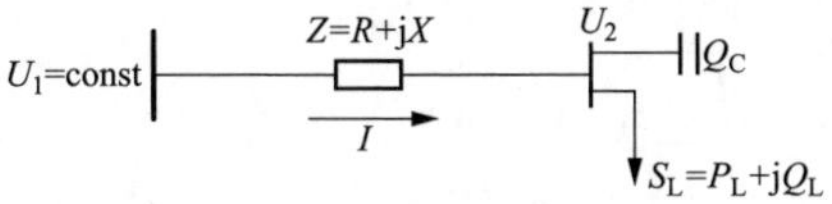

图 8-10　简单系统等值电路图

电容器投入之前
$$U_2^0+\frac{P_L R+(Q_L-Q_C)X}{U_2^0}=U_1 \tag{8-23}$$

式中，U_2^0 为调节之前末节点的电压（kV）。

增大电容器的投入容量后

$$U_2+\frac{P_L R+(Q_L-Q_C-\Delta Q_C)X}{U_2}=U_1 \tag{8-24}$$

设 $U_2=U_2^0+\Delta U$，则联立式（8-23）和式（8-24）可得

$$\Delta U\approx\frac{X}{U_2}\Delta Q_C\approx X\Delta Q_C \tag{8-25}$$

所以

$$\frac{\partial U}{\partial Q_C}=\frac{\partial \Delta U}{\partial \Delta Q_C}=X \tag{8-26}$$

（2）复杂辐射状网络的$\frac{\partial U}{\partial Q_C}$分析。

多级无功补偿示意图如图 8-11 所示。

电容器投入容量改变前，节点 4 的电压为

$$U_4=U_1-\frac{P_2R_1+Q_2X_1}{U_2}-\frac{P_4R_2+Q_4X_2}{U_4} \tag{8-27}$$

式中，P_2、Q_2 为节点 2 流出的有功和无功功率（标幺值）；P_4、Q_4 为节点 4 流出的有功和无功功率（标幺值）。根据 $\Delta U=\frac{PR+QX}{U}$，并认为各节点电压 $U\approx 1$，则改变各补偿设备的投入容量后，节点 4 的电压变化量为

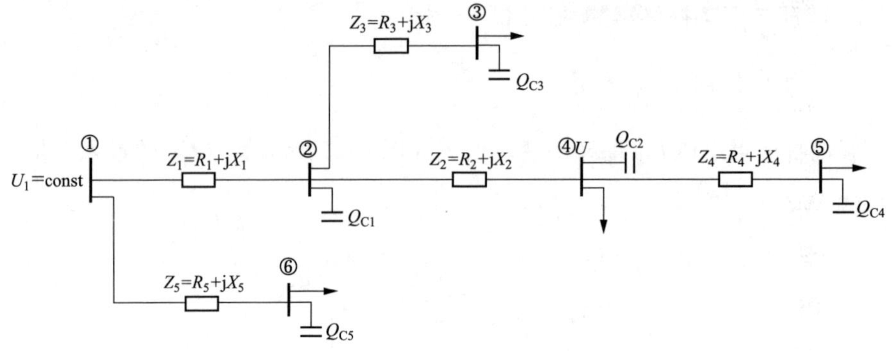

图 8-11　多级无功补偿示意图

$$\Delta U_4 = (\Delta Q_{C1} + \Delta Q_{C3})X_1 + (\Delta Q_{C2} + \Delta Q_{C4})(X_1 + X_2) \tag{8-28}$$

所以

$$\frac{\partial U_4}{\partial Q_{C1}} = \frac{\partial U_4}{\partial Q_{C3}} = X_1 \tag{8-29}$$

$$\frac{\partial U_4}{\partial Q_{C2}} = \frac{\partial U_4}{\partial Q_{C4}} = X_1 + X_2 \tag{8-30}$$

$$\frac{\partial U_4}{\partial Q_{C5}} = 0 \tag{8-31}$$

8.4.2　基于灵敏度的分区电压校正控制

根据 8.2.2 节所述的智能配电网电压分区控制策略，节点电压越限时，找到越限节点所在分区的所有控制设备，首先计算各控制设备的可调节范围，以及各自对越限节点电压的灵敏度系数，然后相乘得到各控制设备对越限节点电压的调节范围，同时需要计算出对越限节点电压的调节步长，最后依据各控制设备对越限节点电压的调节范围和调节步长选择控制设备进行调节，选择过程以前文所述的最少设备动作次数和最好的电压质量为优化目标，若同时有几个节点电压越限，则优先校正电压偏移较大的节点电压。详细步骤如下：

（1）找出电压越限节点所在分区的所有控制设备，以各控制设备的当前运行点为参考计算可调范围，无功补偿设备的可调区间表示为 $[Q^-, Q^+]$，变压器分接头为 $[k^-, k^+]$；

（2）计算每个控制设备对越限节点电压的灵敏度系数 s；

（3）将每个控制设备的可调范围（$[Q^{-}, Q^{+}]$ 或 $[k^{-}, k^{+}]$）与其对越限节点电压的灵敏度 s 相乘，得出该控制设备对越限节点电压的可调节范围 $[U^{-}, U^{+}]$，即 $[U^{-}, U^{+}]=s\times[Q^{-}, Q^{+}]$ 或 $[U^{-}, U^{+}]=s\times[k^{-}, k^{+}]$；

（4）对各控制设备调节范围的上限 U^{+}（非负）从大到小进行排序，形成队列 A^{+}，表示各设备对提高越限节点电压从大到小的调节能力；

（5）对各控制设备调节范围的下限 U^{-}（非正）从小到大进行排序，形成队列 B^{-}，表示各设备对降低越限节点电压从大到小的调节能力；

（6）判断越限节点的电压是越过上限还是下限，即判断该点电压是过高还是过低，若过高，则按队列 B^{-} 中顺序依次调节各设备降低该点电压，直到满足要求为止；若该点电压越下限，即电压过低，则按队列 A^{+} 中顺序依次调节各设备提高该点电压，直到满足要求为止。在设备调节过程中需首先判断该控制设备是否因调节次数过多或调节时间间隔太短而闭锁，若已闭锁，则放弃调节该设备，选择队列中下一设备进行调节。

图 8-12 为节点电压越限的校正控制流程。

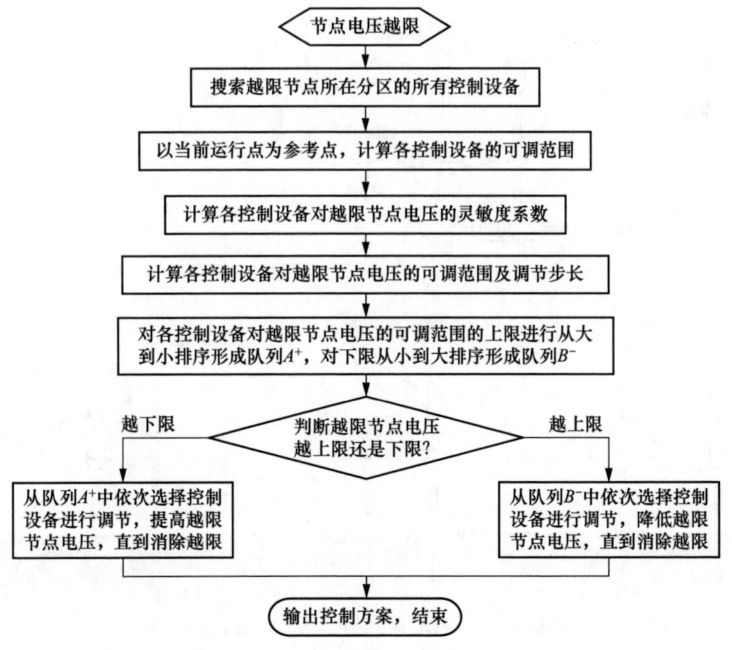

图 8-12　节点电压越限的校正控制流程

8.4.3 算例分析

采用前一节的算例进行仿真分析，假设 220kV 变电站的 110kV 和 35kV 母线电压允许浮动区间为 0%～10%；110kV 变电站内的 110kV 母线电压允许范围为 $1\pm5\%U_N$、35kV 母线为 $1+(0\sim10\%)U_N$、10kV 母线为 $1\pm5\%U_N$；35kV 变电站内的 35kV 母线和 10kV 母线为 $1\pm5\%U_N$。监测到 35S1 变电站 10kV 母线电压过高，其标幺值为 1.054，需尽快采取校正控制措施，使该节点电压回到正常运行范围之内，该节点所在控制分区的等值电路如图 8-13 所示。

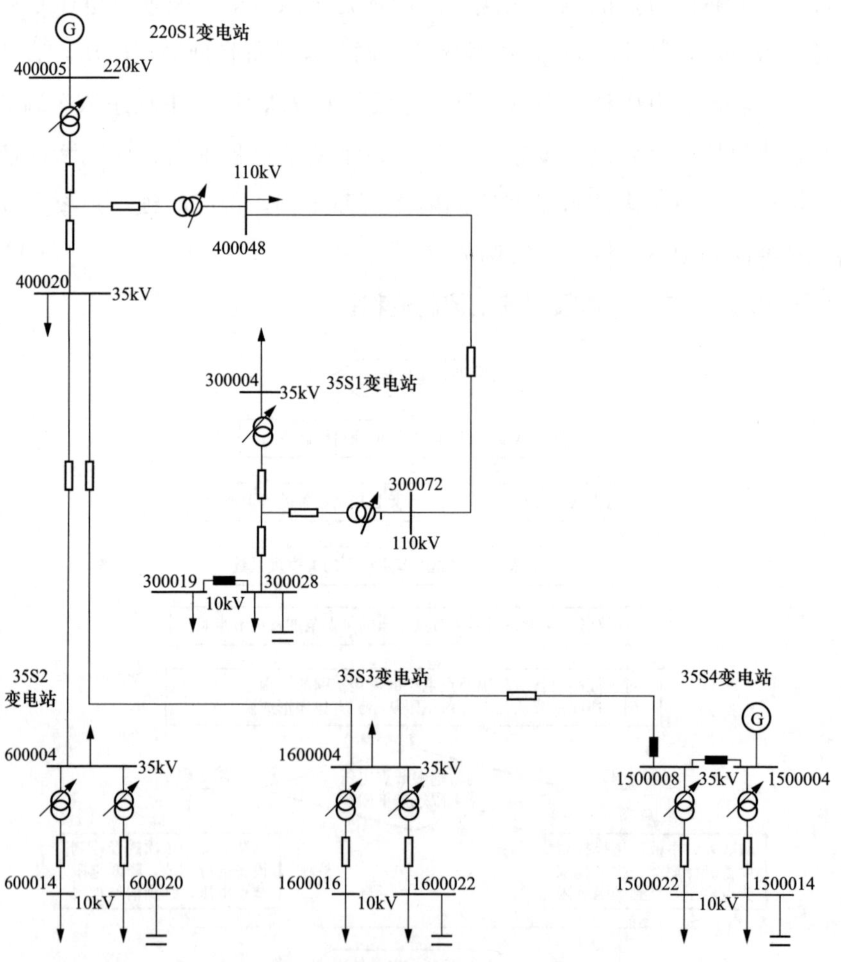

图 8-13　越限电压控制分区的等值电路图

该控制分区内有两台三绕组变压器，其高压绕组和中压绕组均为有载调压分

接头，三个 35kV 变电站共有 6 台变压器，均可有载调压，在 4 个不同变电站装设了 4 组电容器。各变压器分接头位置及对越限节点 300028 的灵敏度和调节能力如表 8-1 所示，各电容器的投切状态及对该越限节点的调节能力如表 8-2 所示。

表 8-1　　　　变压器分接头位置及调节参数

变电站名	变压器编号	非标准变比	总档数	额定档	实际档	每档对应的电压百分数	对节点 300028 灵敏度	调节步长	调节范围
220S1	高压侧	0.9545	17	9	7	0.025	1	0.0227	[−10　6]×0.0227
	中压侧	1.0000	11	6	6	0.025	1	0.0227	[−5　5]×0.0227
35S1	高压侧	0.9762	9	5	4	0.025	1	0.0238	[−5　3]×0.0238
	中压侧	1.0214	5	3	4	0.025	0	0.0238	[−3　1]×0.0238
35S2	1 号	1.0000	9	5	3	0.025	0	0.0238	[−2　6]×0.0238
	2 号	1.0000	7	4	2	0.025	0	0.0238	[−1　5]×0.0238
35S3	1 号	0.9524	7	4	4	0.025	0	0.0238	[−3　3]×0.0238
	2 号	0.9524	7	4	4	0.025	0	0.0238	[−3　3]×0.0238
35S4	1 号	0.9048	9	5	7	0.025	0	0.0238	[−6　2]×0.0238
	2 号	0.8810	7	4	7	0.025	0	0.0238	[−6　0]×0.0238

表 8-2　　　　电容器投入状态及调节参数

节点号	每组电容器容量（标幺值）	总组数	实际投入组数	对节点 300028 灵敏度	调节步长	调节范围
300028	0.015	1	1	1.2031	0.0180	[−0.0180 0]
600020	0.021	1	1	0.1892	0.0040	[−0.0040 0]
1500014	0.015	1	1	0.1892	0.0028	[−0.0028 0]
1600022	0.036	1	1	0.1892	0.0068	[−0.0068 0]

节点 300028 的电压标幺值为 1.054，越过上限值 0.004，根据各控制设备的调节范围，初步选择发现有以下措施可使该节点电压满足要求：

方案一：切除节点 300028 的无功补偿设备；

方案二：切除节点 1600022 的无功补偿设备；

方案三：降低 220S1 变电站高压侧分接头 1 档；

方案四：升高 220S1 变电站中压侧分接头 1 档；

方案五：降低 35S1 变电站高压侧分接头 1 档。

上述各校正控制方案的设备操作次数均为 1，且各方案执行后，节点 300028 的电压值均满足要求，如表 8-3 所示。该控制分区内的整体电压质量用校正控制数学模型中的目标函数 F_2 进行评估，得出方案五最好，$F_2=0.0481$。因此，最终选择的校正控制方案为方案五：降低 35S1 变电站高压侧分接头 1 档。

表 8-3　　校正控制方案的控制效果比较

可行方案	节点 300028 电压值（标幺值）	该控制分区内的整体电压质量
方案一	1.035	0.0553
方案二	1.049	0.2416
方案三	1.030	0.2737
方案四	1.031	0.0766
方案五	1.030	0.0481

由以上仿真算例分析可以看出，对智能配电网进行分区，利用灵敏度系数计算分区内各电压调整手段对越限节点的电压灵敏度及调节范围，利用操作次数最少这一首要优化目标初步选出操作次数较少的可选校正控制方案，然后对各方案进行潮流计算，并评估各种方案实施后电网整体的电压质量，利用电压质量最好这一第二优化目标进一步选择最优的校正控制方案。这种控制策略有效考虑了对电网整体电压质量的影响，且由于结合了配电网辐射状的特点，采取了分区控制，并利用灵敏度算法对可行方案进行初选，大大降低了计算量，适于在线应用。

8.5　本　章　小　结

本章首先分析预防控制与校正控制之间的关系及进行控制的必要性，电网负荷的变化可能造成潮流越限，威胁设备及电网的安全运行，电缆绝缘强度下降等缺陷可能发展为故障，电网运行方式的变化可能导致保护设备因不协调的配置而拒动或误动，总之需要对智能配电网中存在的安全隐患进行预防控制，如果已经出现安全问题则需要及时进行校正控制。主要有以下几点：

（1）基于本书提出的安全裕度指标模型和评估方法，按照某种负荷增长模式进行安全性分析和预防控制策略决策，能够提高智能配电网的最大供电能力，

消除潮流越限的安全隐患，当发生潮流安全问题时可用同样的方法制定校正控制策略。

（2）根据智能配电网辐射状运行结构的特点提出电压分区控制模型，并建立电压校正控制的灵敏度分析方法，可快速实现多个优化目标的综合决策，及时消除电压越限，提高电压水平。

（3）分布式电源接入后会改变配电网中的短路电流分布，从而影响继电保护设备的正确动作，并且智能配电网的运行方式复杂多变，因此需要采取自适应保护，根据智能配电网的运行条件适时改变保护配置，实现保护定值在线整定，在实施自愈控制方案过程中需要综合考虑此因素来决策操作过程，以确保安全性。

（4）通过对电缆绝缘强度监测等手段可及时发现威胁电网安全运行的缺陷，并在预防控制决策时考虑此因素，在安全隐患发展之前消除，可减少智能配电网安全事故的发生。

9 智能配电网紧急与恢复控制

9.1 本 章 概 述

在社会快速发展、生产力不断提高的今天，持续可靠的电力供应已成为维持人们正常生产、生活的必要条件。虽然智能配电网在不断自我诊断和优化，但是无法保证预知和控制所有扰动的发生，难免会出现故障，若系统发生故障后不能迅速处理，不能及时恢复供电，则会造成巨大的经济损失和严重的社会影响。系统为了保持安全稳定运行和持续供电，必须及时采取果断的控制措施切除故障设备、切断电源、切掉负荷甚至主动解列，这些措施破坏了电网的正常运行方式，由于智能配电网各个电压等级均为辐射状运行，即使紧急控制及时并正确，也会有部分非故障元件或负荷被断开，形成非故障失电区域，系统进入待恢复状态。

在智能配电网发生故障后，首先需要根据开关动作信息和继电保护动作信息诊断故障区域，对故障设备进行定位，并隔离故障设备，然后快速恢复对失电的健全区域负荷的供电。这是使智能配电网具有自愈能力的关键，是智能配电网自愈控制系统的重要组成部分，可有效提高故障处理速度，减少停电损失，提高供电可靠性。为了维持稳定运行和持续供电，出现紧急情况时，智能配电网可能采取切除故障、切机、切负荷、主动解列等紧急控制措施，往往在实施紧急控制时，同时伴随或随后立即进行恢复控制，即对故障元件或区域进行定位和恢复对非故障的健全元件或区域进行供电。近年来，随着全球资源的日益短缺和环境恶化的加剧，利用可再生能源发电、环境友好的各类分布式电源越来越多地接入配电网。分布式电源的接入改变了配电网原有的潮流。当配电网发生故障时，分布式电源的接入也将改变其短路电流水平，相应地会影响故障定位方法。本章将探讨不同情况下故障元件或区段的定位策略。

对于中压配电网，一般无法识别和隔离每一个元件，通常是定位到某一供电区域故障并进行隔离；对于高压配电网，各元件的端部都配置有开关，能够采集相关的数据，因此需要定位到故障元件。由于高压配电网的设备类型多，保护装置多，结构较复杂，对此本章建立利用保护和元件的关联矩阵来进行故障定位的方法。当智能配电网准确地隔离故障后，如果存在失电负荷使系统进入恢复状态，则需要及时选择合理的供电路径，快速恢复对停电区域的负荷供电，如果控制过程中出现孤岛运行，则需要在故障排除后，条件允许的情况下将孤岛运行的区域并入主电网，恢复到正常的供电方式。

紧急控制主要由继电保护装置、智能控制装置等分布式智能设备实现故障处理，同时分布式智能设备也能完成部分恢复控制任务，这些内容本章不做介绍。本章着重分析集中式智能配电网恢复控制，虽然智能配电网各个电压等级都采用环网设计、开环运行，但是鉴于高压配电网和中压配电网具有不同的特点，分析方法也具有差异。因此，本章分别对其建立恢复控制模型和控制策略。对于含分布式电源的中压配电网，则对相应的恢复控制模型和控制策略进行修正，使之能够进一步发挥分布式电源在恢复控制中的作用。本章的最后用实例分别验证所制定的高压配电网和中压配电网恢复控制策略的正确性。

9.2 基于保护信息的智能配电网故障诊断

如上所述，中压配电网的故障诊断主要是根据馈线上各分段开关处 FTU 采集的故障指示信息对故障区段进行定位。高压配电网的故障诊断则与输电网相似，比中压配电网更加复杂，不仅设备类型多、保护装置多，而且保护范围交错复杂，主要依靠故障时开关和保护的动作信息对故障元件进行定位。因此本节主要介绍如何利用保护和开关的动作信息判断高压配电网中的故障元件。

9.2.1 智能配电网保护关系模型

为了适应高压配电网运行方式的动态变化、保护定值的在线整定，加快故障后失电负荷的供电恢复，需实时跟踪保护装置的保护范围，明确保护与元件之间的关系。目前，采用先进的微机保护装置一般都能得到比较完整的开关和保护动作信息。借助拓扑分析可动态建立如表 9-1 所示的保护与元件的关系，记录当前运行方式下保护与其所保护的元件之间的关系。在高压配电网的运行方式或保护定值更改后，实时修正该表，以便时刻保持与各保护装置的实际保护范围一致，这样，在故障后能够准确地根据保护动作信息对故障元件进行定位。

表 9-1　　保护与元件的关系

保护	元件
保护 1	L1
保护 2	L1、B1、L2
保护 3	L1、B1、L2、T1、T2
……	……

根据保护装置的保护范围可将保护分为确定性保护和非确定性保护两类，确定性保护只保护一个元件，当该保护动作时一定是对应元件故障；非确定性保护对应多个元件，该保护动作时，保护范围内的元件都有可能发生故障，如在表 9-1 中，保护 1 为确定性保护，保护 2 和 3 为非确定性保护。

为缩短搜索时间，在保护与元件的关系基础上，建立元件的保护顺序动作链表，该表记录每个元件在故障情况下相关保护的动作顺序与动作条件。假设在高压配电网中，两个不同装置的保护或两个开关同时拒动的概率非常小，并在工程应用中可以忽略。如元件 L1 故障时，开关 QF1 上的Ⅰ段保护 QF1_PrⅠ和 QF1 动作；若 QF1_PrⅠ拒动，则Ⅱ段保护 QF1_PrⅡ和 QF1 动作；若 QF1_PrⅠ和 QF1_PrⅡ拒动或者 QF1 拒动，则开关 QF2 上的Ⅱ段保护 QF2_PrⅡ和 QF2 动作，其保护动作链如表 9-2 所示。

表 9-2　　元件的保护动作链

	QF1		QF1		QF2
QF1_PrⅠ		QF1_PrⅡ		QF2_PrⅡ	

9.2.2　基于矩阵算法的高压配电网故障元件定位

1. 保护与元件的关联矩阵

高压配电网故障后继电保护装置动作，则故障元件必定在动作保护的保护范围之内，因此可根据保护和元件的实时关系，利用保护动作信息找出可能的故障元件，然后从中选择实际的故障元件。假设故障时有 N_P 个保护动作，通过保护和元件的实时关系表可找出被这些保护装置所保护的元件，假设有 N_C 个，则其中一个或几个为故障元件。

利用动作的保护与可能的故障元件之间的关系可以构建一 N_P 行 N_C 列的保护和元件的关联矩阵 $\boldsymbol{M}$，如下所示。

$$N_C\text{个可能的故障元件}\longrightarrow$$

$$N_P\text{个动作的保护}\downarrow\begin{bmatrix} M_{11} & M_{12} & \cdots & M_{1N_C} \\ M_{21} & M_{22} & \cdots & M_{2N_C} \\ \vdots & \vdots & \cdots & \vdots \\ M_{N_P1} & M_{N_P2} & \cdots & M_{N_PN_C} \end{bmatrix}$$

其中第 i 行 j 列元素 M_{ij} 表示第 i 个保护对第 j 个可能故障的元件的保护情况。当第 i 个保护没有对第 j 个元件进行保护，即两者没有任何关系时，$M_{ij}=0$；当第 i 个保护为第 j 个元件的非确定性保护时，$M_{ij}=1$；当第 i 个保护为第 j 个元件的确定性保护，即该保护只保护元件 j 这一个元件时，M_{ij} 取为一较大的正整数 K，由后文分析可知，这一策略的应用可有效诊断多重故障。综上所述，M_{ij} 的值为

$$M_{ij}=\begin{cases}0 & \text{第 } i \text{ 个保护没有保护元件 } j \\ 1 & \text{第 } i \text{ 个保护为元件 } j \text{ 的非确定性保护} \\ K & \text{第 } i \text{ 个保护为元件 } j \text{ 的确定性保护}\end{cases}$$

这就形成了保护和元件的关联矩阵，矩阵的行向量表示某一保护对各可能故障元件的保护情况，列向量表示某一元件被各动作保护的保护情况。

2. 故障元件诊断规则

按上述方法建立关联矩阵 $\boldsymbol{M}$ 后，用元素为 1 的 N_P 维行向量左乘能够得到由 N_C 个可能故障元件的故障可信度构成的向量 $\boldsymbol{S}_C=[1\quad 1\quad \cdots\quad 1]\,\boldsymbol{M}$。当故障可信度不小于 K 时，该元件为故障元件；若所有元件的故障可信度都小于 K，则故障可信度最高的元件为故障元件；当有多个元件同时具有最高故障可信度时，根据元件的保护动作链进行诊断，如果实际动作情况与该链矛盾，则可确定该元件为误诊，反之，如果实际动作情况与其保护动作链吻合则确定该元件为故障元件。

如上所述，首先得出各可能故障的元件被各动作保护的保护范围所覆盖的次数，然后依据被覆盖的次数越多则故障概率越大的原则确定故障元件。由于确定性保护在关联矩阵中的取值被扩大为 K，因此，可以避免该信息在计算过程中被湮灭，仍能正确判断故障元件，并可有效处理多重故障的情况。

9.2.3 算例分析

［**例 9-1**］ 图 9-1 为由第 1 章中图 1-2 简化的高压配电网接线图，共有两个 220kV 变电站，四个 110kV 变电站，即 S1、S2、S3、S4，和四个 35kV 变电站，即 B1、B2、B3、B4。

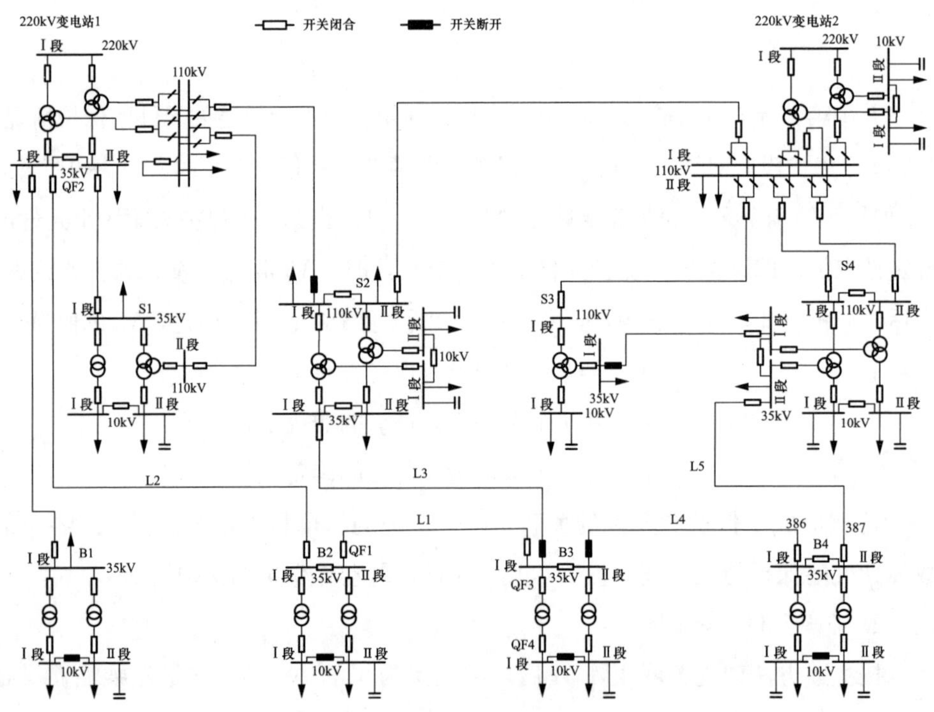

图 9-1 某高压配电网接线图

假设该高压配电网中线路配备了三段保护，母线和变压器配置了差动保护。线路的Ⅰ段保护仅保护本线路，Ⅱ段保护到相邻的线路或变压器，Ⅲ段保护比Ⅱ段又向外延伸一级。所以，线路的Ⅰ段保护以及母线和变压器的差动保护都为确定性保护，线路的Ⅱ段和Ⅲ段保护为非确定性保护。设确定性保护在关联

矩阵中对应的值 $K=100$，以下分别对开关和保护正确动作、开关拒动、多重故障且有开关拒动、保护和开关均拒动四个案例进行分析。

案例一：开关和保护均准确动作。

假设线路 L1 发生故障，断路器 QF1 上装设的Ⅰ段保护 QF1_PrⅠ动作，QF1 断开。

分析：该故障案例仅有一个保护动作，即 QF1_PrⅠ，且该保护只保护线路 L1，为确定性保护，因此生成的关联矩阵为 1×1，且其值为 100，故确定故障元件为 L1，这与实际情况完全吻合。

案例二：开关拒动。

假设线路 L1 发生故障，断路器 QF1 上装设的Ⅰ段保护 QF1_PrⅠ动作，但断路器 QF1 拒动，使得线路 L2 上装设的Ⅱ段保护 QF2_PrⅡ动作，断路器 QF2 动作。

分析：该故障案例有两个保护动作，QF1_PrⅠ和 QF2_PrⅡ，由保护和元件的关联表可知，QF1_PrⅠ的保护范围为 L1，为确定性保护；QF2_PrⅡ保护的元件有 5 个：L2、变电站 B2 内的 35kV 母线（B2_Bus35）和其两台变压器（B2_T1、B2_T2）及线路 L1，为非确定性保护。2 个保护所覆盖的元件共有 5 个，故生成的关联矩阵维数为 2×5，见表 9-3。

表 9-3　　开关拒动时保护与元件的关联矩阵

保护	L1	L2	B2_Bus35	B2_T1	B2_T2
QF1_PrⅠ	100	0	0	0	0
QF2_PrⅡ	1	1	1	1	1

用向量［1　1］乘以上述矩阵，则可得 5 个元件的故障可信度向量为［101　1　1　1　1］，因此，可确定 L1 为故障元件。

案例三：多重故障且有开关拒动。

在案例 2 的基础上，变电站 S3 内 110kV 母线也同时发生故障，该母线的差动保护 S3_Bus110_PrD 动作，断开相连的断路器。该案例有三个保护动作，覆盖的元件有 6 个，形成的关联矩阵见表 9-4。

表 9-4　　多重故障时保护与元件的关联矩阵

保护	L1	L2	B2_Bus35	B2_T1	B2_T2	S3_Bus110
QF1_PrⅠ	100	0	0	0	0	0
QF2_PrⅡ	1	1	1	1	1	0
S3_Bus110_PrD	0	0	0	0	0	100

用向量［1　1　1］乘以上述矩阵，则可得 6 个元件的故障可信度向量为［101　1　1　1　1　100］，有两个元件对应的故障可信度大于等于 100，因此，可判断线路 L1 和变电站 S3 内 110kV 母线故障，可见，该算法能有效处理多重故障。

若确定性保护在关联矩阵中的权值不扩大为 K，而保持为 1，则上述关联矩阵变为如表 9-5 所示。

表 9-5　　多重故障时保护与元件的关联矩阵（K=1）

保护	L1	L2	B2_Bus35	B2_T1	B2_T2	S3_Bus110
QF1_PrⅠ	1	0	0	0	0	0
QF2_PrⅡ	1	1	1	1	1	0
S3_Bus110_PrD	0	0	0	0	0	1

经同样的计算，可知元件 L1 的故障可信度最高，其值为 2，其他元件的故障可信度均为 1，根据规则会错误地诊断故障元件为 L1，遗漏变电站 S3 内 110kV 母线。也就是说，将确定性保护在关联矩阵中的权值扩大能够避免故障信息的湮灭，有效诊断出多重故障。

案例四：保护和开关均拒动。

假设变电站 B3 内的 35kV 母线 B3_Bus35 故障，该母线差动保护失灵而未动作，装设于开关 QF1 处的Ⅱ段保护 QF1_PrⅡ动作，但开关 QF1 拒动，导致上游 QF2 处的Ⅲ段保护 QF2_PrⅢ动作，QF2 断开。此时有两个保护动作，如图 9-1 所示的运行方式下 QF1_PrⅡ保护的元件有 4 个：L1、B3 _ Bus35、B3_T1、B3_T2，QF2_PrⅢ保护的元件较多，有 9 个：L2、B2_Bus35、B2_T1、B2_T2、B2_Bus10、L1、B3_Bus35、B3_T1、B3_T2。两个动作保护所覆盖的元件共 9 个，因此可形成 2×9 的保护与元件的关联矩阵。

由于故障元件的主保护失灵，没有确定性保护动作，因此没有元件的故障可信度大于等于100。系统通过计算得出最高故障可信度为2，共有四个元件：L1、B3_Bus35、B3_T1、B3_T2，因此，这四个元件均为可能的故障元件。然后，通过其保护动作链可知，QF2_PrⅢ不在L1、B3_T1和B3_T2的保护动作链中，因此这几个元件不是故障元件，而动作保护QF1_PrⅡ、QF2_PrⅢ的动作情况与B3_Bus35的保护动作链吻合，所以系统确定B3_Bus35为故障元件。

从上述四个案例的仿真结果可以看出，利用保护和开关的关联矩阵，能够快速有效地诊断出故障元件，即使在开关拒动或发生多重故障时，该算法仍然有效，都能准确地诊断出所有故障元件；在主保护拒动时，可将故障区域锁定到最小范围，然后根据保护动作链确定具体故障元件。

9.3 中压配电网故障区段定位

9.3.1 开环运行的中压配电网故障定位

除了通过重合器、分段器、继电保护等设备配合进行分布式中压配电网故障定位以外，故障发生后，还可以通过配电自动化系统主站接收到终端装置发来的两相或三相故障电流信息（有的装置可以发送故障功率方向，甚至故障功率信息）、开关状态（合闸或分闸）信息，以及变电站自动化系统通过地区电网调度自动化系统发来的变电站开关状态、保护动作信息、重合闸或备自投动作信息以及母线零序电压信息等进行基于集中智能故障定位，其中故障电流信息和故障功率信息可直接用于故障定位，其他信息可用来提高故障判断的容错性。

通常情况下中压配电网处于开环运行状态，即只有一个主电源供电，潮流方向始终是从电源点指向末梢点或联络开关。当某个区段内发生故障时，故障电流会从电源点经过故障点的上游路径流入故障点，此路径上的开关都会流经故障电流，其余所有开关无故障电流流过。因此，如果包围某个区段的开关中有且只有一个开关流过了故障电流，则表明故障发生在该区段内。

[例9-2] 在如图9-2所示的中压配电网中，开关S1是电源开关。当分支节

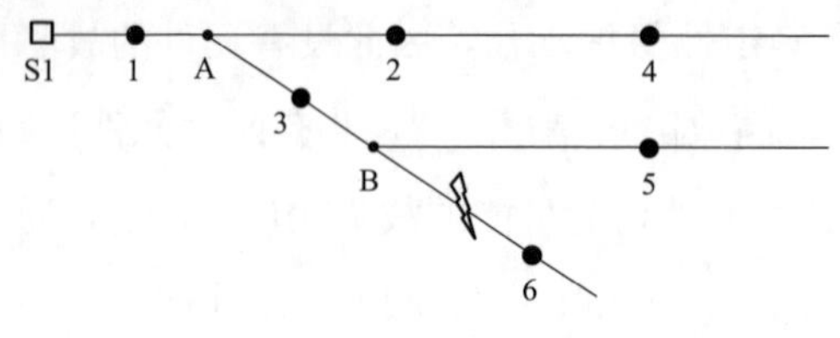

图 9-2 某中压配电网接线图

点 B 和开关 6 之间发生故障时，开关节点 S1、1 和 3 会流过故障电流，其余开关不经历过电流。对于区段 D（S1，2，3），有两个开关（S1 和 3）都经历了故障电流，因此故障不在该区段中。对于区段 D（3，5，6），只有开关 3 经历了故障电流，因此可以判断故障在该区段中。

为了采用该方法实现故障区段定位，只需要量测流过开关的故障电流即可，因此可以只配置电流互感器 TA，无需配置电压互感器 TV（作为终端、通信和操作电源取能用除外），终端中只需要判断出是否经历了故障电流即可，无需量测故障电流值。

9.3.2 含分布式电源的中压配电网故障定位

Q/GDW 480—2010《分布式电源接入电网技术规定》要求，非有意识孤岛的分布式电源须在馈线故障后 2s 内从电网脱离。因此，可以基于该分布式电源脱网特性，采用常规方法进行中压配电网故障定位。具体故障处理策略如下：

(1) 馈线开关采用负荷开关，变电站出线断路器具备过流保护和一次快速重合闸功能，重合闸延时时间为 2.5～3.5s。

(2) 故障发生后，变电站出线断路器过流保护动作跳闸。

(3) 2s 后，该馈线上的分布式电源全部从电网脱离。

(4) 变电站出线断路器跳闸后经 2.5～3.5s 延时重合。若是瞬时性故障，则恢复对全馈线的供电，分布式电源逐步并入电网；若是永久性故障，则变电站出线断路器再次跳闸，此时所采集到的故障信息没有分布式电源的影响，可以按 9.3.1 节中的方法进行故障定位。

对于含分布式电源的中压配电网，故障功率方向有助于进行故障定位。如果包围某个区段的开关中至少有一个开关的故障功率方向指向该区段的内部，且没有开关的故障功率方向指向该区段的外部，则表明故障发生在该区段内部。为此，需要测量流过开关的故障电流和电压，因此需要配备电流互感器 TA 和电压互感器 TV，但是终端中只需要判断出故障功率方向即可。

9.4 高压配电网供电恢复控制

9.4.1 高压配电网供电恢复模型

高压配电网的供电恢复在数学上可以描述为一个多目标、多阶段、非线性并带多个约束条件的组合优化问题。常用的目标函数有：①尽可能多地恢复失电负荷，且优先恢复重要负荷；②最少的开关操作次数，以便快速恢复供电；③恢复供电后最大化安全裕度，避免故障的再次发生；④恢复供电后最小的运行损耗，这一目标为经济目标，在网络结构优化运行时非常重要，但在对失电负荷制定恢复方案时，可以不考虑。

在实际应用中这些目标具有不同的重要性，按重要程度将这些目标分为三个层次。首先，尽可能多地恢复失电负荷是首要的优化目标，处于最高层；然后优先选择开关操作次数较少的恢复方案，这是次要目标，处于第二层；最后仍有多种方案可供选择时，应选择供电安全裕度较大的恢复方案，这是第三层优化目标；执行恢复方案后的运行方式为特殊运行方式，在故障解除后，就回到正常运行方式，运行时间一般不长，所以，本节不考虑执行恢复方案后的运行损耗这一经济因素，这种处理和实际现场的快速恢复供电需求完全吻合。综上所述，高压配电网恢复供电的多个目标函数如下。

第一层次目标：恢复最多的失电负荷，并且在优化过程中计及负荷的重要程度，即

$$\max F_1 = \sum_{i=1}^{N} x_i k_i P_i \tag{9-1}$$

式中，N 为损失的负荷数目；P_i 为第 i 个负荷的有功功率（MW）；k_i 表示第 i 个负荷的重要程度，k_i 越大表示该负荷越重要；x_i 为一布尔变量，表示第 i 个负荷的恢复状态，$x_i=1$ 表示恢复该负荷，$x_i=0$ 表示切除该负荷。

第二层次目标：最少的开关操作次数，即

$$\min F_2 = \sum_{i=1}^{M} |s_i - s_{i0}| \tag{9-2}$$

式中，M 为总的开关数目；s_{i0} 表示第 i 个开关在恢复方案执行前的原始状态，

s_i 为第 i 个开关在恢复方案执行后的状态，两者均为布尔变量，1 表示开关闭合，0 表示开关打开。

第三层次目标：最大的安全裕度，即对恢复方案执行后变电站的最大供电能力进行评估计算，然后结合当前的负荷水平，计算剩余的供电裕度，供电裕度越大表示该变电站能够承受负荷波动的能力越强，即具有更高的安全水平，因此，最大安全裕度对应的目标函数为

$$\max F_3 = S_{\max} - S_{\mathrm{L}} \tag{9-3}$$

式中，$S_{\max}$为恢复方案执行后变电站的最大供电能力（MVA）；S_{L} 为变电站的当前负荷水平（MVA）。

高压配电网执行恢复控制方案后，需满足一系列运行约束条件，除潮流平衡约束外，还有节点电压约束、线路功率约束、变压器容量约束和辐射状运行约束，即

$$Ai = I \tag{9-4}$$

$$U_{\mathrm{L}k} \leqslant U_k \leqslant U_{\mathrm{U}k} \tag{9-5}$$

$$S_i \leqslant S_{i\max} \tag{9-6}$$

$$S_t \leqslant S_{t\max} \tag{9-7}$$

$$g \in G \tag{9-8}$$

式中，A 为节点/支路关联矩阵；i 为所有支路的复电流矢量（A）；I 为所有节点的复电流注入矢量（A）；U_k、$U_{\mathrm{U}k}$、$U_{\mathrm{L}k}$ 分别为节点 k 的电压及其上下限（kV）；S_i、$S_{i\max}$为线路 i 实际流过的功率值和最大允许值（MVA）；S_t、$S_{t\max}$为变压器 t 实际流出的功率值和最大允许值（MVA）；g 为执行恢复方案后的网络结构；G 为所有允许的辐射状网络结构集合。

高压配电网永久性故障的清除一般在几个小时以内，故障设备修复后将重新投入系统，使系统回到正常运行状态。在这段特殊运行时间内，由于时间不长，部分运行约束条件相比于正常运行方式可适当放宽，如支路功率约束可根据所处环境温度做适当调整；待恢复负荷的节点电压约束也可适当放宽，先快速恢复对失电负荷的供电，然后若电压水平不满足约束条件，再进行校正控制，比如通过无功补偿设备和变压器分接头的调整改善电压水平。

9.4.2 基于智能体的高压配电网供电恢复策略

1. 基于智能体的高压配电网控制结构

考虑高压配电网由变电站和相互之间的联络线构成，根据第 3 章中的控制理论，利用变电站智能体和网架智能体分别对其进行管理，每个变电站都有一变电站智能体对其负责，网架智能体对整个高压配电网的联络线进行管理。变电站智能体负责该变电站内负荷的恢复供电，在变电站内部故障时能够基于控制规则自动调整变电站运行方式，利用变电站设计的冗余度自动恢复负荷供电；当变电站外部故障时，向周围有电气联系的变电站求助，搜寻可用联络线，优化选择恢复方案，当联络线供电能力不足时，能够优化选择切除部分负荷。图 9-3 为变电站智能体的功能模块结构。

网架智能体主要负责评估各联络线的供电能力，用来判断是否可恢复停电变电站的所有负荷，若不能恢复全部负荷，则网架智能体告知变电站智能体可恢复的负荷大小，由变电站智能体根据该值优化选择切除部分优先级较低的负荷。

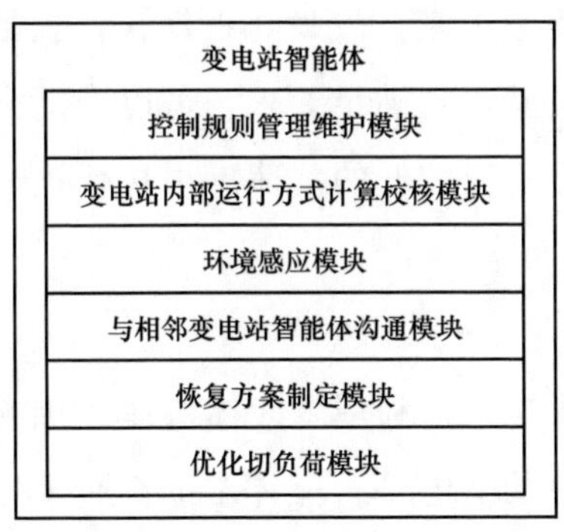

图 9-3 变电站智能体的功能模块结构

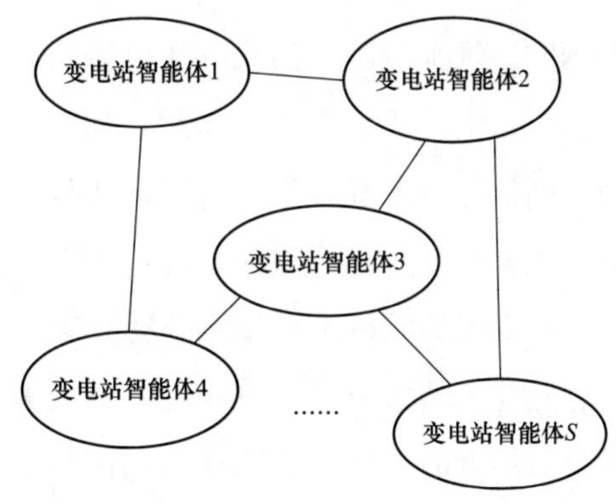

图 9-4 高压配电网基于智能体的控制结构示意图

图 9-4 为一高压配电网基于智能体的控制结构示意图，假设共有 S 座变电站，每座变电站都有一变电站智能体负责管理，变电站间有联络线相互关联，这些联络线由网架智能体负责管理。

2. 高压配电网的供电恢复策略

高压配电网的供电恢复需要处理变电站内部故障和联络线故障，当不能恢复对全部失电负荷的供电时需要采取切负荷方案，下面分别介绍这几种情况下的恢复控制策略。

（1）变电站内部故障的恢复策略。

当变电站内部故障时，充分发挥变电站智能体的独立性和自治性，由变电站智能体自行恢复负荷供电。目前，变电站在规划设计时一般都满足 $N-1$ 准则，以备某设备故障后依然能供应所有负荷，如变电站内一般都有两台及以上的变压器，正常运行时两台主变负荷控制在 60%～70%，使变压器达到经济运行状态；一台变压器故障退出时，另一台按允许短时过负荷 1.2～1.3 倍运行，可以维持全部负荷的供电。变电站内 220、110kV 母线一般采用双母线带旁路接线方式，35kV 和 10kV 母线采用单母线分段带旁路接线方式。因此，变电站内部母线或变压器故障时，依靠变电站的冗余设计，通过改变变电站的运行方式，变电站智能体可自行恢复负荷的供电。

变电站内部故障时的恢复方案相对比较固定，可选方案不多，可用专家系统根据知识规则做简单的推理来选择合适的恢复方案。故障时根据知识规则一一核对，选出合适的恢复方案后，加以计算校验，若满足要求，可以恢复全部负荷，则执行该恢复方案，否则，切除部分优先级较低的负荷后再执行该恢复方案。专家系统的管理和维护由变电站智能体负责。

（2）变电站间线路故障的恢复策略。

若某变电站由于其上游路径故障而失去供电，则利用智能体群体系统的协作优势，停电的变电站智能体向周围正常运行的变电站智能体求助，通过变电站智能体间的相互协作制定供电恢复策略。停电的变电站智能体将通过感应模块感知周围有联系的变电站智能体是否处于带电状态，若周围变电站也都处于停电状态，则该停电变电站无法恢复供电，继续等待；若周围有多个变电站都正常运行，均可向该变电站供电，则需要进行优化选择，制定最优的供电恢复策略。本书依据上文所述的各个层次的目标，利用分层序列法，择优选择供电恢复方案。

分层序列法为求解多目标优化问题的有效方法。该方法将所有目标按其重要程度依次排序，先求出第一个最重要目标的最优解，然后在保证前一目标最优解的前提下依次求下一目标的最优解，一直求到最后一个目标为止。以变电站恢复供电为例，第一层目标为恢复供电负荷最大，满足该目标的方案可能有多个，譬如有多种恢复方案都可恢复全部的停电负荷；然后利用第二层目标，即最少的开关操作次数，进行筛选，从多种恢复方案中选择开关操作次数较少的恢复方案，排除操作次数较多和较为复杂的恢复方案；若仍有多个恢复方案，则进一步利用第三层次目标，从这些恢复方案中选择供电裕度最大的恢复方案。

制定变电站供电恢复策略的流程如图 9-5 所示，具体步骤如下：

1）停电的变电站智能体遍历其周围所有的变电站智能体，找出所有可用的联络线。

2）网架智能体计算找到的各联络线的供电裕度。

3）变电站智能体判断闭合供电裕度最大的联络线，是否可恢复全部负荷。如果可以，则结束，该恢复方案即为满足各个层次目标的最优解，既恢复了全部负荷，又做到了开关操作次数最少，且在满足这两个目标的前提下做到了安全裕度最大；若不能恢复全部负荷，则继续下一步。

4）判断该变电站是否可以继续解列，若不可以继续解列，则转到步骤 5），执行切负荷操作；若可以，则判断解列后闭合剩余联络线中供电裕度最大的联络线是否可以恢复全部负荷供电；若可以恢复全部负荷供电，则结束，得到的解即为满足各个层次目标的最优解；若不能恢复全部负荷，则继续步骤 4）。

5）根据联络线的供电能力，切除适量负荷，使得最终的恢复方案切实可行，避免越限。切除多少负荷、切除哪些负荷由变电站智能体的切负荷模块进行优化选择。

上述策略的步骤 2）中网架智能体对变电站周围各联络线的供电能力进行评估时，将基于故障前系统的运行数据，利用重复潮流算法进行计算；步骤 4）中，一定要确保变电站可解列时，才能追加闭合新的联络线，否则将形成电磁环网。若高电压等级元件或线路发生故障，电磁环网将使得潮流大量涌入低电压等级电网，引发设备严重过载，保护相继误动，电网瓦解，造成大面积停电的严重后果。因此投入两条及以上联络线时，需要确保变电站解列，保持电网的辐射状运行。

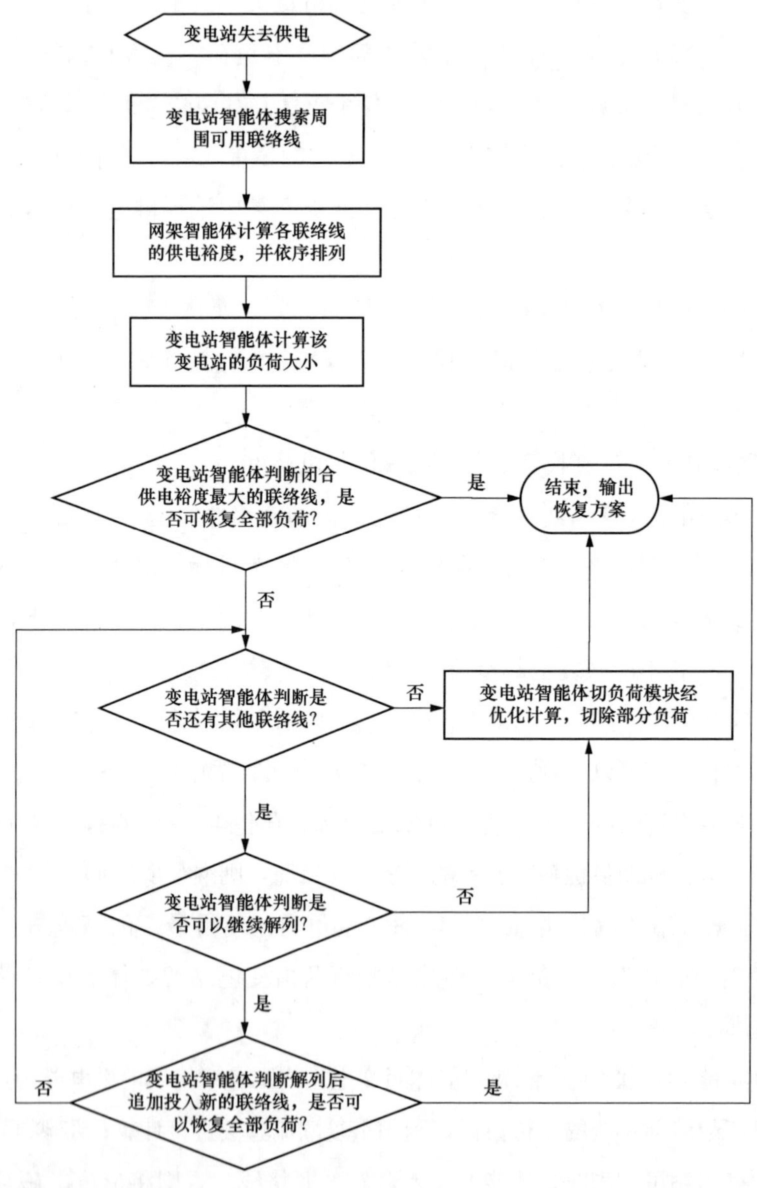

图 9-5　变电站失去供电后的恢复方案制定流程

(3) 优化切除负荷策略。

由于联络线供电能力的限制，若无法恢复该变电站的全部负荷，则需要根据负荷优先级切除部分负荷，在不超过联络线最大供电能力的前提下，恢复最多的负荷供电。一个变电站一般都有多条出线，如 35kV 变电站的低压 10kV 母线上可能有十几条馈线，其优先级不同，负荷大小不同，需要优化选择保留哪些负荷，切除哪些负荷，这是一个典型的组合优化问题，其数学模型为

$$\begin{cases} \max \quad F = \sum_{i=1}^{N} x_i k_i P_i \\ \text{s. t.} \left| \sum_{i=1}^{N} x_i \dot{S}_i \right| \leqslant S_{\max} \end{cases} \tag{9-9}$$

式中，N 为该变电站的负荷数目；x_i 为一布尔变量，表示第 i 个负荷的状态，若 $x_i=1$ 表示保留该负荷，若 $x_i=0$ 表示切除该负荷；k_i 表示第 i 个负荷的权重系数，用于衡量该负荷的重要程度；P_i 表示第 i 个负荷的有功功率，单位为 MW；$\dot{S}_i$ 为第 i 个负荷的复功率，$\dot{S}_i=P_i+\mathrm{j}Q_i$；$S_{\max}$表示联络线可供应的最大负荷，单位为 MVA。

从变电站优化切除负荷的数学模型可以看出，该问题类似于 0-1 规划问题中的“背包问题”，可采用隐枚举法进行求解。将变量 x_i 的取值从全为 1 开始，通过使某个变量从 1 到 0 的转换，使目标函数值从最大开始逐步减小，并同时使解点与可行解的距离缩短而逐步过渡到可行解。在求解过程中，通过固定某个变量，对解空间进行分支，在分支节点进行少量的计算比较，即可判断该支（子域）是否有可行解或是否有最优解，从而决定是否继续搜寻该子域。若得到了某分支的第一个可行解，则该解即为该分支的最优解，即可停止对该子域的搜索。因此，隐枚举法的计算量大大减少，可很快得到全局最优解，且变电站的负荷数目一般都在 10 个左右的量级，求解变量较少，非常适合用隐枚举法进行求解。

(4) 基于智能体群体系统结构对高压配电网恢复供电的特点。

基于智能体群体系统结构对高压配电网进行分布式智能控制，当变电站内部故障时，利用智能体的独立性和智能性，运行专家系统中的规则匹配和简单推理，完成失电负荷的恢复供电；当变电站正常，但上游供电路径导致变电站停电时，利用变电站智能体间的相互协作，停电变电站智能体感知周围环境，向周围变电站智能体求助，自动搜索可用联络线，利用分层序列法优化选择恢复方案。

本节提出的这种高压配电网恢复供电策略不仅适用于局部故障造成的局部区域停电，还适用于某一地区主要电源或变电站故障，造成整个区域大面积停电的情况。在这种大面积停电的情况下，各个变电站智能体都并列、自发地寻找供电裕度较大的供电路径，能够以最快的速度恢复全网的供电。离备用电源较远的变电站，因为其周围变电站都处于停电状态，无法向其提供协助，在初期会处于等待状态；离备用电源较近的变电站智能体能够首先找到可用电源，可优先恢复供电；该变电站恢复供电后，其周围的停电变电站可感知到所处环境的变化，从而优化选择合理的恢复供电方案；然后，这些已经恢复供电的变电站进一步向周围辐射，逐步恢复全网供电，或达到电网的最大供电能力为止。这种恢复策略以恢复过程中的实时数据为基础，逐步形成恢复方案，比较切实可行，能够有效应对恢复过程中出现的各种随机异常情况（如开关拒动），恢复供电的成功率较高。

9.4.3 算例分析

［**例 9-3**］ 采用 9.2.3 节同样的高压配电网为例进行仿真分析，该高压配电网共有 10 座变电站，因此，共设 10 个变电站智能体和 1 个网架智能体对该高压配电网进行管理。

算例一：变电站内变压器故障。

假设 35kV 变电站 B3 内 1 号变压器故障，该变压器的差动保护动作，跳开两端断路器 QF3 和 QF4，10kV 母线Ⅰ段负荷失电。变电站智能体 B3 经诊断确定 1 号变压器故障，且知故障已成功隔离，进一步根据专家系统中的知识规则确定需闭合 10kV 母联断路器，但闭合前需要对该恢复方案进行校验。该变电站中两台变压器型号相同，均为 SZ10-5000/35，额定容量为 5000kVA，通过故障前的运行数据知当前处于负荷高峰时段，10kV 的Ⅰ段母线上有馈线 1～馈线 4 共 4 条馈线，Ⅱ段母线上有馈线 5～馈线 7 共 3 条馈线，各馈线上的负荷大小如表 9-6 所示。

表 9-6　　变电站 B3 内 10kV 母线上各馈线负荷

母线	馈线	有功功率（MW）	无功功率（Mvar）	总的有功功率（MW）	总的无功功率（Mvar）
10kV Ⅰ段母线	馈线 1	0.453	0.209	3.825	1.853
	馈线 2	0.602	0.274		
	馈线 3	1.166	0.576		
	馈线 4	1.604	0.794		
10kV Ⅱ段母线	馈线 5	0.892	0.427	3.694	1.982
	馈线 6	1.321	0.739		
	馈线 7	1.481	0.816		

对上述恢复方案进行校验计算时，发现直接闭合 10kV 母联断路器后，2 号变压器的视在功率将达到额定容量的 1.7 倍，已明显超过 1.3 倍额定容量的限值，因此，需要调用优化切负荷模块切除部分负荷，优化结果为切除 10kVⅠ段母线上的馈线 4，保留其他 3 条馈线，此时总负荷为额定容量的 1.33 倍，略高出限值。因此，总的恢复方案为，首先断开 10kVⅠ段母线上馈线 4 的出口断路器，然后闭合 10kV 母联断路器，恢复对其它负荷的供电。

算例二：变电站间线路故障。

假设线路 L1 故障，变电站 B3 内的所有负荷失电，变电站智能体 B3 经过搜索发现周围有两条可用的联络线，通过 L3 与变电站 S2 相连，通过 L4 与变电站 B4 相连。

变电站智能体 B3 经计算可知由其供电的总负荷为 7.519MW＋j3.835Mvar，通过网架智能体对线路 L3 和 L4 进行供电能力评估可知，其供电能力分别为 7.192MVA 和 6.250MVA。按本文提供方法经比较可知闭合供电能力较大的联络线 L3 不足以恢复全部负荷，进一步发现该变电站可分列运行，因此追加第二条联络线 L4，同时将变电站 B3 解列运行。经检验该恢复方案切实可行，满足各种约束条件，因此最终的恢复方案为断开 35kV 母联断路器后，闭合线路 L3 和 L4 的开关，使变电站 B3 分列运行，这样可恢复全部负荷，不需要切除任何馈线。

9.5　中压配电网供电恢复控制

电网发生故障并进行故障隔离后，中压配电网中可能存在健全的失电区域，智能配电自愈控制系统此时需要进行供电恢复控制。在供电恢复过程中，宜遵循下面的原则。

[供电恢复原则]：供电恢复中优先采用主电源转带负荷或主电源联合分布式电源转带负荷，在主电源无法全部恢复健全区域供电的情况下，再考虑用具有调节能力的分布式电源以孤岛运行方式恢复对部分健全区域负荷的供电。

中压配电网供电恢复本质是在满足智能配电网各种运行约束的前提下，改变网络中联络开关和分段开关的分/合状态，找到实现一个或几个优化目标的失电区域恢复供电方案，属于联络开关/分段开关的开关组合优化问题。其基本要求如下：

（1）应尽可能快速地恢复对健全区域的供电，以降低用户的不满意程度，提高供电可靠性。

（2）应尽可能多地恢复失电负荷，对不同等级的负荷分别考虑，重要负荷应优先恢复供电。

（3）开关操作次数应尽可能少。其主要原因是开关设备的总操作次数有限，为延长开关的使用寿命，操作次数越少越好。

（4）恢复后系统应尽可能经济运行，具体反映是恢复后系统的网损应尽可能小；恢复决策应尽量将失电区域的负荷均匀地分配到各条馈线，实现负荷平衡。

（5）恢复后系统应保持辐射状结构，但是允许恢复过程中为了进行开关交换而出现短时环网运行。

（6）恢复过程中不允许出现设备过载或电压过低现象。

由于要综合考虑开关操作次数、馈线裕度、负荷恢复量、网络约束、用户优先等级等因素，因此，中压配电网供电恢复是一个多目标、多约束的非线性组合优化问题。

9.5.1 中压配电网供电恢复模型

1. 供电恢复的目标函数

根据供电恢复的基本要求，其目标函数如下。

（1）尽可能多地恢复失电负荷。

$$\min f_1 = \sum_{i \in D} \lambda_i P_i \tag{9-10}$$

式中，P_i 为失电负荷 i 的大小（kW）；λ_i 为失电负荷 i 的权重系数，表示负荷的优先等级；D 为系统所有未恢复供电的负荷集合。

（2）尽可能减少开关操作次数。

$$\min f_2 = \sum_{k \in S_s}(1 - K_k) + \sum_{k \in T_s} K_k \tag{9-11}$$

式中，T_s 为故障前的联络开关集合；S_s 为故障前的分段开关集合；K_k 为开关状态，1 表示闭合，0 表示打开。

（3）恢复后系统的网损尽可能小。

$$\min f_3 = \sum_{l=1}^{L} I_l^2 R_l \tag{9-12}$$

式中，f_3 为中压配电网供电恢复后系统有功功率损耗（kW）；I_l 为支路电流幅值（A）；R_l 为支路电阻（Ω）；L 为整个系统的支路总数，实际计算中可取与供电恢复相关的馈线中的支路。

（4）馈线的负荷分配尽可能均衡。

$$\min f_4 = \sum_{f=1}^{F} \frac{S_f^2}{S_{f\max}^2} \tag{9-13}$$

式中，S_f 为馈线 f 送端视在功率（kVA）；$S_{f\max}$ 为馈线 f 的最大允许视在功率（kVA）；F 为馈线数。

（5）用户平均停电时间尽可能小。

$$\min f_5 = AIHC \tag{9-14}$$

式中，$AIHC$ 为用户平均停电时间（h）。

以上目标既相互联系又相互制约，可以根据实际配电网恢复需要选择其中几个或全部作为目标函数，一般尽可能多地恢复失电负荷最为重要，恢复后系统的网损是否最小以及馈线的负荷分配是否最均衡都不是主要矛盾。

2. 供电恢复的约束条件

（1）网络潮流约束。

$$\dot{U}_i \sum_{j \in i} Y_{ij}^* \dot{U}_j^* = P_i + \mathrm{j}Q_i \tag{9-15}$$

式中，$P_i + \mathrm{j}Q_i$ 为节点 i 的注入功率（kW，kvar）；$\dot{U}_i$、$\dot{U}_j$ 分别为节点 i、j 的电压（kV）；Y_{ij} 为节点 i、j 间的互导纳（S）。

（2）支路容量限制约束。

$$|P_l| \leqslant P_{l\max} \tag{9-16}$$

式中，P_l 为流过支路 l 的有功功率（kW）；$P_{l\max}$为支路的最大容量（kW）。

（3）节点电压约束。

$$U_{i,\min} \leqslant U_i \leqslant U_{i,\max} \tag{9-17}$$

式中，$U_{i,\min}$，$U_{i,\max}$为节点 i 电压幅值的上下限（kV）。

（4）不包括分布式电源时的辐射状供电约束。

$$g_k \in G_{\mathrm{R}} \tag{9-18}$$

式中，g_k 为已恢复供电的区域；G_{R} 为保证网络辐射状拓扑结构的集合。

9.5.2 基于启发式搜索的供电恢复策略

启发式搜索方法是根据中压配电网运行的特点和运行人员的工作经验建立相应的启发规则来限定恢复供电的搜索范围，缩小供电恢复问题的搜索空间，能够迅速得出恢复方案，经常用于供电恢复的实时计算。深度编码技术是近年兴起的一种新的编码技术，采用该编码技术能够大大缩小搜索空间，提高算法效率，尤其适用于大规模失电情况。

1. 深度编码

深度编码（node-depth encoding，NDE）的节点编码方式与传统的图链表示法（graph chains representation，GCR）相比更加简单快速，NDE 操作所需的平均运行时间为 $O(\sqrt{n})$，而 GCR 为 $O(n^2)$，其中 n 为图的节点数。

（1）深度编码的原理。

NDE 是基于树状形式的编码，用（n_x，d_x）表示，其中 n_x 代表节点号，d_x 代表节点的深度，这样树形结构的网络就能用一个以（n_x，d_x）为元素的数组表示。节点在数组中的顺序通过从树的根节点开始进行深度优先搜索逐步遍历得到。

智能配电网可以看成由一系列馈线组成，每条馈线都是辐射状的树形结构，馈线间通过常开的联络开关连接。如图 9-6 所示，是一个由三条馈线组成的配电网络，实线代表常闭分段开关，虚线代表常开的联络开关。节点 1，6，12 分别代表三棵树的根节点。

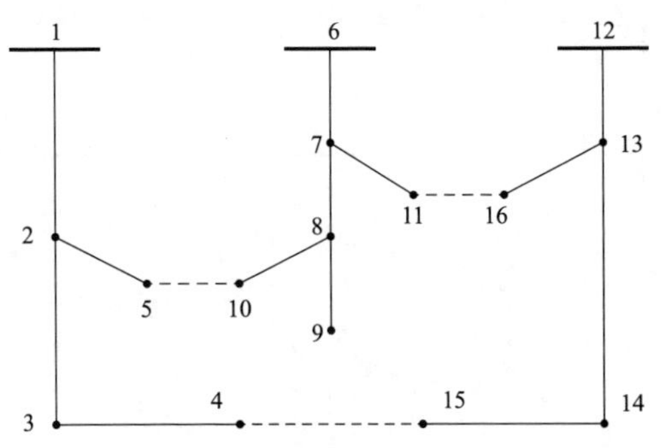

图 9-6　3 馈线 16 节点配电系统

式（9-19）是对图 9-6 中配电网络在深度搜索后用深度编码技术形成的数组。

$$
\begin{aligned}
T_1 &= \begin{bmatrix} \text{depth} \\ \text{node} \end{bmatrix} = \begin{bmatrix} 0 & 1 & 2 & 3 & 2 \\ 1 & 2 & 3 & 4 & 5 \end{bmatrix} \\
T_2 &= \begin{bmatrix} \text{depth} \\ \text{node} \end{bmatrix} = \begin{bmatrix} 0 & 1 & 2 & 3 & 3 & 2 \\ 6 & 7 & 8 & 9 & 10 & 11 \end{bmatrix} \\
T_3 &= \begin{bmatrix} \text{depth} \\ \text{node} \end{bmatrix} = \begin{bmatrix} 0 & 1 & 2 & 3 & 2 \\ 12 & 13 & 14 & 15 & 16 \end{bmatrix}
\end{aligned}
\tag{9-19}
$$

（2）深度编码的基本操作。

NDE 主要有两个基本操作：保留初始节点操作（preserve ancestor operator，PAO）和改变初始节点操作（change ancestor operator，CAO）。当将这两种操作都应用于图 G 的拓扑描述 F 时，能生成图 G 的另一个拓扑描述 F'。

这两种操作相当于将一条馈线的子树修剪掉，嫁接到另一条馈线上，体现到编码中就是将 F 中的数组 T_{from} 的一部分转移到另一个数组 T_{to} 中。PAO 是保持数组 T_{from} 中转移部分对应的子树根节点不变，在数组 T_{to} 中仍然是对应子树的根节点。CAO 则改变需要转移的子树的根节点，即在数组 T_{to} 中不再是其所对应子树的根节点。因此，PAO 对网络拓扑改变较少且简单，CAO 则对网络拓扑会有较大和复杂的改变。

1）保留初始节点操作（PAO）。

PAO 操作涉及 2 个节点：①修剪节点 p，即需要修剪并转移的子树根节点；②邻接节点 a，即与 p 相邻但是不在一树支上的节点，在配电网络中节点 p 和节

点 a 间是常开的联络开关。

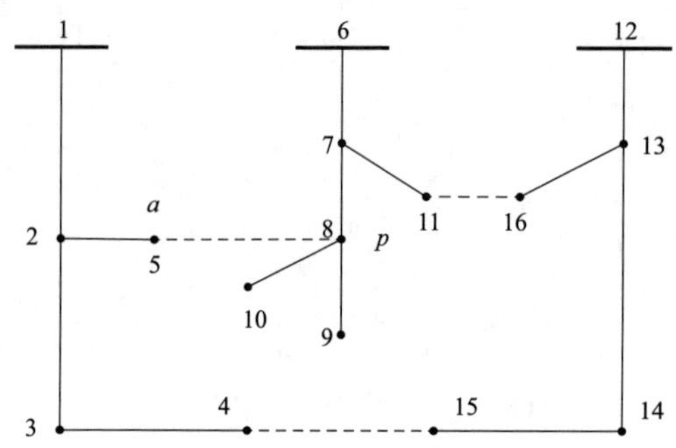

图 9-7　16 节点系统的另一种联络结构

在图 9-7 中假设 $p=8$，$a=5$，PAO 操作的实质是将（8，9，10）构成的子树在中间的馈线上修剪掉，并在节点 5 处嫁接到左边的馈线上，对应到数组的表示中就是将 $T_{\text{from}}=T_2=\begin{bmatrix}0 & 1 & 2 & 3 & 3 & 2\\ 6 & 7 & 8 & 9 & 10 & 11\end{bmatrix}$ 中节点（8，9，10）对应的内容全部剪切并复制到数组 $T_{\text{to}}=T_1=\begin{bmatrix}0 & 1 & 2 & 3 & 2\\ 1 & 2 & 3 & 4 & 5\end{bmatrix}$ 中去。

PAO 的主要操作步骤为：

a）在数组 T_{from} 中确定集合 $\{i_p, \cdots, i_l\}$，i_p 和 i_l 分别代表节点 p 和 l 在 T_{from} 中的索引号。节点 l 是在数组 T_{from} 中以 p 为根节点的子树的最末端节点。集合 $\{i_p, \cdots, i_l\}$ 由 i_p 和 T_{from} 中连续节点的 i_x 组成，满足 $i_x>i_r$ 和 $d_x>d_r$，其中 d_x 和 d_r 分别代表节点 x 和节点 r 的深度。

b）将数组 T_{from} 中集合 $\{i_p, \cdots, i_l\}$ 所对应的数据剪切出来，节点号不变，深度重新计算：$d'_x=d_x-d_p+d_a+1$，并存储到一个临时数组 $T_{\text{tmp}}=\begin{bmatrix}d'_p & \cdots & d'_x & \cdots & d'_l\\ n_p & \cdots & n_x & \cdots & n_l\end{bmatrix}$。

c）在数组 T_{from} 中删除集合 $\{i_p, \cdots, i_l\}$ 所对应的数据生成新的 T'_{from}。

d）将临时数组 T_{tmp} 在 $i_{\text{a}}+1$ 的位置开始复制到 T_{to} 中生成新的 T'_{to}。

通过 PAO 操作后，得到的新的网络结构如图 9-8 所示。

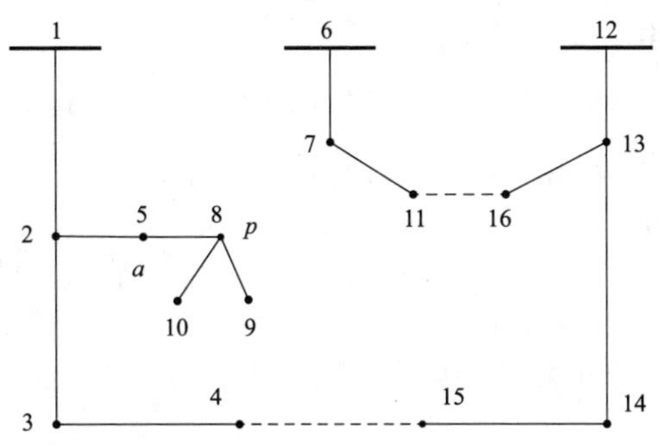

图 9-8　PAO 操作后生成的图

得到新的编码为

$$
\begin{aligned}
T_1 &= \begin{bmatrix} \text{depth} \\ \text{node} \end{bmatrix} = \begin{bmatrix} 0 & 1 & 2 & 3 & 2 & 3 & 4 & 4 \\ 1 & 2 & 3 & 4 & 5 & 8 & 9 & 10 \end{bmatrix} \\
T_2 &= \begin{bmatrix} \text{depth} \\ \text{node} \end{bmatrix} = \begin{bmatrix} 0 & 1 & 2 \\ 6 & 7 & 11 \end{bmatrix} \\
T_3 &= \begin{bmatrix} \text{depth} \\ \text{node} \end{bmatrix} = \begin{bmatrix} 0 & 1 & 2 & 3 & 2 \\ 12 & 13 & 14 & 15 & 16 \end{bmatrix}
\end{aligned} \tag{9-20}
$$

2）改变初始节点操作（CAO）。

CAO 需要对三个点进行操作：①修剪节点 p，即需要修剪并转移的子树根节点；②修剪并嫁接子树的新的根节点 r，与节点 p 同属需修剪的子树；③邻接节点 a，即与 r 相邻但是不在一树支上的节点，在配电网络中节点 r 和节点 a 间是常开的联络开关。

在图 9-6 中假设 $p=7$，$r=10$，$a=5$，CAO 操作的实质是将（7，8，9，10，11）构成的子树在中间的馈线上修剪掉，并在节点 5 处嫁接到左边的馈线上，嫁接的节点是 10，对应到数组上就是将 $T_{\text{from}}=T_2=\begin{bmatrix} 0 & 1 & 2 & 3 & 3 & 2 \\ 6 & 7 & 8 & 9 & 10 & 11 \end{bmatrix}$ 中节点（7，8，9，10，11）对应的内容全部剪切并复制到数组 $T_{\text{to}}=T_1=\begin{bmatrix} 0 & 1 & 2 & 3 & 2 \\ 1 & 2 & 3 & 4 & 5 \end{bmatrix}$ 中去。

CAO 的操作步骤：

a）与 PAO 的第一步一样在数组 T_{from} 中确定集合 $\{i_p, \cdots, i_l\}$。

b）在数组 T_{from} 中确定节点 p 到节点 r 的主干路径上的节点集合 B。对于一个节点 $y \in B$ 的新的深度 d'_y 由下式重新计算：$d'_y = d_r + d_a - d_y + 1$，生成一个临时数组 $T_{\text{tmp}} = \begin{bmatrix} d'_r & \cdots & d'_y & \cdots & d'_p \\ n_r & \cdots & n_y & \cdots & n_p \end{bmatrix}$；然后确定这些主干节点 y 的分支（下游）节点集合 C，下游节点 $z \in C$ 的新的深度由下式重新计算：$d'_z = d'_y + d_z - d_y$。在临时数组中插入这些下游节点对应的数据，$T_{\text{tmp}} = \begin{bmatrix} d'_r & \cdots & d'_y & \cdots & d'_p & \cdots & d'_z & \cdots \\ n_r & \cdots & n_y & \cdots & n_p & \cdots & n_z & \cdots \end{bmatrix}$。

c）在 T_{from} 中删除集合 $\{i_p, \cdots, i_l\}$ 对应的数据，即 T_{tmp} 中节点对应的数据生成新的 T'_{from}。

d）将临时数组 T_{tmp} 在 $i_a + 1$ 的位置开始复制到 T_{to} 中生成新的 T'_{to}。

通过 CAO 操作得到新的网络结构图如图 9-9 所示。

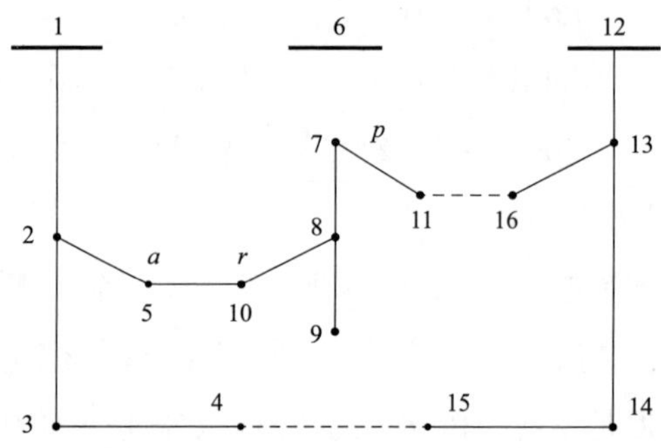

图 9-9　CAO 操作后生成的图

得到的新的编码为

$$
\begin{aligned}
T_1 &= \begin{bmatrix} \text{depth} \\ \text{node} \end{bmatrix} = \begin{bmatrix} 0 & 1 & 2 & 3 & 2 & 3 & 4 & 5 & 6 & 5 \\ 1 & 2 & 3 & 4 & 5 & 10 & 8 & 7 & 11 & 9 \end{bmatrix} \\
T_2 &= \begin{bmatrix} \text{depth} \\ \text{node} \end{bmatrix} = \begin{bmatrix} 0 \\ 6 \end{bmatrix} \\
T_3 &= \begin{bmatrix} \text{depth} \\ \text{node} \end{bmatrix} = \begin{bmatrix} 0 & 1 & 2 & 3 & 2 \\ 12 & 13 & 14 & 15 & 16 \end{bmatrix}
\end{aligned}
\tag{9-21}
$$

3）p，r，a 的确定。

PAO 和 CAO 操作的关键是需要特殊的节点集合 p，r，a。对于 PAO 操作来说，p，a 能够通过以下步骤确定：

a）随机选择一颗树作为 T_{from}，从 T_{from} 中随机选择一个不是根的节点 p。

b）随机选择一个与 p 相邻但未连接的节点 a，将 a 所在的树作为 T_{to}；若不存在这样的节点 a，则返回步骤 a）重新选择 p。

对于 CAO 操作，p，r，a 节点可以通过下面策略得到：

a）随机选择一颗树作为 T_{from}，从这颗树 T 中随机选择一个不是根的节点 p。

b）确定以 p 为根的子树的节点集合，并随机选择子树节点集合中一个节点作为 r。

c）随机选择一个与 r 相邻但未连接的节点 a，将 a 所在的树作为 T_{to}；若不存在这样节点 a，则返回步骤 b）重新选择 r，或者返回步骤 a）重新选择 p。

（3）二维深度编码。

二维深度编码是在前述深度编码的基础上增加一维变量表示节点的父节点号，通过一个数组（d_x，n_x，f_x）来表示一个辐射状网络，其中，d_x 为节点 x 到根节点的深度，即层号，n_x 为节点号，f_x 为节点 x 的父节点号。

图 9-9 所示的 3 馈线 16 节电配电网络，馈线根节点为节点 1、6、12，以节点 1、6、12 作为源节点，将节点 1、6、12 的父节点号和层号都初始化为 0，并以节点 1、6、12 为起始点，进行深度优先搜索，得到的二维深度编码为

$$T=\begin{bmatrix} d \\ n \\ f \end{bmatrix}=\begin{bmatrix} 0 & 1 & 2 & 3 & 2 & 0 & 1 & 2 & 3 & 3 & 2 & 0 & 1 & 2 & 3 & 2 \\ 1 & 2 & 3 & 4 & 5 & 6 & 7 & 8 & 9 & 10 & 11 & 12 & 13 & 14 & 15 & 16 \\ 0 & 1 & 2 & 3 & 2 & 0 & 6 & 7 & 8 & 8 & 7 & 0 & 12 & 13 & 14 & 13 \end{bmatrix} \tag{9-22}$$

2. 中压配电网健全失电区域供电恢复策略

启发式搜索方法将专家知识和经验转化为相应的处理规则，供电恢复中常用的启发式规则包括：

（1）首先考虑并充分利用自馈线联络开关和一级联络开关（与失电区域直接相连的联络开关）对健全失电区域的供电恢复能力。

(2) 选择有足够备用容量的馈线作为供电恢复的电源；如果相邻馈线的容量不足，考虑将相邻馈线的部分负荷转移到其余馈线上，提高相邻馈线的备用容量。

(3) 先解决远离馈线根节点的线路过载问题，通常这类线路过载问题解决后，离馈线根节点较近线路过载问题往往会迎刃而解。

(4) 如果无法恢复全部健全失电区域的负荷，则优先恢复等级较高的重要负荷。

这里采用启发式方法选择配电网故障后失电区域的恢复供电路径，目标是尽可能多地恢复失电负荷（9-10）、开关动作次数尽可能少（9-11）及尽可能降低网损（9-12），同时满足网络结构约束和运行约束（9-15）～(9-18)，该算法以三个指标为基础指导供电路径的搜索方向，只考虑与失电区域直接相连的联络开关恢复供电。所以先介绍三个指标，然后说明该算法的具体步骤。

(1) 三个指标。

1) 联络开关的备用容量。

$$I_M = \min\{I_{l\max} - I_l\} \quad l \in B \tag{9-23}$$

式中，集合 B 为联络开关与向该联络开关供电的电源之间路径上的所有支路；$I_{l\max}$为支路 l 允许的最大电流（A）；I_l 为流过支路 l 的电流大小（A）。

2) 联络开关与发生电压越限节点之间的电气距离。

$$Z_{\text{path}} = U_{\text{ts}} / \sum_{C_{\text{p}}} I_{\text{L}} \tag{9-24}$$

式中，C_{p} 为联络开关与产生电压越限的节点间的所有节点集；U_{ts}为联络开关出口处电压幅值（kV）；I_{L} 为节点所带的负荷值（A）。建立这一指标的目的在于，当恢复供电过程中某一节点发生电压越限时，可用这一指标对联络开关进行排序，从而选择合适的联络开关操作，以消除该母线的电压越限问题。

3) 分段开关的可转移负荷。

$$I_{\text{ss}} = \sum_{C_{\text{d}}} I_{\text{L}} \tag{9-25}$$

式中，C_{d} 为该分段开关所有的下游节点集合。

(2) 基本步骤。

故障定位及隔离后，采用前面介绍的二维深度编码技术快速确定失电区域，对于每一个失电区域采用下面的步骤进行供电恢复：

1）搜索与失电区域直接相连的联络开关，根据联络开关另一端负荷的供电路径分为自馈线联络开关和一级联络开关，计算这些联络开关的备用容量，选择 $I_{M}>0$ 的联络开关并排序，排序规则是自馈线联络开关、备用容量大的联络开关排在前面。

2）闭合 1）中联络开关列表中的第一个联络开关 ts_1，潮流计算校验是否满足约束条件，如满足，则整区恢复负荷；如果不满足，则转到第 3）步进行分区恢复。

3）选择联络开关列表中的另一个联络开关 ts_A 及相应的分段开关 ss_A 转移部分负荷，选择时计算联络开关与电压越限节点间的电气距离及分段开关的转移负荷；操作开关对，潮流计算校验是否满足约束条件，如满足则分区恢复负荷；如不满足则转到第 4）步。

4）确定哪些负荷不能恢复供电。

（3）确定失电区域。

通过故障节点号和发生故障前的深度编码结果确定失电区域，具体步骤如下：

1）失电节点数组初始化 $USN[0]$。

2）搜索所有以故障节点为父节点的节点，将其存入失电节点数组 $USN[1]$。

3）搜索所有以失电节点数组 $USN[1]$ 内节点为父节点的节点，将其存入失电节点数组 $USN[2]$。

4）重复步骤 3)，更新失电节点数组 $USN[i]$，直至无新的节点加入失电节点数组，即 $USN[i+1]=USN[i]$。

（4）整区恢复策略。

在这一步中选择联络开关时，仅考虑直接与失电区域相连且备用容量大于零的联络开关；假定 ts_1 为备用容量最大的联络开关，将 ts_1 闭合，潮流计算并校验支路容量约束和节点电压约束，若无越限现象则表明实现了对该失电区域的整区恢复；若安全校验发现同时有支路容量和节点电压越限情况，则需进行分区恢复。

若只出现节点电压越限则搜索联络开关列表中备用容量 I_{M} 大于失电总负荷 I_{loss} 的联络开关，计算其与电压越限点之间的电气距离 Z_{path} 并用 Z_{path} 对这些联络开关进行排序。如果是电压越下限，将 Z_{path} 从大到小排列，否则将 Z_{path} 从小到大排列。把 ts_1 打开，将按 Z_{path} 排序后的排在最前面的联络开关闭合，进行潮流计算，如果约束条件满足，则搜索过程停止；否则，选择下一个联络开关闭合，如果不存在 I_M 大于失电总负荷 I_{loss} 的联络开关，则进行分区恢复。

(5) 分区恢复策略。

对除 ts_1 外其余的与失电区域直接相连的联络开关按照备用容量从大到小排序，形成 ts 列表。若选用 ts 列表为空，则通过二级联络开关转移负荷。

选用其中备用容量最大的联络开关 ts_A 对失电区域的负荷进行转移，同时为了保持网络的辐射状结构需要打开某一分段开关，具体方法如下：

1）计算位于 ts_A 与 ts_1 之间路径上的各候选分段开关 ss 的可转移负荷 I_{ss}。

2）寻找满足 $I_{ss}<I_M$ 且 I_{ss} 最大的分段开关 ss，记为 ss_A，如果所有的 I_{ss} 均大于 I_M，则无法用该联络开关转移 ts_1 上的负荷。这时应考虑 ts 列表中的下一个联络开关。

3）若存在 ts_A，则闭合 ts_A 并打开 ss_A，对 ts_A 所在的馈线进行潮流校验。若出现安全越限，则进入步骤 4)，否则进入步骤 5)。

4）将 ts_A 与 ss_A 下游的一个 ss 组合为候选开关对。以这个新分段开关为对象，返回步骤 3)。重复步骤 3) 和 4)，如果没有候选的分段开关，则删除联络开关 ts_A，从 ts 列表中选择下一联络开关，以进一步缓解或消除电流越限，返回步骤 1)；以此类推，直到没有安全越限发生或没有与失电区域相连的 ts 为止。

5）选择好与 ts_A 相应的 ss_A 后，将 ts_A 闭合并将 ss_A 打开，这时失电区域的一部分负荷通过 ts_1 供电，另一部分负荷通过 ts_A 供电，搜索过程结束。

通过与失电区域直接相连的联络开关供电恢复程序流程见图 9-10。

(6) 甩负荷策略。

当所有的停电路径都已搜索完毕或仍有馈线电流越限现象出现，但还没有完成全部负荷的供电，此时应该确定哪些负荷不能恢复供电或哪些负荷从 ts_1 上转移以满足约束条件。

如果仅存在节点电压越限情况，则甩掉电压越限的节点所带的负荷即可，只要断开该节点上游的第一个分段开关。如果存在容量约束不满足情况，将分

段开关按其所带负荷的重要等级分类，不带重要负荷的分段开关按其所带的转移负荷量排序，带重要负荷的分段开关按其所带的重要负荷量排序。

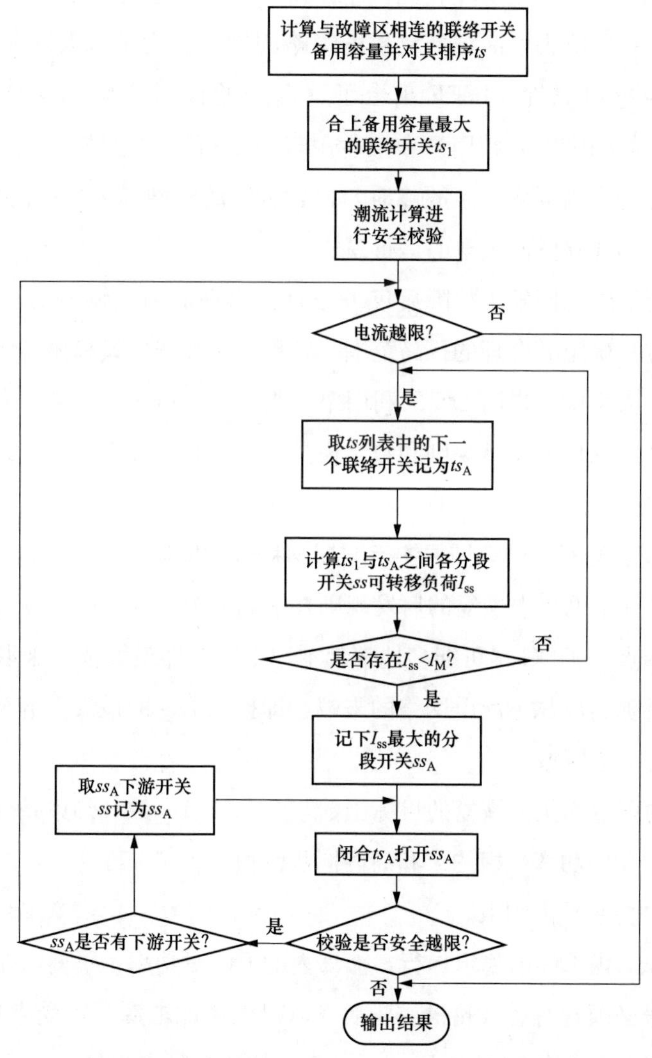

图 9-10　通过直接相连的联络开关恢复供电的流程图

首先甩掉等级不高的负荷，如果所有等级不高的负荷都甩掉时，联络开关 ts_1 仍然过负荷，则在（ts_A，ss_A）服务区域中确定不重要的负荷甩掉，增加 ss_A 的备用容量，并更新（ts_A，ss_A），具体步骤与分区恢复相似。

9.5.3 发挥分布式电源作用的供电恢复策略

随着全球对环境和能源问题的日益关注及分布式可再生能源发电技术的日益成熟，DG在智能配电网中所占比例越来越高。当配电网络发生故障时，DG如何操作将直接影响失电区域恢复供电策略的制定。为了最大限度地利用DG，提高系统的供电可靠性，IEEE出台了一套新的计划性孤岛标准IEEE 1547-2003，该标准鼓励供电方和用户在发生故障时尽可能通过技术手段实现孤岛运行。孤岛运行是指当网络发生故障时，包含DG的电网与公共电网分离后，DG仍继续向所在的独立电网供电的运行模式。

本节在智能配电网发生故障后仅考虑有自启动能力且输出功率可控的DG，采用启发式方法确定其合理的孤岛范围，实现DG并网模式和孤岛模式的无缝转换，从而在最大程度上提高DG的利用率，改善供电可靠性。首先介绍含DG的配电网供电恢复的启发搜索规则和数学模型，然后提出以DG为搜索源节点的启发式供电恢复方法。

1. 含DG配电网络供电恢复的启发规则和数学模型

含DG的配电网供电恢复的启发规则在9.5.2节所介绍的启发规则的基础上再增加以下两点：①DG尽可能多地带起本地负荷，即最大范围采取多用户孤岛运行模式；②孤岛应靠近配电网络的末端，即搜索DG的最大供电范围时，先搜索DG的下游失电区域。

含DG的配电网供电恢复的目标函数与9.5.2节一致，约束条件在9.5.2节的基础上增加岛内功率平衡约束和岛内同步约束。

(1) 岛内功率平衡约束。

为保证孤岛内DG的稳定运行，孤岛内的DG对功率不平衡需要有一定的调节能力（一般必须含有燃气轮机或柴油发电机或储能电源等不受自然因素影响，并且出力可以调节的分布式电源），孤岛内的功率差额要满足

$$P_G - P_L > \varepsilon \tag{9-26}$$

式中，P_G为DG的发电容量（kW）；P_L为由DG恢复供电的总负荷（kW）；ε为考虑到负荷变化所留有的余量（kW），一般可取$\beta(P_{L,max}-P_L)$，其中$P_{L,max}$为由DG恢复供电的总负荷曲线的最大值，β一般取1.3～2.0。

（2）孤岛同步约束。

若两个 DG 的供电范围存在有开关相连，则说明这两个区域至少有一个可能的物理连接，那么在满足同步约束的前提下可以互联。

1）两个区域 Z_α 和 Z_β 的频率偏差在指定范围内。

$$|f_{\alpha P} - f_{\beta P}| \leqslant \Delta f \tag{9-27}$$

2）对于两个区域 Z_α 和 Z_β 的联络线，联络线两端的节点电压大小和相角差在指定范围内。

$$|U_{\alpha P} - U_{\beta P}| \leqslant \Delta U, \quad |\theta_{\alpha P} - \theta_{\beta P}| \leqslant \Delta\theta \tag{9-28}$$

式中，Δf 为孤岛允许的频率偏差（Hz）。

2. 基本步骤

（1）搜寻失电区域内的 DG，根据 DG 的容量及约束条件（9-26）寻找各 DG 的最大供电范围。

（2）将步骤（1）搜索的供电范围按恢复负荷从大到小排序。

（3）对于搜索到的各 DG 供电范围，如果存在开关相连，则说明这两个区域至少有一个可能的物理连接，那么在满足同步约束式（9-27）、式（9-28）的前提下，可将其互联形成更大范围的孤岛。

（4）若还有未恢复供电的负荷节点，由联络开关根据其备用容量大小恢复对剩余节点负荷的供电。

（5）得到恢复供电方案后，再通过仿真校验所得方案的可行性，最后输出供电恢复的结果。具体流程图如图 9-11 所示。

3. DG 最大供电范围搜索

以 DG 所在节点为初始节点，采用深度编码技术，基于前述启发规则逐层搜索分布式电源的最大供电范围，具体搜索过程为：

（1）对失电区域的所有节点以 DG 为根节点进行广度优先搜索，并形成二维深度编码 T_{DG}，得到各节点的层号和父节点号，DG 所在节点的层号为 0，令最大的层号为 $layer_{DG}$，每层所含的节点总数最大值为 $layer_{Node}$。对每层各节点所带负荷，按其重要等级从高到低进行排序，并形成负荷重要等级关联矩阵 $L_\lambda[layer_{DG}, layer_{Node}]$，矩阵中存放的是原始网络进行拓扑后的节点号，如果该

节点在 T_{DG} 中所在的层号为 m，其所带负荷的重要等级在该层中的排序为 n，该节点就存放在关联矩阵的第 m 行第 n 列。

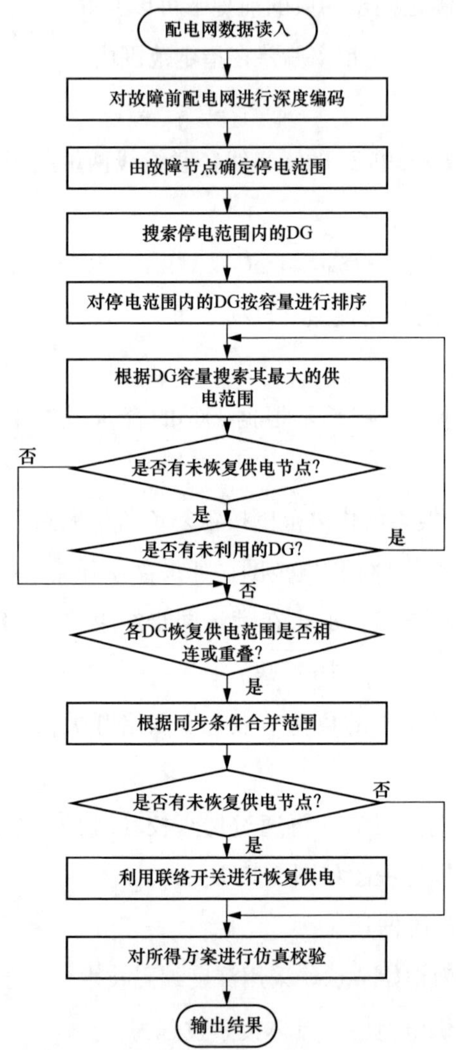

图 9-11　含 DG 配电网络供电恢复的启发式方法流程图

（2）初始化，令恢复负荷的初值为 0，用 $P_h=0$ 表示。

（3）令 $m=1$，$n=1$。

（4）令 $j=L_\lambda[m][n]$，$P_h=P_h+P_j$；（P_j 为节点 j 所带负荷的大小）取节点 j 的下一层的第一个节点号为 i。

（5）判定是否满足 $d_{ij}X_j > X_i$，其表示为节点 i 是否有恢复供电的路径，若满足转到第（6）步，否则转到第（7）步（其中 d_{ij} 表示负荷 i 和负荷 j 之间的连接关系，若负荷之间有支路相连则 $d_{ij}=1$，否则 $d_{ij}=0$；X_i 表示负荷 i 的恢复状态，若负荷 i 恢复，则 $X_i=1$，否则 $X_i=0$）。

（6）判定是否 $P_{\mathrm{G}}-[P_{\mathrm{h}}+(P_i+P_{\mathrm{loss}i})]\geqslant\varepsilon$，若满足则闭合支路，并使 $X_i=1$，$P_{\mathrm{h}}=P_{\mathrm{h}}+P_i$（$P_{\mathrm{h}}$ 为已恢复的负荷量，$P_{\mathrm{loss}i}$ 为恢复负荷 i 后网络的损耗）。

（7）判断子层是否还有节点，若有，取该层中下一节点，转到第（5）步。

（8）判定 m 层中是否还有节点，若有 $n=n+1$，转到第（4）步，否则 $m=m+1$，$n=1$，转到第（4）步；直至所有节点都搜索完毕或不满足容量约束。

流程图如图 9-12 所示。

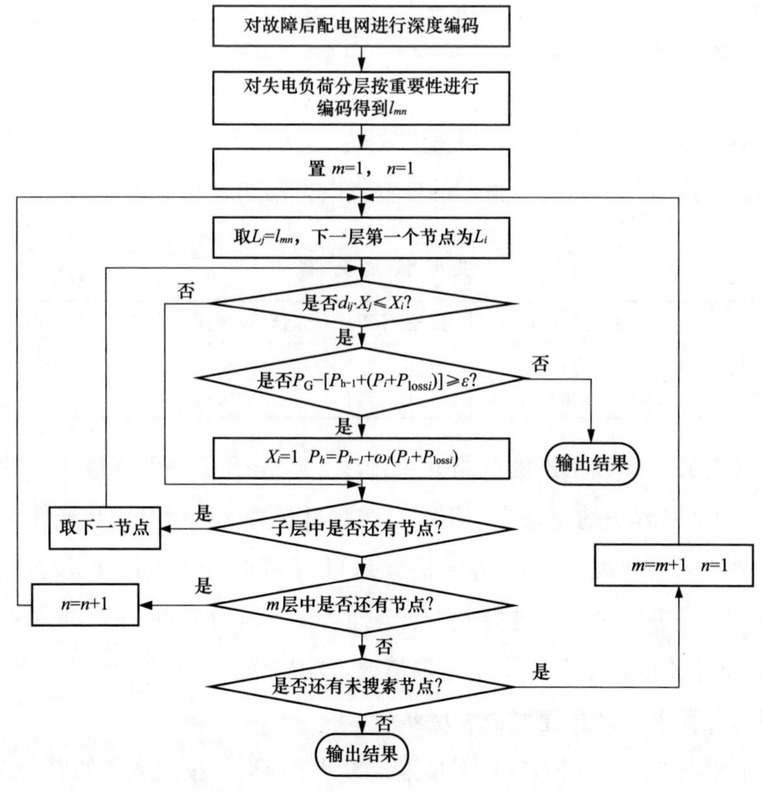

图 9-12　DG 最大供电范围搜索流程图

9.5.4 算例分析

本节采用两个算例仿真分析中压配电网的供电恢复问题，第一个算例采用IEEE 69节点单馈线系统，第二个算例采用台湾86节点多馈线系统。

［**例9-4**］ IEEE 69节点系统是一个额定电压为12.66kV的配电网络，有69个节点、74条支路、5个联络开关，总有功负荷为3802.2kW，假设在节点22处接入分布式电源，如图9-13所示。

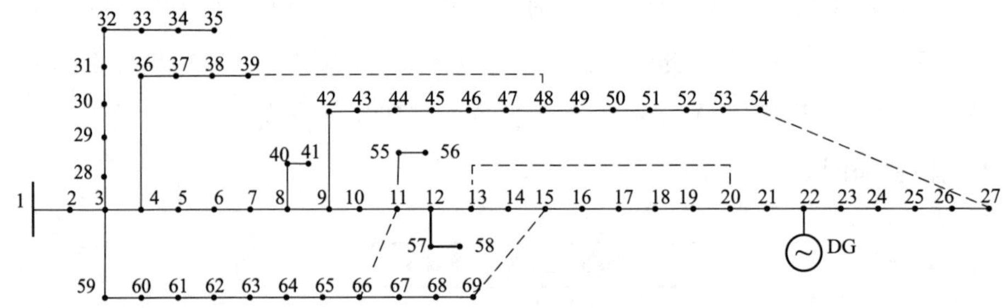

图9-13 69节点配电系统

（1）假设系统在节点5和6间发生故障，造成下游节点大面积停电，利用启发式搜索算法进行供电恢复，得到的恢复供电方案如表9-7所示。

表9-7 **供电恢复方案**

方案	失电负荷	需动作开关	损耗（kW）	最低节点电压（标幺值）	计算时间（s）
1	0	39-48	324.2731	0.8477	0.6636
2	0	39-48、11-66、47-48	140.8075	0.9264	

对直接与失电区域相连的联络开关排序，首先闭合备用容量最大的联络开关39-48，验证其容量约束条件，不存在线路过载情况，但其电压越限，需合备用容量次之的联络开关11-66，并寻找节点11和节点48之间的分段开关，根据其转移负荷大小进行排序，选择断开分段47-48（因为节点51处带了一个大负荷），进行潮流验证，不存在安全越限情况，输出结果。从结果可以看出方案2符合供电恢复要求，计算速度也满足要求。

（2）假设在节点22处有容量大小为300kW的DG，按照本节的启发式方法搜索其最大供电范围是：22、23、24、25、26、27、21、20、19，所以需断开分段开关18-19，然后利用直接相连的联络开关恢复供电，恢复策略如表9-8所示。

表 9-8　　供电恢复方案

方案	失电负荷	需动作开关	损耗（kW）	最低节点电压（标幺值）	计算时间（s）
1	0	18-19 39-48	254.5194	0.8722	0.617
2	0	18-19 39-48 11-66 47-48	129.6224	0.9264	

（3）假设在节点 22 处有容量大小为 600kW 的 DG，按照本节的启发式方法搜索其最大供电范围是：22、23、24、25、26、27、21、20、19、18、17、16、15、14、13，所以需断开分段开关 12-13，然后利用直接相连的联络开关恢复供电，恢复策略如表 9-9 所示。

表 9-9　　供电恢复方案

方案	失电负荷	需动作开关	损耗（kW）	最低节点电压（标幺值）	计算时间（s）
1	0	12-13 39-48	220.6790	0.8919	0.622
2	0	12-13 39-48 11-66 47-48	123.4048	0.9264	

［例 9-5］　台湾 86 节点配电系统是一个额定电压为 12.66kV 的配电网络，有 86 个节点、11 条馈线、12 个联络开关，总有功负荷为 28350kW，总无功负荷为 20700kvar，假设在节点 38 处接入分布式电源，如图 9-14 所示。

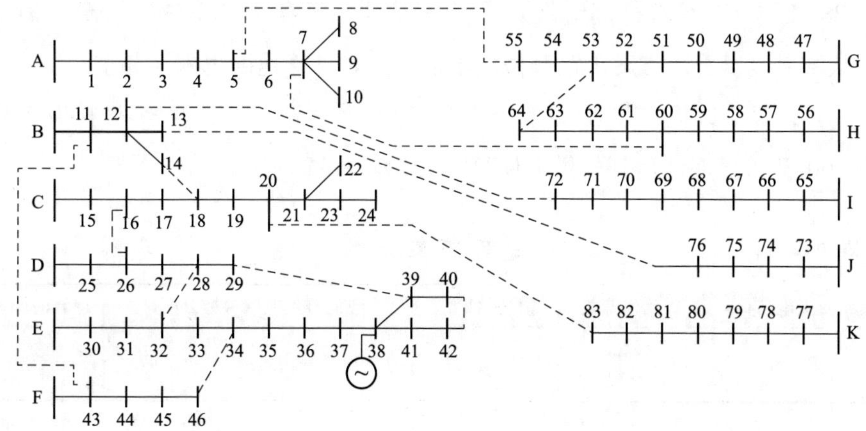

图 9-14　台湾 86 节点配电系统

（1）假设系统在节点30和节点31间发生故障，造成下游节点积停电，得到的恢复方案如表9-10所示。

表9-10　　供电恢复方案

方案	失电负荷	需动作开关	损耗（kW）	最低节点电压（标幺值）	计算时间（s）
1	0	28-32	671.5434	0.9234	0.5845

对与失电区域直接相连的联络开关排序，首先闭合备用容量最大的联络开关28-32，验证其容量约束条件，不存在线路过载和电压越限情况，输出结果。从结果可以看出，方案1符合供电恢复要求，计算速度也满足要求。

（2）假设系统仍在节点30和节点31间发生故障，在节点38处接有容量大小为500kW的DG，得到的供电恢复方案如表9-11所示。

表9-11　　供电恢复方案

方案	失电负荷	需动作开关	损耗（kW）	最低节点电压（标幺值）	计算时间（s）
1	0	36-37 28-32	583.4317	0.9241	0.5995s

首先由DG所在节点38节点出发，根据容量约束寻找到DG的最大供电范围：38、37、41、39、40、42，将其形成孤岛，需断开分段开关36-37，由于其未能恢复所有失电负荷，再利用联络开关进行供电恢复，合上备用容量最大的开关28-32，对方案进行潮流计算校验安全性，不存在安全越限情况，输出结果。从结果可以看出方案1符合供电恢复要求，计算速度也满足要求。

（3）假设系统仍在节点30和节点31间发生故障，在节点38处接有容量大小为700kW的DG，得到的供电恢复方案如表9-12所示。

表9-12　　供电恢复方案

方案	失电负荷	需动作开关	损耗（kW）	最低节点电压（标幺值）	计算时间（s）
1	0	34-35 28-32	577.7577	0.9241	0.5931s

首先由DG的容量寻找到DG的最大供电范围：38、37、41、39、40、42、

36、35，将其形成孤岛，需断开开关34-35，由于其未能恢复所有失电负荷，再利用联络开关进行供电恢复，合上备用容量最大的开关28-32，对方案进行潮流计算校验安全性，不存在安全越限情况，输出结果。从结果可以看出，方案1符合供电恢复要求，计算速度也满足要求。

(4) 假设系统仍在节点30和节点31间发生故障，在节点38处接有容量大小为1000kW的DG，得到的供电恢复方案如表9-13所示。

表9-13　　供电恢复方案

方案	失电负荷	需动作开关	损耗（kW）	最低节点电压（标幺值）	计算时间（s）
1	0	34-35 28-32	577.7577	0.9241	0.5928s

首先由DG的容量寻找到DG的最大供电范围：38 37 41 39 40 42 36 35，将其形成孤岛，需断开开关34-35，由于其未能恢复所有失电负荷，再利用联络开关进行供电恢复，合上备用容量最大的开关28-32，对方案进行潮流计算校验安全性，不存在安全越限情况，输出结果。从结果可以看出，方案1符合供电恢复要求，计算速度也满足要求。

9.6 本章小结

本章首先针对高压配电网结构复杂的特点，介绍了利用高压配电网保护关系模型、保护和元件的关联矩阵进行故障定位的方法，针对中压配电网介绍了分布式电源接入的故障定位策略；然后在明确智能配电网紧急控制与恢复控制、故障定位与供电恢复的关系基础上，针对高压配电网和中压配电网的不同特点，分别对其建立了恢复控制模型和恢复控制策略。可以得出以下几点结论：

(1) 对于分布式电源接入的中压配电网故障定位策略，可将重合闸与分布式电源脱网特性相配合，排除分布式电源的影响，然后根据短路电流依靠传统故障定位规则进行正确的故障定位，还可以根据故障功率方向进行故障定位。

(2) 高压配电网可将故障定位到元件，由于其结构复杂，需要基于保护关系模型、保护与元件的关联矩阵来对故障进行定位，此模型还能够正确处理多重故障的情况。

(3) 由于在紧急或恢复状态下都需要快速处理，因此往往对多个目标进行分层，优先解决重要的目标，不能兼顾次要目标时可以忽略。

(4) 考虑高压配电网及其供电恢复问题的特点，采用基于智能体群体系统架构的供电恢复策略，不仅适用于局部故障引起的局部区域停电，也适用于由智能配电网的主要电源或变电站故障引起大面积停电时的情况。

(5) 对于中压配电网，采用启发式搜索方法形成供电恢复策略。基于深度编码技术的启发式搜索方法将专家知识和经验转化为相应的处理规则，可大大减少供电恢复问题的搜索空间，提高算法效率，减少停电时间，并且可以满足一定的经济性，尤其适用于大规模失电的情况。

(6) 对于含分布式电源的中压配电网，需要对传统的启发式供电恢复策略进行修正，提出以分布式电源为搜索源节点的启发式供电恢复方法，确定其合理的孤岛范围，实现DG并网模式和孤岛模式的无缝转换，从而大大提高分布式电源的利用率，改善供电可靠性。

10 智能配电网孤岛控制

10.1 本 章 概 述

智能配电网自愈控制的首要目标是提高供电可靠性，在经历紧急控制和恢复控制之后，由于条件限制，不能保证所有负荷都能得到及时供电，因此，必要时可通过分布式电源孤立为某些负荷供电，等到条件满足时再并入大电网，恢复到正常的运行方式。在 IEEE 1547—2003《分布式电源接入电力系统标准》中也明确指出了包含分布式电源的电网与公共电网分离后，分布式电源仍继续向其所在的独立电网供电的运行模式。随着大量分布式电源的接入，配电网具备孤岛运行的能力，但在孤岛运行时对电网的安全稳定运行提出了更高的要求。

由于孤岛运行时，发电容量较小，电网规模不大，孤岛内系统惯性小，导致孤岛系统的稳定性相对较差，即使很小的波动也可能发展成为大的扰动，若控制不当会出现大面积停电事故。为保证孤岛内部的供电稳定性，如果在智能配电网自愈控制过程中出现了孤岛运行，则需要对孤岛随即采取控制措施保证电网的安全稳定运行。尤其是当孤岛内存在重要负荷，像军工、医院、金融等电力负荷，一旦失电会对居民的生命安全造成严重的威胁以及对经济甚至国家安全造成威胁，所以必须持续进行孤岛控制，直到恢复其与大电网的并网运行，回到正常的运行方式。

根据第 4 章的分析可知，由于配电网的电气距离近，功角稳定问题不突出，因此，在孤岛控制过程中可不考虑。本章以第 4 章中介绍的高压配电网的电压稳定性和频率稳定性分析方法为基础，首先对高压配电网孤岛运行时的频率、电压变化特性，以及影响频率、电压稳定性的因素进行仿真分析，然后对几种典型控制措施的控制效果进行仿真分析，为孤岛存在期间的控制提供决策依据。

10.2 高压配电网孤岛运行时的安全稳定性

本书第 1 章介绍了两种典型的高压配电网结构，混联供电模式（图 1-4）与直降供电模式（图 1-5）。为了分析不同场景下高压配电网对孤岛运行的适应能力，本章将图 1-4 从 Ln3 线处开环形成 A1 网，从 Ln2 线处开环形成 A2 网，典型的混联供电模式用 A3 网表示，将图 1-5 中 110S1 变电站和 110S3 变电站之间的联络线去掉形成 B1 网，典型的直降供电模式用 B3 网表示，并进一步调整电网结构形成 C 网和 D 网，分别是针对不同电压等级下线路参数不同但供电模式相同的电网结构图。以上所述的电网结构具体情况如图 10-1 所示，本章的仿真分析以这些网络为基础进行。

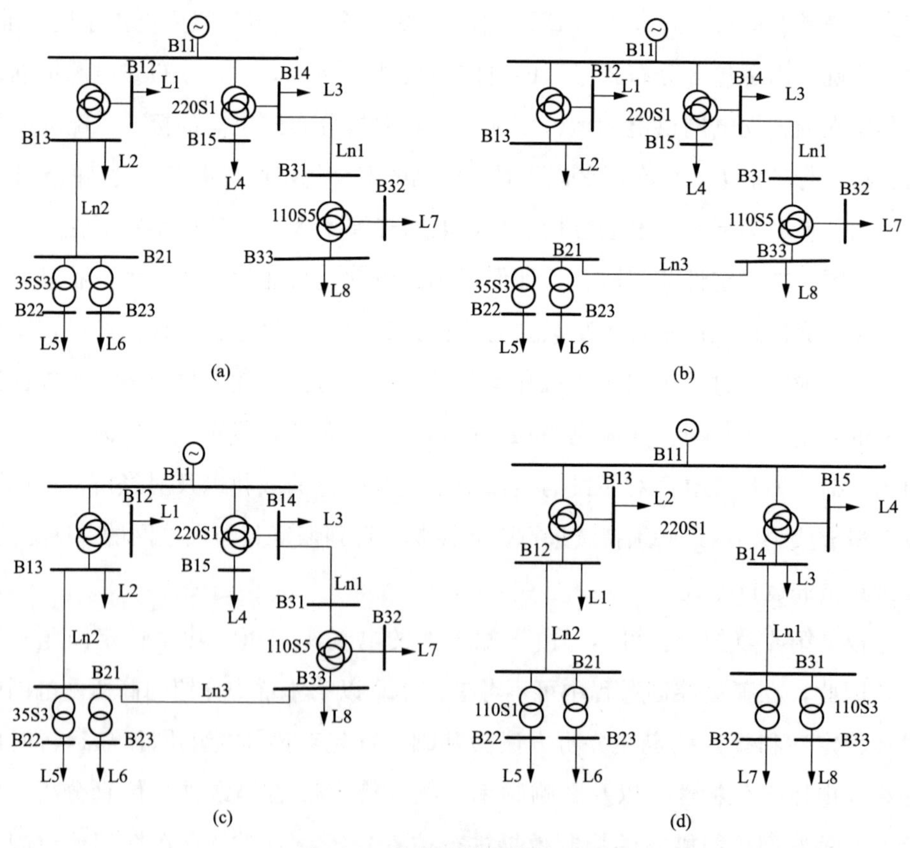

图 10-1 仿真算例接线图（一）

(a) A1 网接线图；(b) A2 网接线图；(c) A3 网接线图；(d) B1 网接线图

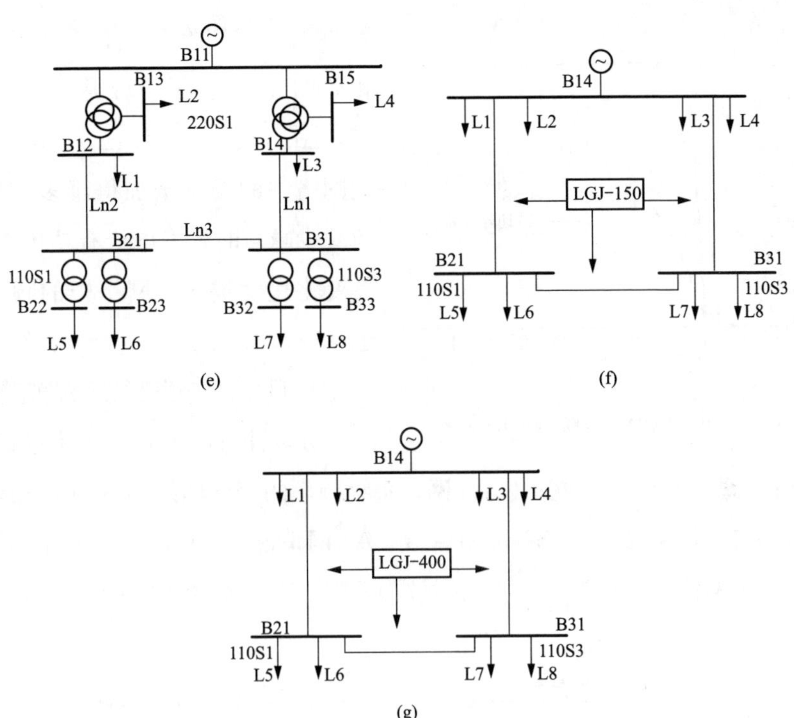

图 10-1 仿真算例接线图（二）

(e) B3 网接线图；(f) C 网接线图；(g) D 网接线图

10.2.1 频率特性仿真分析

在本书的第 4 章中，仿真分析了高压配电网的孤岛运行情况下，同步类型分布式电源和异步类型分布式电源、增负荷、备用容量这几种运行条件的变化对频率的影响，由仿真结果可知，高压配电网孤岛运行时有可能失去频率稳定，为了保证孤岛期间的安全稳定运行，首先需要找出影响频率变化的主要因素。鉴于此，本节从 DG 特性、负荷性质及其分布情况、网架结构以及备用容量等方面进行对比分析，未作说明时都是针对 A1 网进行的仿真结果。

关于不同类型 DG、增负荷和备用容量的影响在 4.5.2 节给出了具体的仿真结果，本节以同样的算例数据为基础，补充仿真负荷减少、网架结构、环网结构等几种因素改变情况下孤岛的频率特性。

1. 负荷减少对孤岛频率特性的影响

假定在 10s 时将负荷 L7 减少不同的功率分别进行仿真：①切除 10%；②切

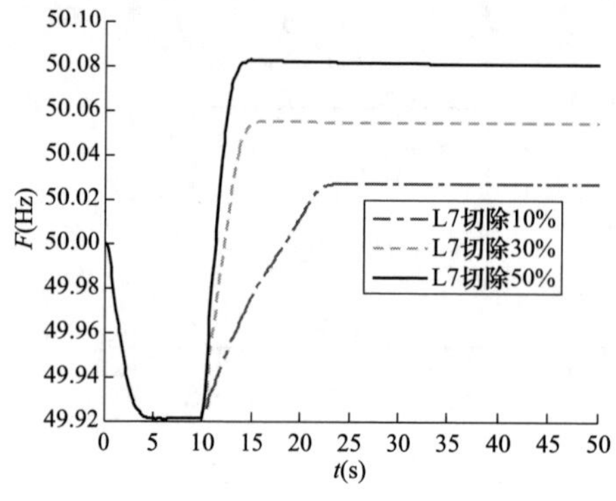

图 10-2 负荷减少时系统频率的变化

除 30%；③切除 50%，系统频率的变化如图 10-2 所示。可见，L7 减少越多，ΔP_2 减小越多，ΔP_{12} 减小越多，则网络中的频率增加得越多，且当负荷减少越多时，发电机有功出力越小，其变化速度越快，网络中的频率变化也越快。

2. 网架结构对孤岛频率稳定的影响

分别针对以下几种结构进行仿真：①A1 网；②B1 网；③A2 网；④A3 网，系统频率的变化曲线如图 10-3 所示。可以看出，大容量 DG 的出力减小 $\Delta P_{G1,A2}$（A2 网情况）$>\Delta P_{G1,A1}$（A1 网情况）$>\Delta P_{G1,A3}$（A3 网情况）$>\Delta P_{G1,B1}$（B1 网情况），则 ΔP_1（大容量 DG 所在区域功率缺额）的增加量 $\Delta P_{1,A2}<\Delta P_{1,A1}<\Delta P_{1,A3}<\Delta P_{1,B1}$，$\Delta P_{12}$ 的减少量 $\Delta P_{12,A2}<\Delta P_{12,A1}<\Delta P_{12,A3}<\Delta P_{12,B1}$，$\Delta f$ 的增大量 $\Delta f_{A2}>\Delta f_{A1}>\Delta f_{A3}>\Delta f_{B1}$，并且过渡过程中出现的最大值也具有同样的规律，B1 网的频率值最大。

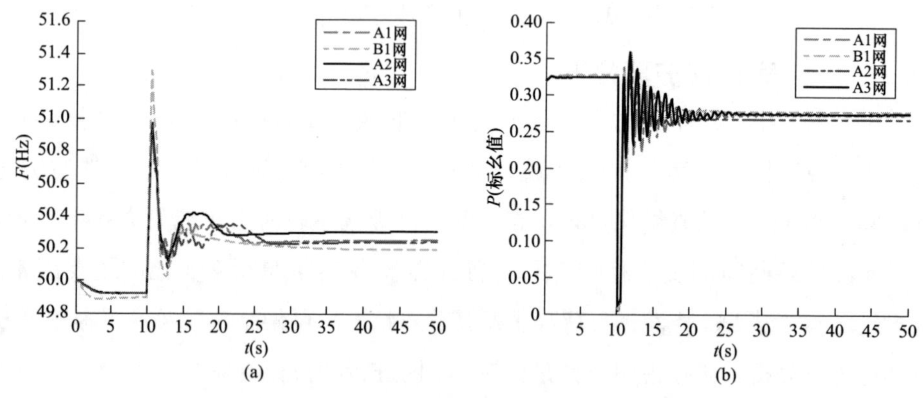

图 10-3 网架结构不同时频率和 DG 出力的变化情况

（a）频率的变化情况；（b）DG 出力的变化情况

3. 环网运行时网架结构对孤岛频率稳定的影响

分别针对以下几种环网结构进行仿真：①A3 网；②B3 网；③C 网；④D 网，系统频率的变化曲线如图 10-4 所示。可见，大容量 DG 出力减小，$\Delta P_{G1,A3}>$

$\Delta P_{G1,B3} > \Delta P_{G1,D} > \Delta P_{G1,C}$，则 ΔP_1 的增加量 $\Delta P_{1,A3} < \Delta P_{1,B3} < \Delta P_{1,D} < \Delta P_{1,C}$，$\Delta P_{12}$ 的减少量 $\Delta P_{12,A3} < \Delta P_{12,B3} < \Delta P_{12,D} < \Delta P_{12,C}$，$\Delta f$ 的增大量 $\Delta f_{A3} > \Delta f_{B3} > \Delta f_D > \Delta f_C$。

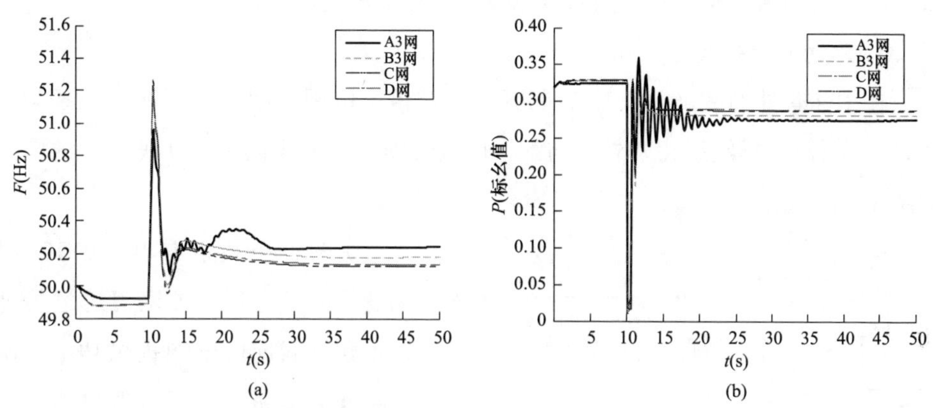

图 10-4　环网结构不同时频率和 DG 出力的变化情况

(a) 频率的变化情况；(b) DG 出力的变化情况

综合来看，孤岛内的频率特性与网络结构、负荷变化、分布式电源类型关系密切，网络的电气联系越弱，频率的变化越大，如长线路结构的 A2 网、环网结构中的多电压等级 A3 网中频率变化最大。无论负荷增加还是减少，对频率都有较大的影响，因此孤岛运行期间需要跟随负荷的变化进行相应的控制，如果孤岛内含有多台同步类型的发电机更加需要优化控制策略。无论是何种因素，孤岛内的备用容量是关键，如果备用容量充足则容易保证频率的稳定性。

10.2.2　电压特性仿真分析

在本书的第 4 章中，仿真分析了高压配电网孤岛运行情况下，故障持续时间、增负荷、备用容量这几种运行条件的变化对电压的影响，由仿真结果可知，高压配电网孤岛运行时电压的稳定性较差。因此，本节从扰动因素、孤岛形成过程、负荷构成、网架结构和参数、备用容量等方面进行对比分析，以找出影响电压变化的主要因素，为保证孤岛期间的安全稳定运行提供依据，未作说明时都是针对 A1 网进行的仿真结果。

关于故障持续时间、增负荷和备用容量的影响在 4.3.3 节给出了具体的仿真结果，本节以同样的算例数据为基础，即在 35S3 变电站 35kV 母线和 110S5

变电站 110kV 母线分别接有容量为 12.5MVA 和 47MVA 的同步汽轮发电机，出力均恒为 10MW，补充仿真孤岛形成过程、负荷构成、负荷变化、故障位置、线路参数及网架结构等几种因素改变情况下孤岛的电压特性。

1. 外网故障到孤岛形成

在 10s 时外网故障，0.1s 后断开外网与该配电网之间故障所在的一条联络线，12s 时故障继续恶化，外网与配电网全部断开，形成孤岛，母线 B22 的电压如图 10-5 所示。

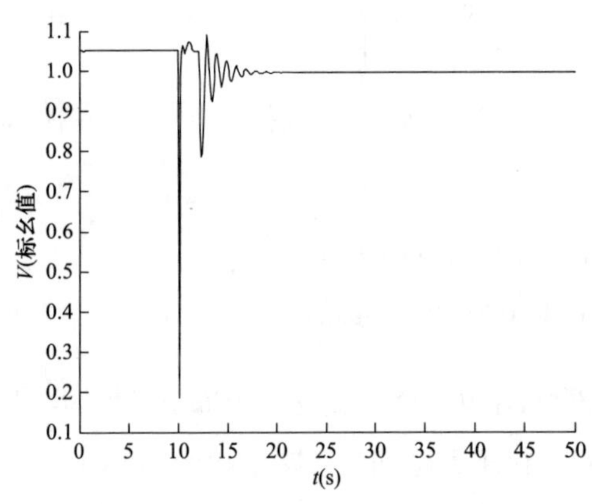

图 10-5 形成孤岛过程中母线 B22 电压的变化情况

由图 10-5 可以看出，在 10s 时刻发生故障之后，外网可通过另外一条联络线向配电网提供功率，所以断开故障所在的联络线之后，配电网的电压能够恢复稳定。但是当外网等效电源全部退出，配电网孤岛运行时，负荷完全由两台 DG 来提供功率，网络中的潮流发生很大的变化，母线电压出现波动，不过由于两台 DG 足够供应配电网中的所有负荷，所以最终电压稳定在了另外一个运行点。两台 DG 的有功和无功变化如图 10-6 所示。

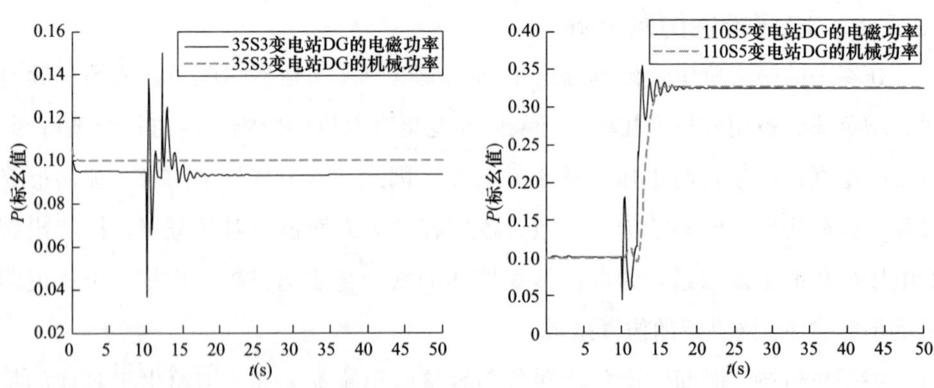

图 10-6 孤岛形成过程中 DG 有功和无功的变化情况（一）

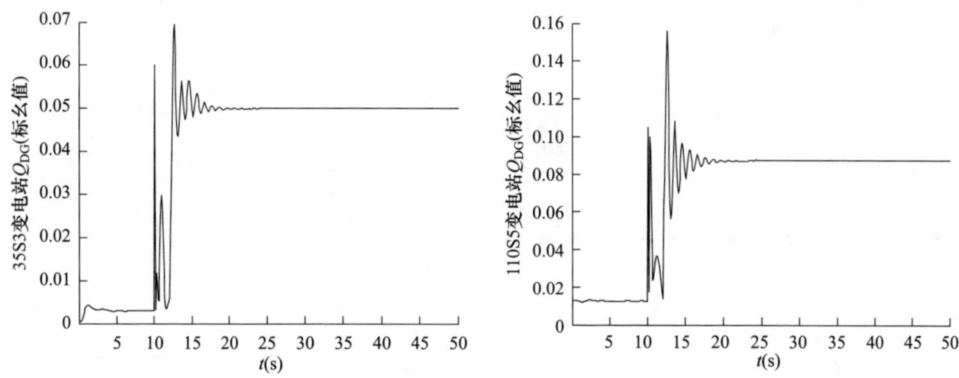

图 10-6　孤岛形成过程中 DG 有功和无功的变化情况（二）

2. 孤岛运行期间

根据上述的分析，高压配电网形成孤岛运行状态后，全网负荷由 35S3 变电站 DG（容量为 12.5MVA，设为 *PV* 节点，出力恒为 10MW）和 110S5 变电站 DG（容量为 47MVA，设为平衡节点）提供功率，负荷没有变化，系统的备用容量为 12.6%，在 10s 时母线 B14 发生三相短路接地故障，持续 0.5s 后恢复，仍然以母线 B22 作为观测点，仿真结果如后所示。

（1）负荷构成对孤岛运行情况下电压特性的影响。

改变负荷的构成比例，分别在比例 1、比例 2、比例 3 的情况下进行仿真，具体的负荷比例构成见附录Ⅰ，母线 B22 电压的变化如图 10-7 所示。可以看出，动态负荷所占比重越大，越不利于母线 B22 电压的恢复，与非孤岛时的规律相似。

（2）负荷减少对孤岛运行情况下电压特性的影响。

假定 10s 时负荷 L7 减少，分别考虑切除以下比例：10%；30%；50%，母线 B22 电压的变化如图 10-8 所示。可以看出，负荷切除越多，母线电压提升越多（1.037、1.045、1.053），因此，必要时可将切负荷作为改善电压特性的有效控制措施。

（3）故障位置对孤岛运行情况下电压特性的影响。

假设在不同母线上发生故障进行仿真分析，包括以下几种故障位置：B14；B13；B31，母线 B22 电压的变化如图 10-9 所示。可以看出，由于是两端供电，且配电网内部的电气距离不大，所以各种情况下母线电压标幺值最后的幅值相差不大（分别为 0.757、0.757、0.770）。

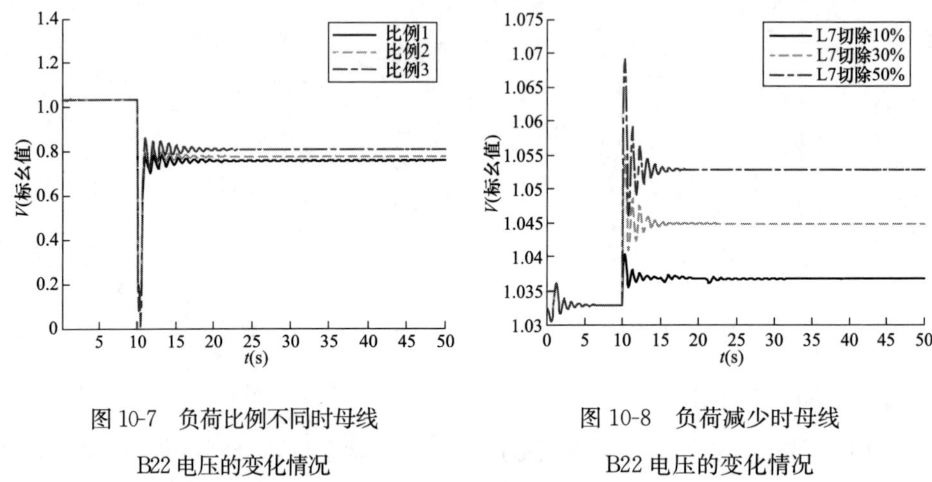

图 10-7　负荷比例不同时母线 B22 电压的变化情况

图 10-8　负荷减少时母线 B22 电压的变化情况

（4）线路长度对孤岛运行情况下电压稳定的影响。

分别考虑以下几种线路参数进行仿真：①Ln2 线长 13.388km；②Ln2 线长 23.388km；③Ln2 线长 33.388km，母线 B22 电压的变化如图 10-10 所示。结合第 4 章的仿真可以知，变化规律跟与大电网相连的情况一致，只是在孤岛情况下需要较长时间才能达到稳定值，且过渡过程中波动较大，但是参数的变化引起的电压值的变化不大。

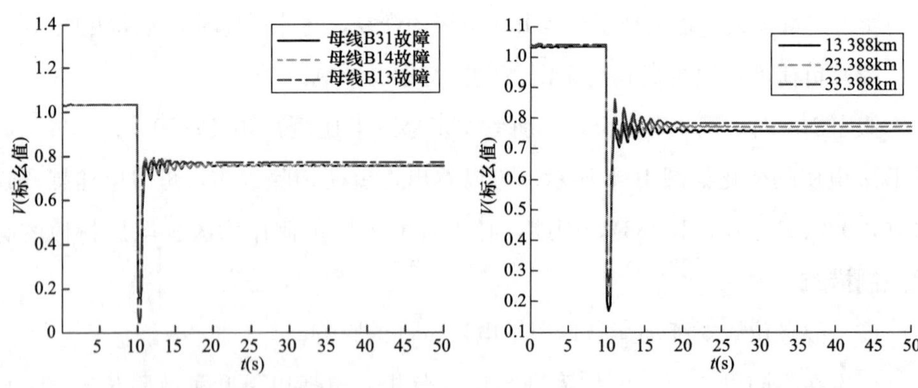

图 10-9　孤岛情况下故障位置不同时母线 B22 电压的变化情况

图 10-10　孤岛情况下 Ln2 线长度变化时母线 B22 电压的变化情况

（5）网架结构对孤岛运行情况下电压稳定的影响。

分别针对以下几种结构进行仿真：①A1 网；②B1 网；③A2 网；④A3 网，母线 B22 电压的变化如图 10-11 所示。对比与大电网相连时的运行情况，可以发现，A2 网中母线电压被抬高了，这是因为孤岛运行情况下 A2 网中母线 B22 与大容量 DG 的电气距离较其他网络变近了。

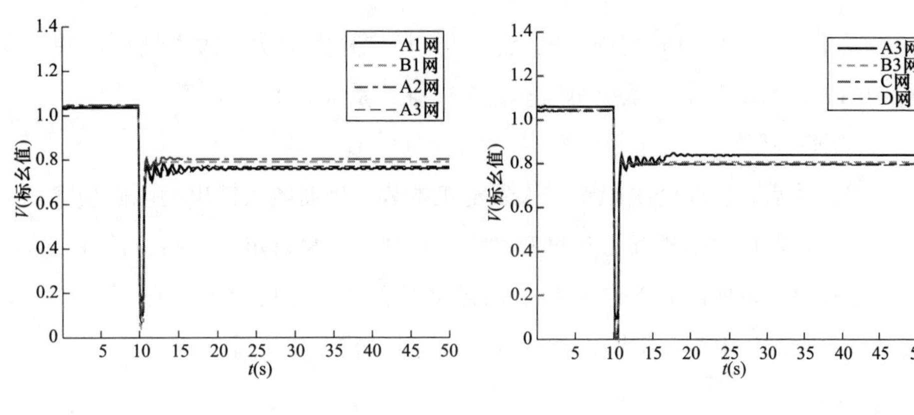

图 10-11　孤岛情况下网络结构不同时母线 B22 电压的变化情况

图 10-12　孤岛情况下环网网架不同时母线 B21 电压的变化情况

（6）环网运行时各网架结构对孤岛运行情况下电压稳定的影响。

分别考虑以下几种环网结构进行仿真：①A3 网；②B3 网；③C 网；④D 网，母线 B21 电压的变化如图 10-12 所示。因为 A3 网中两 DG 提供给母线 B21 的功率较 B3、C、D 网大，所以其电压比 B3、C、D 网高。

将上面的仿真结合第 4 章的结果可以看出，高压配电网中含有 DG 之后，形成了两端供电的结构，网络中的潮流发生了变化，网络结构和故障位置等因素对电压特性的影响也发生变化。

10.3　高压配电网孤岛运行期间的安全稳定控制分析

由前一节的分析可知，影响孤岛运行频率和电压特性的因素有很多，其中负荷的构成、孤岛系统中电源备用容量的大小、分布式电源特性以及网架结构的不同对孤岛的正常运行都有较大影响。所以，当孤岛电网中含有不利于稳定的风力发电机，动态负荷比例大，且处在大负荷工况时，如果没有及时消除故障，会存在安全性问题，以及严重的稳定问题。对此，本节对一些控制措施进行仿真分析。

10.3.1　控制措施分析

1. 发电机调节

在发生故障的很短时间内，网络需要的有功和无功功率大大增加，要求发电机中的调速系统和励磁系统迅速动作，以维持系统的正常运行。

（1）励磁调节。

故障发生后，快速励磁能够增大发电机电势，从而增大输出的电磁功率，增大减速面积，防止发电机摇摆角过渡增大，有利于功角稳定的提高，且可尽量维持各母线的电压，加速电压的恢复，从而改善系统中电动机的运行条件。DG 一般都是中小容量的发电机，常用直流他励系统，其结构框图如图 10-13 所示。

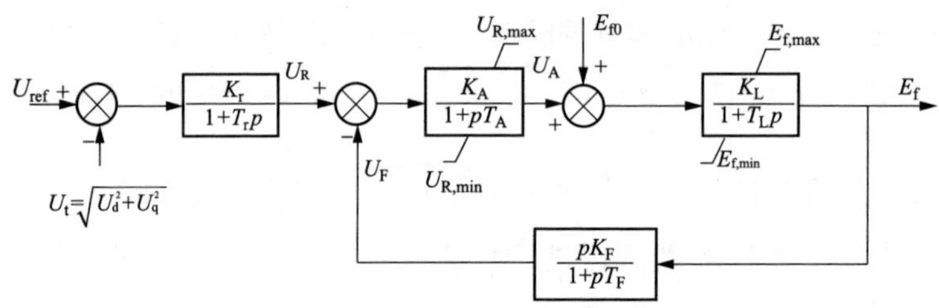

图 10-13　发电机励磁调节系统的结构框图

对应的微分方程为

$$\begin{cases} pU_R = \dfrac{1}{T_r}[K_r(U_{ref}-U_t)-U_R] \\ pU_A = \dfrac{1}{T_A}[-U_A+K_A(U_R-U_F)] \\ T_F pU_F - K_F pE_f = -U_F \\ pE_f = \dfrac{1}{T_L}[K_L(U_A+E_{f0})-E_f] \end{cases} \tag{10-1}$$

式中，U_t、U_R、U_A、U_F、E_f、U_{ref}分别为发电机端电压、电压偏差、电压调节

器输出电压、励磁负反馈电压、发电机励磁电动势、参考电压（标幺值）；K_r 为测量环节放大倍数；T_r 为测量环节时间常数（s）；K_A 为惯性放大环节放大倍数；T_A 为惯性放大环节时间常数（s）；K_F 为励磁负反馈环节放大倍数；T_F 为励磁负反馈环节时间常数（s）；$K_L=1-\frac{\beta}{R_g+R_C+R_B}$ 为自并励系数；R_g 为励磁回路附加电阻（标幺值）；R_C 为励磁调节电阻（标幺值）；R_B 为自并励绕组电阻（标幺值）；β 为气隙线斜率；$T_L=T_y+T_B$ 为励磁机时间常数（s）。因为直流励磁系统的时间常数较大，响应时间慢，所以故障发生后可通过对 DG 进行快速励磁来提高系统的稳定性。

（2）原动机调速器调节。

为了控制原动机向发电机输出的机械功率，并保持系统的正常运行频率，以及各并列运行的发电机之间合理分配负荷，每一台原动机都配置了调速器。通过改变调速器的参数及给定值可以得到所要求的发电机功率—频率调节特性。采用计及高压蒸汽、中间再热蒸汽和低压蒸汽容积效应的三阶模型，传递函数框图如图 10-14 所示，当系统频率超出正常运行范围时，可通过调节调速器来调整发电机的机械功率，从而使频率得到恢复。

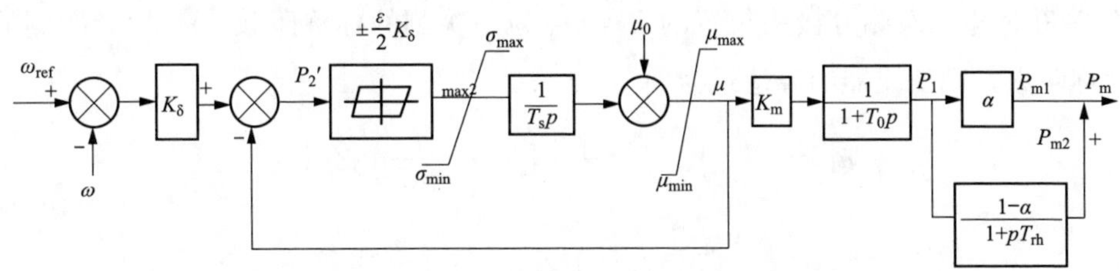

图 10-14　发电机调速系统的结构框图

假设原动机运行在 $P_2'=P_2+\frac{\varepsilon}{2}$ 状态，则调速器的微分方程为

$$\begin{cases} p\mu = \frac{1}{T_s}\left[(\omega_{ref}-\omega)K_\delta-\mu+\frac{\varepsilon}{2}\right] \\ pP_1 = \frac{1}{T_0}(K_m\mu-P_1) \\ pT_{rh}(P_m-\alpha P_1) = P_1-P_m \end{cases} \tag{10-2}$$

式中，K_{δ} 为测量环节放大倍数，硬负反馈放大倍数为 1，软负荷反馈放大倍数为 0；σ_{max} 和 σ_{min} 分别为配压阀行程上限和下限；μ 为汽门开度，μ_{max} 和 μ_{min} 分别为汽门开度上限和下限；ε 为调速器死区（标幺值）；T_s 为液压调速器时间常数（s）；α 为汽轮机过热系数；T_0 为汽轮机高压蒸汽容积效应时间常数（s）；T_{rh} 为汽轮机中间再热蒸汽容积效应时间常数（s）；K_m 为发电机额定功率与系统基准容量之比；P_1 为汽轮机高压缸输出功率（标幺值）；P_m 为汽轮机输出机械功率（标幺值）。

2. 变压器分接头调节

变压器的一个或更多绕组中有分接头用以改变匝比，通过改变变压器的匝比可补偿系统电压的变化。双绕组变压器的等效电路图如图 10-15 所示。

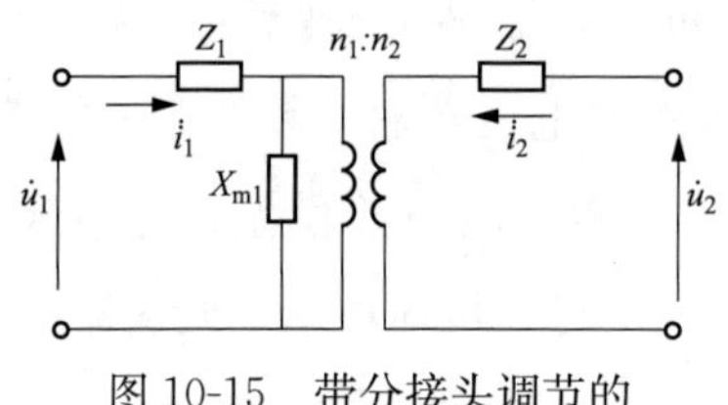

图 10-15 带分接头调节的变压器等效电路图

励磁电抗 X_{m1} 非常大，通常忽略，则

$$\begin{aligned}\dot{u}_1 &= Z_1\dot{i}_1 + \frac{n_1}{n_2}(\dot{u}_2 - Z_2\dot{i}_2)\\ \dot{u}_2 &= \frac{n_2}{n_1}(\dot{u}_1 - Z_1\dot{i}_1) + Z_2\dot{i}_2\end{aligned} \tag{10-3}$$

令 Z_{10} 为在标称一次侧分接头位置的 Z_1，Z_{20} 为在标称二次侧分接头位置的 Z_2，n_{10} 为一次侧的标称匝数，n_{20} 为二次侧的标称匝数，则变压器的表达式为

$$\begin{aligned}\dot{u}_1 &= \left(\frac{n_1}{n_{10}}\right)^2 Z_{10}\dot{i}_1 + \frac{n_1}{n_2}\left[\dot{u}_2 - \left(\frac{n_2}{n_{20}}\right)^2 Z_{20}\dot{i}_2\right]\\ \dot{u}_2 &= \frac{n_2}{n_1}\left[\dot{u}_1 - \left(\frac{n_1}{n_{10}}\right)^2 Z_{10}\dot{i}_1\right] + \left(\frac{n_2}{n_{20}}\right)^2 Z_{20}\dot{i}_2\end{aligned} \tag{10-4}$$

与基准电压有关的标称匝数为

$$\frac{n_{10}}{n_{20}} = \frac{u_{1b}}{u_{2b}} \tag{10-5}$$

式中，$u_{1b}=Z_{1b}i_{1b}$，$u_{2b}=Z_{2b}i_{2b}$。则变压器方程的标幺值形式为

$$\begin{aligned}\bar{u}_1 &= \bar{n}_1^2\bar{Z}_{10}\bar{i}_1 + \frac{\bar{n}_1}{\bar{n}_2}[\bar{u}_2 - \bar{n}_2^2\bar{Z}_{20}\bar{i}_2]\\ \bar{u}_2 &= \frac{\bar{n}_2}{\bar{n}_1}[\bar{u}_1 - \bar{n}_1^2\bar{Z}_{10}\bar{i}_1] + \bar{n}_2^2\bar{Z}_{20}\bar{i}_2\end{aligned} \tag{10-6}$$

式中，$\bar{u}_1$、$\bar{u}_2$、$\bar{i}_1$、$\bar{i}_2$ 分别为一、二次侧电压、电流相量的标幺值，且有

$$\bar{n}_1 = \frac{n_1}{n_{10}}$$
$$\bar{n}_2 = \frac{n_2}{n_{20}} \tag{10-7}$$

当调节变压器分接头的位置时，Z_{10} 或 Z_{20} 变化，则 n_{10} 或 n_{20} 变化，$\bar{n}_1$ 或 $\bar{n}_2$ 变化，变压器端电压变化，从而起到调节系统中母线电压的作用。

3. 并联 SVC 调节

多数电网元件和负荷都需要吸收无功以产生这些设备维持正常工作所需要的交变磁场。如果这些无功功率不能及时得到补偿，系统的安全运行将会受到威胁。无功补偿能够稳定受电端及电网的电压，提高供电质量，避免系统电压崩溃和稳定破坏事故，提高运行安全性。

SVC 中晶闸管投切电容器（thyristor switched capacitor，TSC）具有快速响应、可频繁动作以及分相补偿等优点，可有效地抑制负荷所引起的电压波动，是低压动态补偿的首选方式。TSC 的原理结构图如图 10-16 所示，它由固定电容器、双向导通晶闸管（或反向并联晶闸管）和阻抗值很小的限流电抗器组成。

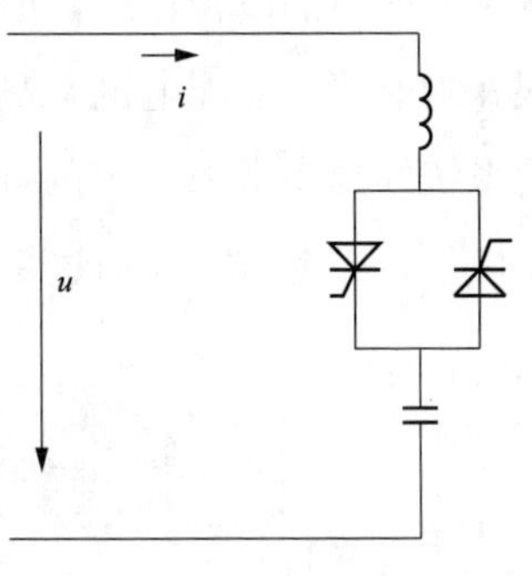

图 10-16　TSC 等值电路图

TSC 有两个工作状态，即投入和断开状态。投入状态下，双向晶闸管（或反向并联晶闸管）之一导通，电容器（组）起作用，TSC 输出容性无功功率；断开状态下，双向晶闸管（或反向并联晶闸管）均阻断，TSC 支路不起作用，不输出无功功率。TSC 的最大响应时间为一个周波，且由于电容器只能在一个周期中的特定时刻投入，因此，TSC 支路只能提供或为零（断开时）或者为最大容性（投入时）的电流。当其投入时，支路的容性电流与两端的电压成正比。实际应用时，可将多组 TSC 并联使用，根据容量需要，逐个投入，从而获得近似连续的容抗。

4. 切负荷

网络中的稳定问题很多情况下是由于功率的不平衡所致。故障发生后，负荷端

的电压急剧下降，负荷中的电动机转子滑差急剧上升，需要吸收大量的无功。当这一需求得不到满足时，便会出现稳定性问题，因此，这种情况下切除部分负荷可以减少对无功功率的需求，从而避免系统失稳。这是最后采取的主动控制措施。

10.3.2 控制效果仿真分析

针对 A1 网进行仿真，各变压器的变比都为 1，在 10s 时 Ln1 线发生三相短路接地故障，持续 0.5s 后恢复。针对提高孤岛运行稳定性的不同控制措施进行仿真：①未加补偿（所有变压器变比都为 1）；②提高变压器变比（风力发电系统以 1∶1.1 接入，220S1 变电站 1 号变压器的变比为 1.023∶1.027∶1，220S1 变电站 2 号变压器的变比为 1.023∶1∶1.028，35S3 变电站的变压器变比为 1∶1.03，110S5 变电站的变压器变比为 1∶10.4∶1.02）；③10s 时以②为基础在风力发电系统出口处并联 SVC；④10s 时在③的基础上切除 L5 中 20%的负荷，10.8s 时接着切除 L6 中 5.65%的负荷，13s 时再切除 L7 中 4.35%的负荷。仿真所得系统的频率和电压变化情况如图 10-17 所示，可以看出，相对于仅靠发电机调节来说，变压器分接头调节由于改变了系统参数，在紧急情况下对系统频率有明显的改善作用，但是对电压稳定性的改善能力有限，并联 SVC 则可以很好地改善智能配电网孤岛运行时的电压稳定性，但是同时因为 SVC 的并入，给系统的频率带来一定的冲击，不利于频率的稳定性，为了保证重要负荷的电压恢复，必要时需要通过切除负荷来达到系统电压的提高。

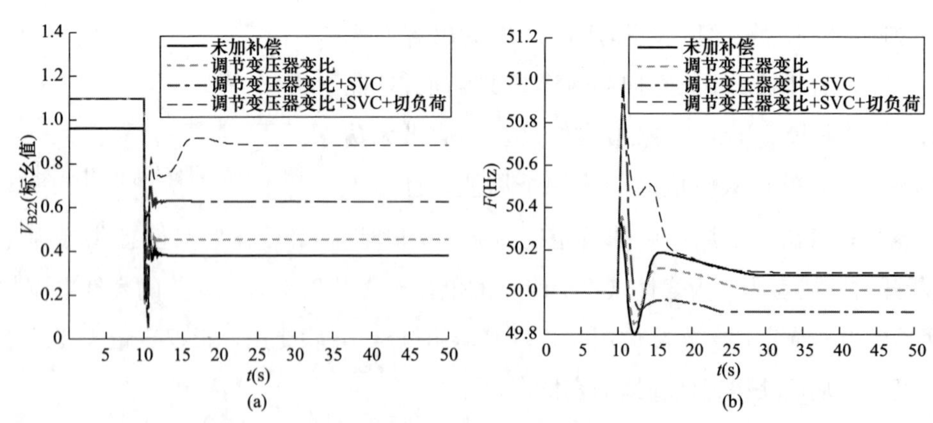

图 10-17 采取控制措施之后的动态特性

(a) 母线 B22 电压的变化；(b) 频率的变化

10.4 本 章 小 结

紧急情况下分布式电源以孤岛形式为负荷继续供电是提高供电可靠性的重要手段，但前提条件是保证孤岛的安全可靠运行。对此，本章介绍了影响孤岛运行时系统频率与电压的相关因素，并针对几种控制措施分析控制效果，可以得到以下结论：

(1) 为了保证智能配电网孤岛运行期间的安全稳定性，必须留有充足的备用容量，当备用容量不足时，很容易失去稳定。

(2) 孤岛内的频率特性与网络结构、负荷变化、分布式电源类型关系密切，进行孤岛运行时选择网络的电气联系强的方式有利于系统的稳定性，孤岛运行期间必须紧密跟随负荷的变化进行适当的控制。

(3) 除了可调发电机外，变压器分接头调节在紧急情况下对系统频率有明显的改善作用，并联 SVC 可以很好地改善智能配电网孤岛运行时的电压稳定性。

11 典型应用分析

11.1 本 章 概 述

根据本书定义的智能配电网及其自愈控制的概念，其控制对象涵盖了所有电压等级的配电网，按目前实际电网的典型结构来看，电压等级从 220kV 变电站高压侧母线到低压用户，包括不同类型的电源、负荷，以及储能、配电网络设备等对象，涉及整个与这些对象相关的二次系统，从现场的一次设备，二次设备、装置，经过通信系统到电网调控中心和配调中心，包含了从单个设备的局部简单控制到控制中心的全局综合决策，这是一个复杂的动态系统。

为了能够达到自愈控制的预期目标，本章首先设计智能配电网自愈控制系统的整体架构，充分体现集中与分布协调、分层分布协调的思想，以智能体为控制功能的载体实现智能配电网自愈控制分层递阶结构，并根据不同层级的控制对象、结构和运行特点、控制目标和要求所具有的差异，分别设计相适应的智能体结构，并分别针对控制中心和控制场站进行系统设计和开发实现。

由于在实际配电网中已有多个信息化和自动化系统，因此，本章考虑以充分利用现有系统和遵循国际标准为原则设计智能配电网自愈控制主站系统，提出建立一体化支撑平台，并对其中的关键功能和数据模型进行分析。同时，考虑到中压配电网的复杂性和测控终端的多样化等特点，需要针对智能配电网自愈控制及运行管理要求，设计结构和功能标准化的智能配电单元，以此为基础扩展不同的智能测控终端与设备，比如邻域交互快速自愈控制设备。由于电力系统的特殊性，难以在实际运行的系统中进行试验，而智能配电网自愈控制既需要对未来的电网运行状态进行仿真分析，也需要对历史运行状态和事故进行反演，因此需要建立智能配电网自愈控制测试平台。依据本书提出的智能配电网自愈控制理论和系统设计方法开发实现了智能配电网自愈控制主站系统和关键设备，并通过南京和西安城区配电网进行实际应用和验证。

11.2 智能配电网自愈控制系统架构

11.2.1 设计原则

本书第1章中指出智能配电网自愈控制涵盖了高、中、低压配电网多个电压等级，由于目前低压配电网不具备控制条件，因此，暂时只是计及低压负荷特性，针对高压配电网和中压配电网设计自愈控制系统。尽管如此，由于智能配电网自愈控制体系包括了智能配电网的一次系统和二次系统，涵盖多个领域，规模十分庞大，涉及配电自动化、变电站自动化、调度自动化系统和保护系统等相关的监控对象及其历史、现状和趋势数据，控制决策非常复杂。

在进行智能配电网自愈控制系统设计时需要遵循以下原则：

（1）标准性。系统遵循相关国内和国际标准，操作系统采用 Unix、Linux、Windows 等平台；数据模型设计和系统接口设计遵循 IEC 61970 和 IEC 61968 标准思想；商用数据库访问遵循 ANSI-SQL 标准；人机交互界面采用 Windows、X-Windows 标准。

（2）可靠性。系统选用的软硬件产品应经过行业认证机构检测，具有可靠的质量保证；系统关键设备应冗余配置，单点故障不应引起系统功能丧失和数据丢失；系统应能隔离故障节点，故障切除不影响其他节点的正常运行，故障恢复过程快速。

（3）可用性。系统中的硬件、软件和数据信息应便于维护，有完整的检测、维护工具和诊断软件；各功能模块可灵活配置，模块的增加和修改不应影响其他模块的正常运行；人机界面友好，交互手段丰富。

（4）安全性。系统应采取严格的措施来确保各项操作的安全性，具有完善的权限管理机制，防止未授权用户非法访问系统、非法获取信息或进行非法操作，确保数据信息的安全。

（5）扩展性。系统可灵活配置，可基于现有配电自动化和调度自动化等相关系统实现，充分发挥现有系统作用，也可独立配置；系统功能可扩充，可在线增加新的软件功能模块。

(6) 先进性。系统硬件应选用符合行业应用方向的主流产品，满足配电网发展需要；系统支撑和应用软件应符合行业应用方向，满足配电网应用功能发展需求；系统构架和设计思路具有前瞻性，满足配电网技术发展的需求。

11.2.2 系统架构

本书提出的智能配电网自愈控制体系需要将现有的调度与配电自动化系统、继电保护、测量控制装置、通信网络等相关内容有序组织，形成一个有机的整体，各部分之间协调工作，才能促使智能配电网始终向着优于当前运行状态的新状态转移，并具备自愈力以保持健康运行状态。

图 11-1 所示为智能配电网自愈控制系统框架，每个部分分别对应分层递阶控制结构中的一种智能体，其中组织协调中心是系统的神经中枢，负责做出总体决策。

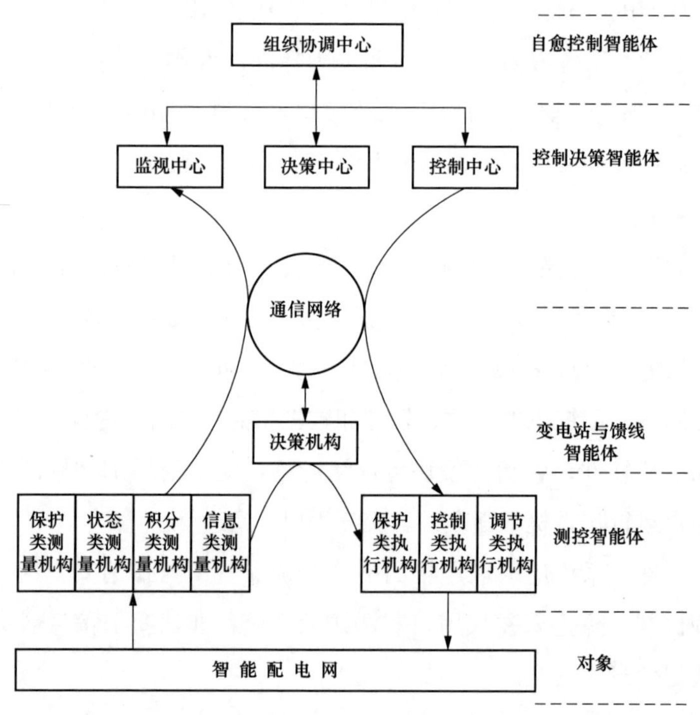

图 11-1 智能配电网自愈控制系统框架

根据图 11-1 所示的系统框架，设计如图 11-2 所示的系统硬件逻辑结构，该结构可分布在网络的不同节点上。为增强系统的实用性，采用与SCADA系统相同的硬件架构，只需要扩展相应硬件设备，主站系统也基于SCADA应用平台进行设计，提供对智能配电网运行、监视、控制、管理的一体化支撑平台，充分利用其数据采集和控制执行功能，同时也不影响原有SCADA应用的正常使用。通过更完整、更合理的配电网数据采集，构建高压配电网、中压配电网一体化统一的电网模型，并与营销系统进行信息融合，构建一致性的营配一体化信息交换模型，将电网系统所涉及的设备资源信息、空间地理信息以及在此基础上开展的规划建设信息、实时调度信息、运行维护信息、用电客户需求等数字资源进行一体化的统筹整合、分析和优化。不同系统之间通过数据总线实现数据的交互，主站系统的软件体系结构如图11-3所示。

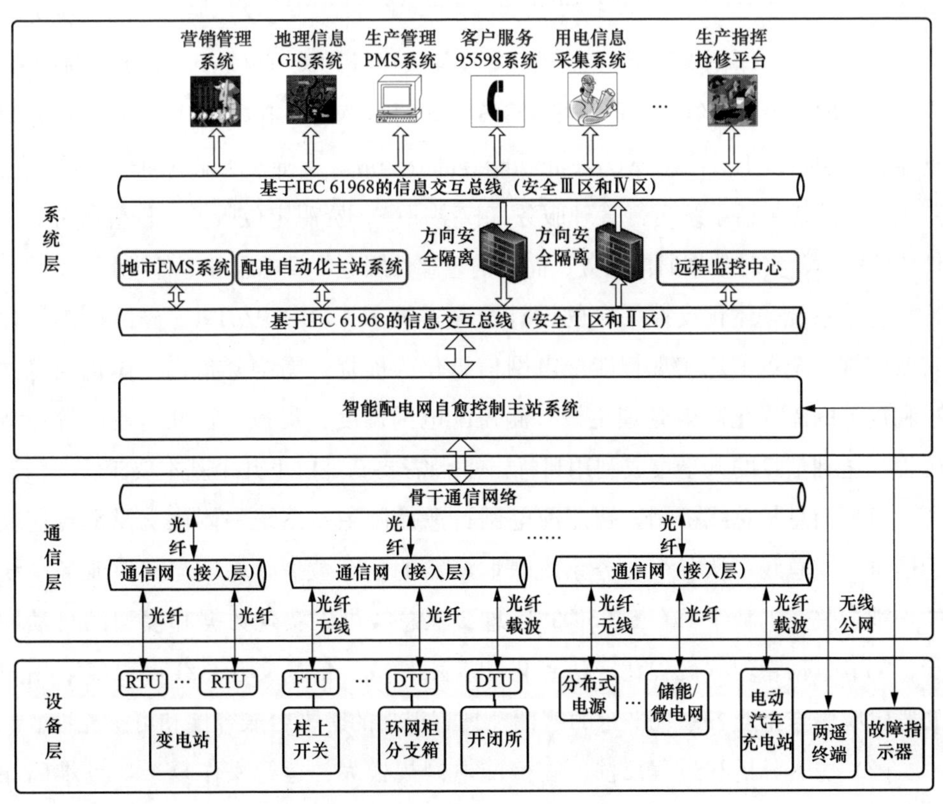

图11-2　智能配电网自愈控制系统的硬件逻辑结构

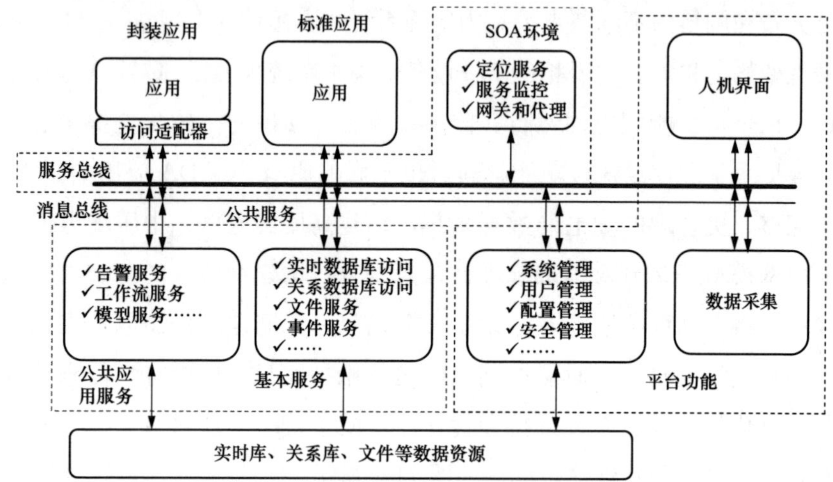

图 11-3 智能配电网自愈控制主站系统的软件体系结构

主站系统一体化支撑平台采用面向服务的设计理念（SOA），主要由商用库、实时库、实时消息总线、服务总线、GIS 一体的图模维护工具、GIS 一体的图形浏览器、模型拼接工具以及 Web 发布功能等部分构成，支持智能配电网运行可视化。其中服务总线包括系统运行管理服务、权限服务、资源定位服务、告警服务、文件传输服务、实时数据通信服务、简单消息邮件服务、日志服务等各类服务。

主站系统一体化支撑平台的设计全面遵循 IEC 61970/61968 国际标准，以获取广域、全景信息实现智能配电网信息化为前提，围绕分布式一体化信息共享和规范的流程化高效管理主线，涵盖配电网调度、集控、管理、检修等业务流程，达到信息的共享集成利用目标。平台需要满足以下几个基本要求：

（1）消息与总线机制。智能配电网自愈控制主站系统一体化支撑平台应基于信息交互总线，从各个业务系统获取所需的信息数据，保证与其他业务系统的松耦合关系。基于 IEC 61968 的信息交互总线可以实现数据和模型的自动同步、配电数据管理的流程化、信息化和应用集成。信息交互总线可以实现用户的逻辑应用与企业各系统平台的解耦，具有很强的跨平台兼容性和可扩充性。

（2）仿真分析和过程反演。智能配电网规模大、运行操作复杂，且难以在实际系统上进行试验，为了更好地分析和预测电网的未来运行状态，保证其稳定可靠、安全高效运行，智能配电网自愈控制一体化支撑平台应能够支持历史状态的变化过程反演和对未来运行状态的仿真分析。

(3) 智能化报警。智能配电网中涉及大量的故障、缺陷、设备状态变化、操作等各种报警信号与事项信息，为了帮助配电生产管理人员快速掌握电网状态并进行决策，智能配电网自愈控制一体化支撑平台必须建立实时报警和事项实时数据库，能够自动对报警事项进行分级、分层处理，能够经受住雪崩事故情况下的大量报警和事项的冲击。

(4) 集群化数据采集。在大数据量采集的情况下，传统的主备前置采集模式将成为通信瓶颈。智能配电网自愈控制一体化支撑平台的前置机必须支持集群模式，可以根据需要扩展前置机群组。

智能配电网自愈控制主站一体化支撑平台以基于智能体群体系统的高内聚、松耦合的自愈控制系统主站软件架构为基础，以分层分区、集中分布相协调的自愈控制系统高效调度机制为依托，以多维多尺度的自愈控制系统全景展示技术为展示手段，采用基于快速数据融合和规则引擎的多系统协同的工作机制。面向服务的软件体系架构，具有良好的开放性，能较好地满足系统集成和应用不断发展的需要。其应用软件也按照智能体群体结构，采用多进程多线程设计，以基于黑板机制的共享内存进行系统内部的消息传递，系统守护和任务调度管理作为一个独立的进程，负责协调管理系统内部的多个智能体之间的交互，通过网络与其他系统进行交互，并采用智能体协商或者异常响应机制，保证快速正确地切换。

11.2.3 自愈控制系统智能体设计

1. 智能体结构与功能设计

根据第3章可知，智能配电网自愈控制相关的智能体分为组织级智能体、协调级智能体和执行级智能体三类，其中执行级智能体为测控智能体，快速可靠的感知和动作能力是关键，根据具体测控场景和需求，设计反应型智能体结构和功能，执行级智能体的统一形式——智能配电单元、组织级智能体和协调级智能体的具体设计如下。

(1) 组织级智能体设计。

自愈控制智能体可以从多个途径获得智能配电网及其所处环境信息，并根据智能配电网的当前运行状态，以增强自愈力为总体目标，对协调级的控制决策智能体进行有效的组织管理。通过知识推理做出正确的决策，从而激活相应的控制决策智能体，包括状态评估智能体、紧急控制智能体、恢复控制智能体、孤岛控制智能体、校正控制智能体、预防控制智能体、优化控制智能体、健壮控制智能体等。据此，本书设计如图 11-4 所示的智能体结构，由内部数据库、触发接收模块、计时模块、通信模块、知识库、推理模块、读写控制模块、算法模块、算法接口等组成。

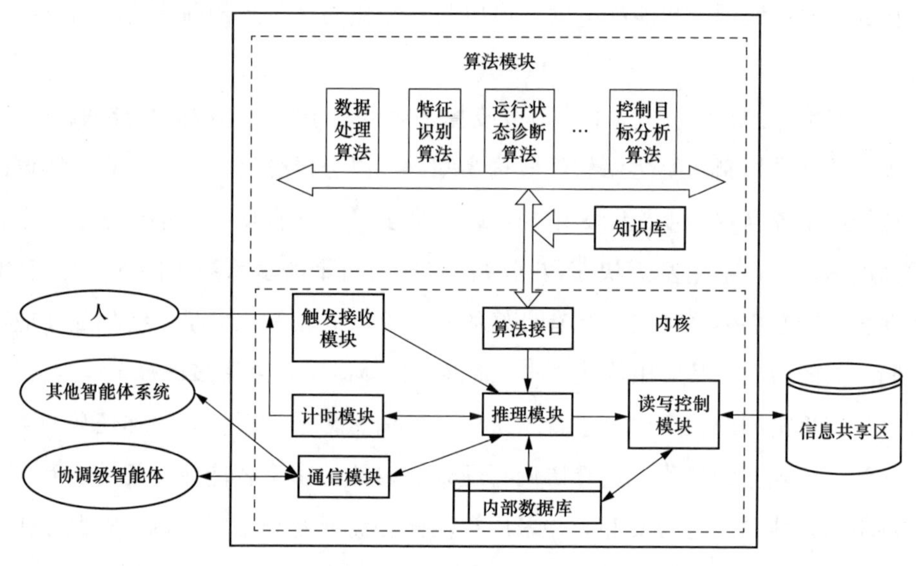

图 11-4　组织级智能体结构

各模块功能如下：

1）内部数据库：用于描述该智能体自身的属性和世界的状态。其中，关于自身的描述有智能体名称、所拥有的控制算法模块的名称及其描述、智能体自身状态（包括消息处理模块、运行算法模块、接收用户的指令等）、智能体的目标集合等。对世界状态的描述是指智能体所处的群体环境，包括协调级各智能体的名称、能力、目标等。

2）触发接收模块：接收内部计时模块产生的定时触发信号或人工设置的中断触发信号，并将其传递到推理模块。

3）计时模块：产生定时触发信号传到触发接收模块中，定时时间可由推理模块设定。

4）通信模块：与协调级智能体和其他智能体系统进行通信。

5）知识库：存放智能配电网状态评估的判据，各类控制的优先级等信息。

6）推理模块：是整个智能体的核心，根据电网状态数据、知识库和算法模块进行推理，判断当前智能配电网所处的运行状态，并根据各类控制的优先级决定向协调级的哪一个智能体发激活请求，同时定期查询各下级智能体的状态。

7）读写控制模块：根据控制指令读写信息共享区或内部数据库中的数据，在两者之中转移数据。

8）算法模块：在图 11-4 所示的智能体结构中，如果说智能体的内核是它的“壳体”，那么算法模块则是其“实质内容”，它决定了该智能体能力。包括数据处理算法、特征识别算法、运行状态诊断算法、控制目标分析算法等。

9）算法接口：是智能体内核与算法模块之间的接口。

（2）协调级智能体设计。

协调级智能体分为两类：①控制决策智能体，从自愈控制实现的功能出发，将其分解为多个子功能系统，分别进行状态评估、紧急控制、恢复控制、孤岛控制、校正控制、预防控制、优化控制、健壮控制决策；②变电站智能体及馈线智能体，从控制对象的空间关系出发，将其分解为不同的控制区，区域间各对象之间属于弱关联关系，区域内各对象之间属于强关联关系。控制决策智能体中除状态评估智能体外均由组织级的智能体激活，并且其决策结果决定需要激活哪些变电站智能体。

本书设计如图 11-5 所示的控制决策智能体结构，它由内部数据库、通信模块、知识库、推理模块、读写控制模块、算法模块、算法接口等组成。

通信模块主要完成与组织级智能体和变电站智能体相互通信。算法模块分为两类：评估算法的主要功能是对智能配电网的运行特征和状态进行评估；控制算法则针对不同的状态进行控制决策，每一个控制决策智能体的具体控制算法不同，这里不一一描述。其余模块的功能与组织级智能体类似，不再赘述。为了达到多个智能体之间可以通过共享算法模块来实现协作的目的，本书设计了一种专门的消息用于控制决策智能体之间的协作。

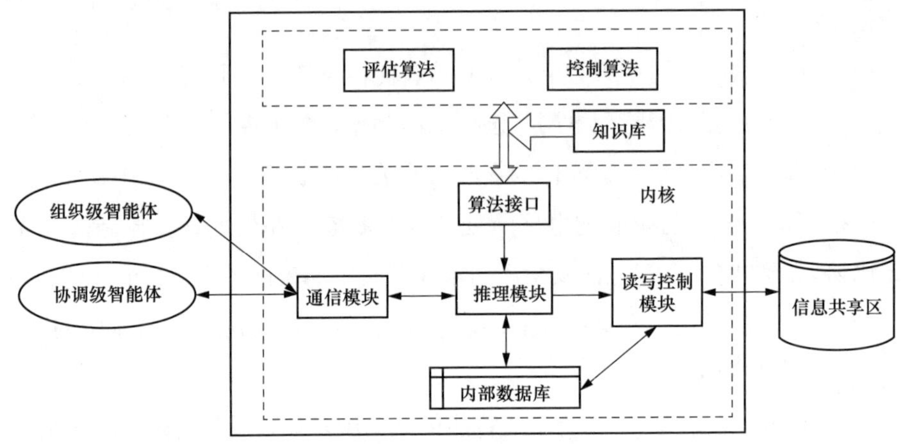

图 11-5 控制决策智能体结构

变电站智能体的结构如图 11-6 所示。同属于协调级智能体，与控制决策智能体不同，变电站智能体的控制算法相对简单，但却增加了反应器，能够根据知识库直接对智能配电网的当前状态做出快速响应。

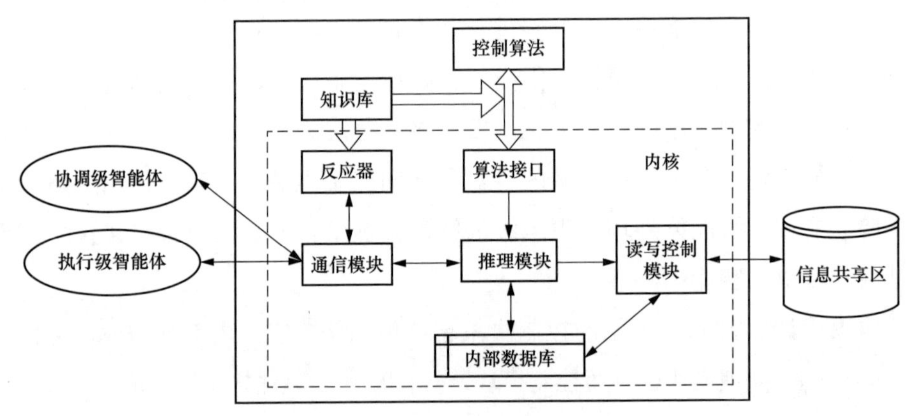

图 11-6 变电站智能体结构

(3) 执行级智能体设计。

执行级智能体的基本功能是实现测量、控制和边缘计算，考虑到配电网的测控终端设备多种多样，本小节设计统一结构和功能的智能配电单元，在此基础上根据应用需求可扩展出不同功能的终端设备。首先，机箱结构采用标准 4U 机箱，用整体面板、全封闭机箱，且强弱电信号严格分离，提高抗干扰能力。

装置前面板包含 LED 灯和蓝牙模块，其中 LED 灯包括电源灯、运行灯、告警灯、通讯指示灯、串口收指示灯、串口发指示灯、LAN1 网口、LAN2 网口、遥控选择灯、遥控选择指示灯、遥控执行指示灯、活化指示灯、初始化指示灯、蓝牙开关、初始化按键等。

针对应用时测量容量大小不同，设计三种外观结构，分别为 2 路、6 路、10 路测控能力的板件组合结构，每个板件都采用独立的模块化设计，任一板件的更换不影响其他模块及整个装置的正常运行。对于中压配电网架空线路，通常需要完成配电线路的运行监测及相应柱上开关的监控功能，设计的板件配置包括电源板、CPU 板、YX 板、YC 板（3U3I2DC）、YC 板（4U4I），最大可测量控制 2 条线路，能够直接挂接在户外电线柱上。对于环网柜配置集中测量和控制，设计的板件配置包括电源板、CPU 板、2 块 YX 板、YK 板、YC 板（3U3I2DC）、2 块 YC 板（8I），最大可测量控制 6 条线路。对于开闭所、配电房或开关站等，则需设计更多的板件，典型配置包括电源板、CPU 板、4 块 YX 板、YK 板、YC 板（3U3I2DC）、YC 板（4U4I）、3 块 YC 板（8I），最大可测量控制 10 条线路。板件的布置如图 11-7 所示。

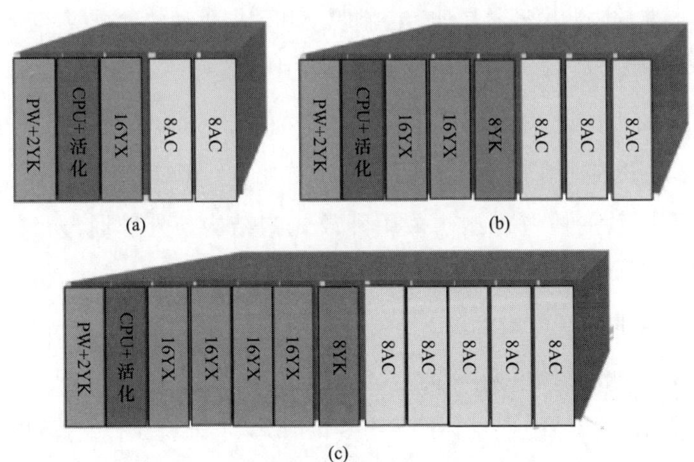

图 11-7　智能配电单元插件布置示意图

(a) 2 间隔型；(b) 6 间隔型；(c) 10 间隔型

虽然板件配置不同，但每块板件为标准化设计，具有相同的功能。主控板

（CPU）由采样 DSP 和通信 DSP 组成，具有 2 路以太网，1 路 RS232 调试口，4 路 RS232/485，此板件是数据采集、数据处理的核心；由总线板（BUS）实现主控板与其他功能板件的电气连接；由面板（DISP）完成蓝牙通信、数据显示、LED 指示、参数输入调试等功能；遥测板（YC）每块可采集 8 个通道，并可灵活配置通道类型；遥信板（YX）每块可完成 16 路数字量开入；遥控板（YK）可完成 8 个开关的分合闸开出；电源板（PWR）包括 220/100/48/24V 电源输入、装置内部电源转换，2 个开关的遥控输出，1 路活化启动输出，1 路活化退出输出，±12V 输出；由电源管理模块实现蓄电池管理和工作电源监视等功能。

2. 智能体协调策略

基于 MAS 的智能配电网自愈控制系统处于开放的环境中，如何协调在逻辑上或物理上相分离、具有不同目标的多个智能体行为，使各智能体为联合采取行动或求解问题而协调各自的知识、意图、规划和行动，并合理安排各种资源，避免发生争夺其它智能体的协作权和共享临时区的使用权等，最大程度地实现各自和总体的目标，需要智能体之间进行友好协作。

智能体群体的协调模型通常分为控制驱动和数据驱动两种类型，都包含协调体、协调媒介和协调规则三个元素。协调体是系统中的实体，一般指智能体本身。协调媒介指使智能体间相互作用成为可能的各类载体的统一抽象描述，如黑板、信号灯、元组空间等。协调规则用于定义与协调体相互作用事件相对应的协调媒介的行为。

（1）控制驱动的协调模型。采用开放式的结构与外部通过事件进行交互。当内部状态变化时，智能体的输入输出端口将出现事件，其中，协调媒介只关心通信事件，并非实际交换的内容。

（2）数据驱动的协调模型。通过交换数据结构与外界交互，协调媒介就像一个共享的数据空间，既不关心智能体的状态变化情况，也不提供智能体间的虚拟连接。

本书根据智能配电网自愈控制的特点，采用控制驱动和数据驱动相结合的混合型驱动协调模型，其协调媒介采用黑板模型，实现主要的数据交互，并设置一个专用的信息共享区以存放状态、标志类信息。

在智能体之间的协调方法中，对策论作为数学工具，特别适合研究竞争环境下智能体的协调，因此，基于对策论的协调方法被广泛应用。该方法假设每个智能体对自己的行为结果有一个评价，称为效用函数，智能体在决策时具有理性，采用该方法总是选择使自己效用函数最大的优势策略，或尽可能保持系统的稳定性。

在智能配电网自愈控制系统中，由于紧急控制后电网拓扑结构会发生改变，此时基于改变前的网络状态进行校正控制和预防控制等已失去意义，而应该进行恢复控制，对健全的失电区负荷恢复供电，因此恢复控制采用中断响应的方式触发启动。显然恢复控制的优先级比校正控制、预防控制等要高，因此当自愈控制智能体收到中断触发信号时，立即激活恢复控制智能体进行恢复控制。

11.3 应用系统简介

11.3.1 智能配电网自愈控制主站系统

智能配电网自愈控制主站采用分层分布式系统结构，利用成熟的网络管理技术、数据库中间件、面向对象及应用组件技术，遵循 IEC 61970 的公用信息模型（CIM）和组件接口规范（CIS），依托丰富、全面的实时测量和实时监视数据进行决策。系统软件由平台层、服务组件层、应用层构成，如图 11-8 所示。基于快速数据融合和规则引擎的多系统协同工作机制，自愈控制主站系统通过利用符合 IEC 61968 标准的信息交互总线集成生产管理系统（PMS）、电网 GIS 平台、营销业务应用系统、应急信息平台等多系统信息，并以快速数据融合为手段，采用规则引擎方式的多系统协调工作机制，保证自愈控制系统基础数据来源接口调用的效率，最大限度地提升自愈控制系统的运行能力。

主站系统可以分为平台功能、SCADA 功能、基本分析功能、馈线自动化功能、配调运行管理功能、实用化处理功能和集中自愈控制功能等。除了作为自愈控制基础的配电网拓扑分析、状态估计、潮流计算、负荷预测、负荷转供、解合环分析、网络重构、供电能力评估、风险评估、防误操作等功能以外，是在上述功能基础之上的集中自愈控制功能。集中自愈控制功能又包括运行状态评估、健壮控制、优化控制、预防控制、校正控制、恢复控制、孤岛控制、智能告警监控分析、智能配电网仿真分析、历史状态与事故反演等功能。

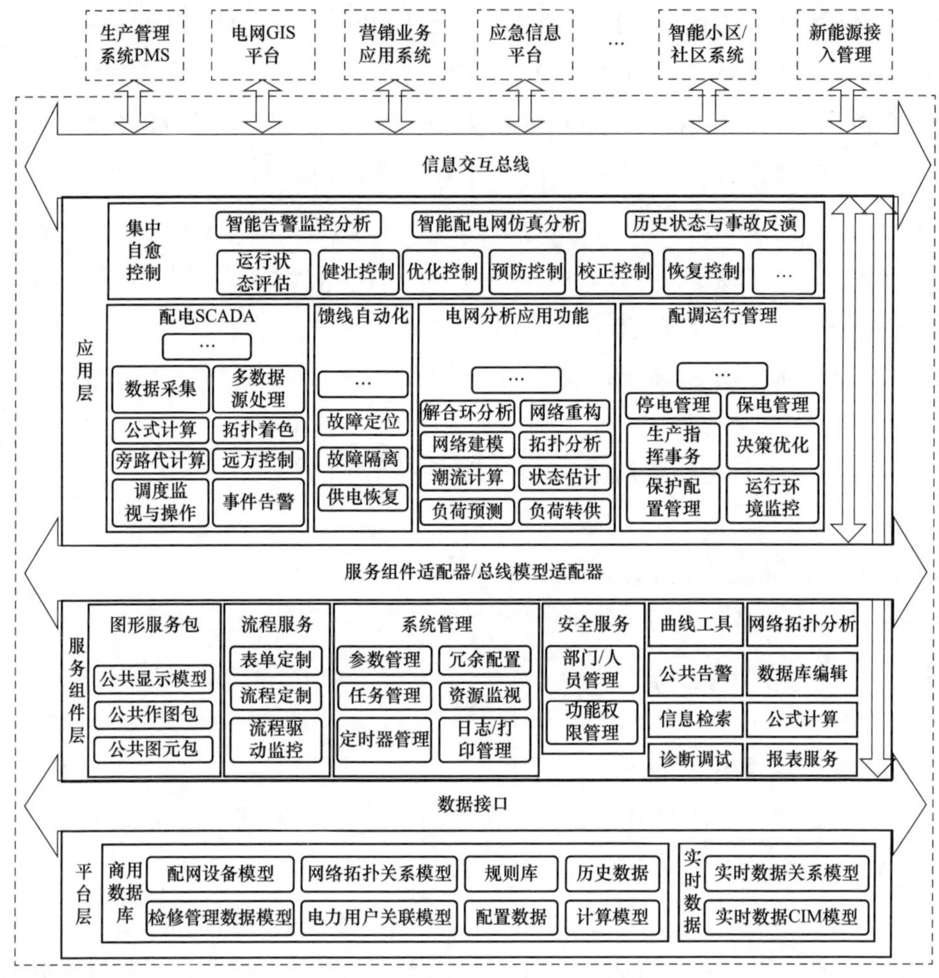

图 11-8　智能配电网自愈控制主站系统的软件架构

智能配电网自愈控制主站系统中含有配电网结构数据、空间信息、实时和历史运行数据、预测数据、音视频数据等数据，分布在配电生产管理系统、地理信息系统、营销系统、调度自动化系统、配电自动化系统等多个系统中，需要通过模型重建生成准确的全网运行过程信息模型，这是进行自愈控制决策的基础。由于智能配电网规模庞大、网络改造频繁、数据更新量大，日常的运行维护工作量巨大，基于面向过程的信息集成，建立网络模型动态变化处理机制自动完成配电网模型的建立，并实现当前实际运行模型与建设中的未来模型之间进行实时切换，这是自愈控制实用化的基础。

从智能配电网模型管理来看，主要完成静态数据建模及实时数据采集，基于 IEC 61970 的公用信息模型（CIM）和组件接口规范（CIS）、IEC 61968 的信息交互总线，实现高压配电网模型从 EMS 系统导入、中压配电网模型从 GIS/PMS 系统导入，然后在主站系统一体化支撑平台上实现馈线模型与站内模型拼接，构建智能配电网的完整模型，为相关分析应用打下基础。例如，通过用电信息采集接口导入配电变压器及大用户的量测信息；通过生产管理系统接口提供设备台账查询；通过生产抢修指挥平台接口将自愈控制系统中的故障信息发布到生产抢修指挥平台系统中用于指挥抢修作业。

按照配电网日常工作需求，系统提供大小图机制，全方位展示网架结构，大图和小图之间根据拓扑连接关系自动对应。一方面，高压配电网的系统联络图和站内图、中压配电网的系统联络图和线路单线图之间能自动对应和同步操作；另一方面，置数、挂牌、拆搭、跳线等相关操作可以在任意类型的图形上操作并自动同步。其中，拆搭和跳线操作是配电网施工和运行中特有的一种操作，前者是指拆开断连杆塔上的搭头，后者通常是在同杆双回线间的短接操作。

11.3.2 智能配电网自愈控制测试平台

智能配电网自愈控制测试平台主要由智能配电网运行仿真器、实时数据库、图形化模型编辑器、场景模拟器、人机交互界面等几部分组成，其结构如图 11-9 所示。

根据智能配电网自愈控制系统的测试需求，通过场景注入测试方式建立自愈控制测试平台，该测试平台与智能配电网自愈控制系统主站的前置交换机所在网络相连。测试平台可设置各种智能配电网运行场景，并在线切换这些场景，经过快速仿真计算后模拟大量配电自动化终端与自愈控制系统主站实时交互场景数据，从而对自愈控制系统主站的配电网运行状态评估、自愈控制策略等功能进行测试。

测试平台能够进行实时数据模拟，通过快速潮流计算生成遥测数据，由设备所关联状态量发生变化触发形成遥信数据，以 IEC 101/104 通信规约的形式模拟配电自动化终端向智能配电网自愈控制主站系统发送遥测、遥信数据，并可

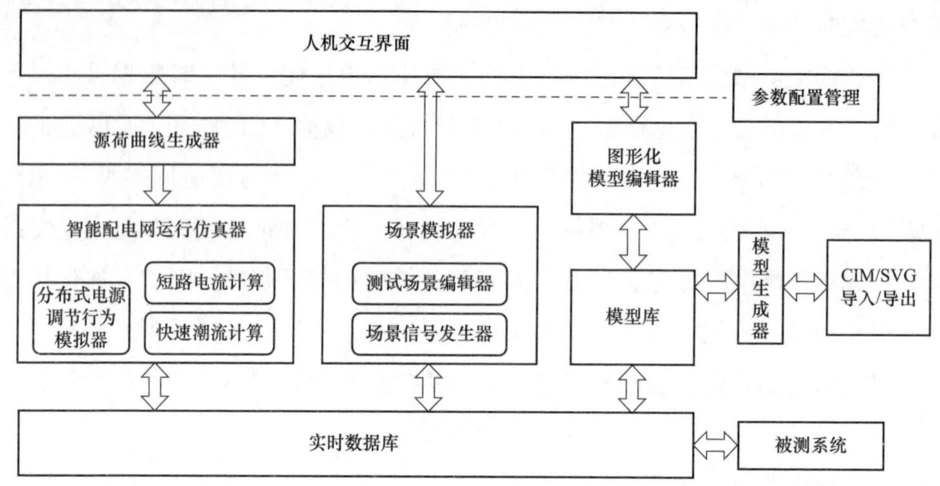

图 11-9　智能配电网自愈控制测试平台结构框图

接收执行智能配电网自愈控制主站下发的遥控命令，在测试平台上反映出电网运行状态的变化。

测试平台能够根据智能配电网运行状态划分的结果进行运行场景设定，这是自愈控制测试平台的核心功能，也可进行各种故障场景设定和馈线自动化测试场景设定，包括设置永久故障或瞬时故障，可以设定相间短路或单相接地等故障，并且能够与遥信数据配合模拟多种形式的故障，如馈线故障、环网柜母线故障、用户侧故障、多区域故障等。测试平台通过设定跳闸、重合闸及拒动、误动、漏报、误报等标志，配合遥信动作，生成故障场景，测试配电自动化主站的馈线自动化功能。

11.4　案　例　分　析

11.4.1　自愈控制系统在高压配电网中的应用

1. 系统实施

根据本书提出的智能配电网自愈控制体系结构与框架，作者研发了相应的计算机系统，并在江苏南京的两个城区配电网实施，该系统于 2009 年 5 月通过国家电网公司验收。系统实施时的服务器、控制设备、软件界面以及物理隔离装置情况如图 11-10～图 11-14 所示。

图 11-10　系统服务器

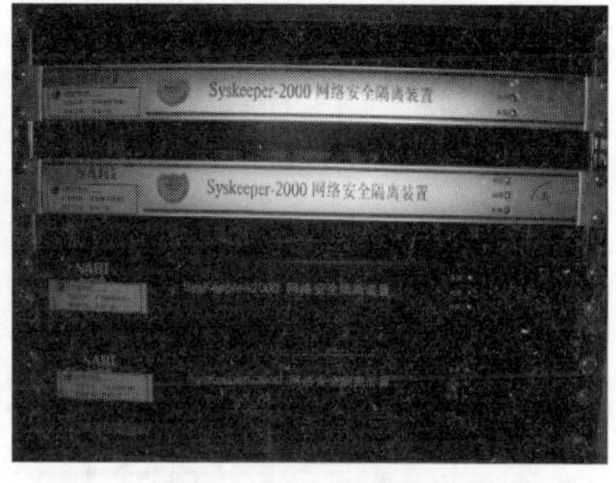

图 11-11　电力专用单向物理装置

图 11-12　系统控制设备

图 11-13　系统主界面

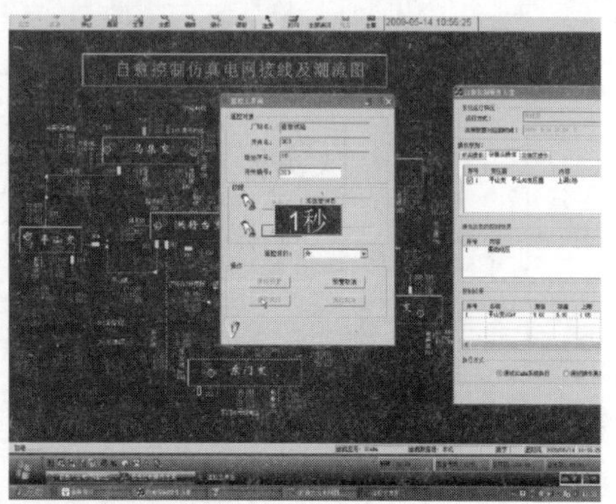

图 11-14　自愈控制界面

2. 城区配电网一自愈控制过程分析

为方便分析，将城区配电网一进行简化等值，几个变电站的具体接线关系绘制如图 11-15 所示，相关的线路参数见表 11-1，及其相应功率数据见表 11-2，城区配电网一等值电网部分开关的初始状态见表 11-3。以该电网为例对高压配电网的自愈控制过程进行分析。其中，220L 变的 2681 保护配置中电流Ⅰ段定值 5A、动作时间 0s；Ⅱ段定值 4A、动作时间 1.5s；Ⅲ段定值 3A、动作时间 2s。PS311 线路在 110H 变侧配置 3 段电流保护，其中过流保护Ⅰ段定值为 7A、动作时间 0s；过流保护Ⅱ段定值为 3A、动作时间 1.5s；过流保护Ⅲ段定值为 1.5A、动作时间 2s。通过 35P 变 114 开关接入的电容器容量为 1.4 Mvar。

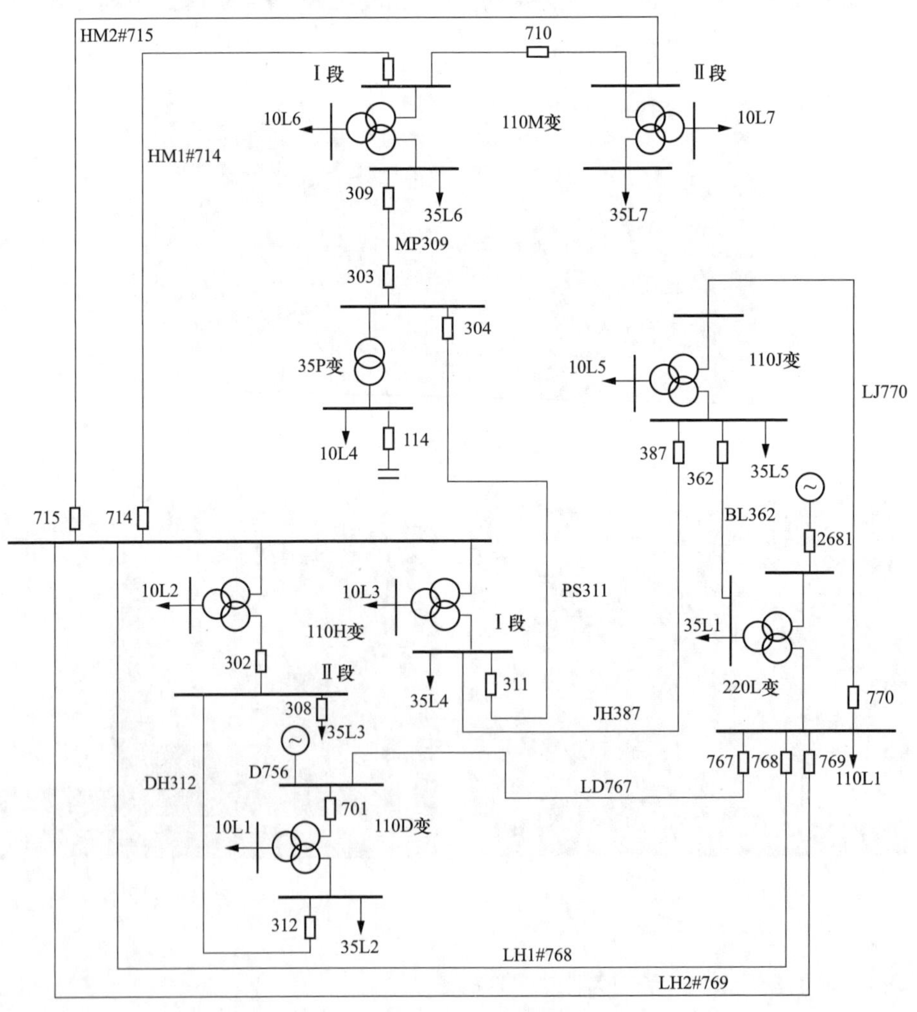

图 11-15　城区配电网一等值电网的接线图

表 11-1　　城区配电网一等值电网部分线路参数

序号	首端厂站名称	末端厂站名称	线路名称	长度（km）	电阻（标幺值）	电抗（标幺值）	电导（标幺值）	电纳（标幺值）	充电功率（Mvar）
1	110M 变	35P 变	MP309（303）	11.528	0.2336	0.3279	1.441	−2.0227	0.0424
2	110H 变	110M 变	HM1＃714	19.989	0.0408	0.0617	7.4629	−11.2773	0.7256
3	110H 变	110M 变	HM2＃715	19.807	0.0404	0.0611	7.5315	−11.3809	0.719
4	110H 变	35P 变	PS311（304）	12.399	0.3175	0.2794	1.7752	−1.56215	0.0345
5	110D 变	110H 变	DH312	2.669	0.0541	0.0759	6.2239	−8.73647	0.0098
6	110J 变	110H 变	JH387	12.377	0.19	0.2668	1.7715	−2.48669	0.0345
7	220L 变	110D 变	LD767	10.871	0.014	0.0324	11.2315	−26.0306	0.3946
8	220L 变	110H 变	LH1＃768	7.245	0.0093	0.0216	16.8526	−39.0584	0.263
9	220L 变	110H 变	LH2＃769	7.245	0.0093	0.0216	16.8526	−39.0584	0.263
10	220L 变	110J 变	LJ 770	7.078	0.0091	0.0211	17.2502	−39.98	0.2569
11	220L 变	110J 变	BL362	5.132	0.104	0.146	3.2369	−4.54358	0.0189

表 11-2　　城区配电网一等值电网部分功率数据

名称	有功功率（MW）	无功功率（Mvar）	厂站	电压等级（kV）
2681 线	−66.92	−18.02	220L 变	220
D756 线	−9.186	−1.576	110D 变	110
110L1 线	25.8	3.9	220L 变	110
35L1 线	4.288	0.1	220L 变	35
35L3 线	6.65	1.02	110H 变	35
35L4 线	5.05	0.1	110H 变	35
10L2 线	0	0	110H 变	10
10L3 线	0	0	110H 变	10
35L6 线	8.13	2.46	110M 变	35
35L7 线	2.416	0.87	110M 变	35
10L7 线	0	0	110M 变	10
10L6 线	0	0	110M 变	10
35L2 线	9.18	1.48	110D 变	35
10L1 线	0	0	110D 变	10
10L4 线	1.85	0.9299	35P 变	10
35L5 线	11.88	3.3	110J 变	35
10L5 线	0	0	110J 变	10

表 11-3　　城区配电网一等值电网部分开关的初始状态

序号	开关名称	开关状态	备注	序号	开关名称	开关状态	备注
1	303	0	MP309 线	8	312	1	DH312 线
2	309	1	MP309 线	9	387	1	JH387 线
3	311	1	PS311 线	10	362	1	BL362 线
4	304	1	PS311 线	11	767	1	LD767 线
5	114	0	35P 变电容器	12	2681	1	220L 站高压电源
6	715	1	HM2＃715 线	13	710	1	110M 站分段
7	302	1	110H 变电站	14	308	1	35L3 负荷

场景 1：电网故障启动自愈控制

场景 1 为 PS311 线路的 110H 变电站侧发生 AB 相间故障，过渡电阻为 30Ω。从故障前的瞬间开始，整个控制过程中相关母线电压波形、线路电流波形和开关状态如图 11-16 所示，相关数据如表 11-4 所示。

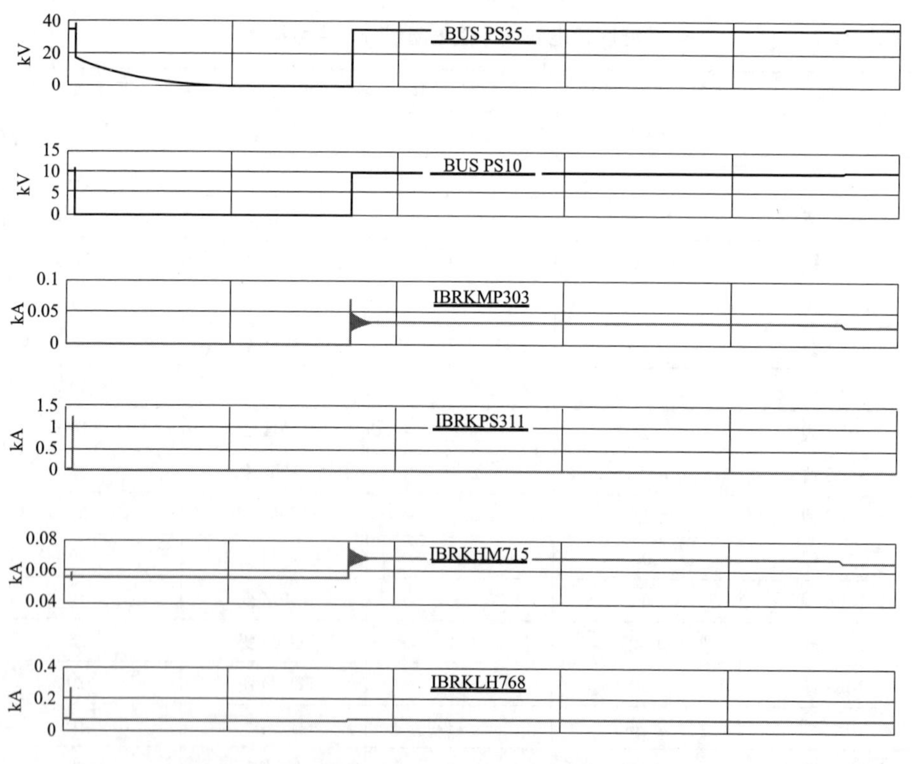

图 11-16　PS311 故障后电网各物理量波形图（一）

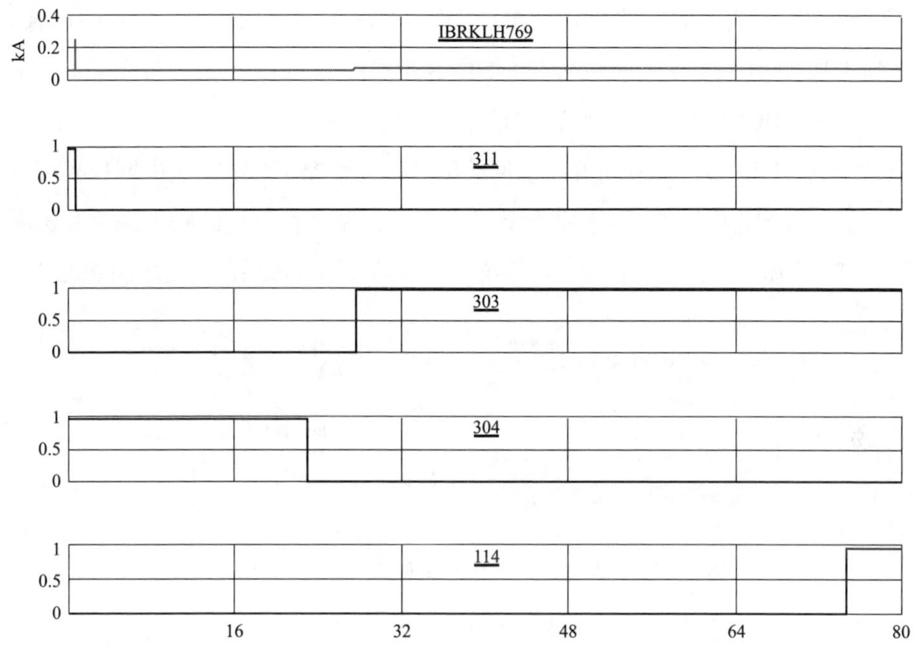

图 11-16　PS311 故障后电网各物理量波形图（二）

表 11-4　　电网故障启动自愈控制试验数据

过程	状态	操作	母线电压（kV）		线路电流（kA）				
			35P 35kV	35P 10kV	MP309	PS311	HM2＃715	LH1＃768	LH2＃769
1	正常		35.64	9.94	0.0	0.034	0.056	0.064	0.064
2	故障					1.12			
3	经 66.6ms 后	311 跳开					0.056	0.059	0.059
4	经 20.8s 后	304 分							
5	经 4.1s 后	303 合	34.67	9.66	0.035	0.0	0.067	0.065	0.065
6	经 47.3s 后	114 合	35.22	10.12	0.031	0.0	0.066	0.064	0.064

图 11-16 中，BUS PS35 表示 35P 变 35kV 侧母线电压，单位 kV；BUS PS10 表示 35P 变 10kV 侧母线电压，单位 kV。IBRKMP303 表示 MP309 线 303 开关上的线路电流，单位 kA；IBRKPS311 表示 PS311 线 311 开关上的线路电流，单位 kA；IBRKHM715 表示 HM2＃线 715 开关上的线路电流，单位 kA；IBRKLH768 表示 LH1＃线 768 开关上的线路电流，单位 kA；IBRKLH769 表示

LH2＃线769开关上的线路电流，单位kA。311为PS311线311开关的位置量，303为MP309线303开关的位置量，304为PS311线304开关的位置量，114为35P变低压侧电容器投切开关的位置量。

结合图11-16和表11-4可知，电网故障后，自愈控制系统利用电网现有可以采用的手段，逐步将电网控制到健康的运行状态。控制过程反应的物理现象和控制原理如图11-17所示，检验了自愈控制系统在*N*-1状态下故障后的恢复控制能力。

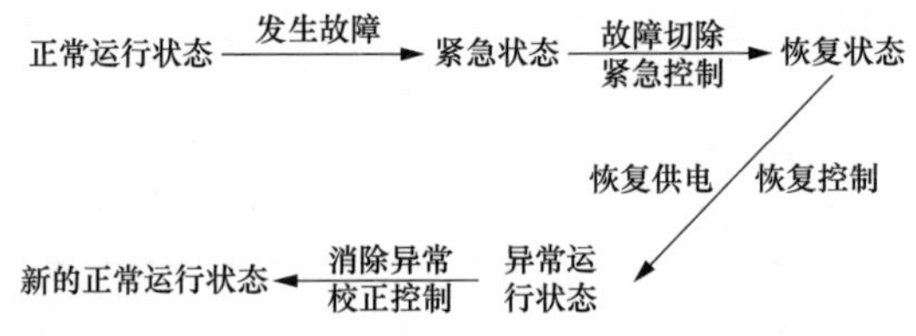

图11-17 故障启动自愈控制过程示意图

场景2：电网负荷异常、假想故障启动自愈控制

场景2分两个阶段，第一阶段将35L7有功负荷从2.416MW增大到30MW，并假想HM1＃线714发生故障退出运行，由HM2＃线715带两台变压器；第二阶段恢复35L7负荷，并恢复由HM2＃线715带两台变压器。两个阶段测试过程中相关母线电压波形、线路电流波形和开关状态分别如图11-18、图11-19所示，相关数据如表11-5所示。

图11-18、图11-19中：ILOADMS表示负荷35L7上的电流，单位kA；IBRKHM715表示HM2＃线715开关上的线路电流，单位kA；IBRKPS311表示PS311线311开关上的线路电流，单位kA；IBRKMJ710表示110M变电站分段710开关上的电流，单位kA；IBRKMP303表示MP309线303开关上的线路电流，单位kA；IBRKLH768表示LH1＃线768开关上的线路电流，单位kA；IBRKLH769表示LH2＃线769开关上的线路电流，单位kA。BUS PS35表示35P变35kV侧母线电压，单位kV；BUS PS10表示35P变10kV侧母线电压，单位kV。710为110M变电站分段710开关的位置量，303为MP309线303开关的位置量，up为35P变电站变压器分接头的升挡信号脉冲，down为35P变电站变压器分接头的降挡信号脉冲。

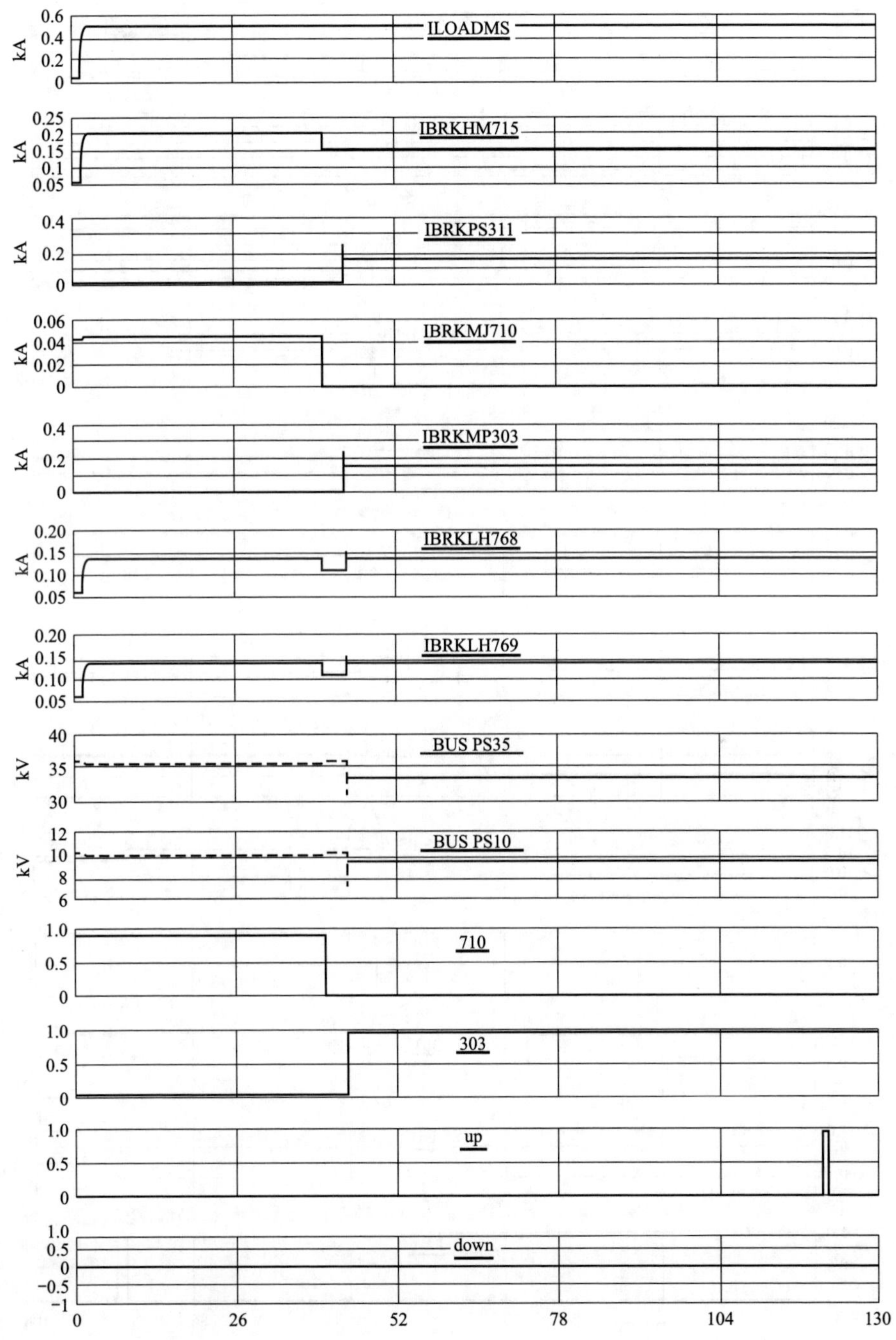

图 11-18 增大 35L7 负荷后电网各物理量波形图

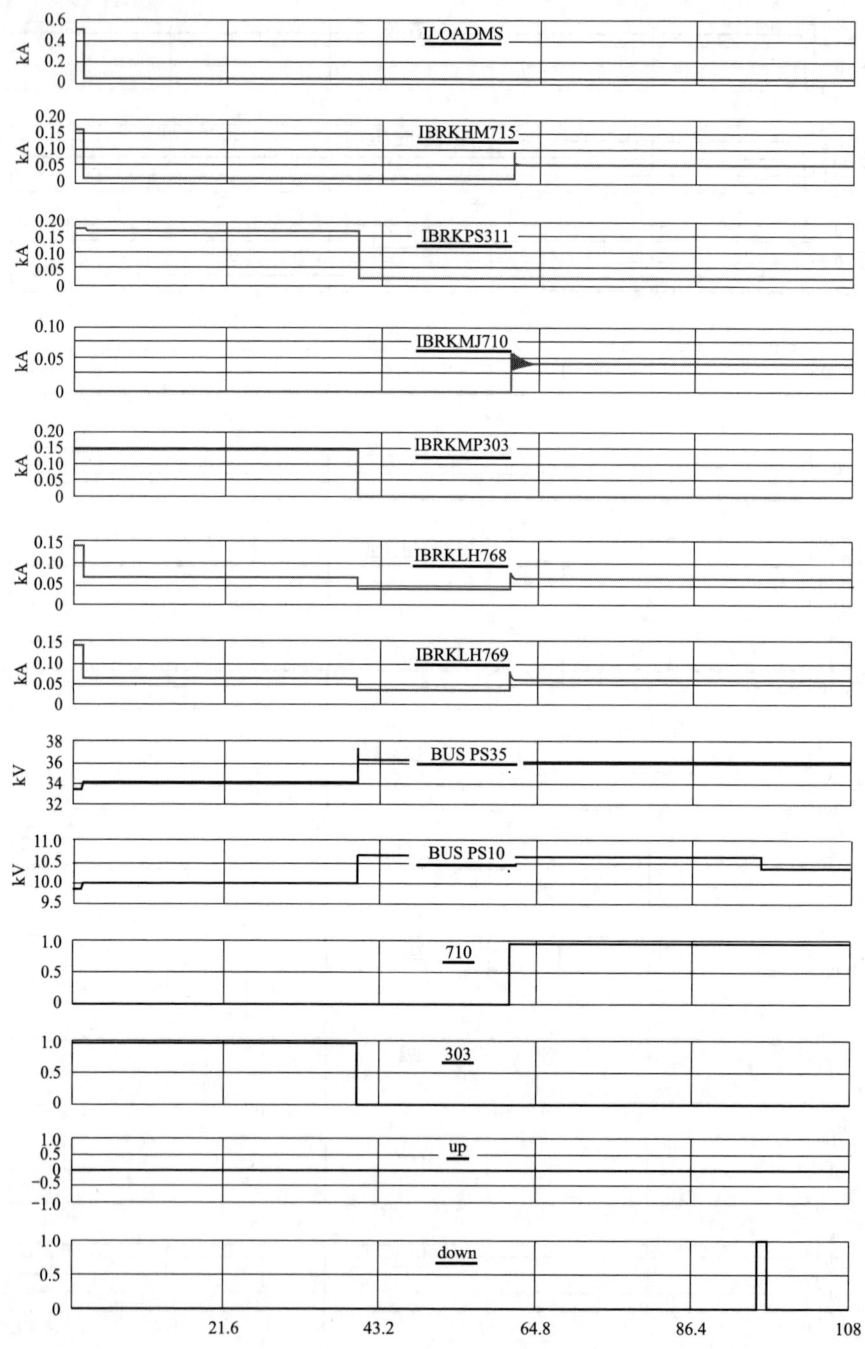

图 11-19　35L7 负荷恢复后电网各物理量波形图

结合图 11-18、图 11-19 和表 11-5 可知，当出现负荷异常变化后，电网中存在安全隐患，自愈控制系统利用电网现有可以采用的手段，将其控制到更健康的运行状态。控制过程反应的物理现象和控制原理如图 11-20 所示，检验了自愈控制系统转移负荷及保护改变定值的功能。

表 11-5　　电网负荷异常、假想故障启动自愈控制试验数据

过程	状态	操作	母线电压（kV）		线路电流（kA）						
			35P 35kV	35P 10kV	35L7	HM2＃715	PS311	110M 710	MP309	LH1＃768	LH2＃769
1	正常		35.99	10.35	0.042	0.056	0.030	0.045	0.0	0.063	0.063
2	增大负荷		35.57	10.22	0.509	0.207	0.030	0.046	0.0	0.139	0.139
3	经 38.67s 后	710 分	35.57	10.22	0.503	0.160	0.030	0.0	0.0	0.115	0.115
4	经 3.71s 后	303 合	33.6	9.63	0.507	0.161	0.183	0.0	0.153	0.141	0.141
5	经 77.03s 后	升 35P 变挡位	33.6	9.89	0.507	0.161	0.182	0.0	0.152	0.141	0.141
6	恢复 35L7 负荷		34.04	10.02	0.041	0.012	0.179	0.0	0.150	0.066	0.066
7	303 分		36.15	10.68	0.041	0.012	0.030	0.0	0.0	0.041	0.041
8	710 合		36.00	10.63	0.041	0.056	0.030	0.042	0.0	0.063	0.063
9	经 34.7s 后	降 35P 变挡位	35.99	10.35	0.040	0.056	0.030	0.044	0.0	0.063	0.063

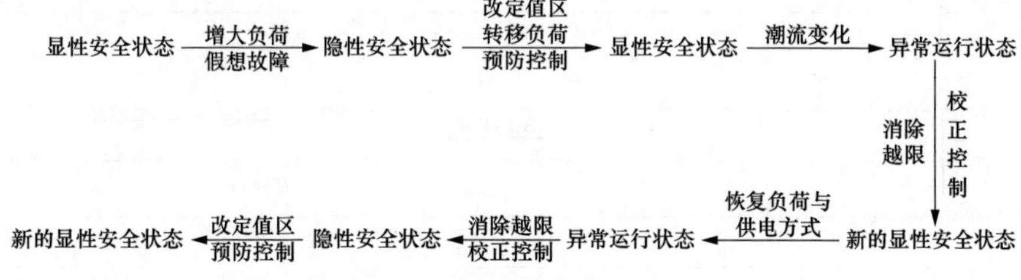

图 11-20　负荷异常、假象故障启动自愈控制过程示意图

场景 3：重大事故启动电网自愈控制

场景 3 为 220L 变电站主变压器发生 AB 相故障，过渡电阻为 100Ω。从事故发生前的瞬间开始，整个控制过程中相关母线电压波形、线路电流波形和开关状态如图 11-21 所示，相关数据如表 11-6 所示。

图 11-21 中，BUS LH220 表示 220L 变电站 220kV 母线电压，单位为 kV；

BUS DH35 表示 110H 变电站 35kVⅡ段母线电压，单位为 kV；BUS DM35 表示 110D 变电站 35kV 母线电压，单位为 kV。IBRKLH768 表示 LH1＃线 768 开关上的线路电流，单位为 kA；IBRKLH769 表示 LH2＃线 769 开关上的线路电流，单位为 kA；IBRKDH312 表示 DH312 线 312 开关上的线路电流，单位为 kA；IBRK2681 表示 220L 变电站 2681 开关上的线路电流，单位为 kA；IBRKDM110 表示 110D 变电站变压器 110kV 侧开关上的电流，单位为 kA。302 表示 110H 变电站 302 开关的位置量；2681 表示 220L 变电站 2681 开关的位置量；312 表示 DH312 线 312 开关的位置量。

表 11-6　　重大事故启动自愈控制试验数据

过程	状态	操作	母线电压（kV）			线路电流（kA）				
			220L 220	110H 35Ⅱ段	110D 35	LH1＃ 768	LH2＃ 769	DH312	220L 变高压侧	110D 变高压侧
1	正常		230.1	36.26	38.17	0.063	0.063	0.0	0.171	0.045
2	故障								2.28	
3	经 58.24ms 后	2681 跳开	230.5	0.0	38.17	0.0	0.0	0.0	0.0	0.045
4	经 22.73s 后	302 分								
5	经 4.61s 后	312 合	230.5	37.99	38.09	0.0	0.0	0.074	0.0	0.066

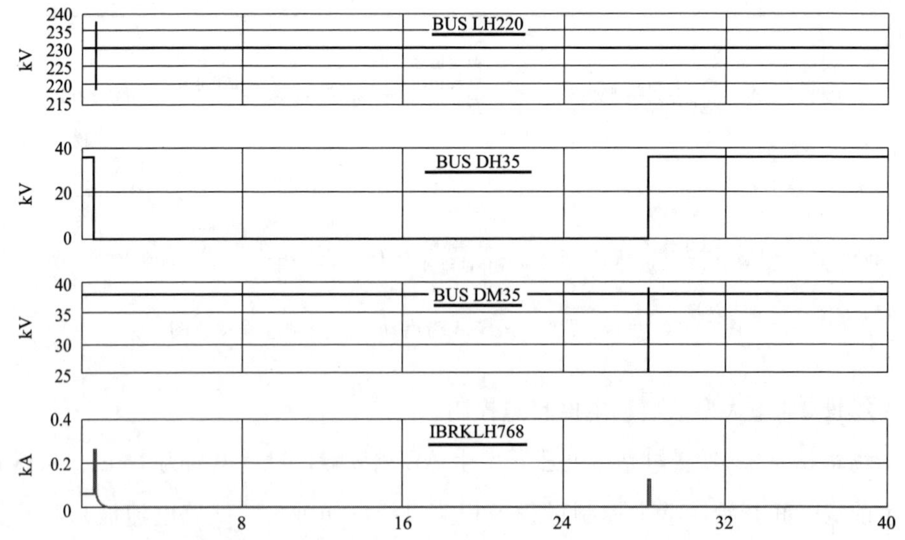

图 11-21　220L 变电站 220kV 母线发生故障后电网各物理量波形图（一）

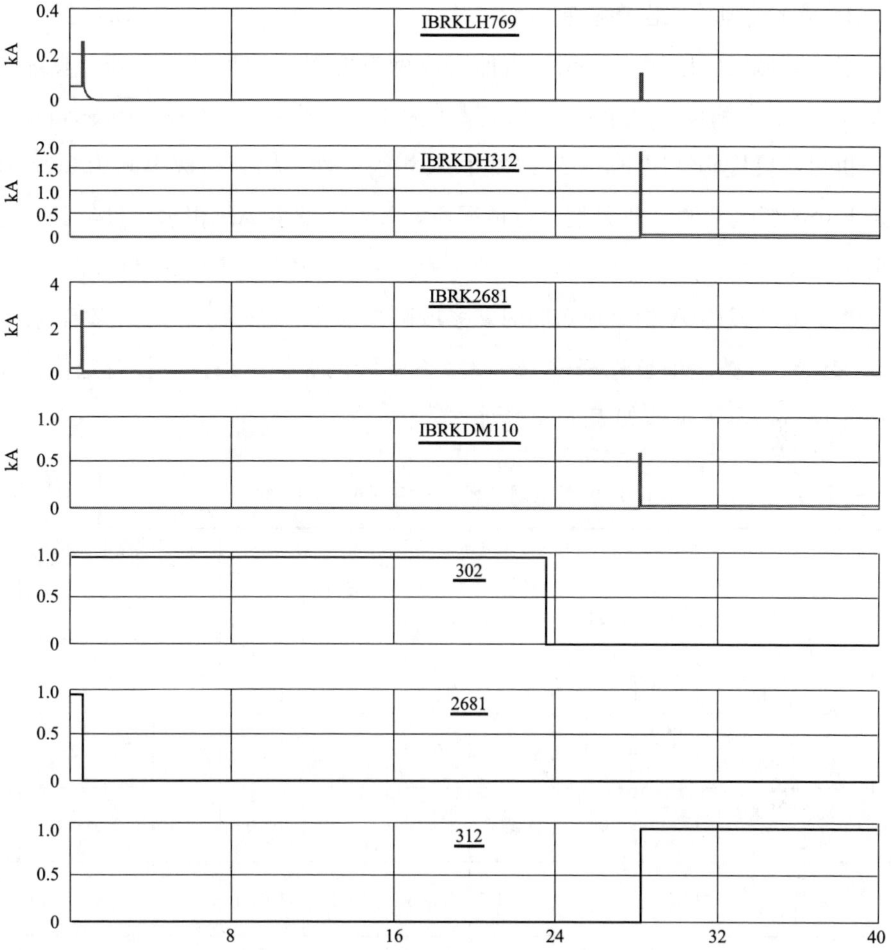

图 11-21　220L 变电站 220kV 母线发生故障后电网各物理量波形图（二）

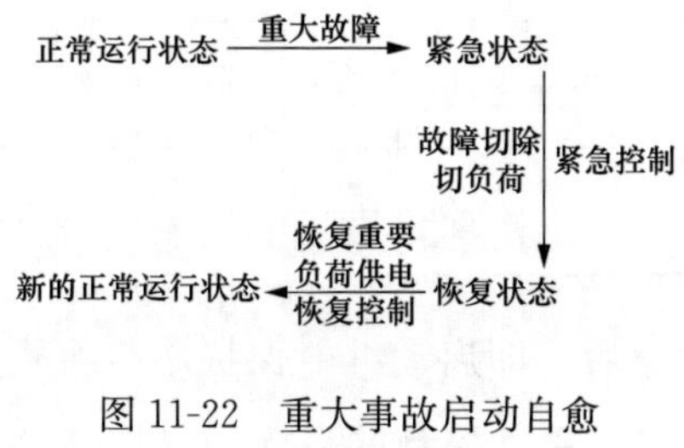

图 11-22　重大事故启动自愈控制过程示意图

结合图 11-21 和表 11-6 可知，发生重大事故时，自愈控制系统首先利用电网现有可以采用的手段，保证重要用户的持续供电，再将其控制到更健康的状态。控制过程反应的物理现象和控制原理如图 11-22 所示，检验了重大事故情况下自愈控制系统紧急控制和恢复控制能力。

3. 城区配电网二自愈控制过程分析

以江苏城区配电网二为例对智能配电网自愈控制过程进行分析，具体接线见图 1-2。对电网设计 2 个场景，场景 1 为 110S8 变电站的三侧分裂运行和 G1 电厂机组停机检修情况下，725 线发生 A 相永久性短路，过渡电阻为 0Ω；场景 2 为 110S8 变电站的三侧分裂运行情况下，794 线发生 AB 相永久性短路，过渡电阻为 20Ω。

当 725 线发生 A 相接地短路时，系统除按表 11-7 所示顺序操作外，在合上 35S5 变 387 开关之前首先修改 220S2 变 386 线的保护定值区，设置定值区 1 为运行定值区，具体定值如表 11-8 所示。

表 11-7　　城区配电网二场景一控制过程和数据

序号	事件顺序	母线电压（kV）						线路电流（A）			
		110S8 站 110Ⅰ段	110S8 站 110Ⅱ段	110S8 站 35Ⅰ段	110S8 站 10Ⅰ段	35S5 站 10Ⅰ段	35S5 站 10Ⅱ段	725 线	794 线	386 线	387 线
1	原始状态	112.0	109.5	34.65	10.04	10.10	10.09	231.0	370.5	293.1	0.0
2	725 线故障	112.0		34.65	10.04	10.10	10.09	5128	370.5	293.1	0.0
3	36.2ms 后 220S3 站 725 跳	112.0	0.0	34.65	10.04	10.10	10.09	0.0	370.5	293.1	0.0
4	1.3s 后 110S8 站 725 分	112.0	0.0	34.65	10.04	10.10	10.09	0.0	370.5	293.1	0.0
5	0.2s 后 110S8 站 710 合	110.6	110.6	34.19	9.88	10.10	10.09	0.0	601.4	293.1	0.0
6	3.6s 后 35S5 站 387 合	110.7	110.7	34.25	9.91	9.96	9.96	0.0	473.8	665.9	372.8
7	0.3s 后 110S8 站 701 分	111.6	111.6	34.08	9.86	9.74	9.74	0.0	456.2	1602	1309
8	0.1s 后 35S5 变升挡	111.6	111.6	34.08	9.86	10.01	10.01	0.0	456.2	1602	1309
9	0.2s 后 110S8 站 206 合	111.6	111.6	34.37	9.88	10.02	10.02	0.0	456.2	1320	827

从表 11-7 可以看出，系统在电网发生故障后立即启动继电保护，切除故障以消除紧急情况，其延时主要为系统分析时间，紧急控制的目标是尽快恢复供电，此时不考虑电网能够承受的其他威胁。

表 11-8　　386 线保护定值

定值名称	保护定值	
	0 区	1 区
电流Ⅰ段（A）	3600/30	3600/30
电流Ⅰ段时间（s）	0	0
电流Ⅱ段（A）	2400/20	2200/18.3
电流Ⅱ段时间（s）	0.3	0.6
电流Ⅲ段（A）	1500/12.5	1800/15
电流Ⅲ段时间（s）	1.5	1.8

紧急控制后，电网进入恢复状态，系统选择合上 110S8 站高压侧分段开关来恢复对失电负荷的供电，符合正常的供电原则。由于 G1 电厂机组停运，110S8 站的负荷全部由 794 线供电引起线路过载，系统进行校正控制，将部分负荷转移到 387 线，并通过调节 35S5 变的有载调压和投入 110S8 站电容器避免均衡负荷后产生新的威胁。同时，由上可知系统很好地协调了校正控制与预防控制，在均衡负荷之前已修改 386 线的保护定值，防止引发新的事故导致负荷转移不成功。

从表 11-9 可知，系统在处理紧急情况之后，电网中产生了供电孤岛，G1 电厂的发电机组独立为 110S8 站的部分负荷供电。由于机组容量不足以供给岛内所有负荷，系统在孤岛控制时决策将 110S8 站的 710 分段开关合上，避免了分布式电源独立供电的孤岛内因功率不平衡造成智能配电网不稳定运行情况的发生。

表 11-9　　城区配电网二场景二控制过程和数据

序号	事件顺序	母线电压（kV）			线路电流（A）		
		110S8 站 110Ⅰ段	110S8 站 35Ⅰ段	110S8 站 10Ⅰ段	725 线	794 线	388 线
1	原始状态	117.0	36.65	10.29	77.03	123.5	136.5
2	794 线故障	38.6	12.1	3.58	77.03	2983	1635
3	27.8ms 后 794 线两端跳				77.03	0.0	
4	0.7s 后 110S8 站 710 合	112.9	34.84	10.07	173.4	0.0	195.6

11.4.2 自愈控制系统在中压配电网中的应用

1. 示范工程范围

在西安智能配电网示范区建设自愈控制示范工程，对系统功能进行示范应用，该系统于2014年10月通过国家电网公司验收。该示范工程的主站平台包含了56个110kV变电站的相关配电网模型数据。示范应用时配电自动化系统已实现了该城市核心区配电区域的自动化，区域面积11 km^2，共有110kV变电站7座，其中，10kV公网线路42条，10kV开关站20座。

2. 示范工程总体方案

示范工程包括26条公网线路的三遥自动化，光纤三遥FTU 44台，DTU 18台，16条线路的二遥自动化，无线二遥FTU 32台，城区20座开关站的“三遥”自动化；世园会园区4条公网线路和7座开关站的三遥自动化，建设了世园会配电自动化分中心，世园会汽车充电站建设了风力发电（2kW×6）、光伏发电、储能装置（30kW×2h）以及电动汽车充电站等试验项目，初步具备分布式电源、微电网、储能装置的示范条件。

示范工程系统组成框图如图11-23所示。以配电自动化主站系统为基础建设智能配电网自愈控制主站系统，安装主站自愈控制应用服务器及工作站等设备，通过从PMS和GIS等获得配网数据和模型，通过DMS和EMS获取配电网运行状态相关的基础数据。在两座110kV变电站的5条已实现互联的架空公网线路中，在14个柱上开关处分别安装具有邻域交互和保护功能的分布智能式FTU。在这两座变电站分别安装GOOSE工业交换机一台，通过光纤EPON通信实现各开关智能终端单元FTU与GOOSE工业交换机的联网通信。除实现配电网三遥、故障监测及保护功能外，各FTU间通过高速通信配合，就地实现故障快速隔离，避免馈线开关的越级跳闸，故障判断及隔离无需通过主站，构成了分布智能自愈控制系统。在一座110kV变电站的两条线路、世园会110kV变两条线路共4条10kV电缆线路各安装1台电缆绝缘下降预防性保护装置，接入系统的框图如图11-24所示。另外，在已有的分布式电源/微电网/储能装置处安装自愈控制保护装置，并接入智能配电网自愈控制系统主站，最终构成集中与分布协调的智能配电网自愈控制系统。

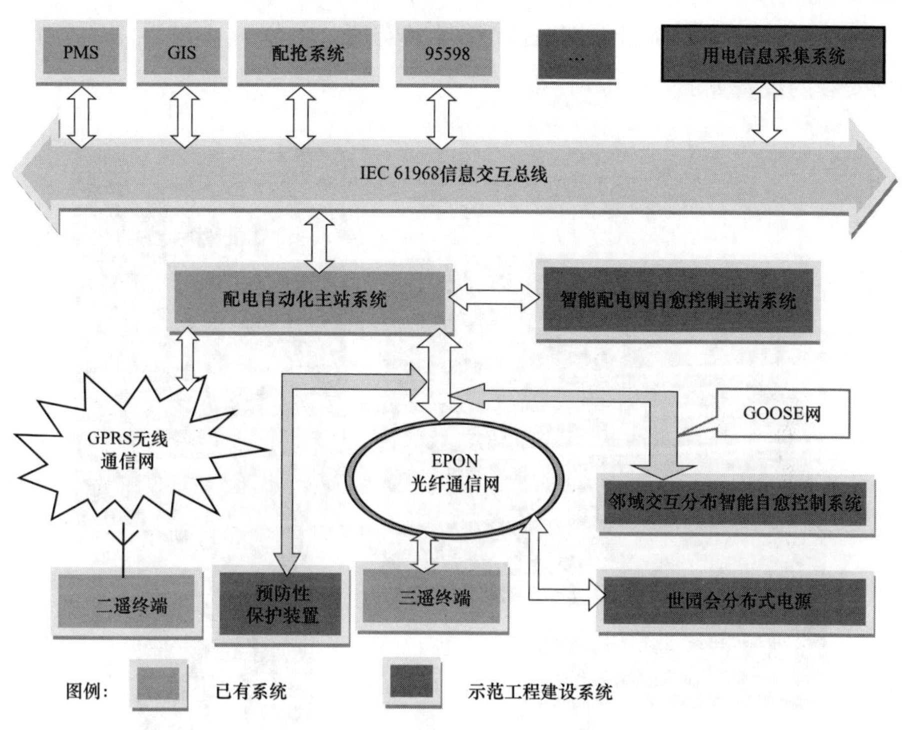

图 11-23 示范工程系统组成框图

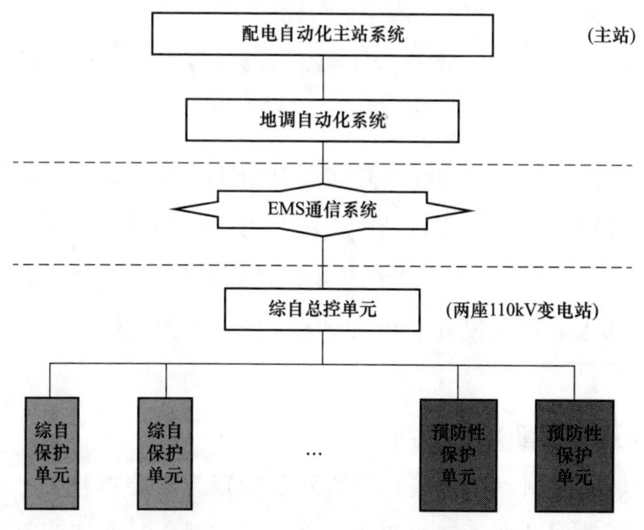

图 11-24 预防性保护装置接入系统框图

预防性保护装置需要被监测线路的三相电压、零序电压、三相电流和零序电流等信号，与小电流接地监测装置同屏安装，可以减少电缆施工工作量。现场安装的设备如图 11-25 所示。

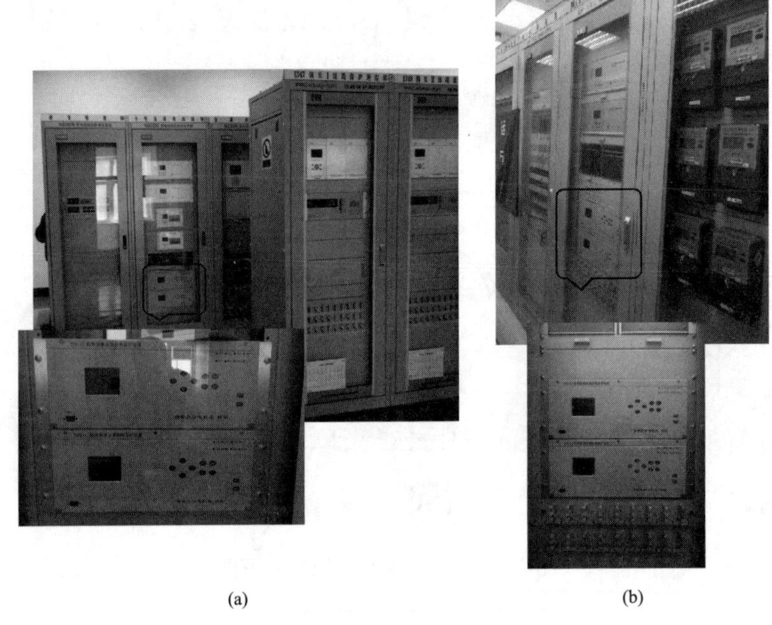

(a)　　(b)

图 11-25　预防性保护装置

(a) 世园会变电站；(b) 某 110kV 变电站

当线路发生沿面闪络等绝缘下降现象时预防性保护装置将告警，告警信号经变电站综自装置上传到地调自动化系统，再转发到配电自动化主站系统。结合收到的告警信号和该变电站相关的 10kV 开关操作、电容器操作等遥信信号综合判断，去除 10kV 开关操作、电容器操作的行波干扰信号，发出绝缘下降告警。

3. 邻域交互分布智能自愈控制

如果将中压配电网的某些线路分段开关配置为断路器开关，并安装邻域交互分布智能自愈控制装置，则在线路上发生故障时，分布智能自愈控制装置通过高速通信网络，与同一供电环路内相邻分布智能自愈控制装置进行信息交互，包括是否流过故障电流、故障电流方向、开关状态、跳闸成功、开关拒动等信息，各分布智能自愈控制装置根据预设条件进行判断，在变电站出口断路器动作之前切除故障区域，实现快速故障定位、隔离和失电的健全区域恢复供电，提高供电可靠性。

进行邻域交互分布智能自愈控制试验之前需要增大中压配电线路变电站出口断路器的过流保护时间定值，躲过邻域交互分布智能自愈控制处理时间，如500ms，并对试验线路按停电计划停电。进行测试时，首先投入邻域交互分布智能自愈控制装置的馈线自动化（Feeder Automation，FA）功能、试验线路的遥控压板和开关操作电源；然后，完成变电站出口断路器的模拟遥信信号传动，并由继电保护测试仪给 DTU 加故障电流，产生电流故障信号；当 DTU 采集到故障电流信号后开始 FA 处理，进行故障区域定位、故障隔离，主站收到 DTU 信号后继续进行失电的健全区域恢复供电；最后，各 DTU 恢复正常运行状态，主站恢复正常运行状态。

试验线路如图 11-26 所示。如果 G2 处电缆线路故障，则在进线 101、进线 105 线路上同时加模拟故障电流，DTU 检测到故障后启动分布式 FA，开关 K2 和 K4 跳开隔离故障，然后 DTU 将过流信号、跳闸原因发送给主站，主站启动集中式配电自动化（Distribution Automation，DA），将联络开关 K6 合闸恢复失电的健全区域供电。如果 G3 处分支线故障，则在进线 101、出线 103 线路上同时加模拟故障电流，DTU 检测到故障后启动分布式 FA，开关 K19 跳开隔离故障，然后 DTU 将过流信号、跳闸原因发送给主站，主站启动集中式 DA，综合判断后不需要继续进行恢复策略。如果 G1 处母线故障，则在进线 101 上加模拟故障电流，DTU 检测到故障后启动分布式 FA，开关 K1、K2、K3、K19 跳开隔离故障，然后 DTU 将过流信号、跳闸原因发送给主站，主站启动集中式 DA，将联络开关 K6、K9 合闸恢复失电的健全区域供电。如果 G4 处 T 接线故障，则在进线 101、出线 102 线路上同时加模拟故障电流，DTU 检测到故障后启动分布式 FA，开关 K3 和 K8 跳开隔离故障，然后 DTU 将过流信号、跳闸原因发送给主站，主站启动集中式 DA，将最合适的联络开关合闸恢复失电的健全区域供电。

4. 智能配电网自愈控制主站系统

智能配电网自愈控制系统中，分布智能控制主要集中在紧急控制阶段，实

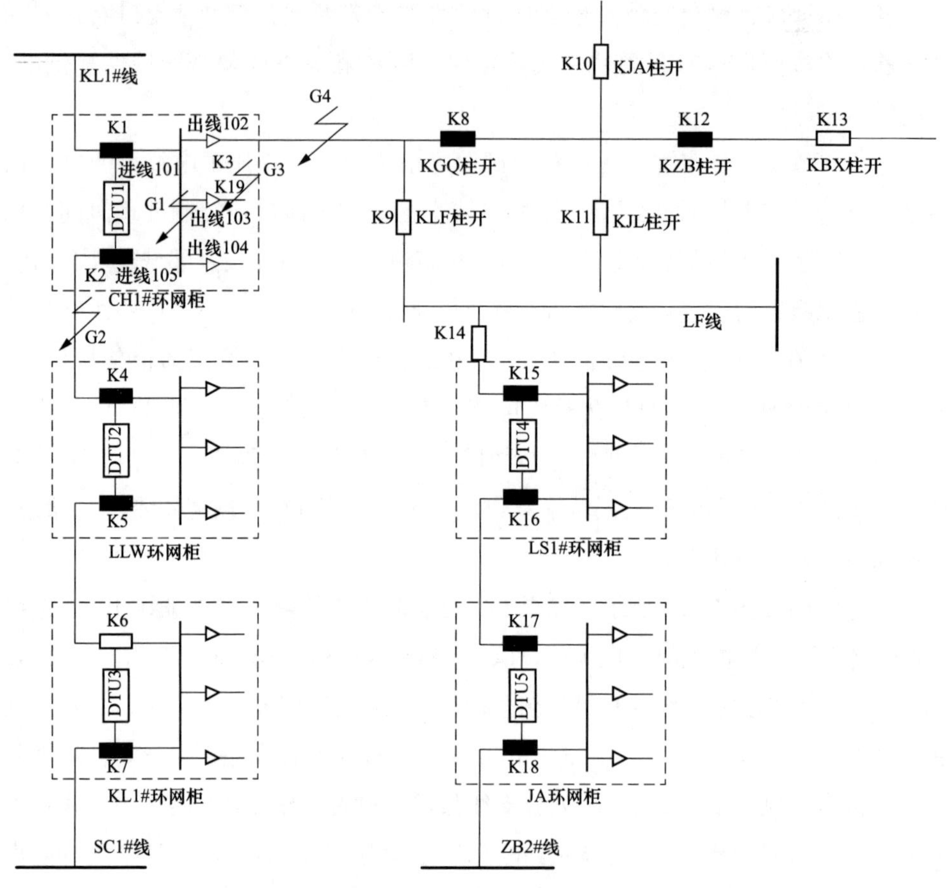

图 11-26　测试线路图

现紧急控制和部分恢复控制，大部分功能均通过主站系统的集中控制以及与分布智能协调控制来实现。比如在发生故障时刻，自愈控制主站系统监听到故障信息，在启动分析之前，先等待分布智能控制部分完成故障隔离，并上传事故处理信息。自愈控制主站系统接收到事故处理信息后，针对现有信息分析最优恢复路径，完成供电恢复处理。

当自愈控制主站系统感知到智能配电网有一个连通系处于故障状态，则辨识出具体位置，并在接线图中变色提示，由于发生故障，自愈控制系统可根据故障处理策略生成故障处理的多个方案，并进行方案比较，对选定方案生成控制命令序列，如图 11-27 所示。运行风险评估结果如图 11-28 所示。

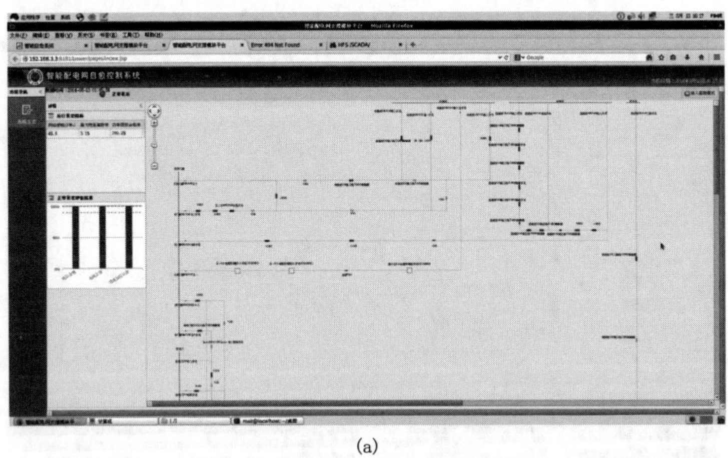

(a)

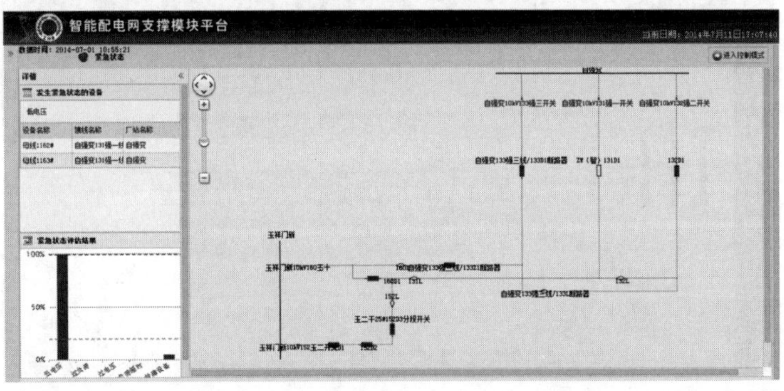

(b)

(c)

图 11-27　状态评估与恢复控制决策结果（一）

（a）一个区域的正常状态；（b）一个区域的紧急状态；（c）故障恢复方案比较

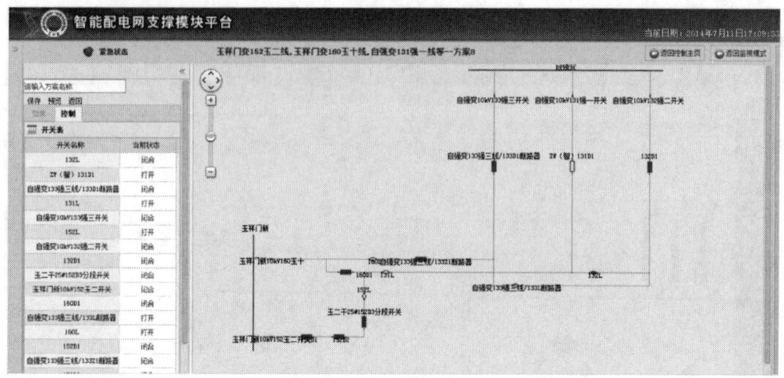

(d)

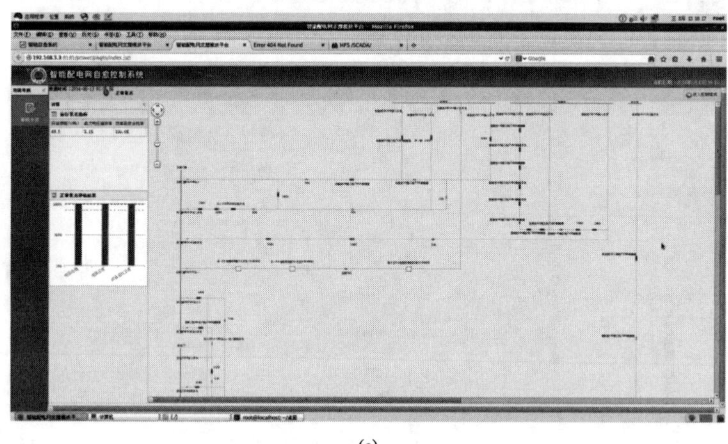

(e)

图 11-27　状态评估与恢复控制决策结果（二）

（d）恢复控制方案；（e）优化方案比选

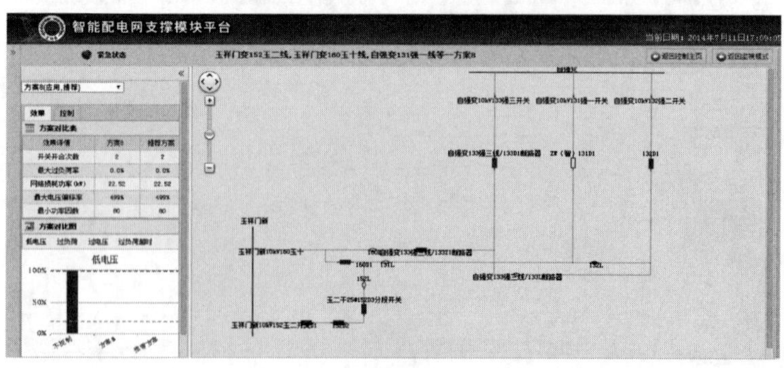

(a)

图 11-28　运行风险评估结果（一）

（a）低电压风险评估

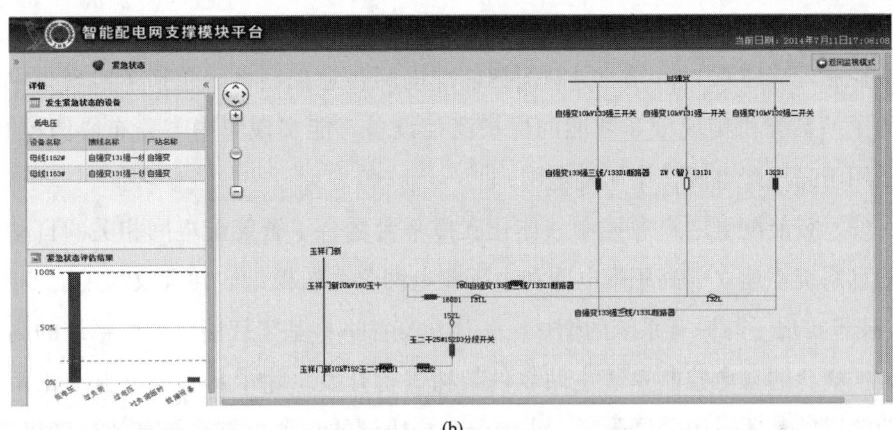

(b)

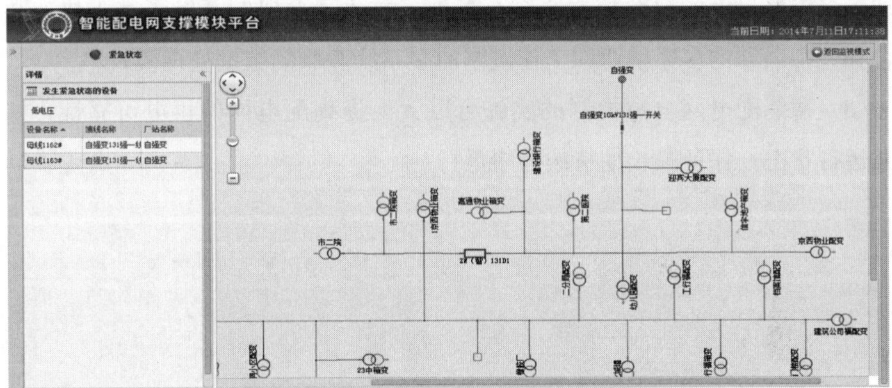

(c)

图 11-28 运行风险评估结果（二）

(b) 失负荷风险评估；(c) 线路过负荷风险评估

11.5 本 章 小 结

智能配电网自愈控制主站系统和终端设备是最终实现自愈控制的执行机构，本章根据智能配电网自愈控制理论体系设计了集中智能与分布智能协调的自愈控制框架，研制了智能配电网自愈控制一体化支撑平台及以此为基础的自愈控制主站系统、基于智能配电单元的智能终端设备，如邻域交互分布智能自愈控制设备、预防性保护装置、智能配电终端等。可得到以下几点结论：

（1）以本书定义的智能配电网、智能配电网自愈控制，提出的智能配电网自愈控制理论体系为指导，研制的智能配电网自愈控制系统包括了实现集中智能的主站系统和实现分布智能的保护测控设备，能实现集中与分布协调控制，可适用于高压配电网、中压配电网。

（2）智能配电网自愈控制一体化支撑平台融合了智能配电网相关的自动化和信息系统，建立了高压配电网和中压配电网全系统模型，并有效利用了SCADA技术实现了与原有系统的衔接。一体化支撑平台基于智能体群体系统的高内聚、松耦合的自愈控制系统主站软件架构进行开发，除了具有配电自动化系统的功能以外，还采用分层分区、集中分布相协调的自愈控制系统高效调度机制，增加了多维多尺度的自愈控制系统全景展示技术，并研制开发了基于快速数据融合和规则引擎的多系统协同工作机制的多系统互联的数据处理模式。

（3）智能配电网自愈控制的实施可以大大提高配电网的供电可靠性，并优化其运行状态，保证其长期持续健康运行。

附录A 区域电网负荷构成比例

表 A-1 负荷构成比例1负荷情况表

变电站	负荷	工业负荷			商业负荷			民用负荷						动态负荷所占比例
220S1变电站	L1	40％			30％			30％						—
		室用空调	电弧炉	大型电动机	商业中央空调	小型电动机	荧光灯	热水器	白炽灯	洗衣机	电冰箱	彩色电视机	室用空调	—
		8％	25％	67％	31％	51％	18％	44％	12％	15％	21％	3％	5％	0.669
	L2	50％			32％			18％						—
		室用空调	白炽灯	小型电动机	小型电动机	白炽灯	商业室用空调	热水器	白炽灯	洗衣机	电冰箱	彩色电视机	室用空调	—
		9％	19％	72％	56％	34％	10％	40％	3％	21％	20％	6％	10％	0.708
	—	80％			10％			10％						—
	—	大型电动机	发电厂辅机	电弧炉	白炽灯	荧光灯	商业室用空调	热水器	白炽灯	洗衣机	电冰箱	彩色电视机	室用空调	—
	L3	80％	0％	20％	36％	38％	26％	3％	17％	21％	8％	14％	37％	0.732
	L4	37％	43％	20％	7％	35％	58％	15％	10％	19％	19％	12％	25％	0.761
35S3变电站	—	30％			30％			40％						—
	—	热泵加热器	荧光灯	中央空调	商业热泵	商业中央空调	小型电动机	热水器	白炽灯	洗衣机	电冰箱	彩色电视机	室用空调	—
	L5	63％	32％	5％	36％	34％	30％	12％	16％	14％	23％	21％	14％	0.708
	L6	45％	35％	20％	45％	43％	12％	16％	35％	8％	7％	9％	25％	0.655
110S5变电站	—	40％			30％			30％						—
	—	白炽灯	小型电动机	热泵加热器	商业热泵	商业中央空调	小型电动机	热水器	白炽灯	洗衣机	电冰箱	彩色电视机	室用空调	—
	L7	27％	25％	48％	12％	79％	9％	13％	14％	20％	23％	10％	20％	0.781
	L8	10％	65％	25％	56％	14％	30％	12％	16％	14％	23％	21％	14％	0.813

表 A-2　　负荷构成比例 2 负荷情况表

变电站	负荷	工业负荷			商业负荷			民用负荷						动态负荷所占比例
220S1变电站	L1	30%			30%			40%						—
		室用空调	电弧炉	大型电动机	商业中央空调	小型电动机	荧光灯	热水器	白炽灯	洗衣机	电冰箱	彩色电视机	室用空调	—
		8%	25%	67%	31%	51%	18%	44%	12%	15%	21%	3%	5%	0.635
	L2	40%			32%			28%						—
		室用空调	白炽灯	小型电动机	小型电动机	白炽灯	商业室用空调	热水器	白炽灯	洗衣机	电冰箱	彩色电视机	室用空调	—
		9%	19%	72%	56%	34%	10%	40%	3%	21%	20%	6%	10%	0.678
	—	70%			10%			20%						—
	—	大型电动机	发电厂辅机	电弧炉	白炽灯	荧光灯	商业室用空调	热水器	白炽灯	洗衣机	电冰箱	彩色电视机	室用空调	—
	L3	80%	0%	20%	36%	38%	26%	3%	17%	21%	8%	14%	37%	0.718
	L4	37%	43%	20%	7%	35%	58%	15%	10%	19%	19%	12%	25%	0.744
35S3变电站	—	20%			30%			50%						—
	—	热泵加热器	荧光灯	中央空调	商业热泵	商业中央空调	小型电动机	热水器	白炽灯	洗衣机	电冰箱	彩色电视机	室用空调	—
	L5	63%	32%	5%	36%	34%	30%	12%	16%	14%	23%	21%	14%	0.691
	L6	45%	35%	20%	45%	43%	12%	16%	35%	8%	7%	9%	25%	0.63
110S5变电站		—			30%			30%						40%
	—	白炽灯	小型电动机	热泵加热器	商业热泵	商业中央空调	小型电动机	热水器	白炽灯	洗衣机	电冰箱	彩色电视机	室用空调	—
	L7	27%	25%	48%	12%	79%	9%	13%	14%	20%	23%	10%	20%	0.771
	L8	10%	65%	25%	56%	14%	30%	12%	16%	14%	23%	21%	14%	0.774

表 A-3　　　　负荷构成比例 3 负荷情况表

变电站	负荷	工业负荷			商业负荷			民用负荷						动态负荷所占比例
		20％			30％			50％						—
	L1	室用空调	电弧炉	大型电动机	商业中央空调	小型电动机	荧光灯	热水器	白炽灯	洗衣机	电冰箱	彩色电视机	室用空调	—
		8％	25％	67％	31％	51％	18％	44％	12％	15％	21％	3％	5％	0.601
		35％			32％			33％						—
220S1变电站	L2	室用空调	白炽灯	小型电动机	小型电动机	白炽灯	商业室用空调	热水器	白炽灯	洗衣机	电冰箱	彩色电视机	室用空调	—
		9％	19％	72％	56％	34％	10％	40％	3％	21％	20％	6％	10％	0.663
	—	60％			10％			30％						—
	—	大型电动机	发电厂辅机	电弧炉	白炽灯	荧光灯	商业室用空调	热水器	白炽灯	洗衣机	电冰箱	彩色电视机	室用空调	—
	L3	80％	0％	20％	36％	38％	26％	3％	17％	21％	8％	14％	37％	0.638
	L4	37％	43％	20％	7％	35％	58％	15％	10％	19％	19％	12％	25％	0.664
	—	20％			30％			50％						—
35S3变电站	—	热泵加热器	荧光灯	中央空调	商业热泵	商业中央空调	小型电动机	热水器	白炽灯	洗衣机	电冰箱	彩色电视机	室用空调	—
	L5	63％	32％	5％	36％	34％	30％	12％	16％	14％	23％	21％	14％	0.691
	L6	45％	35％	20％	45％	43％	12％	16％	35％	8％	7％	9％	25％	0.63
	—	20％			30％			50％						—
110S5变电站	—	白炽灯	小型电动机	热泵加热器	商业热泵	商业中央空调	小型电动机	热水器	白炽灯	洗衣机	电冰箱	彩色电视机	室用空调	—
	L7	27％	25％	48％	12％	79％	9％	13％	14％	20％	23％	10％	20％	0.761
	L8	10％	65％	25％	56％	14％	30％	12％	16％	14％	23％	21％	14％	0.735

附录B　26节点实际中压配电网线路参数

表 B-1　　线路参数

支路序号	首端节点	末端节点	电阻（标幺值）	电抗（标幺值）
1	1	2	0.07635	0.13743
2	2	6	0.01565	0.02817
3	2	3	0.016	0.0288
4	3	4	0.00351	0.00156
5	4	5	0.02835	0.05103
6	5	26	0.04504	0.05067
7	5	11	0.0008	0.0009
8	6	17	0	0
9	7	8	0.0585	0.1053
10	8	9	0.001	0.0018
11	9	10	0.0005	0.0009
12	10	11	0.01575	0.02835
13	11	12	0.0279	0.05022
14	12	13	0.0149	0.02682
15	13	16	0.00635	0.01143
16	14	15	0.04368	0.04914
17	15	16	0.0604	0.06795
18	16	17	0.03804	0.0317
19	18	19	0.025	0.045
20	19	20	0.0225	0.0405
21	20	21	0.02	0.036
22	21	22	0.0225	0.0405
23	22	23	0.0125	0.0225
24	23	24	0.0175	0.0315
25	24	25	0.01	0.018
26	25	26	0.028	0.0315

附录C　高压配电网负荷及其预测值

表 C-1　　　　　　　　　　　**当前负荷及5分钟后的预测值**

变电站	节点号	节点类型	当前负荷		5分钟后负荷	
			节点注入有功	节点注入无功	节点注入有功	节点注入无功
220S1变电站	400005	3	0	0	0	0
	400020	1	0	0	0	0
	400029	1	−0.0364	−0.0134	−0.0455	−0.01675
	400047	1	−0.1613	−0.0089	−0.201625	−0.011125
	400048	1	−0.0502	−0.0033	−0.06275	−0.004125
	400100	1	0	0	0	0
	400101	1	0	0	0	0
220S2变电站	1000004	3	0	0	0	0
	1000024	1	−0.1902	−0.0867	−0.23775	−0.108375
	1000038	1	−0.0283	−0.001	−0.035375	−0.00125
	1000066	1	−0.3001	0.0531	−0.375125	0.066375
	1000067	1	0.2106	0.1391	0.26325	0.173875
	1000120	1	0	0	0	0
	1000121	1	0	0	0	0
35S1变电站	300004	1	−0.167	−0.0299	−0.1004	−0.0511
	300028	1	−0.0458	−0.0286	−0.0427	−0.0192
	300072	1	0	0	0	0
	300100	1	0	0	0	0
110S5变电站	900004	1	0	0	0	0
	900007	1	0	0	0	0
	900019	1	−0.0486	0.015	−0.06075	0.01875
	900028	1	−0.0806	0.0028	−0.10075	0.0035
	900031	1	−0.0351	−0.0938	−0.043875	−0.11725
	900048	1	−0.0201	0.007	−0.025125	0.00875
	900120	1	0	0	0	0
	900121	1	0	0	0	0
110S6变电站	2000008	1	−0.1142	−0.0584	−0.14275	−0.073
	2000029	1	0	0	0	0
	2000036	1	−0.0352	−0.0201	−0.044	−0.025125
	2000100	1	0	0	0	0

续表

变电站	节点号	节点类型	当前负荷		5 分钟后负荷	
			节点注入有功	节点注入无功	节点注入有功	节点注入无功
110S7变电站	2200004	1	0	0	0	0
	2200007	1	0	0	0	0
	2200017	1	−0.0443	−0.0234	−0.055375	−0.02925
	2200024	1	−0.0102	−0.0081	−0.01275	−0.010125
	2200030	1	−0.1316	−0.081	−0.1645	−0.10125
	2200046	1	−0.0725	−0.0288	−0.090625	−0.036
	2200110	1	0	0	0	0
	2200111	1	0	0	0	0
35S2变电站	600004	1	0.0319	0.0107	0.0319	0.0107
	600014	1	−0.022	−0.013	−0.013	−0.006
	600020	1	−0.0224	−0.0096	−0.0129	−0.0054
35S3变电站	1600004	1	0	0	0	0
	1600016	1	−0.0327	−0.0182	−0.05708	−0.02157
	1600022	1	−0.0329	−0.0168	−0.06013	−0.021
35S4变电站	1500004	1	0	0	0	0
	1500014	1	−0.0401	−0.0174	−0.04153	−0.02175
	1500022	1	−0.0355	−0.0203	−0.03978	−0.01031
35S5变电站	3200004	1	0.0432	0.03897	0.0432	0.03897
	3200014	1	−0.0436	−0.0203	−0.04931	−0.02038
	3200019	1	−0.0366	−0.0129	−0.04737	−0.016125
合计			−1.5518	−0.34723	−1.824475	−0.40554

注 表中负荷数据均为标幺值，负荷基准值为 100MVA。

参 考 文 献

[1] 陈星莺，顾欣欣，余昆，等. 城市电网自愈控制体系结构［J］. 电力系统自动化，2009，33（24）：38-42.

[2] You H.，Vittal V.，Yang Z.. Self-healing in power system：an approach using islanding and rate of frequency decline-based load shedding［J］. IEEE Transactions on Power Systems，2003，18（1）：174-181.

[3] Amin M.. Toward self-healing energy infrastructure systems［J］. IEEE Computer Applications in Power，2001，14（1）：20-28.

[4] Chen-Ching Liu，Juhwan Jung，Heydt G. T.，et al，The Strategic Power Infrastructure Defense（SPID）System. A Conceptual Design［J］，IEEE Control Systems Magazine，2000，20（4）：40-52.

[5] 薛禹胜. 综合防御由偶然故障演化为电力灾难—北美"8·14"大停电的警示［J］. 电力系统自动化，2003，27（18）：1-5，37.

[6] 姚建国，周大平，沈兵兵，等. 新一代配电网自动化及管理系统的设计和实现［J］. 电力系统自动化，2006，30（8）：89-93.

[7] Wang Can，Li Yang，Bu Jiajun. A Biological Formal Architecture of Self-Healing System［C］. 2004 IEEE International Conference on Systems，Man and Cybernetics，2004：5537-5541.

[8] Fulvio A.，Federica C.，Eugenio I.，et al. A Transparent，All-Optical，Metropolitan Network Experiment in a Field Environment：The "PROMETEO" Self-Healing Ring［J］. Journal of Lightwave Technology，1997，15（12）：2206-2213.

[9] Jianxu Shi，John P.，Fonseka. Hierarchical Self-Healing Rings［J］. IEEE/ACM Transactions on Networking，1995，3（6）：690-697.

[10] Roy Sterritt，David F.，Bantz. Personal Autonomic Computing Reflex Reactions and Self-Healing［J］. IEEE Transactions on Systems，Man and Cybernetics—Part C：Applications and reviews，2006，36（3）：304-314.

[11] Latha Kant，Wai Chen. Service survivability in Wireless Networks via Multi-Layer Self-

Healing [J]. IEEE Communications Society / WCNC 2005, 10 (1): 2446-2452.

[12] Pengchun Peng, Hongyih Tseng, Sien Chi. Self-healing fibre grating sensor system using tunable multiport fibre laser scheme for intensity and wavelength division multiplexing [J]. Electronics Leters, 2002, 38 (24): 2446-2452.

[13] P.-O. Sassoulas, B. Gosse, J.-P. Gosse. Self-healing Breakdown of Metallized Polypropylene [C]. 2001 IEEE 7th International Conference on Solid Dielectrics, Eindhoven, Netherlands, 2001: 275-278.

[14] Sam Kwong, Lam D. W. F., Tang K. S., et al. Optimization of Spare Capacity in Self-Healing Multicast ATM Network Using Genetic Algorithm [J]. IEEE Transactions on Industrial Electronics, 2000, 47 (6): 1334-1343.

[15] Chiasserini C. -F., Marsan M. A.. A Distributed Self-Healing Approach to Bluetooth Scatternet Formation [J]. IEEE Transactions on Wireless Communications, 2005, 4 (6): 2649-2654.

[16] Moslehi K., Kumar A. B. R., Shurtleff D., et al. Framework for a Self-Healing Power Grid [C]. IEEE PES General Meeting, San Francisco, USA, 2005: 1-8.

[17] Su Sheng, K. K. Li, W. L. Chan, et al. Agent-Based Self-Healing Protection System [J]. IEEE Transactions on Power Delivery, 2006, 21 (2): 610-618.

[18] Salehi Vahid, Mohammed Osama. Developing Virtual Protection System for Control and Self-healing of Power System [C]. 2011 IEEE Industry Applications Society Annual Meeting (IAS), Orlando, USA, 2011: 1-7.

[19] Le-Thanh L., Caire R., Raison B., et al. Test bench for self-healing functionalities applied on distribution network with distributed generators [C]. 2009 IEEE Bucharest PowerTech, Bucharest, Romania, 2009: 1-6.

[20] Samarakoon K., Ekanayake J., Jianzhong Wu. Smart metering and self-healing of distribution networks [C]. 2010 IEEE International Conference on Sustainable Energy Technologies (ICSET), Kandy, 2010: 1-5.

[21] Haibo You, Vittal V., Zhong Yang. Self-Healing in Power Systems: An Approach Using Islanding and Rate of Frequency Decline-Based Load Shedding [J]. IEEE Transactions on Power Systems, 2003, 18 (1): 174-181.

[22] Butler-Purry K. L., Sarma N. D. R.. Self-Healing Reconfiguration for Restoration of Naval Shipboard Power Systems [J], IEEE Transactions on Power Systems, 2004,

19 (2)：754-762.

[23] Butler-Purry K. L.. Multi-Agent Technology for Self-Healing Shipboard Power Systems [C]. The 13th International Conference on Intelligent Systems Application to Power Systems，Arlington，USA，2005：207-211.

[24] Butler-Purry K. L. Sarma N. D. R.. Preventive Self-Healing Shipboard Power Distribution Systems [C]. IEEE PES General Meeting，San Francisco，USA，2005：2443-2444.

[25] Nakayama H.，Fukazu T.，Wada Y.，et al. Development of High Voltage，Self-Healing Current Limiting Element and Verification of its Operating Parameters as a CLD for Distribution Substations [J]. IEEE Transactions on Power Delivery，1989，4 (1)：342-348.

[26] Borghetti A.，Nucci C. A.，Pasini G.，et al. Tests on Self-Healing Metallized Polypropylene Capacitors For Power Applications [J]. IEEE Transactions on Power Delivery，1995，10 (1)：556-561.

[27] 郭志忠. 电网自愈控制方案 [J]. 电力系统自动化，2005，29 (10)：85-91.

[28] 万秋兰. 大电网实现自愈的理论研究方向 [J]. 电力系统自动化，2009，33 (17)：29-32.

[29] 陈星莺，余昆，刘皓明，等. 城市电网运行的自愈控制方法 [P]. 国家知识产权局，ZL2009100325892，2010. 12. 29.

[30] 陈星莺，余昆. 配电网自愈控制方法 [P]. 国家知识产权局，ZL2011100615229，2013. 01. 02.

[31] 王平，张亮，陈星莺. 基于模糊聚类与 RBF 网络的短期负荷预测 [J]. 继电器，2006，34 (10)：64-67.

[32] 潘鑫，陈星莺. 一种基于改进级联神经网络的短期负荷预测 [J]. 江苏电机工程，2004，23 (4)：29-31.

[33] Chen Xinying，Yu Kun，Shan Yuanda. An Augmented Jacobian Method for Power Flow Analysis of Weakly Looped Distribution Systems with PV Buses [J]. Journal of Southeast University (English Edition)，2002，18 (3)：216-220.

[34] 夏翔，熊军，胡列翔. 地区电网的合环潮流分析与控制 [J]. 电网技术，2004，28 (22)：76-80.

[35] 倪炜. 地区电网稳定性研究 [J]. 电力自动化设备，2002，22 (6)：71-74.

［36］ 李振坤，陈星莺，刘皓明，等. 配电网供电能力的实时评估分析［J］. 电力系统自动化，2009，33（6）：36-39，62.

［37］ 李红军，李敬如，杨卫红. 基于信赖域法的城市电网供电能力充裕度评估［J］. 电网技术，2010，34（8）：92-96.

［38］ 张文亮，周孝信，白晓民，等. 城市电网应对突发事件保障供电安全的对策研究［J］. 中国电机工程学报，2008，28（22）：1-7.

［39］ 刘思革，范明天，张祖平，等. 城市电网应急能力评估技术指标的研究［J］. 电网技术，2007，31（22）：17-20.

［40］ 李锐，陈颖，梅生伟. 基于停电风险评估的城市配电网应急预警方法［J］. 电力系统及其自动化，2010，34（16），19-23.

［41］ 李振坤，陈星莺，余昆，等. 配电网重构的混合粒子群算法［J］. 中国电机工程学报，2008，28（31）：35-41.

［42］ 陈星莺，潘学萍，廖迎晨，等. 配电系统经济运行自动控制技术-网络重构［J］. 水利水电科技进展，1999，19（3）：42-45.

［43］ 汲国强，吴文传，张伯明，等. 以降损和载荷均衡为目标的地区电网网络重构快速算法［J］. 电网技术，2012，36（11）：172-178.

［44］ 李振坤，陈星莺，赵波，等. 配电网动态重构的多代理协调优化算法［J］. 中国电机工程学报，2008，28（34）：72-79.

［45］ 王成山，李鹏. 分布式发电、微网与智能配电网的发展与挑战［J］. 电力系统自动化，2010，34（2）：10-14，23.

［46］ Yuan-kang wu Ching-Yin-Lee-Le-Chang-Liu-Shao-Hong-Tsai. Study of Reconfiguration for the Distribution System With Distributed Generators［J］. IEEE Transactions on Power Delivery，2010，2（3）：1678-1685.

［47］ 陈星莺，李刚，廖迎晨，等. 考虑环境成本的城市电网最优潮流模型［J］. 电力系统自动化，2010，34（15）：42-46.

［48］ Khodr H. M. -Martinez-Crespo-J. -Matos-M. A. -Pereira-J.. Distribution Systems Reconfiguration Based on OPF Using Benders Decomposition［J］. IEEE Transactions on Power Delivery，2009，2（4）：2166-2176.

［49］ 吴文传，张伯明. 拟全局最优的配电网实时网络重构法［J］. 中国电机工程学报，2003，23（11）：73-77.

［50］ Baran M. E.，Wu F. F.. Network reconfiguration in distribution systems for loss reduction and load balancing [J]. IEEE Transactions on Power Delivery，1989，4 (4)：1401-1407.

[51] 刘柏私，谢开贵，周家启. 配电网重构的动态规划算法 [J]. 中国电机工程学报，2005，25 (9)：29-34.

[52] 毕鹏翔，刘健，张文元. 配电网络重构的改进支路交换法 [J]. 中国电机工程学报，2001，21 (8)：98-103.

[53] 陈星莺，徐俊杰，余昆. 配电网重构的逐级开关状态互换法 [J]. 继电器，2006，34 (15)：54-58.

[54] 卢耀川，廖迎晨，陈星莺. 基于遗传退火法的网络重构技术 [J]. 电力自动化设备，2003，23 (1)：20-31.

[55] Hayashi Y.，Iwamoto S.，Furuya S.，et al. Efficient Determination of Optimal Radial Power System Structure Using Hopfield Neural Network with Constrained Noise [J]. IEEE Transactions on Power Delivery，1992，7 (2)：734-740.

[56] 余贻鑫，段刚. 基于最短路算法和遗传算法的配电网络重构 [J]. 中国电机工程学报，2000，20 (9)：44-49.

[57] 陈星莺，钱锋，杨素琴. 模糊动态规划法在配电网无功优化控制中的应用 [J]. 电网技术，2003，27 (2)：68-71.

[58] 邓佑满，张伯明，相年德. 配电网络电容器实时优化投切的逐次线性整数规划法 [J]. 中国电机工程学报，1995，14 (6)：375-383.

[59] 苏永春，陈星莺，刘存凯. 基于遗传算法的变电站电压无功综合控制 [J]. 继电器，2002，30 (10)：11-14.

[60] 李国柱，王平，陈星莺. 基于免疫算法的变电站电压无功综合控制 [J]. 电力自动化设备，2004，24 (4)：15-18.

[61] 沈曙明. 变电站电压无功综合自动控制的实现与探讨 [J]. 继电器，2000，28 (11)：60-62.

[62] 陈星莺，史豪杰，刘健，等. 基于招投标策略的地区电网无功优化控制 [J]. 电力自动化设备，2015，35 (7)：1-6.

[63] 余昆，曹一家，陈星莺，等. 含分布式电源的地区电网无功电压优化 [J]. 电力系统自动化，2011，35 (8)：28-32.

[64] 卢鸿宇，胡林献，刘莉，等. 基于遗传算法和 TS 算法的配电网电容器实时优化投切策略 [J]. 电网技术，2000，24 (11)：56-59.

[65] 罗金山，罗毅，涂光瑜. 基于随机 Petri 网模型的地区电网事故链监控研究 [J]. 继电器，2006，34 (7)：32-37.

[66] 刘健，董新洲，陈星莺，等. 配电网容错故障处理关键技术研究 [J]. 电网技术，2012，36 (1)：254-257.

[67] 刘健，张小庆，陈星莺，等. 集中智能与分布智能协调配合的配电网故障处理模式 [J]. 电网技术，2013 (9)：2608-2614.

[68] 陈星莺，常慧，余昆，等. 基于保护信息的城市电网故障元件定位方法 [J]. 电力系统保护与控制. 2010，38 (21)：1-5.

[69] 邓国新，赵冬梅，张旭. 对地区电网故障诊断系统中信息纠错的研究 [J]. 电力系统保护与控制，2009，37 (1)：50-54.

[70] 许君德，赵冬梅，张东英. 基于双数据源的地区电网故障诊断实用化应用 [J]. 电力系统自动化，2006，30 (13)：68-72.

[71] Chien C. F. , Chen S. L. , Lin Y. S. . Using Bayesian network for fault location on distribution feeder [J]. IEEE Transactions on Power Delivery，2002，17 (3)：785-793.

[72] Heungjae L. , Deungyong P. , Bokshin A. . A fuzzy expert system for the integrated fault diagnosis [J]. IEEE Transactions on Power Delivery，2000，15 (2)：833-838.

[73] 段振国，高曙，杨以涵. 一种电网故障智能诊断求解模型的研究 [J]. 中国电机工程学报，1997，17 (6)：399-402.

[74] Morelat A. L. , Monticelli A. . Heuristic Search Approach to Distribution System Restoration [J]. IEEE Transactions on Power Delivery，1989，4 (4)：125-131.

[75] Liu C. C. , Lee S. J. , Venkata S. S. . An Expert System Operational Aid for Restoration and Loss Reduction of Distribution Systems [J]. IEEE Transactions on Power Systems，1988，3 (2)：333-337.

[76] 王平，余昆，李振坤，等. 采用多代理技术提高高压配电网的供电可靠性 [J]. 中国电机工程学报. 2009，29 (S1)：50-54.

[77] 余昆，曹一家，倪以信，等. 分布式发电技术及其并网运行研究综述 [J]. 河海大学学报（自然科学版），2009，37 (6)：2-9.

[78] 邓磊，李伟锋.《伤寒论》自愈机理的探讨 [J]. 四川中医，2004，22 (2)：18-20.

[79] 小菅卓夫. 气血津液中未阐明的“气”的新概念 [J]. 国外医学（中医中药分册），2003，(3)：157.

[80] Debanjan G. , Raj Sharman，Rao H. R. , et al. Self-healing systems-survey and syn-

thesis [J]. Decision Support Systems，2007，42 (4)：2164-2185.

[81] 陈众，徐国禹，王官洁，等. 分层递阶控制理论与电力系统自动化 [J]. 电机与控制学报，2003，7 (4)：352-355.

[82] 戴先中，张凯锋. 复杂电力大系统的递阶结构化模型及自相似特性 [J]. 中国电机工程学报，2007，27 (25)：6-12.

[83] Saridis G. N.. Intelligent Robot Control [J]. IEEE transactions on Automatic Control. 1983，28 (5)：551-554.

[84] 尹新权，吴蓉. 大滞后系统的分层递阶智能控制研究 [J]. 信息技术. 2005，(10)：22-24，85.

[85] 罗公亮，秦世引. 智能控制导论 [M]. 浙江：浙江科学技术出版社，1997.

[86] 杨霞，李强，梁中华. 基于修改参考模型的自组织复合控制 [J]. 控制工程. 2003，10 (S)：118-120.

[87] 韦巍，何衍. 智能控制基础 [M]. 北京：清华大学出版社，2008.

[88] 陈星莺，刘健，陈楷，等. 基于智能体的智能配电网分层递阶控制方法 [P]. 国家知识产权局，ZL2012104747289，2014. 09. 10.

[89] 余昆，陈星莺，曹一家. 城市电网自愈控制的分层递阶体系结构 [J]. 电网技术，2012，36 (10)：165-171.

[90] 王平，王晓晶，陈星莺，等. 配电网自愈的分层递阶控制方法 [P]. 国家知识产权局，ZL2011100899682，2014. 03. 26.

[91] Jiming Liu 著，靳小龙，张世武，Jiming Liu 译. 多智能体原理与技术 [M]. 北京，清华大学出版社，2003.

[92] Wooldridge M.. Agent-based software engineering [J]. IEE Proceedings：Software，1997，144 (l)：26-37.

[93] Wittig T. ARCHON：An architecture for multi-agent System [M]. Chichester England：Ellis Horwood，1992.

[94] 王俊普，陈埠，徐杨，等. 基于 Agent 的集散递阶智能控制的研究 [J]. 控制与决策，2001，16 (2)：177-180.

[95] 倪以信，陈寿孙，张宝霖. 动态电力系统的理论与分析 [M]. 北京：清华大学出版社，2002.

[96] 戴先中，张凯锋. 复杂电力系统的接口概念与结构化模型 [J]. 中国电机工程学报，2007，27 (7)：7-12.

[97] 余昆，曹一家，陈星莺，等. 含分布式电源的地区电网动态概率潮流计算 [J]. 中国电机工程学报，2011，31 (1)：20-25.

[98] Borkowska B.. Probabilistic load flow [J]. IEEE Transactions on Power Apparatus and Systems，1974，93 (3)：752-759.

[99] 元玉栋，董雷. 电力系统概率潮流新算法及其应用 [J]. 现代电力，2007，24 (4)：5-9.

[100] Zhang P.，Lee S. T. Probabilistic load flow computation using the method of combined cumulants and Gram-Charlier expansion [J]. IEEE Transactions on Power Systems 2004，19 (1)：676-682.

[101] 程侃. 寿命分布类与可靠性数学理论 [M]. 科学出版社，1999：499-501.

[102] PRABHA KUNDUR. 电力系统稳定与控制 [M]. 北京：中国电力出版社，2001，647-692.

[103] 陈达威，朱桂萍. 低压微电网中的功率传输特性 [J]. 电工技术学报，2010，25 (7)：117-122.

[104] 刘健，赵倩，程红丽，等. 配电网非健全信息故障诊断及故障处理 [J]. 电力系统自动化，2010，34 (7)：50-56.

[105] 程乾生. 属性数学-属性测度和属性统计 [J]. 数学的实践与认识，1998，22 (2)：97-107.

[106] 程乾生. 属性识别理论模型及其应用 [J]. 北京大学学报，1997，33 (1)：12-20.

[107] 贾正源，赵亮，范犄. 基于属性测度区间理论的变电站优质工程评价体系 [J]. 电力自动化设备，2012，32 (4)：67-71.

[108] 张姝，谭熙静，何正友，等. 基于层次分析法的复杂配电网健康诊断研究 [J]. 电力系统保护与控制，2013，41 (13)：7-13.

[109] 冯玉国. 水质综合评价灰色理论模型及其应用 [J]. 重庆环境学，1995，17 (4)：31-33.

[110] Mc Calley J D，Vittal V，Abi-Samra N. An overview of risk based security assessment [C]. IEEE Power Engineering Society Summer Meeting，Edmonton Canada，1999：173-178.

[111] 张国华，段满银，张建华，等. 基于证据理论和效用理论的电力系统风险评估 [J]. 电力系统自动化，2009 (23)：1-4+47.

[112] 齐先军，丁明. 发电系统中旋转备用方案的风险分析与效用决策 [J]. 电力系统自动

化，2008（3）：9-13，25.

［113］ Shenkman A L. Energy loss computation by using statistical techniques ［J］. IEEE Transactions on Power Delivery，1990，5（1）：254-258.

［114］ Peng Wang，Roy Billinton. Reliability cost/worth assessment of distribution systems incorporating time-varying weather conditions and restoration resources ［J］. IEEE Transactions on Power Delivery，2001，17（1）pp. 260-265.

［115］ G. Tollefson，R. Billinton，G. Wacker，et al. A Canadian Customer Survey to Assess Power System Reliability Worth ［J］. IEEE Transactions on Power Systems，1994，9（1）：443-450.

［116］ Carlos A. Coello，Gregorio Toscano Pulido，Maximino Salazar Lechuga. Handling Multiple Objectives With Particle Swarm Optimization ［J］. IEEE Transaction on evolutionary computation，2004，8（3）：256-279.

［117］ 许立雄，吕林，刘俊勇. 基于改进粒子群优化算法的配电网络重构［J］. 电力系统自动化，2006，30（7）：27-30.

［118］ Abouzahr I，Ramakumar R. An approach to assess the performance of utility-interactive wind electric conversion systems ［J］. IEEE Transactions on Energy Conversion，1991，6（4）：627-638.

［119］ Karaki S H，Chedid R B，Ramadan R. Probabilistic performance assessment of autonomous solar-wind energy conversion systems ［J］. IEEE Transactions on Energy Conversion，1999，14（3）：766-772.

［120］ Charytoniuk W，Chen M S，Kotas P，et al. Demand forecasting in power distribution systems using nonparametric probability density estimation ［J］. IEEE Transactions on Power Systems，1999，14（4）：1200-1206.

［121］ Su C L. Probabilistic load-flow computation using point estimate method ［J］. IEEE Transactions on Power Systems，2005，20（4）：1843-1851.